石油工程技能培训系列教材

修井作业

尤春光　主编

中国石化出版社

内 容 提 要

《修井作业》为《石油工程技能培训系列教材》之一。修井作为井下特种作业主体专业，本教材分六章重点介绍修井设备、修井工具、修井作业常用施工工艺、井控设备与技术和常用操作项目。教材紧密结合日常工作和标准化操作，增加了新设备、新工具、新工艺，重点突出，具有较强的系统性、先进性和实操性。

本教材为井下作业技能操作人员技能培训必备教材，也可作为相关专业大中专院校师生的参考教材。

图书在版编目（CIP）数据

修井作业 / 尤春光主编 . —北京：中国石化出版社，2023.8

ISBN 978-7-5114-7221-2

Ⅰ. ①修… Ⅱ. ①尤… Ⅲ. ①修井作业 Ⅳ. ① TE358

中国国家版本馆 CIP 数据核字（2023）第 150682 号

中国石化出版社出版发行

地址：北京市东城区安定门外大街58号
邮编：100011 电话：（010）57512500
发行部电话：（010）57512575
http：//www. sinopec-press. com
E-mail：press@ sinopec. com
北京富泰印刷有限责任公司印刷
全国各地新华书店经销

*

787 毫米 ×1092 毫米 16 开本 21 印张 443 千字
2023 年 9 月第 1 版 2023 年 9 月第 1 次印刷
定价：88.00 元

《石油工程技能培训系列教材》编写工作指导委员会

《修井作业》编审人员

主　编：尤春光

编　写：陈庆堂　文庆华　成应会　王春鹏
张钦增　范玉斌　袁少辉　王焕平
柴能军　吴志国　隋　东　张　亮

审　稿：卢云霄　何　骅　秦钰铭　孙经光
王　琳　吴志民　王国防　秦志勇
陈良华

序

PREFACE

习近平总书记指出："石油能源建设对我们国家意义重大，中国作为制造业大国，要发展实体经济，能源的饭碗必须端在自己手里。"党的二十大报告强调："深入推进能源革命，加大油气资源勘探开发和增储上产力度，确保能源安全。"石油工程是油气产业链上不可或缺的重要一环，是找油找气的先锋队、油气增储上产的主力军，是保障国家能源安全的重要战略支撑力量。随着我国油气勘探开发向深地、深海、超高温、超高压、非常规等复杂领域迈进，超深井、超长水平段、非常规等施工项目持续增加，对石油工程企业的核心支撑保障能力和员工队伍的技能素质提出了新的更高要求。

石油工程企业要切实履行好"服务油气勘探开发、保障国家能源安全"的核心职责，在建设世界一流、推进高质量发展中不断提高核心竞争力和核心功能，迫切需要加快培养造就一支高素质、专业化的石油工程产业大军，拥有一大批熟练掌握操作要领、善于解决现场复杂疑难问题、勇于革新创造的能工巧匠。

我们组织编写的《石油工程技能培训系列教材》，立足支撑国家油气产业发展战略所需，贯彻中国石化集团公司人才强企战略部署，把准石油工程行业现状与发展趋势，符合当前及今后一段时期石油工程产业大军技能素养提升的需求。这套教材的编审人员集合了中国石化集团公司石油工程领域的高层次专家、技能大师，注重遵循国家相关行业标准规范要求，坚持理论与实操相结合，既重理论基础，更重实际操作，深入分析提炼了系统内各企业的先进做法，涵盖了各相关专业（工种）的主要标准化操作流程和技能要领，具有较强的系统性、科学性、规范性、实用性。相信该套教材的出版发行，能够对推动中国石化乃至全国石油工程产业队伍建设和油气行业高质量发展产生积极影响。

匠心铸就梦想，技能成就未来。希望生产一线广大干部员工和各方面读者充分运用好这套教材，持续提升能力素质和操作水平，在新时代新征程中奋发有为、建功立业。希望这套教材能够在实践中不断丰富、完善，更好地助力培养石油工程新型产业大军，为保障油气勘探开发和国家能源安全作出不懈努力和贡献！

中石化石油工程技术服务股份有限公司

董事长、党委书记

2023年9月

前言

FOREWORD

技能是强国之基、立业之本。技能人才是支撑中国制造、中国创造的重要力量。石油工程企业要高效履行保障油气勘探开发和国家能源安全的核心职责，必须努力打造谋求自身高质量发展的竞争优势和坚实基础，必须突出抓好技能操作队伍的素质提升，努力培养造就一支技能素养和意志作风过得硬的石油工程产业大军。

石油工程产业具有点多线长面广、资金技术劳动密集、专业工种门类与作业工序繁多、不可预见因素多及安全风险挑战大等特点。着眼抓实石油工程一线员工的技能培训工作，石油工程企业及相关高等职业院校等不同层面，普遍期盼能够有一套体系框架科学合理、理论与实操结合紧密、贴近一线生产实际、具有解决实操难题“窍门”的石油工程技能培训系列教材。

在中国石化集团公司对石油工程业务进行专业化整合重组、中国石化石油工程公司成立10周年之际，我们精心组织编写了该套《石油工程技能培训系列教材》。编写工作自2022年7月正式启动，历时一年多，经过深入研讨、精心编纂、反复审校，于今年9月付梓出版。该套教材涵盖物探、钻井、测录井、井下特种作业等专业领域的主要职业（工种），共计13册。主要适用于石油工程企业及相关油田企业的基层一线及其他相关员工，作为岗位练兵、技能认定、业务竞赛及其他各类技能培训的基本教材，也可作为石油工程高等职业院校的参考教材。

在编写过程中，坚持“系统性与科学性、针对性与适用性、规范性与易读性”相统一。在系统性与科学性上，注重体系完整，整体框架结构清晰，符合内在逻辑规律，其中《石油工程基础》与其他12册教材既相互衔接又各有侧重，整套教材紧贴技术前沿和现场实践，体现近年来新工艺新设备的推广，反映旋转导向、带压作业等新技术的应用等。在针对性与适用性上，既有物探、钻井、测录井、井下特种作业等专业领域基础性、通用性方面的内容，也凝练了各企业、各工区近年来摸索总结的优秀操作方法和独门诀窍，紧贴一线操作实际。在规范性与易读性上，注重明确现场操作标准步骤方法，保持体例格式规范统一，内容通俗易懂、易学易练，形式喜闻乐见、寓教于乐，语言流畅简练，符合一线员工“口味”。每章末尾还设有“二维码”，通过扫码可以获取思维导图、思考题答案、最新修订情况等增值内容，助力读者高效学习。

为编好本套教材，中国石化石油工程公司专门成立了由公司主要领导担任主任、班子成员及各所属企业主要领导组成的教材编写工作指导委员会，日常组织协调工作由公司人力资源部牵头负责，各相关业务部门及各所属企业人力资源部门协同配合。从全系统各条战线遴选了中华技能大奖、全国技术能手、中国石化技能大师获得者等担任主编，并精选业务能力强、现场经验丰富的高层次专家和业务骨干共同组成编审团队。承担13本教材具体编写任务的牵头单位如下:《石油工程基础》《石油钻井工》《石油钻井液工》《钻井柴油机工》《修井作业》《压裂酸化作业》《带压作业》等7本由胜利石油工程公司负责,《石油地震勘探工》和《石油勘探测量工》由地球物理公司负责,《测井工》和《综合录井工》由经纬公司负责,《连续油管作业》由江汉石油工程公司负责,《试油（气）作业》由西南石油工程公司负责。本套教材编写与印刷出版过程中得到了中国石化总部人力资源部、油田事业部、健康安全环保管理部等部门和中国石化出版社的悉心指导与大力支持。在此，向所有参与策划、编写、审校等工作人员的辛勤付出表示衷心的感谢！

编辑出版《石油工程技能培训系列教材》是一项系统工程，受编写时间、占有资料和自身能力所限，书中难免有疏漏之处，敬请多提宝贵意见。

编委会办公室

2023年9月

目录

CONTENTS

第一章

概述

PART 1

在油气田开发过程中，根据油气田调整、改造、完善、挖潜的需要，按照工艺设计要求，利用一套地面和井下设备、工具，采取各种井下技术措施，达到提高注采量，改善油层渗流条件及油、水井技术状况，提高采油速度和最终采收率的目的。这一系列井下施工工艺技术统称为井下作业。井下特种作业主要包括修井作业、试油（气）作业、压裂酸化作业、连续油管作业、带压作业等，其中修井作业是井下特种作业的重要组成部分。

第一节　专业简介

一　基本概念

油水井在采油、注水的过程中，因地层出砂、出盐，造成地层掩埋、泵砂卡、盐卡，或因管柱结蜡、封隔器失效、管杆断脱、管柱遇卡、套管损坏等，使油水井不能正常生产。修井作业是通过修井设备、工具和修井工艺，使油水井恢复正常生产的施工过程。修井作业分为小修作业、大修作业。小修作业是为维护油、气、水井正常生产，配合措施作业，进行新井投产的工艺过程，主要包括维护作业、措施作业、新井投产投注等；大修作业是为恢复油、气、水井正常生产，利用旋转设备、钻具、工具等解除井下故障、保障油水井正常生产的工艺过程。随着工艺技术的不断进步和装备的升级换代，修井作业技术正向着低成本、低能耗、自动化、信息化、智能化方向发展。

二　常规工艺

修井作业是油气田高质量开发的重要保障，常规工艺包括洗压井、通井刮管、探冲砂、油井检泵、注水泥塞、油水井出水堵水、防砂、油水井打捞、套管修复、套管内侧钻等，涵盖新井投产、修井、措施、套管内侧钻、弃井的全过程。

第二节 专业术语

一 油（气）水井类型

①油（气）井：为开采石油（天然气）而钻的井。

②水井：为开采地层水或向地下注水而钻的井。

③储气井：用来储存或采出天然气而从地面钻到储气藏的井。

④救援井：又称救险井。为抢救井喷失控、着火油气井，在其一定安全距离位置设计、施工与事故井连通，达到控制井喷目的。

⑤分支井：又称多底井。同一井口有两个或两个以上井底的井。

⑥侧钻井：从已有井眼的选定深度处侧向钻出并钻达目标点的井。

⑦自喷井：依靠油层自身能量将井中液体举升到地面的井。

⑧抽油井：采用机械采油方式进行生产的井。

⑨热采井：用热力降黏采油的井。

⑩报废井：因地质原因或工程原因而永久不能用于油（气）田开发的井。

⑪“三高”油气井：是指具有高产、高压、高含 H_2S 特征的井。其中“高产”是指天然气无阻流量达 $100\times10^4m^3/d$ 及以上；“高压”是指地层压力达 70MPa 及以上；“高含 H_2S”是指地层气体介质 H_2S 含量达 $1000mg/m^3$ 及以上。

二 井筒术语

①井身结构：井眼内下入套管层次、直径、深度、各层套管相应的钻头直径及裸眼井深，以及各层套管外的水泥返高。

②油补距：是从井深原点到油管头上法兰面的井眼轴线的长度。

③套补距：是从井深原点到套管头上法兰面的井眼轴线的长度。

④水泥返高：环空水泥面距离井深原点的深度。

⑤人工井底：固井或井下作业结束后，留在套管内最上面一个水泥塞或桥塞的顶面。

⑥裸眼：未用套管、筛管以及其他措施封固的井眼。

⑦环空：环形空间的简称。井眼内下有管柱时，井壁与管柱或管柱与管柱之间的环形柱状空间。

⑧口袋：目的层底界至井底的井筒空间。

⑨井壁：井眼的圆柱形内壁。

⑩井筒：又称井眼或井身。从井口到井底的筒状空间，是油气水进出的主要通道。

⑪井深：从井深原点至井内某测点间的井眼轴线的实测长度。

⑫完钻井深：指完钻时从井深原点至井底的井眼轴线的实测长度。

三 完井方式

①裸眼完井：目的层部位不下套管与筛管的完井方法。可分为先期裸眼完井和后期裸眼完井两种。

②套管射孔完井：指先钻开油气层，再下入油层套管至油气层底部后用水泥浆固井，再用射孔器对准油气层部位射孔，射穿套管和水泥环并进入地层一定深度，为油气流入井筒打开通道的完井方式。

③筛管完井：指完钻后，目的层部位下筛管，其余部分下套管，在筛管以上的井段，管外注水泥封闭的完井方式。

思考题

1. 井下作业是指什么？
2. 大修作业和小修作业的含义是什么？
3. 修井作业的常规工艺包括什么？
4. “三高”油气井是指什么井？
5. 完钻井深是指什么？

扫一扫
获取更多资源

第二章

修井作业主要设备

PART 2

修井作业设备是指具有一定功能，能够单独或配合完成修井作业工艺技术的设备，修井作业设备主要包括通井机、修井机、辅助设备及其他特殊车辆等。

第一节　修井机与通井机

修井机一般包括车载式修井机和橇装式修井机，其中车载式修井机是指具有行走功能、起下钻功能和钻具旋转功能的装备，能够实现设备的道路运移、磨铣、打捞、解卡、倒扣、钻进等较复杂修井工艺的设备。通井机按其运行结构分为履带式和轮胎式两种形式，履带式通井机一般不配载井架，轮胎式一般配载井架。

一　车载式修井机

1. 名称及型号

（1）名称规则

“修井机”中文开头以拼音字母为字头，并以大钩的最大载荷为扩展。

（2）修井机型号

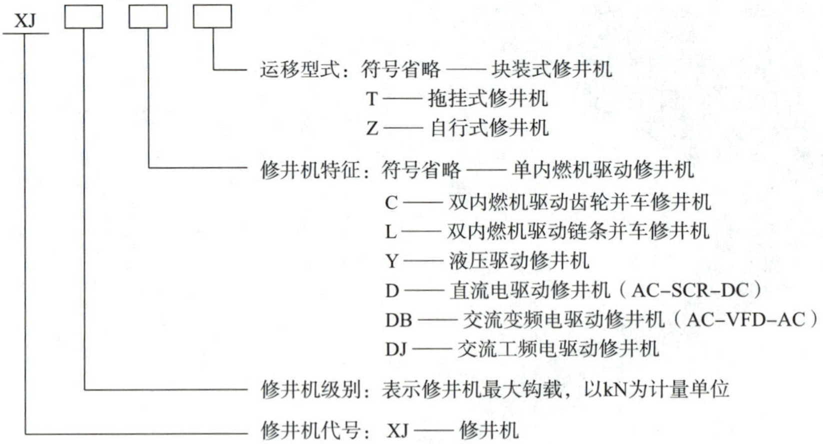

2. 主要技术参数

车载式修井机主要技术性能参数见表 2-1-1。

表 2-1-1　车载式修井机主要技术性能参数

修井机级别			XJ350	XJ600	XJ700	XJ900	XJ1100	XJ1350	XJ1600	XJ1800	XJ2250
最大载荷 /kN			350	600	700	900	1100	1350	1600	1800	2250
名义修井深度 /m	小修深度	ϕ73mm 外加厚油管	1600	2600	3200	4000	5500	7000	8500	—	—
	大修深度	ϕ73mm 钻杆	—	—	2000	3200	4500	5800	7000	8000	9000
		ϕ88.9mm 钻杆	—	—	—	2500	3500	4500	5500	6500	7500
		ϕ114mm 钻杆	—	—	—	—	—	3600	4200	5000	6000
额定钩载 /kN			200	300	400	600	800	1000	1200	1500	1800
绞车额定输出功率 /kW			80~150	120~180	160~260	260~330	280~400	330~450	400~500	450~600	550~746
井架高度[①] /m			18，21，31			29，31	31，33，35，36			36，38，39，41	
修井绳数			4		6		8		8，10		10
修井钢丝绳公称直径 /mm			22			26			26，29	29，32	32
大钩最大提升速度 /（m/s）			1~1.5								

①对于有绷绳桅杆井架，井架高度是指从井场基础面到天车梁底面的最小垂直距离。

3. 基本功能

修井机设备主要用来完成各种修井任务，修井机通过绞车系统提升钻具，通过转盘旋转系统完成修井旋转钻进作业。修井设备一般具备以下三个方面的基本功能，以满足井下修井作业和侧钻井作业的基本要求。

（1）起下钻作业功能

修井机的起下钻作业功能通过绞车系统和游车系统来完成，绞车动力由车台或车载发动机经液力变速箱、分动箱、并车箱、角传动箱等传动部件输入，具有一定的起升重量和起升速度，一般采用 5 个正挡和 1 个倒挡来控制绞车的运转。绞车制动系统有主刹车和辅助刹车两种形式，主刹车一般为滚筒轮毂与刹车带摩擦制动，或是采用盘式刹车两种形式，辅助刹车一般采用水刹车形式。游车系统是提升负荷的承载机构，通过游车大钩和天车滑轮组成的 2×3、3×4、4×5、5×6 等形式的绳系，来满足各种型号修井机单绳最大负荷和作业提升总负荷的要求。

（2）旋转功能

修井机实现旋转功能，必须配备转盘、水龙头、方钻杆、钻台等设备和工具，给井下钻具提供一定的扭矩和转速进行钻、磨、套、铣等施工作业。旋转的动力传动形式一般有两类：一是发动机动力经液力传动箱、分动箱、并车箱、角传动箱，由传动轴直接驱动修井机尾部的转盘转动箱，再通过链条箱带动钻台上的转盘旋转。二是发动机动力经液力传动箱、并车箱、分动箱，由角传动箱将动力经过绞车系统滚筒（捞砂滚筒、主滚筒）及链条传动箱输入至转盘传动箱，再通过转盘链条箱驱动转盘，转盘传动箱一般采用五正一倒挡和五正五倒挡两种形式。

（3）行驶功能

修井机的基本特征就是具有机动行驶能力，能适应各种路面的行走，以满足井下作业时间短，搬迁频繁迅速，越野性强的特点。修井机通过专用的自走式底盘承载和行驶，与普通车载式底盘不同的是其行驶动力与作业机构分别共用一台发动机。当底盘行驶时，发动机动力经液力变速箱传至分动箱下输出轴，驱动底盘驱动桥实现底盘行驶。

4. 主要部件结构及组成

（1）运载车系统

1）技术参数

运载车是车载式修井机的最大部件，有着不同于其他专用车辆的显著特点。它不但是作业部分安装的基础件、转移井场时的移运工具，而且为作业部分提供全部动力（机械动力、压力、压缩空气、电力等）。

2）型号标识

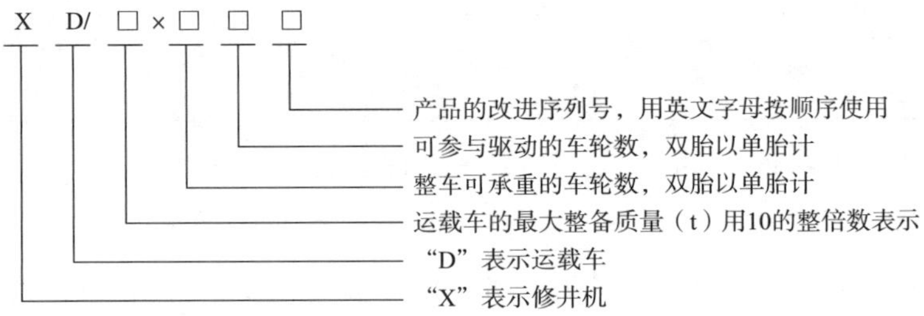

3）动力传动系统

动力传动系统用来将发动机的动力传至行车系统和作业系统，动力传递的方式有机械式传动、液力传动和电力传动等。

修井机的运载车主要采用液力传动，在一些小型运载车上也有采用机械传动的方式。运载车均采用活塞式内燃机，需经过传动系统增大转矩、减低转速后才能驱动车轮。又由于汽车行驶的阻力是不断变化的，行驶速度和方向也需要改变，因此也需经传动系统实现运载车的变速和倒车。还由于在转向时，内、外侧车轮的转速不等，也需要传动系统实现差速。因此传动系统的基本功能可以归纳为：起步、降速增矩、倒驶、停车。

（2）动力系统

动力系统是修井机中用于驱动绞车和转盘等工作机组的动力设备，可以是柴油机、交流电动机或直流电动机，在车载式修井机中应用最多的是柴油机。

车载式修井机的动力源，其用途与常规车辆的发动机不同，它既是行车时的动力，更是作业时的动力来源。在动力的配置上又分为单发动机和双发动机，单发动机为车上、车下共用，双发动机分为车上、车下共用两台发动机和车上、车下各由一台发动机供给动力。传动箱与发动机配套使用，为车载式修井机提供平稳无冲击的各挡动力。

（3）绞车及附属设备

1）绞车系统

绞车系统是车装钻修设备作业机构主要系统部件，用于钻修过程中的提升作业。绞车系统主要由绞车架、主滚筒、主滚筒刹车、主滚筒辅助刹车、捞砂滚筒、捞砂滚筒刹车、刹车冷却装置、天车防碰机构等组成。

2）主滚筒总成

滚筒主要是通过动力的传递来完成游动系统的起升作业，与动力机组一起安装于载车台面上。动力机组输出的功率经分动箱和角传动箱通过链条传至主滚筒轴，在主滚筒的另一侧，可安装水刹车或辅助刹车，实现功率的逐步传递，整个绞车系统设置有多种安全保护及辅助操作装置，能够保证作业的安全。

3）刹车系统

①带式刹车的结构特点：

带式刹车系统是一种机械杠杆式刹车机构，用来制动滚筒，可使游车大钩和钻具停止在任意位置。主滚筒刹车系统采用了双杠杆刹车机构，刹带包角 340°刹车力通过拐臂带动曲拐，传给刹带实现滚筒制动。调节装置用来调节刹带活端与连臂、曲拐的相对角度，平衡装置保证两刹带的受力均匀。

②盘式刹车的结构特点：

盘式刹车装置主要由液压控制和液压制动两部分组成。液压控制部分由液压泵站和操纵站组成，它是动力源和动力控制机构，为制动钳提供必需的液压。动力钳是动力执行机构，为主机提供大小可调节的正压力从而达到刹车的目的，制动钳分为工作钳和安全钳。

4）辅助刹车

辅助刹车直接安装在绞车上，是一种通过压缩空气和复位弹簧的作用来驱动摩擦片与淬铜合金板的离合，从而改变制动能力的装置。

5）天车防碰与紧急刹车装置

当游车大钩上升到一定高度时，滚筒快绳排绳到位，防碰肘阀阀杆被碰斜，使该常闭阀打开，主气通过防碰肘阀进入常闭继气器，并打开常闭继气器，使气包内主气分别进入气动辅助刹车及刹车气缸，气动辅助刹车与刹车气缸同时起作用，进而刹死滚筒。同时另一路控制常开继气器，切断进入司钻阀的进气，从而使滚筒离合器放气，绞车停止转动，达到天车防碰的目的。紧急刹车装置是由司钻人为控制，利用气动辅助刹车的制动机构及主刹车气缸同时作用实现刹车。

（4）井架系统

常规修井机井架为双节套装前倾式伸缩井架，井架伸缩用两个伸缩油缸来完成，通过两级扶正机构保证井架伸缩时的稳定性。井架的立起和放倒是由连接在运载车大梁和井架下体上的两个起升油缸来完成。井架与运载车后支架采用绞支座连接，通过调整 Y 形支架和车架之间的丝杠来改变井架的倾角，保证大钩与井口的对中，在正常工作状态下，井架的倾角为 3° ~ 3.5° 。

（5）传动系统

修井机的动力传动系统把发动机的能量传递和分配给各工作机，实现修井机的移运和修井作业。传动箱体是修井机的动力传动系统的核心部件，是各工作机动力传递的纽带，满足各工作机所要求的扭矩及转速范围。

（6）钻台总成

钻台是修井机作业时主要的工作台面，其台面上用来安装转盘，存放立根和工具，并在作业时为操作提供工作空间，其台面下空间用来安装井口防喷装置。

（7）液压系统

液压系统包括主液压系统和转向液压系统，主要用于修井机行驶中的转向助力，安装调试中的车架升降调平与井架的起降伸缩，以及修井作业中的井口液压机具应用控制等。

（8）气路系统

气路系统配置双安全阀（设定压力为 1.05MPa）及超压自动排气、排水开关，为整个系统进行蓄能，保障为整机气路系统和发动机启动提供压力源。

（9）电气系统

电气系统包括车辆行驶和作业照明系统，车辆行驶系统采用 24V 或 12V 直流电，电源来自蓄电池和发动机驱动的硅整流发电机。作业照明系统由外接交流电源供电，并采用专用防爆控制箱进行集中控制。

（10）游车大钩

游车大钩既是修井机游动系统的主要装备，又是连接旋转系统水龙头的纽带。游车大钩是由游动滑车和大钩两部分组成一体的形式，钩筒上装有制动装置，可以实现钩体 360° 的旋转和钩体在圆周八个方向的任一位置定位锁紧。钩体的主钩口安装有安全锁紧机构，从而确保水龙头提环和吊环在冲击和震动时不会自动脱开。

（11）转盘

转盘是一个用两个锥齿轮将动力机传来的水平旋转运动变为垂直旋转运动的机构，转台是靠一对螺旋锥齿轮来传动的，大齿圈安装在转台上，小锥齿轮装在主动轴的一端，在轴的另一端可装有一排或双排链轮，也可以用法兰和传动轴连接，构成一个输入轴总成。在转盘的顶部装有制动转台，配备了锁紧装置及制动杆，当需要制动转台时，左右锁紧块之一被操纵杆送入转台止动槽位中的一个槽位，从而实现转台的制动。

5. 维护保养

（1）例行保养

工作 8 ~ 10h 进行一次例行保养，主要内容如下：

1）发动机部分

①检查燃油箱燃油量。

②检查油底壳、高压油泵、调速器内的机油量，应使油面在规定位置。

③检查水箱内的冷却液液面，补足冷却液。

④检查有无漏水、漏油、漏气情况，并查明原因及时排除。

⑤检查柴油机各外部零件及附件连接是否牢固。

⑥观察柴油机压力表、油温表、水温表、电流表、转速表是否正常，柴油机是否有异常响声，如有不正常现象，应随时检查排除。

⑦清洁柴油机，保持工作环境的整洁，特别是电器部分，清除油污和尘土。

⑧每班向水泵、风扇和三角皮带张紧轮黄油嘴加注一次润滑脂。

⑨清洁发动机各部卫生。

2）驾驶室及灯光部分

①检查前后大小灯、示宽灯、转向灯、后尾灯是否齐全、完好，开关是否灵活好用。

②检查喇叭及雨刮器是否齐全有效。

3）底盘部分

①检查传动及行走部件装置的发热程度和连接部件的紧固情况。

②检查变矩器油面高度是否合乎标准，不足时加足。

③检查差速器、轮边减速器油面及有无渗漏现象。

④机车行走时应检查转向系统、制动系统助力器及操作装置是否齐全完整、性能可靠。

4）井架及钻台

①检查二层井架锁紧装置、油缸扶正器是否安全可靠。

②检查井架、绷绳、游动滑车、防碰天车、钻台、转盘工作是否正常。

③检查井架照明灯及高度显示灯是否齐全有效。

5）绞车及传动部分

①检查离合器链条箱、水刹车链条箱、转盘链条箱油位（静态达到油位监视孔镜 1/2 处），不足时添加。

②检查变矩器、分动箱、角传动箱油位（静态油位在油尺上下限 1/2 处），不足时添加。

③检查各部螺丝是否齐全、紧固、规范。

6）油气路部分

①检查气路部分油水分离器、调压阀、油雾器、压力控制器是否齐全有效。

②检查液压油箱油面，不足时补足。

③检查油、气路管线连接是否紧固，有无泄漏现象，如有异常应查明原因，立即排除。

④检查各部螺丝是否齐全、紧固、规范。

⑤每班松开油水分离器排污螺丝，排空里面的油污，冬季停车后及时排污。

⑥每班松开储气筒下部排污丝堵，放空里面的水及油污；冬季停车后及时排污。

⑦每班应向各部操作机构交接部位加注润滑脂一次。

（2）一级技术保养

每工作 120 ~ 150h 进行一次一级技术保养，除执行例行保养的全部项目外，增加以下工作内容：

1）发动机部分

①清洗空气滤清器、柴油粗滤器及机油滤清器。

②检查并调整空压机及发动机皮带的松紧度，以 30 ~ 50N 按下 15 ~ 20mm 为宜。

③检查蓄电池液面高度及电解液密度，电解液密度夏季：1.24 ~ 1.25g/cm^3；冬季：

$1.27 \sim 1.28 g/cm^3$，必要时予以添加与调整。

④放空柴油箱底沉淀物。

⑤用 pH 试纸检测软化水，pH 值应在 8 ~ 9 之间。

2）驾驶室及灯光部分

①检查机车电路有无线路破损情况。

②检查驾驶室内各阀件是否灵活好用。

3）底盘部分

①检查差速器、轮边减速器油面，使油面在规定范围内。

②检查转向系统、制动系统、助力器及操作装置是否齐全可靠。

③检查轮胎气压是否正常。

4）井架及钻台

①检查绷扣油缸、起升油缸、伸缩油缸有无卡滞、渗漏现象。

②井架、钻台、天车、游动滑车注润滑脂一次，并检查运转是否灵活。

5）绞车及传动部分

①检查变矩器、分动箱、角传动箱运转是否正常。

②检查滚筒刹车系统是否可靠，并检查刹车毂及刹车块磨损情况。

③检查传动部位运转是否正常，必要时进行调整，各传动轴注润滑脂。

6）油气路及其他部分

①清洗油气分离器、油雾器及压力控制器。

②检查清洗液压油箱加油口滤网及箱盖通气孔。

③检查油、气路工作压力是否正常，必要时予以调整。

④检查油、气路管线，如有严重破损或泄漏时应进行整改或更换。

（3）二级技术保养

每工作 400 ~ 500h 进行一次二级技术保养，除执行一级技术保养的全部项目外，增加以下工作内容：

1）发动机部分

①检查发动机及零部件运转情况，必要时调整发动机气门。

②更换空气滤芯，柴油粗、细滤芯及机油粗滤芯。

③检查发动机缸盖螺栓紧固情况，必要时按规定扭矩紧固。

④检测发动机机油，不合格时予以更换。

⑤检查校正高压油泵和喷油器，必要时更换。

⑥更换高压油泵及调速器内机油。

⑦检查维护发电机及启动机。

⑧检查维护电器各接头是否牢固，有烧蚀的予以更换。

⑨检查维护水泵，如溢水口滴水，应更换密封圈。

⑩清洗柴油箱。

2）驾驶室及电气部分

①检查调整灯光及仪表。

②检查维护雨刮器等附件。

3）底盘部分

①检测变矩器、差速器、轮边减速器油面润滑油质量，不合格时予以更换。

②检查减震气囊是否完好有效，必要时予以更换。

③全车各部黄油嘴加注润滑脂。

④检查车架焊接与连接处有无断裂、松动现象。

⑤检查维护刹车总泵及分泵。

⑥检查转向机构是否有松旷现象。

⑦在进行底盘各级保养时，不应只限于以上各项工作，应随时检查发生的故障，并及时排除。

4）井架及钻台

①全面检查井架、钻台及其辅助设备，确保各机构安全可靠。

②检查死绳是否安全、牢固、可靠地紧固在死绳器上。

5）绞车及传动部分

①检测变矩器、分动箱、角传动箱润滑油，不合格时予以更换。

②检查滚筒刹车毂及摩擦片的磨损情况，必要时予以调整或更换。

③检查调整各拉杆行程。

④检查调整链条松紧度。

6）油气路及其他部分

①清洗液压油箱内外滤网及液压油滤清器，每 1000h 清洗一次液压油箱。

②检查千斤顶及操纵阀的工作情况，更换损坏的密封件。

③检查调整液压溢流阀。

④检查维护空压机。

⑤检查液压管线及气路管线，如有严重破损或泄漏，应进行整改或更换。

二 通井机

通井机是指只具有起下钻作业功能，主要用来完成油井小修、试油等作业的装备。按其运行结构分为履带式和轮胎式两种形式，履带式通井机一般不配载井架，其动力越野性能好，适用于低洼泥泞地带施工；轮胎式通井机一般配载井架，行走速度快，施工效率高，能够满足快速搬迁的需要，但在低洼泥泞地带及雨季、翻浆季节行走和进入井场相对受到限制。下面以履带式通井机为例进行介绍：

1. 基本结构组成及技术参数

通井机主要由动力装置、传动装置、行走装置、工作装置和其他附属装置组成，常用履带式通井机主要技术参数见表 2–1–2。

表 2-1-2　常用履带式通井机主要技术参数

项目	AT-10 型	XT-12 型	XT15 型
柴油发动机型号	6135AK–4	6135AK–6	6135AK–8
滚筒长度 /mm	910	900	920
滚筒直径 /mm	350	360	380
钢丝绳最大拉力 /kN	100	120	150
滚筒钢丝绳容量	ϕ22mm × 2800mm	ϕ22mm × 3000mm	ϕ22mm × 3000mm
刹车鼓直径 /mm × 个数	1080 × 2	1072 × 2	1080 × 2
刹车带宽 /mm × 数量	195 × 2	180 × 2	195 × 2
猫头数 / 个	1	1	1
油箱容积 /L	290	280	300
外形尺寸（长宽高）/mm	6015 × 2680 × 3250	5970 × 2456 × 3080	5970 × 2470 × 3110
总质量 /kg	18280	17700	17900

2. 主要用途

①作业时起下油管、抽油杆、深井油泵等。

②试油时进行油井抽汲作业。

③清理油井时升降捞砂筒、起下堵塞器及打捞井底落物。

④进行井口安装及起重等辅助工作。

⑤可代替拖拉机从事一般的牵引作业。

3. 底盘结构组成

（1）离合器

离合器能够切断发动机曲轴传给传动系统的动力，减少变速箱换挡时的冲击，使发动机曲轴与传动系统平顺接合，启动时减少传动系统的冲击，防止传动系统过载。

（2）变速箱

变速箱能使通井机实现前进或后退，并能改变通井机的牵引力和行驶速度，有四个前进挡位及四个倒退挡位。

（3）中央传动

中央传动是在变速箱与转向离合器之间的传动装置，为两轴互相垂直相间交错的一对螺旋伞齿轮，用以改变运动方向和所传递的扭矩。

（4）转向离合器与操纵机构

通井机装有两个转向离合器部件，发动机的动力通过主离合器、变速箱和中央传动传给转向离合器，分别实现向左转或向右转两种运动。

（5）制动器

制动器的两端借助拉臂轴与双头拉臂连接，并通过拉臂轴浮支在制动带架上，制动时，依据外毂旋转方向不同，一个拉臂轴靠在支架上成为支点，另一个拉臂轴离开制动带架浮起，随双头拉臂摆动构成收紧制动。

（6）最终传动装置

最终传动装置结构位于后桥箱的左右两侧，其用途是再次增加传动系统的传动比，降低传动系的转速并将动力传给驱动轮。

（7）行走系统

行走系统是由左右台车、加宽履带板的左右履带总成及平衡梁悬架所组成。台车前部通过平衡装置支持着车架以及安装在其上的发动机和传动装置，台车后部同最终传动的半轴铰接。台车可以绕半轴作角度不大的上下摆动，以适应高低不平的地面。

（8）电气系统

电气系统包括车辆行驶和作业照明系统，车辆行驶系统采用24V直流电，主要包括发动机的启动、底盘各部分监控仪表的灯光信号、行驶时各种灯光等。作业照明包括井口、钻台、井架等部位照明。

4. 作业装置功能及结构

（1）变速箱

1）功能与结构

变速箱安装在后桥箱的后平面上，它能改变通井机滚筒绳的拉力和速度，并能改变滚筒旋转方向。

2）变速箱的传动

底盘行走变速箱上轴，由链条连接到通井变速箱第一轴，再通过一对齿轮将动力传到小伞齿轮，小伞齿轮通过大伞齿轮将动力传至第三轴，第三轴上装有一、二、三、四速（反、正转）主动齿轮。通过上述齿轮分别将动力传至第四轴上的各速被动齿轮，再经齿轮将动力传至第五轴，由齿轮将动力传至输出轴，由齿轮将动力输出，传至大齿圈，带动滚筒工作。

（2）绞车滚筒及离合器

1）绞车滚筒

绞车滚筒体是由滚筒、左轮毂、右轮毂焊接而成，都是铸钢件，强度高。左、右两个制动毂是用螺栓连接在滚筒体上，便于维修，并且在制动毂磨损后，可以单独更换制动毂，而滚筒体可继续使用。

2）绞车滚筒刹车

常规刹车为带式摩擦片刹车，有左、右两个刹车毂，刹车装置为液压助力机械混合式，此外还备有死刹车装置，刹车操纵手柄设在驾驶室内，操作方便。

3）绞车滚筒离合器

滚筒离合器为气动隔膜推盘式离合器，离合器主动盘安装在滚筒轴上，其从动部分装在左刹车毂上，当离合器结合时，带动滚筒工作。

（3）滚筒换向及变速箱操纵装置

变速箱操纵设有四个操纵杆，一个是正、反转操纵杆；一个是高低速杆；一个是一、二挡变速操纵杆；一个是三、四挡变速操纵杆。在变速操纵机构中，设有拖拉机主离合器联锁装置，这一装置使主离合器结合时，变速箱不能挂挡。

（4）联锁机构

主离合器处于分离位置时，方能拨动拨叉轴，锁定销端部能进入锁定轴的“г”形槽内，方可变速或换向。当主离合器结合时锁定轴的“г”形槽转离锁定销端部，拨叉轴被锁住，此时不能变速或换向，这就是联锁机构正常工作的作用。

5. 维护保养

（1）例行保养

工作 8 ~ 12h 进行一次例行保养，内容如下：

1）发动机部分

①检查燃油箱燃油量。

②检查油底壳、高压油泵、调速器内的机油量，应使油面在规定位置。

③检查水箱内的冷却水液面，补足冷却水。

④检查有无漏水、漏油、漏气情况，查明原因及时排除。

⑤检查柴油机各外部零件及附件连接是否牢固。

⑥观察柴油机运转中的变化，机油、冷却水的温度，机油压力是否正常，柴油机是否有异常响声，如有不正常现象，应随时检查排除。

⑦检查高压油泵、传动连接盘连接螺栓是否紧固，否则应重新校正喷油提前角。

⑧清洁柴油机，保持工作环境的整洁，特别是电器部分，及时清除油污和尘土。

⑨每班向水泵、风扇和三角皮带张紧轮黄油嘴加注一次润滑脂。

2）底盘部分

①作业时，检查传动装置的发热程度和连接部件的紧固情况，如搬家或牵引其他物件行驶时，检查行走部分的发热程度。

②起下作业或行驶之前必须检查离合器各种轴销、环行板簧和凸轮是否可靠。检查挠性连接块的连接状态，有无断裂现象，发现有断裂现象应五块一起更换。

③检查变速箱油面高度是否符合标准，不足时加足。

④检查各部螺丝是否齐全、紧固、规范。

⑤清除底盘各部泥水及油污。

⑥每班向离合器中盘轴承、分离轴承及凸轮架加注一次润滑脂，拆下检查孔盖，放出里面的油污及脏物。

3）作业部分

①检查油压、气压是否正常，检查传动部分的发热程度。

②检查液压油箱、变速箱、减速器油面高度，不足时应补足。

③检查制动装置和气动装置是否灵活可靠，并做试制动和试离合，如有异常应排除。

④清除通井机各部尘土、油污。

⑤检查各部螺丝是否齐全、紧固、规范。

⑥松开油水分离器排污螺丝，排空里面油污。

⑦每班松开储气筒下部放污丝堵，放空里面的水及油污。

⑧每班应向滚筒轴承、各部操作机构铰接部位、撑脚螺纹加注一次润滑脂。

⑨每班必须给绞车大齿轮、双排链条抹润滑脂一次，每班向动力输出轴承注润滑脂一次。

（2）一级技术保养

每工作 120 ~ 150h 进行一次一级技术保养，除执行例行保养的全部项目外，增加以下工作内容：

1）发动机部分

①清洁空气滤清器、柴油滤清器及机油滤清器。

②检查并调整空压机及发动机皮带的松紧度，以 30 ~ 50N 按下 15 ~ 20mm 为宜。

③检查蓄电池液面高度及电解液密度，电解液密度夏季：1.24 ~ 1.25g/cm^3，冬季：1.27 ~ 1.28g/cm^3。必要时予以添加与调整。

④放出柴油箱底沉淀物。

⑤给风扇支架、张紧轮及前支架加注润滑脂。

2）底盘部分

①检查履带张紧度，必要时进行调整。

②给各排挡杆铰接部位加注润滑脂。

3）作业部分

①检查滚筒末端减速、变速箱及滚筒运转是否正常。

②检查滚筒刹车片磨损情况及刹车间隙，必要时调整刹车调整臂，同时调整刹带顶丝，使刹车片与刹车毂间隙在 2.5 ~ 3.5mm 之间。

③检查滚筒刹车及操纵杆各轴销连接是否牢固可靠，并检查助力器工作情况，发现有漏油、漏气情况，应及时更换密封圈。

④检查油、气管线有无磨损破裂情况，如有应及时更换。

⑤给滚筒变速箱万向节注油。

（3）二级技术保养

每工作 400 ~ 500h 进行一次二级技术保养，除执行一级技术保养的全部项目外，增加以下工作内容：

1）发动机部分

①更换空气滤芯、柴油细滤芯和机油粗滤芯。

②检查发动机及零部件运转情况，必要时调整发动机气门。

③检查发动机缸盖螺栓紧固情况，必要时按规定扭矩紧固。

④更换发动机机油。

⑤检查校正高压油泵和喷油器，必要时更换。

⑥更换高压油泵及调速器内机油。

⑦检查维护发电机、起动机及打气泵。

⑧检查维护电器各接头是否牢固，有烧蚀的应予更换。

⑨检查维护水泵，如溢水口滴水，应更换密封圈。

⑩清洗柴油箱。

2）底盘部分

①检查并调整离合器、变速箱。

②检查调整转向离合器与刹车。

③如扳动转向操纵杆费力，应检查助力器是否有漏油现象，必要时更换。

④对左右转向离合器轴承、滚筒变速箱输出轴座轴承等部位加注润滑脂。

⑤在进行底盘各级保养时，不应只限于以上各项工作，应随时检查发生的故障，并及时排除。

3）作业部分

①检测滚筒减速器、变速箱润滑油质量，不合格时予以更换。

②清洗变速箱机油滤清器。

③检查大齿轮及刹车毂固定螺栓的紧固情况，必要时紧固，扭紧力矩为 539～686N·m；

④检查变速箱齿轮磨损情况及啮合间隙，必要时调整与更换。

⑤检查滚筒刹车毂、刹带磨损情况，必要时予以更换。

⑥清洗液压油箱内外滤网，每 1000h 清洗一次液压油箱。

⑦检查液压管线及气路管线，如有严重破损或泄漏，应进行整改或更换。

⑧按润滑图表进行彻底润滑。

第二节　循环冲洗设备

循环冲洗设备主要由橇装泵、水龙头、水龙带等部件组成。橇装泵是修井作业最基本的循环冲洗设备，用途是将循环液体注入井内，进行循环冲洗、压井或其他施工作业。水龙头是进行冲洗作业的设备，用于悬吊井下管柱，连接循环冲洗管线，完成洗井、冲砂、解卡和冲洗打捞等施工作业。水龙带是在钻塞、冲砂和循环压（洗）井等施工中，用于连接水龙头或活动弯头与地面管线，输送循环液体的高压橡胶软管。

一　190 型柴油机

190 型柴油机是用柴油作燃料的内燃机，属于压缩点火式发动机。柴油机在工作时，首先吸入柴油机气缸内的空气，因活塞的运动而受到较高程度的压缩，达到 500～700℃的高温。然后将燃油以雾状喷入高温空气中，与高温空气混合形成可燃混合气，自动着火燃烧。燃烧释放的能量作用在活塞顶面上，推动活塞并通过连杆和曲轴转换为旋转的机械功。

柴油机可按不同特征分类：按工作循环可分为四冲程和二冲程柴油机；按冷却方式可分为水冷和风冷柴油机；按进气方式可分为增压和非增压（自然吸气）柴油机；按转速可分为高速(大于1000r/min)、中速（350～1000r/min）和低速（小于350r/min）柴油机；按燃烧室可分为直接喷射式、涡流室式和预燃室式柴油机；按气体压力作用方式可分为单作用式、双作用式和对置活塞式柴油机等；按气缸数目可分为单缸和多缸柴油机；按气缸直径可分为190、150、135(mm)柴油机等；按用途可分为船用柴油机、机车柴油机、汽车柴油机、发电柴油机、农用柴油机、工程机械用柴油机等。

（一）190型柴油机技术参数

190型柴油机技术参数见表2-2-1。

表2-2-1　190型柴油机技术参数

型号	标定功率/kW	持续功率/kW	标定转速/（r/min）	燃油消耗/（g/kW·h）	机油消耗/（g/kW·h）	外形尺寸/mm	质量/kg
6190ZL	450	405	1500	≤204	≤1.5	2990×1243×1763	3960
6190ZL-1	400	360	1200	≤204	≤1.5	2990×1243×1763	3960
6190ZL-2	330	297	1000	≤204	≤1.5	2990×1243×1763	3960
6190ZL-3	400	360	1300	≤204	≤1.5	2990×1243×1763	3960
G6190ZL	540	486	1500	≤204	≤1.5	2990×1243×1763	4500
6190ZLC	450	405	1450	≤204	≤1.2	2990×1243×1763	3960
G6190ZLC	540	486	1450	≤204	≤1.2	2990×1243×1763	4500
8190ZL	720	648	1500	≤205	≤1.2	3175×1208×2055	5200
8190ZL-1	600	540	1200	≤205	≤1.2	3175×1208×2055	5200
8190ZL-2	500	450	1000	≤205	≤1.2	3175×1208×2055	5200
8190ZL-3	650	585	1300	≤205	≤1.2	3175×1208×2055	5200
8190ZLC	720	648	1450	≤205	≤1.2	3175×1208×2055	5200

（二）190型柴油机结构组成

柴油机的基本组成包括曲柄连杆机构、配气机构及进排气系统、燃烧与燃料供给系统、润滑系统、冷却系统、启动系统、增压系统、机体组件等。

1.曲柄连杆机构

曲柄连杆机构由活塞组、连杆组、曲轴组和飞轮等部件组成，是柴油机实现能量转换和传递扭矩的核心部件之一。

（1）活塞组

活塞组的主要功能是与气缸盖构成工作容积和燃烧室，依靠活塞上下移动，使气缸容积周期地改变，从而实现柴油机的进气、压缩、膨胀、排气等过程；承受燃气的压力作用，并通过连杆传给曲轴；密封气缸，防止燃气漏入曲轴箱内，并阻止过多的机油窜入气缸内。

（2）连杆组

连杆组的主要作用是连接曲轴和活塞，把作用在活塞上的力传给曲轴，将活塞的往复运动变为曲轴的旋转运动。

（3）曲轴组

曲轴组的作用是把活塞往复运动变成旋转运动，将作用在活塞上的气体压力变成扭矩，用来驱动工作机械和柴油机几个辅助系统进行工作。

（4）其他部件

曲柄连杆机构除上述三个工作组件外还有减振器和轴承。

2. 配气机构及进排气系统

配气机构是实现柴油机进气过程和排气过程的控制机构。它的作用是按照柴油机的工作次序，定时打开或关闭气缸的进气门和排气门，使新鲜空气进入气缸，并把燃烧后的废气从气缸内排出去。

（1）配气机构

配气机构分为气门式和气孔式，本节只对顶置气门式配气机构进行介绍。其结构主要由凸轮轴、滚轮摇臂、推杆、气门摇臂、摇臂横桥、气门弹簧和气门等组成。

（2）进、排气系统

进气系统包括进气管和空气滤清器、气缸盖中的进气道等。排气系统包括气缸中的排气道、排气管和灭火器等。

3. 柴油机燃烧过程与燃料供给系统

（1）柴油机燃烧过程

柴油机燃烧过程分为四个阶段：第一，混合气体层形成阶段，此阶段开始于油泵将燃料由燃油喷射器内部喷射出来，并与空气混合，形成一层均匀的混合气体层。第二，着火阶段，着火后，燃料燃烧前的瞬间，发动机内产生的温度达到点火温度，燃烧反应开始，燃料开始燃烧。第三，燃烧阶段，燃烧过程中，燃料与空气的混合物在活塞的作用下，逐渐燃烧，伴随着热量的释放，从而产生工作动能。第四，排气阶段，燃烧完毕后，活塞上行运动，将燃烧后的空气排出发动机，结束一次燃烧过程。

（2）燃料供给系统

燃料供给系统是根据柴油机工况要求，定时、定量、定压地将柴油喷入燃烧室内，并将其雾化，使之与空气均匀地混合，以实现燃烧、做功过程。系统内还设置有调速装置，以控制柴油机在给定的工况下稳定运转。

4. 润滑系统

润滑系统的作用是润滑、冷却、净化、密封、防锈等。润滑系统一般由油底壳、机油泵、机油泵支架、启动机油泵、机油滤清器、机油冷却器和调压阀等部件组成。

5. 冷却系统

冷却系统的作用是利用冷却介质将柴油机受热零件所吸收的热量及时传送出去，保证受热零件在允许的温度条件下正常工作。冷却系统的主要部件有水泵、散热水箱、风扇、机油冷却器、空气冷却器。

6. 启动系统

压缩空气启动是将具有较高压力的压缩空气，按照柴油机各缸发火顺序充入气缸，借助于压缩空气在气缸内膨胀，推动活塞移动，带动曲轴旋转，实现柴油机启动。压缩空气启动系统主要包括空气分配器、启动阀、启动控制阀。

7. 增压系统

涡轮增压器的作用是增加发动机的进气量，使功率和扭矩都有较大幅度的增长。涡轮位于柴油机排气系统上，把排气能量转换成旋转动能，驱动压缩机把更多的进气送入燃烧室。增压器与发动机没有任何的机械连接，因此不会消耗发动机的能量，其润滑和冷却由发动机上引出的机油来完成。

8. 机体组件

机体由气缸体和曲轴箱组成。机体的主要功能是支撑柴油机所有的运动件，使它们在工作时保持相互准确的位置；在机体上加工有水道与油道，保证各零件工作时必要的冷却与润滑；安装柴油机各辅助系统部件；作为柴油机使用安装时的支承，将柴油机固定在底盘或支架上。

二 泥浆泵

（一）概述

泥浆泵是在修井过程中向井内输送冲洗液的重要装备。其主要作用是通过泥浆泵将地表冲洗液在一定的压力下，经过高压软管、水龙头及钻杆柱中心孔直送工具的底端，用于冷却工具并将工具切削下来的岩屑输送到地面。常用的泥浆泵是活塞式泥浆泵，由动力机带动泥浆泵的曲轴回转，曲轴通过十字头再带动活塞在泥浆泵泵缸中做往复运动。在吸入和排出阀的交替作用下，实现压送与循环冲洗液的目的。

泥浆泵性能的两个主要参数为排量和压力。排量以每分钟排出若干升计算，它与直径及所要求的冲洗液自孔底上返速度有关，即孔径越大，所需排量越大。泥浆泵的压力大小取决于井筒的深浅、冲洗液所经过通道的阻力以及所输送冲洗液的性质等。井筒越深，管路阻力越大，需要的压力越大。随着井筒直径、深度的变化，要求泵的排量也能随时加以调节。

（二）泥浆泵技术参数

泥浆泵技术参数见表 2-2-2。

表 2-2-2 泥浆泵技术参数

型号	F-500	F-800	F-1000	FB-1300	B-1600	FC-2200
最大输入功率 /kW（hp）	500（373）	800（597）	1000（746）	1300（969）	1600（1193）	2200（1641）
额定冲次 /spm	165	150	140	120	120	100
缸套最大内径 / in(mm)	6¾（171）	6¾（171）	6¾（171）	7（177.8）	7（177.8）	8（203）
冲程 /in(mm)	7½（191）	9（229）	10（254）	12（304.8）	12（304.8）	15（381）
液缸水压试验压力 /psi(kgf/cm^2)	7500（527）	7500（527）	7500（527）	7500（527）	7500（527）	7500（527）
传动比	4.38:1	4.31:1	4.32:1	4.31:1	4.3:1	4.27:1
吸入管直径 /in	8	10	12	12	12	—
排出管直径 /in	4	5	5	5	5	—
阀规格	API 5	API 6	API 6	API 7	API 7	API 8

（三）泥浆泵主要组成

1. 动力端

动力端主要由机架、曲轴、小齿轮轴、十字头与中间拉杆组成。

（1）机架

机架由钢板焊接而成，曲轴轴承处采用筋板加强结构经消除应力处理，刚性好，强度高。机架内设置必要的油池和油路系统，供冷却和润滑用。

（2）曲轴

曲轴为合金钢铸件，上面装有大齿圈、连杆、轴承等。大齿圈的齿形为人字齿，内孔与曲轴过盈配合，并用螺栓和防松螺母紧固。连杆大头通过单列短圆柱滚子轴承分别安装在曲轴的三个偏心拐上，连杆小头通过双列长圆柱滚子轴承安装在十字头销上。曲轴两端使用双列向心球面滚子轴承。

（3）小齿轮轴

小齿轮轴为合金钢锻件，轴上加工人字齿轮，整体调质中硬度齿面。为了便于维修，选用内圈无挡边的单列向心长圆柱滚子轴承。轴的任一端轴头均可安装皮带轮或链轮。

（4）十字头与中间拉杆

F 型泥浆泵一般采用上下导板结构，可通过下导板加垫片调整同心度。十字头与中间拉杆之间为销孔配合的法兰螺栓连接，这种刚性连接方法保证了中间拉杆与十字头的同心度。中间拉杆与活塞杆间采用质量轻的卡箍连接，方便、可靠。

2. 液力端

液力端包括缸体、缸套、活塞、吸入阀和排出阀等部件。冲洗液经液力端活塞在缸套内表面的往复运动，形成高压，经排出管输出到高压管线、水龙带及钻柱、钻头的底端排出。

（1）液缸

液缸采用“L”形结构，分块制造，可以单独拆卸，具有耐压能力高的优点。常用的还有“I”形结构。

（2）阀总成

吸入和排出阀能通用互换。当工作压力小于等于35MPa时，应使用普通阀；当工作压力大于35MPa时，应使用高压阀。

（3）缸套

缸套分为单金属缸套、双金属缸套、陶瓷缸套、镍基合金缸套。根据排量的要求，选用不同直径的缸套。

（4）活塞

活塞主要由活塞芯、皮碗、压板、卡簧组成。分为整体式和分体式（可更换皮碗）两种。

（5）吸入管、排出管

吸入管、排出管作为钻井液的循环管路，并装有吸入和排出滤网。排出口处分别装有排出空气包、剪销式安全阀和排出滤网。

3. 空气包

空气包主要由壳体、胶囊、压盖、压力表等组成。空气包预充气体为压缩氮气，预充压力为泥浆泵排出压力的20%~30%。工作原理是泥浆泵活塞处于排出过程时，排出管内流体流速加快，压力也随之升高，当压力大于空气包气室内的压力时，气囊被压缩，部分液体进入空气包壳体内；当活塞处于吸入过程、排出管内液体压力小于空气包气室的压力时，气囊开始膨胀，挤出空气包内的液体，随着排出和吸入过程的不断重复进行，空气包不断交替地储存和排出液体。自动调节排出管中的流体速度和压力，达到稳定泵压的目的。

4. 安全阀

安全阀由活塞总成、剪切板、剪切销、销轴、安全罩等组成。当泥浆泵工作压力超过规定值时能够迅速泄压，以保证设备的安全。

5. 喷淋泵系统

喷淋泵系统由喷淋泵、冷却水箱、喷管等组成。其作用是对缸套、活塞进行必要冷却和冲洗，以提高缸套活塞的使用寿命。喷淋泵为离心式，可在输入轴的轴头上装皮带轮驱动，也可由电动机单独驱动，以水或水基润滑冷却剂作为冷却润滑介质。喷管安装在中间拉杆与活塞杆连接的卡箍上，可随活塞往复运动。喷嘴靠近活塞端面，润滑冷却液能始终冲洗活塞与缸套的接触面，也可采用固定式喷淋管。

6. 润滑系统

泥浆泵动力端润滑系统采用强制润滑和飞溅润滑结合的方式。设置在油箱中的齿轮油泵，通过润滑管线，将压力油分别输给十字头、中间拉杆及各轴承，达到强制润滑的目的。齿轮油泵的工作情况，可以通过机架后部的压力表观察。

7. 灌注系统

为了避免泵吸入口压力低而出现的气塞现象，每台泥浆泵均配灌注系统。灌注系统由灌注泵及底座、蝶形阀和相应管汇组成，灌注系统由专用电机驱动，安装在泥浆泵吸入管汇上，也可以用泥浆泵输入轴的皮带传动。

三 橇装泵

1. 整机特点

所有部件都安装在一个橇架上，使用吊钩能整体吊装、运输。橇座为爬犁式机构，两端设有拖钩，可进行整体拖动。排出管汇系统采用预压式压力波动缓冲，排出缓冲器可吸收压力变动，降低压力峰值，提高泵的输出功率，并能延长管线寿命，同时整机可配备多种活塞，以适应不同作业的要求。泵的液力端排出口还装有安全阀，以防止钻井泵憋压，保证设备及人身安全。发动机油门及变速箱换挡采用气动控制，油门采用近控和远控可实现两地控制。

2. 结构及组成

常规橇装泵一般为卧式三缸单作用活塞泵，它由动力端、液力端及连接箱组成。动力端用来传递动力和转换运动方式及速度，为液力端提供合适的动力。液力端将机械能转换为液体内能，以输送清水或泥浆，动力端和液力端是采用连接箱连接。

（1）动力端

动力端主要由泵壳、曲轴、齿轮、十字头、偏心轮、连杆等组成。动力端壳体为钢质焊接结构，曲轴为双键偏心轮结构，偏心距为 101.6mm，小齿轮轴和主轴均为合金钢锻件。连杆为合金钢铸件，其小端轴套为铸造铅锡铜合金，大端瓦片为特种铸造铝合金。

（2）液力端

液力端主要由泵头体、吸入和排出阀总成、活塞杆及活塞、缸套等组成。泵头为分体组合式，便于安装和更换。吸入和排出阀总成结构尺寸完全一致，采用翼状阀，通孔阀座。

3. 液力变速箱

常规橇装钻井泵一般采用液力变速箱换挡，变速箱以 3 种不同速度驱动活塞泵，变速箱输出端通过传动轴与钻井泵连接。在变速箱的侧取力口安装取力器用于驱动润滑油泵和缸套冷却系统的水泵。

4. 传动轴

变速箱和三缸钻井泵由一个标准传动轴连接，安装角度不超过生产厂家规定的最大角度，传动轴上装有可拆卸的护罩，护罩上开口，以便于加注润滑脂和盘车。

5. 吸入管汇

吸入管由吸入口、连接板组成。吸入管吸入口的规格为 8in，连接的方式为由壬连接。

6. 排出管汇

在钻井泵排出口的两侧均接有排出管线，其中一端与排出空气包及排出口连接，另一端安装有耐震压力表及安全系统。排出管汇的安全控制采用剪销式安全阀，另装有 2in 的旋塞阀，用于在紧急情况下放空。

7. 润滑系统

橇装钻井泵的润滑系统就是指大泵的动力端的润滑，油泵从变扭器上的取力器取力来实现对大泵动力端进行润滑。

8. 安全系统

安全系统由剪销式安全阀、旋塞阀、放空管及管线组成。

剪销式安全阀的作用是当泵的工作压力超过设定工作压力值时安全销剪断，泵腔内高压液体迅速放空，以保护设备的安全。安全系统有两条通道，一条通道用于在紧急情况下泄压，泄压口装有 2in 的旋塞阀可直接与泥浆池连接；另一条通道是在超压的情况下，安全销被剪断，高压泥浆直接回到泥浆池（在安全阀的出口装有 2in 由壬）。

9. 钢套冷却系统

钻井泵在运转过程中需要对钢套及活塞进行必要的冷却和润滑，以提高钢套和活塞的使用寿命。喷淋泵从变速箱上的取力器取力，通过皮带轮带动。喷管安装于钢套上固定的卡箍上，可保证活塞在往复运动时始终有润滑冷却液冲洗活塞与钢套的接触面。

10. 橇座及构架

橇座上设有泵支座，变速箱支座及发动机支座等，为适应野外工作的要求，为发动机设计了保护罩，四周设有保护栏，平台上设有油箱及操作台，泵组的全部操作均可在操作台上完成。

四 水龙头

水龙头是进行冲洗作业的设备，用途是悬吊井下管柱，连接循环冲洗管线，完成洗井、冲砂、解卡和冲洗打捞等施工作业。水龙头按承载能力区分，有轻型水龙头和重型水龙头两种。按动力区分，有动力水龙头和无动力水龙头两种。目前在修井作业中普遍使用的是无动力吊环式水龙头，采用动力水龙头可以省去转盘、方钻杆等设备。

1. 结构组成

水龙头由旋转部分、固定部分、承转部分组成。

①旋转部分由中心管、轴承、下接头等组成。

②固定部分由壳体、支架、下轴承盖、鹅颈管、提环五部分组成。

③承载部分由主轴承、防跳轴承、上下扶正轴承、泥浆密封件、上下机油密封件等组成。

2. 工作原理

提环由两个提环销与壳体连接在一起，使水龙头悬挂在大钩上。壳体内装有承受全部钻柱重量的主轴承，在壳体的上下部位分别有装在支架内的防跳轴承和装在壳体内的扶正轴承，在外侧还装有防碰装置，以免在钻井过程中吊环撞击壳体。支架内装有防跳轴承和两个油封，在上轴承盖上方装有泥浆伞，防止外部杂物及泥浆浸入，油尺安装在支架下法兰上，油尺上装有放气阀。

鹅颈管的一端与盘根装置相连，另一端通过接头与水龙头连接。中心管是一中空零件，上端与盘根装置相连，下端与接头连接，中部支承台肩坐于主轴承之上，并依靠由支架和下轴承盖内的轴承上下扶正，增减支架与上轴承盖之间的调整垫数量，控制中心管的轴向窜动。盘根装置安装在支架腔体内中心管和鹅颈管之间，上下分别用上、下压帽丝扣与它们相连，形成泥浆通道，盘根装置是密封高压泥浆的重要部件，采用 Y 形自封式密封和快速装卸结构。

五 振动筛

振动筛是一种过滤性的机械分离设备，也是钻井液固控的关键设备，担负着清除大量钻屑的任务。振动筛的筛布有多种孔眼型号，应根据返出钻井液中岩屑及固相的尺寸、各种尺寸固相的百分比来选择合适目数（在泰勒标准筛中，网目就是 2.54cm，即 1in 长度中的筛孔数目，简称为目，孔眼数目 /in）的筛布。随着对钻井液固相控制意义认识的不断提高，现在逐步采用 100 目、120 目、150 目的筛网，现场使用最密的筛网为 200 目。振动筛主要是清除 74 μm 以上的岩屑和砂粒。振动筛结构如图 2–2–1 所示。

图 2–2–1　振动筛

六 除泥器

除泥器是继振动筛之后的第二级固控设备，通常由旋流器、总进液管（砂泵排出管）、分流管、溢流管、总出液管、砂泵、砂泵进液管、防爆电动机及钻井液罐等设备组成。在旋流器底流处加装一种小型超细网目振动筛就构成了钻井液清洁器。

除泥器如图 2–2–2 所示，用来分离 10 ~ 74 μm 的固相颗粒（大部分在 20 ~ 40 μm 范围）。

图 2-2-2 除泥器

七 离心机

离心机是离心分离设备，可分离 2 ~ 5 μm 以上的固相颗粒，是最后一级钻井液固控设备。离心机结构如图 2-2-3 所示。

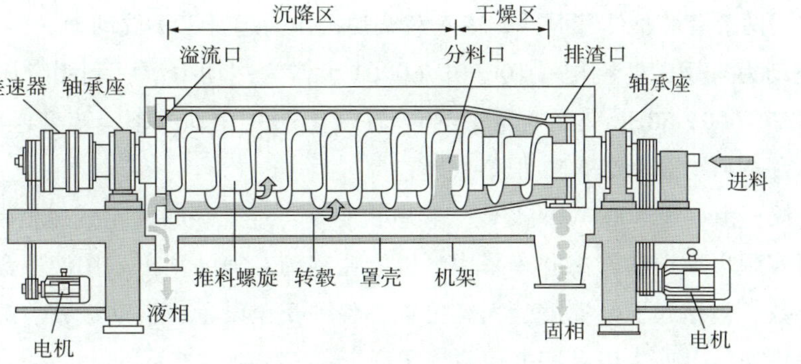

图 2-2-3 离心机

八 水龙带

水龙带是在钻塞、冲砂和循环洗（压）井等施工中，用于连接水龙头或活动弯头与地面管线，输送洗井或冲洗液体的高压橡胶软管。水龙带由高压橡胶软管和端部接头两部分组成。

高压橡胶软管由无缝耐磨、耐油的合成橡胶内胶层、纤维线编织的保护层、方向交变的螺旋金属钢丝缠绕的中胶层和耐磨、耐油、耐热、耐寒的合成橡胶外胶层组成。

水龙带端部接头由高压钢管制成，分两部分，即胶管连接部分和施工管线连接部分。

第三节　网电车载钻修作业装备

随着油田电网架构的逐步完善，国内修井作业网电钻修机趋于成熟。电网可以提供持续的能量动力，而且电驱设备的作业成本较低、噪声较小、操作简单、方便且易学、维护保养相对容易，在油田修井作业领域电驱动力取代柴油发动机是今后发展的必然趋势。

一　网电钻修机性能参数

网电钻修机主要适用于油田修井、侧钻和浅井钻井施工。设备以柴油机为动力驱动底盘行驶，起放井架。以网电电机为作业动力，通过数控交流变频传动形式驱动滚筒、转盘运转来完成修井作业施工，具有无级调速性能，机电一体化功能。

①运载车为自走式重载底盘，发动机为一台电喷柴油机，作为行走动力。配备车载打气泵、液压泵、液压助力转向、油田专用 ALLISON（阿里森）液力传动箱，传动箱行车换挡操作采用电子控制自动换挡。分动箱是三轴齿轮箱，分前、后两路输出，分别连接前后驱动车桥。

②井架为两节套装整体起升式，由车载柴油机作为起升、下放动力。

③作业动力采用工业网电（10000V/6000V）作为主动力源，利用变压器将电压降为600V 和 400V，600V/50Hz 交流电经变频单元 (VFD) 分别驱动绞车、转盘，400V/50Hz 交流电经变频单元 (VFD) 驱动绞车自动送钻装置。

④滚筒绞车由一台 800kW 的交流变频电机驱动，经二级斜齿轮减速箱减速后，驱动滚筒。绞车可实现自动送钻，主刹车采用电机能耗制动，辅助刹车采用液压盘式刹车。绞车所有运行参数，包括起下钻速度、大钩位置、各种安全设置、自动送钻、能耗制动，以及其他钻井参数等，均通过 PLC 和电控系统实现全数字控制。

⑤转盘由一台 400kW 交流变频电机独立驱动，转速可在 0 ~ 300r/min 之间无级调速，扭矩保护范围可在 0 ~ 100% 内任意设定。

二　主要部件功能及结构

1. 运载车

运载车由发动机和液力变速箱的动力经分动箱传给前后驱动车桥，实现底盘行驶。底盘重载车架上安装单人单门驾驶室、重载车桥及悬挂、转向系统、制动系统、电气系统、液压系统、传动系统等。

2. 滚筒绞车

绞车由一台 800kW 的交流变频电机经齿轮减速箱减速后驱动滚筒，配备 45kW 自动送钻装置，其既可在正常钻井时实现恒钻压自动送钻（送钻钻压波动范围不大于 5kN，最小送钻速度 0.3m/h），又可作为应急装置，用以活动钻具并可提起最大钻柱重量。

自动送钻装置由 45kW 交流变频电机通过减速机、副角传动箱、离合器传到主角传动箱，最后通过齿轮减速箱传递到主滚筒，绞车的所有控制（电、气、液）均集中在司钻控制房内。

3. 井架

井架的主体是由矩形钢管焊接而成的桁架结构，由井架上体和下体组成，井架为两节套装式，前倾、前开口、液压起升及液压收缩。

4. 天车

井架天车为 6×5 绳系多轴式结构，天车定滑轮组由六个滑轮组成，采用多轴结构，快绳轮与死绳轮各为一根轴，四个中间轮为一根轴，滑轮侧板上设有防止大绳跳槽的挡绳器。

5. 游车大钩

游车大钩是游车与大钩组合体，主要功能是悬挂水龙头、钻具，大钩主钩挂上水龙头时，钩口闭合并锁紧，工作中不会自动打开。

6. 转盘

转盘传动是由一台 400kW 交流变频电机，通过链条减速箱、万向轴驱动转盘，设计扭矩 21000N·m，设有惯刹离合器，润滑采用外置电机强制润滑，链条箱设置有方便现场更换链条等用的检修孔。

7. 钻台

钻台采用六立柱旋升式结构，主要由转盘、立根盒、钻台本体、V 形钻杆滑道、梯子、逃生滑道、分体式船形底座等组成。

8. 液压盘刹

液压盘式刹车为双刹车盘，采用自然风冷却，设有 2 副工作钳、2 副安全钳，常开式工作钳与常闭式安全钳形成安全互锁并互为备份。液压盘刹能够实现工作制动、紧急制动、过卷或自动刹车保护、驻车制动等功能。

9. 司钻控制房

司钻控制房集钻修机电、气、液及仪表、电子显示屏控制于一体，实现司钻对钻修机的整体监测与控制。

10. 电动液压站

电动液压站主要由电机、液压泵、控制阀件组成，为液压绞车、吊钳油缸、动力钻杆钳、套管钳提供动力。

11. 空气压缩机

行车工况的压缩空气来自发动机自带的空压机，钻修作业时的压缩空气来自井场气源房内的气源设备。

三 网电钻修机 PLC 系统操作

该网电操作系统为西门子 S7-300 通信 + 通信的冷备份控制系统，主要由西门子 S7-300CPU 及其相关电路构成控制系统。PLC 系统由明纬电源模块、CPU 模块、ET 模块、输入输出模块、控制变压器、UPS 电源、端子排组成。

1.PLC 系统检查启动与停止

（1）系统启动前的检查及准备

①检查各部之间的通信线是否连接好。

② UPS 是否能够正常充电、使用。

③电源模块接线是否正确。

④检查 400V/220V 变压器（-TC01）两端电压是否正常。

（2）PLC 系统启动

①闭合 400V/220V 变压器进线断路器（-Q21），按下 UPS 电源工作按钮。

②依次将 CPU 电源模块（-AP1）上的开关扳到“I”的位置，电源模块电源指示灯（绿色）亮，CPU 的“STOP”指示灯（橘黄色）亮。

③当 CPU 选择开关从“STOP”扳到“RUN”，运行指示灯开始闪动，当 CPU 检查所有的硬件和软件都正常后运行灯变成绿色长亮。

（3）PLC 系统停止

①当停止 CPU 时，将 CPU 选择开关从“RUN”扳到“STOP”，将 CPU 电源模块上的开关扳到断开位置，关闭 UPS 电源，断开 400V/220V 变压器进线断路器，系统停止。

②画面左方给出了钻井泵泵压限幅，三个发电机在线急停的指示灯、绞车、转盘、自动送钻、钻井泵运行指示。当以上信号被触发时，相应的指示灯变色。

2.PLC 辅助电机控制

PLC 柜内带有变频电机辅助电机的控制，包括风机、润滑泵等小功率电机。

设置 HOA 控制方式：H 方式下，电机直接启动；A 模式下，由 PLC 自动控制电机启动。正常情况下，务必将辅助电机的断路器置于合闸状态，并且把启动方式设置为 A 自动模式。

3. 司钻操作台

司钻操作台具有钻修井施工所需的基本操作功能。采用西门子 ET200 模块采集信号，配有手轮、手柄，以及两台 TP1500 触摸屏等设备，用于钻修井所需工况的操作控制，设有故障报警指示灯，用于各种故障的报警和显示。配有系统急停按钮，用于紧急情况下的急停操作。

4. 绞车变频控制系统

（1）启动前检查

确认绞车辅助电机系统已供电，处于准备状态，包括润滑泵、风机、变速箱风机、制动电阻风机，将对应的 HOA 旋钮打到“A”自动挡。检查 ACS880 变频器是否已经合闸，并且不存在故障或者报警状态。送钻离合处于“STOP”状态，绞车手柄处于中间位置。

（2）启动系统

①旋转“绞车 / 送钻选择”旋钮，打向“绞车启动”，则绞车电机的风机、润滑电机运行、变速箱风机、制动电阻风机、主电机 RT 运行。

②触摸屏上显示电机的电流、扭矩和转速，同时“DW”指示灯（绿色）亮。电机正常启动后，拉住工作钳和打开紧急制动，绞车处于悬停位置。

（3）绞车速度给定

①电机系统正常启动后，松开盘刹，左手握紧速度手柄慢慢向前推，游车向上运行，触摸屏绞车画面显示电机的电流、速度、扭矩的实时变化情况，变频器的操作面板上显示电机的实际频率、速度等信息。

②电机系统正常启动后，松开盘刹，左手握紧速度手柄慢慢向后拉，游车向下运行，触摸屏绞车画面显示电机的电流、速度、扭矩的实时变化情况，变频器的操作面板上显示电机的实际频率、速度等信息。

（4）停止系统

启动的电机系统，将速度给定手柄从当前位置放到零速位置，手动控制盘刹处于驻车刹车位置，将“绞车 / 送钻选择”打向停止位置，即中间位置。绞车电机的风机、润滑电机和主电机停止，触摸屏上相应电机的电流、速度和扭矩为零，“系统准备”指示灯亮。

（5）电气联锁

①点击绞车电机运行后，风机、润滑泵先运行，而后启动减速箱、制动电阻的风机。全部辅助条件建立后，主电机才会启动。

②系统检测风机风压信号和制动电阻风机风压信号，运行中这些信号丢失，系统会提示司钻进行处理。延时结束而司钻没有处理的话，DW 自动控制盘刹刹车。

（6）转盘变频控制系统

1）转盘变频系统启动前的检查与准备

①确认“RT”风机、油泵控制回路已供电，将对应的“HOA”旋钮打到“A”自动挡。

②盘刹控制旋钮打到“AUTO”位置。

2）转盘变频系统启动

①将面板上的转盘速度给定手轮回零。

②转盘控制旋钮打到正转或者反转，系统启动。

③转盘速度给定手轮给定转盘速度，可以从 HMI 的监控画面上读取实时转速；转盘力矩给定手轮给定力矩，可以从 HMI 的监控画面上读取实时转矩。

3）转盘变频停止系统

在正常操作状态下，先将司钻台上转盘速度给定手轮旋至零位，再将转盘控制方式旋钮打到中间“STOP”位置，系统停止。

（7）钻井泵变频控制系统

1）钻井泵变频系统启动前的检查与准备

确认 MP 风机、油泵控制回路已供电，将对应的“HOA”旋钮打到“A”自动挡。将 SS1 柜上的灌注泵打向自动软启。

2）钻井泵变频系统启动

①将面板上的钻井泵速度给定手轮回零。

②将面板上的钻井泵控制旋钮打到启动，系统启动。

③当正常操作状态时，只能从面板上的钻井泵速度给定手轮给定转盘速度，可以从 HMI 的监控画面上读取实时转速。

3）钻井泵变频系统停止

①在正常操作状态下，先将司钻台钻井泵速度旋至零位，再将控制方式旋钮打到“OFF”位置，系统停止运转。

②在系统运行过程中，按下急停按钮，系统立即停止运转。

③在系统运行过程中，出现任何导致系统故障的因素，系统停止运转。

4）钻井泵变频系统电气联锁

①点击钻井泵运行后，风机、润滑泵先运行。

②安全急停按钮没有按下。

③灌注泵在钻井泵有一定速度会自动运行。

（8）防碰系统

①防碰系统的参数设定都是在 HMI 显示画面上进行操作，两台触摸屏功能相同，单击“防碰”画面，先将天车保护和钻台保护功能全部关闭。

②进行防碰标定：采用三点换绳点标定，滚筒第一圈结束时，点击标定，记录此时游车高度。同样方法进行第二点、第三点标定。设置天车减速位置和停止位置，在弹出的输入框内输入期望的限位值，然后单击确认按钮。

③设置钻台减速位置和停止位置，在弹出的输入框内输入期望的限位值，然后单击确认按钮。

④打开天车保护和钻台保护功能，电子防碰功能开启，此时可以检查实际高度是否与 HMI 显示一致。

第四节　自动化修井设备

为降低劳动强度高，提高生产效率，国内多家油田修井作业装备厂家自 2012 年开始试验猫道机、铁钻工、液压吊卡、二层台智能排管装置、钻台机械手等自动化设备，用集成控制技术，将大部分功能集中在司钻房内完成，在降低成本、保障安全的同时，工作效率也有了极大提高，作业自动化将成为该行业未来的发展方向。

一 应用范围

修井作业自动化系统应用于陆地、海洋油水井修井作业。系统将二层台排管、铁钻工、动力猫道、自动吊卡、动力卡瓦与修井机集成，配置监控系统辅助，通过自动控制实现如下功能：

①二层台吊卡与指梁之间自动移送钻杆立柱的自动化操作。

②利用自动吊卡和气动（液压）卡瓦替代人工倒换吊卡的操作。

③起下管柱自动上卸扣作业。

④单根管柱自动上下钻台。

二 自动化系统结构组成

车载式修井机自动化系统主要由二层台铁架工、二层台栓阵指梁系统、液压吊卡、动力卡瓦、铁钻工、动力猫道、气动系统、液压系统、监控系统、控制系统等组成（图 2-4-1）。

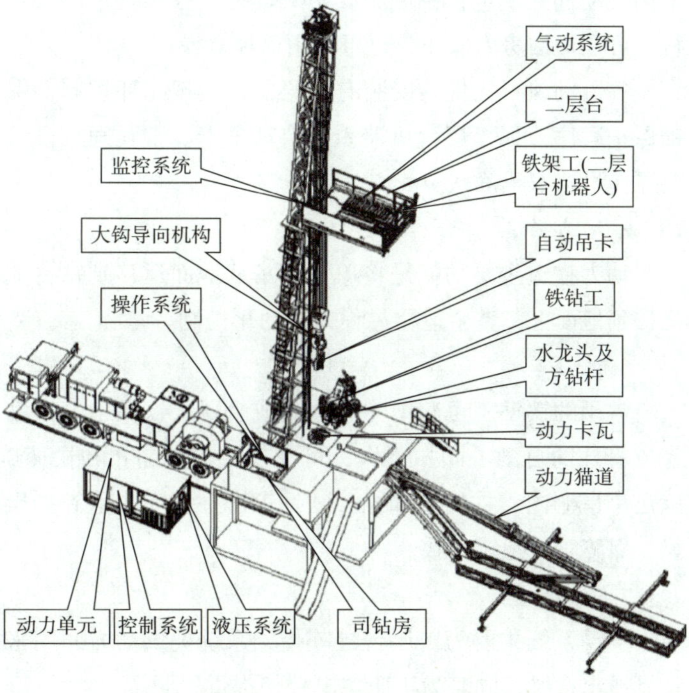

图 2-4-1　自动化系统总体布局

二层台铁架工安装在二层台上，在自动吊卡和人工的配合下，可实现管柱的抓取、移运和排放作业；利用液压吊卡和动力卡盘替代人工倒换吊卡的操作；钻台上配备铁钻工，实现钻台管柱的自动上卸扣作业；动力猫道实现地面与钻台间的钻具输送；修井作业完成后，二层台铁架工不必拆卸，不影响修井机的运输高度。

1. 液压吊卡

液压吊卡为侧开式翻转吊卡，液压控制自动吊卡的开合与翻转，可实现前翻和后翻 90° 的翻转。配合动力猫道或铁架工顺利卡持钻杆，扣合悬挂后不用平衡带，其中心能与钻杆保持垂直平衡，不偏磨钻杆。在吊卡液压执行元件出现故障时，为了不影响正常施工作业，可断开油缸管线，手动操作吊卡开合。

2. 大钩导向机构

在起下钻施工过程中，因司钻操作不平稳和其他因素的影响，游动滑车在移动过程中，极易出现前后或左右的摆动，造成天车与井口不在垂直线，影响游动滑车的运行和铁架工的操作。大钩导向机构的作用就是保障游动滑车按照钢丝导向机构运行，避免游动滑车大幅度地摆动。

3. 动力卡瓦

动力卡瓦为外置式液压动力卡瓦，用来卡持井内管柱，与自动吊卡配合，替代人工倒换吊卡。液压动力站为卡瓦提供动力，通过液缸的伸缩，使液压卡瓦张开与闭合来实现卡瓦体对钻具的卡持与松开。工作时，卡瓦体沿补芯衬套锥面下行，推动钻具向中心收拢，夹紧钻具。反之，松开钻具，同时让出通道，允许钻具从卡瓦中心自由通过。

4. 二层台排管装置

二层台排管装置的作用是用来替代井架工进行自动排管作业。排管系统在自动吊卡和动力卡瓦及钻台上人工的配合下实现管柱的抓取、移运、排放作业。二层台排管系统主要采用气动和液动进行控制，其中气动控制指梁翻板的开合，液动控制铁架工的各工况的执行，可在司钻房内操作，也可使用遥控盒操作。

各运动执行元件均安装有编码器，实现闭环控制，保证运动定位精度。系统还设有联锁保护程序，如二层台机器人与自动吊卡、卡瓦间均设置了联锁保护，保障系统安全，重要操作设置双重确认。

5. 动力猫道

动力猫道主要功能是将单根管具从地面运移到钻台上，起钻时将井中起出的单根管具运移到地面上，整个运移过程为自动化控制。

6. 铁钻工

常用的铁钻工可归纳为落地式或手臂式铁钻工，铁钻工安装在钻台上，替代人工高效完成管柱的自动上卸扣工作，可实现大扭矩崩扣和快速旋扣功能。铁钻工钳头可以偏转，满足小鼠洞内管柱的上卸扣。铁钻工可一键完成上卸扣操作，具有扭矩设置和扭矩监测功能，保障管柱扭矩一致。

7. 气动系统

气动系统主要为二层台栓阵指梁系统提供动力，用来打开或关闭指梁上的翻板，防止钻具滑出指梁，同时为正压主电控柜提供气源。

8. 监控系统

监控系统配置了两台摄像机，一个安装在二层台上方的井架上，用来监控二层台整体状态，另一个安装在二层台侧护栏上，用来监控机械手和吊卡交接管柱的状态。

9. 液压系统

液压系统为二层台、铁钻工、动力猫道、吊卡液压、动力卡盘提供动力。液压站与控制系统主控柜集成在动力单元底座上，液压站有两个电机泵组，两个泵组实现了双机热备份，正常时两个泵同时工作，若其中一个泵损坏可用另一泵单独供油。

10. 控制系统

控制系统分为二层台排管系统、铁钻工和猫道三部分，这三部分的控制器及电气元件集中放置于一个主电控柜中，用来与各部件、操作系统、监控系统等进行连接，天线用来接收无线遥控盒发出的信号。

11. 操作系统

操作系统包括各部件的操作箱，无线遥控盒及触摸屏等，主要用于铁架工、铁钻工、自动吊卡和动力卡瓦的操作及状态显示，触摸屏主要用于配置铁架工及铁钻工系统运行参数。

思考题

1. 车载式修井机的钻井深度和修井深度指的是什么？
2. 车载式修井机的例行保养内容是什么？
3. 通井机的一级技术保养的内容是什么？
4. 水龙头的结构组成是什么？
5. 简述车载式修井机的基本功能是什么？

扫一扫
获取更多资源

第三章

常用工具及管材

PART 3

修井作业常用工具分为地面常用工具、修井工具以及分层和控制工具。其中，修井工具分为打捞小件落物工具、打捞井下管柱工具、切割类工具、震击解卡类工具、套磨铣工具、辅助类工具、整形工具七大类；分层和控制工具包括封隔器和水力锚。常用管材泛指套管、油管、抽油杆、钻杆等入井管材。

第一节　常用工具

一　地面常用工具

1. 活动弯头

活动弯头能够承受较大的压力，可以自由转向。在连接管线时，可以在一定范围内进行调整，使管线拆卸方便、快捷。

（1）组成

活动弯头主要由弯节、旋转活节、连接螺纹和活接头等组成。旋转活节用活动滚珠连接在一起，如图 3-1-1 所示，滚珠在淬硬的轨道中可以灵活旋转，旋转活节之间由密封圈密封。

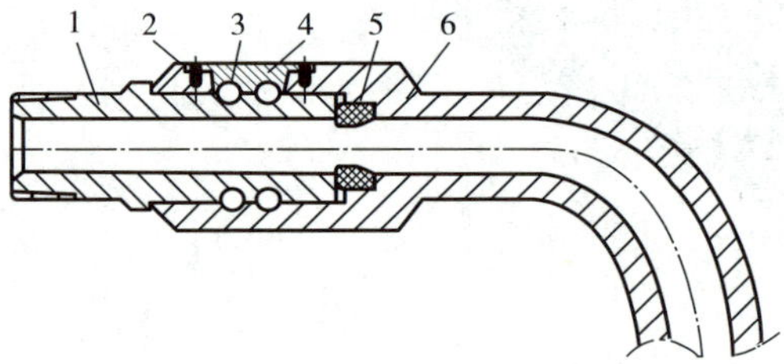

图 3-1-1　高压活动弯头旋转活接结构示意图
1，6—旋转体；2—压盖螺丝；3—活动滚珠；4—压盖；
5—密封圈

（2）活动弯头表示方法

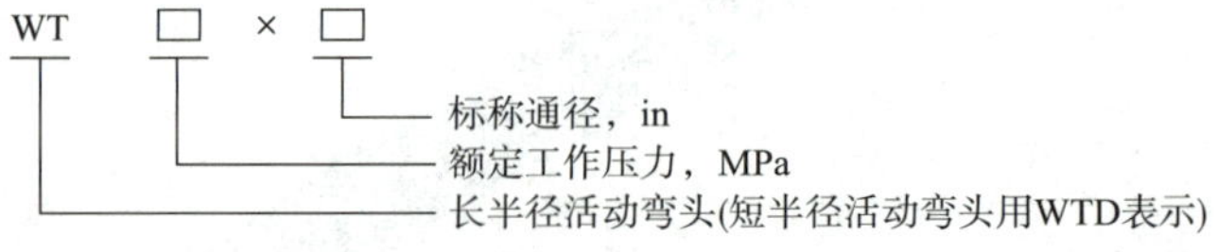

示例 1：长半径活动弯头额定工作压力 105MPa，标称通径 3in，型号表示为：WT105×3。

示例 2：短半径活动弯头额定工作压力 70MPa，标称通径 2in，型号表示为：

WTD70 × 2。

2. 活接头（由壬）

活接头是井下作业用来连接施工管线的用具之一，具有操作灵活、耐高压等特点。

（1）结构形式依据密封方式，可分为端面密封（图 3–1–2）和球面密封（图 3–1–3）两种结构形式。相同密封方式的活接头额定压力不同，其密封结构尺寸也会不同。

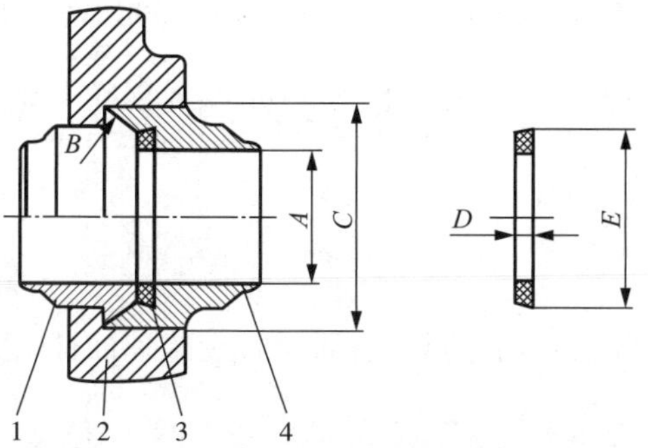

图 3–1–2　端面密封活接头结构示意图（1502）
1—公接头；2—螺母；3—密封圈；4—母接头；

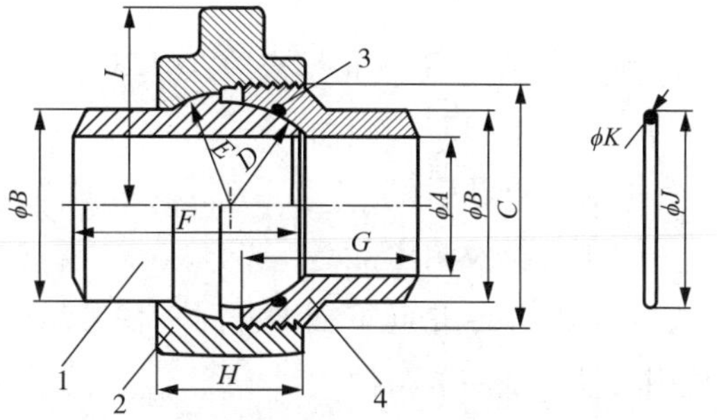

图 3–1–3　球面密封活接头结构示意图（1003Tr）
1—公接头；2—螺母；3—密封圈；4—母接头；

（2）活接头型号的表示方法

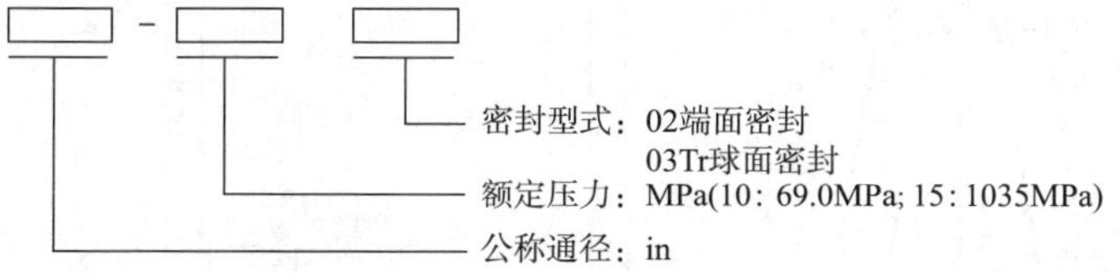

示例 1：公称通径 4in，额定工作压力 69.0MPa，密封方式为球面密封的活接头，其型号表示为：4in–1003Tr。

示例 2：公称通径 2in，额定工作压力 103.5MPa，密封方式为端面密封的活接头，其型号表示为：2in–1502。

3. 管类吊卡

（1）作用

在起下管柱时，用双吊环将吊卡悬吊在游车大钩上，吊卡再将油管、钻杆、套管等卡住，便可进行起下作业。

（2）分类及型号表示方法

按操作方式分为手动吊卡和动力吊卡。手动吊卡是指人力操作实现开启、关闭的吊卡；动力吊卡是通过动力装置和控制系统实现开启、关闭操作的吊卡。根据动力源形式不同，分为液动吊卡和气动吊卡；按结构形式不同，分为对开式、侧开式、闭锁式和卡瓦式吊卡。

吊卡的型号表示方法如下：

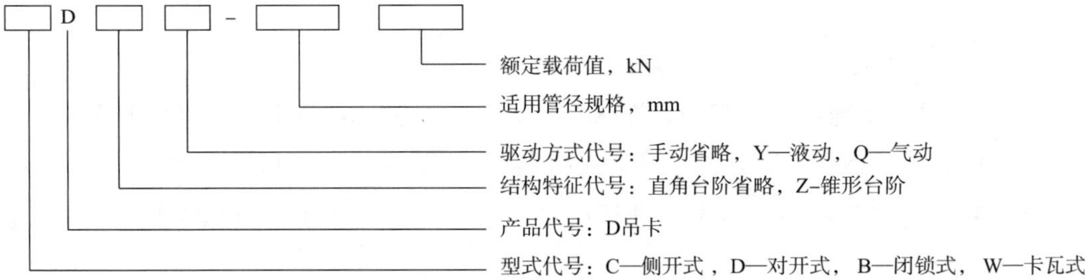

示例：外加厚油管规格为101EU、额定载荷值为2000kN的侧开式油管吊卡型号表示为：CD–101EU2000。

4. 抽油杆吊卡

（1）分类及结构

抽油杆吊卡是起下抽油杆时卡住悬吊抽油杆的专用工具。有舌簧自锁式抽油杆吊卡和提引式抽油杆吊卡两种。

舌簧自锁式抽油杆吊卡由提环、吊卡体、后舌、圆柱销、前舌等组成（图3–1–4）。

提引式抽油杆吊卡由提环、吊卡体、保险圈等组成（图3–1–5）。

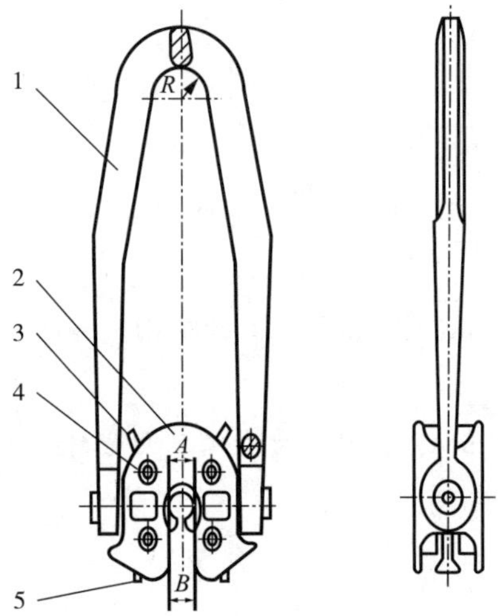

图3–1–4　舌簧自锁式抽油杆吊卡

1—提环；2—吊卡体；3—后舌；4—圆柱销；5—前舌

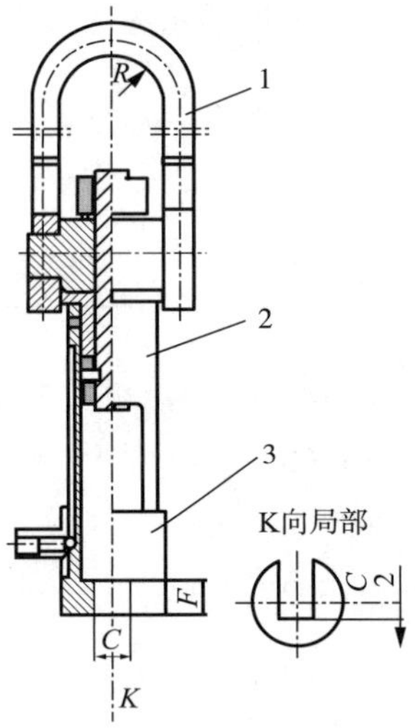

图3–1–5　提引式抽油杆吊卡

1—提环；2—吊卡体；3—保险圈

（2）抽油杆吊卡型号表示方法

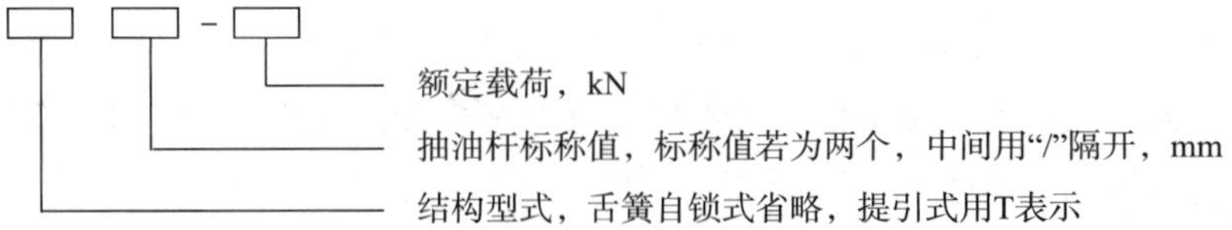

示例1：型号CDQ16/19–135表示舌簧自锁式抽油杆吊卡，适用抽油杆标称值为16mm和19mm，额定载荷135kN。

示例 2：型号 CDQT22–225 表示提引式抽油杆吊卡，适用抽油杆标称值为 22mm，额定载荷为 225kN。

（3）使用要求

①抽油杆吊卡提环和吊卡体、弹簧、轴承装配后应转动灵活，无卡阻现象。

②舌簧自锁式抽油杆吊卡的前、后舌应转动灵活无卡阻，自动锁闭可靠。

③使用前检查卡芯是否灵活好用、吊环及吊柄有无裂痕。

④操作时，应将吊卡垂直扣入抽油杆，然后检查扣芯是否扣紧并试提。

5. 吊钳

（1）吊钳的作用及分类

吊钳是修井作业中旋紧或卸开钻柱、套管、油管等连接螺纹的工具。吊钳按结构可分为多扣合钳与单扣合钳两种；常用的修井吊钳为 B 型吊钳，B 型吊钳为多扣合钳。

（2）吊钳型号表示方法

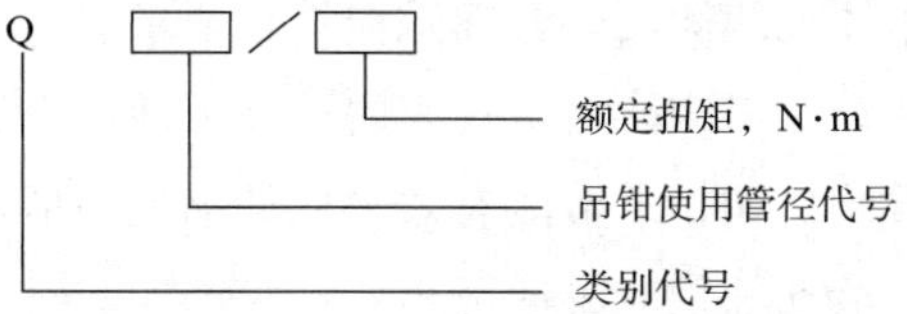

示例：Q$3\frac{3}{8}$~$12\frac{3}{4}$/75 表示使用管径范围为 86~324mm，额定扭矩为 75000N·m 吊钳。

6. 管钳

（1）管钳的用途和分类

手用油管钳简称管钳，是人力上卸油管和其他圆筒形工作物的专用工具。

根据管钳的结构可分为固定型和伸缩型管钳，现在常用的为伸缩型管钳。

（2）伸缩型管钳的表示方法

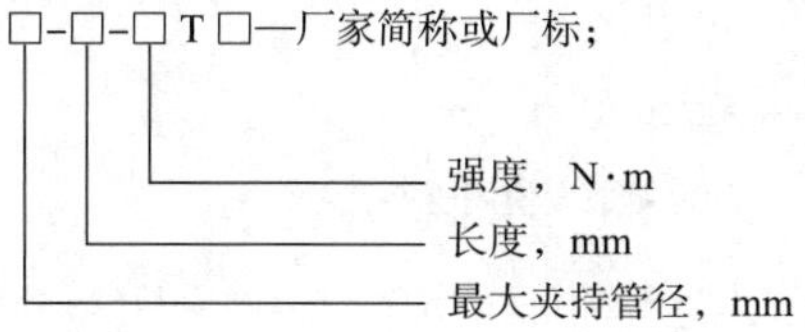

示例：型号 80–700–2500T 表示最大夹持管径为 80mm，加力柄最长为 700mm，扭矩为 2500N·m 的伸缩型管钳。

（3）管钳规格和使用范围（表 3–1–1）

表 3-1-1 伸缩型管钳的技术规范

规格型号	全长			夹持管径（D）/mm	
	基本尺寸（L_1）/mm	伸缩加力柄完全拉出时的尺寸（L_2）/mm	偏差	最大	最小
60–450–1800T	350	450		60	15
80–700–2500T	490	700		80	15
95–800–3500T	570	800	±2%	95	25
108–1120–5200T	765	1120		108	30
152–1280–7100T	900	1280		152	30
210–1490–8500T	1035	1490		210	35

注：L_1 是指在最大夹持尺寸的情况下，伸缩加力柄不拉出时应达到的全长尺寸。
L_2 是指在最大夹持尺寸的情况下，伸缩加力柄完全拉出时应达到的全长尺寸。

（4）管钳操作要求

①管钳的活动钳口与钳体孔两侧面配合间隙应符合要求。

②用手调节螺母时，活动钳口应能在全行程内移动灵活。

③伸缩加力柄应能够伸缩自如，卡簧能有效夹住伸缩加力柄。

④各连接部位应牢固，活动部位应灵活可靠。

⑤钳体与联结套联结应无间隙、无松动。

7. 动力钳

（1）动力钳的分类及表示方法

动力钳分为钻井动力钳（包括钻杆动力钳和套管动力钳）和修井动力钳（包括油管动力钳和抽油杆动力钳）。

动力钳型号表示法如下：

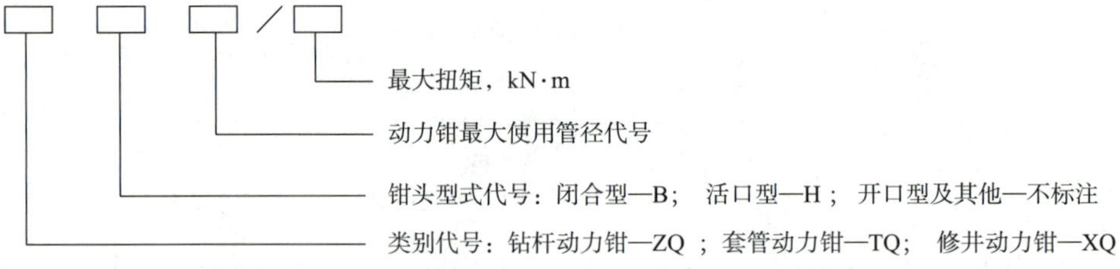

示例：ZQ203/100 表示最大适合管径为 203mm，开口型、最大扭矩为 100kN·m 的钻杆动力钳。

（2）用途和结构

动力钳是套管、钻杆、油管及井下工具等的上、卸扣的专用工具。以常用的修井动力钳为例进行介绍。

修井动力钳主要由钳体（包括钳头、液压马达和行星减速器）、弹簧悬挂器、节流阀、扭矩指示器、尾绳和背钳组成。

（3）使用要求

①动力钳组装后进行空载实验时，动力钳应运转平稳，无阻滞现象，不得有异常响声。操作系统灵活、准确、可靠，无局部过热现象。

②颚板夹紧管柱时，颚板滚子应处于坡板设计规定位置上，夹紧可靠，不打滑；缩回灵活、无阻滞。

③液压系统应进行密封实验，各密封、连接处不得有渗漏。

④开口型动力钳主钳应配有安全门。

⑤动力钳应配有扭矩表，其精度不得低于 2.5 级。

⑥各转动部位要求加注润滑油或润滑脂，各零件表面应采取防锈措施。

（4）故障分析及处理

动力钳故障分析与处理见表 3–1–2。

表 3-1-2　动力钳故障分析与处理

故障	发生原因	处理方法
颚板轮不爬坡、不伸出	定位旋钮箭头方向倒错或没有旋到预定位置，或旋过了头	将箭头旋到正确位置
	旋钮下部缺口方向装反	将缺口反方向安装
	制动盘螺钉过松或脱落，或弹簧已断裂	拧紧螺钉或换新弹簧
	颚板及滑道变形或被脏物卡住	修理颚板和滑道或更换新弹簧，更换制动片
颚板不退回	颚板或滑道变形	修理颚板或滑道
	颚板弹簧断裂	更换新簧片
上卸油管时打滑	钳牙磨损过度或牙齿崩裂	更换新钳牙
	钳牙槽被较硬的脏物堵塞	清理脏物
	制动调节螺钉过松，或弹簧过软或断裂，制动片严重磨损	拧紧调节螺钉，更换新弹簧或制动片
开口齿轮缺口对中复位不佳	复位机松动或调整不当	重新调整复位机构
背钳打滑	钳牙磨损	更换新牙
	背钳方向装反	调整方向

（5）维护保养

①每工作 5~10 井次应拆开清洗一次。钳头部位在进入水或砂后，需及时拆开清洗。

②拆装快速接头要注意接头端面保持清洁，不得有泥砂等脏物进入液压管路。

③油箱内液压油要保持清洁。加注油用 120 目滤网过滤。液压油一年更换一次。

④操纵杆系统转动部位每 2~3 井次注一次机油，以保持操纵灵活。

⑤动力钳长时间不用时，应涂抹黄油防锈，并采取防尘、防腐蚀措施。

8. 卡瓦

在修井作业中卡持钻杆、钻铤、套管、油管的本体，悬持管柱重量的井口工具。按操作方式分为手动卡瓦和动力卡瓦（包括气动卡瓦和液压卡瓦）两种型式。以手动卡瓦为例介绍。

（1）型号表示方法

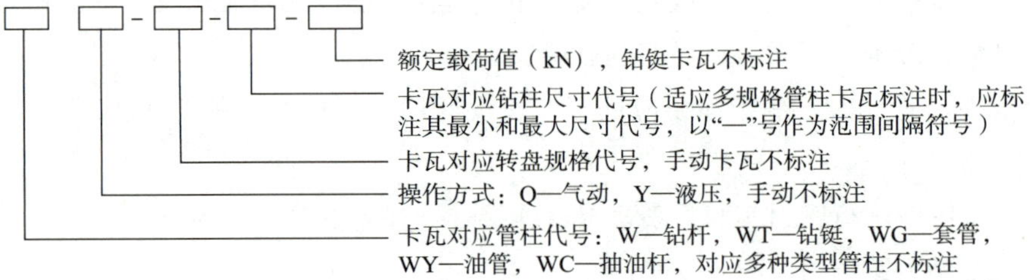

示例：用于127mm（5in）钻杆，最大载荷额定值2250kN的手动卡瓦型号为W-5-2250。

（2）结构

主要由卡瓦连接销、右卡瓦体、左卡瓦体、手柄连接销、手柄、开口销、卡瓦牙、卡瓦牙固定销、中卡瓦体等组成。

（3）卡瓦基本参数（表3-1-3、表3-1-4）

表3-1-3　钻杆与油管卡瓦基本参数

尺寸代号		2⅜	2⅞	3½	4	4½	5	5½	6⅝
公称尺寸	mm	60.3	73	88.9	101.6	114.3	127	139.7	168.3
	in	2⅜	2⅞	3½	4	4½	5	5½	6⅝
额定载荷值	kN	585，675，720，900，1080，1350			900，1080，1350，1575，2250			1080，1575，2250，3150，4500，6750	

表3-1-4　钻铤卡瓦基本参数

尺寸代号		4½~6	5½~7	6¾~8¼	8~9½	8½~11
公称尺寸	mm	114.3~152.4	139.7~177.8	171.4~209.6	203.2~241.3	215.9~254.0
	in	4½~6	5½~7	6¾~8¼	8~9½	8½~11
额定载荷值	kN	360				

9. 安全卡瓦

安全卡瓦是起下钻铤、加长套铣筒等无接箍管柱的专用工具。

（1）结构及用途

安全卡瓦由多节构成，每节的内表面上装有卡瓦牙，节数随钻铤等管柱的直径而改变，节与节之间由销钉铰链连接，呈带状，可曲可直。带状两端通过一副螺栓、螺母可以闭合，呈环状，抱在管柱外面，防止卡瓦失灵，钻铤下滑。

（2）安全卡瓦的使用要求

①修井施工作业要根据钻具负荷和尺寸选择相匹配的安全卡瓦，以保证施工作业的安全。

②安全卡瓦两端螺栓螺母，螺纹上、卸要灵活。

③各连接孔磨损不得超过 1mm。

④各连接件有断裂变形或缺件不得使用。

二 修井工具

按用途共分为七大类：打捞小件落物工具、打捞井下管柱工具、切割类工具、震击解卡类工具、套磨铣类工具、辅助类工具、整形类工具。

修井工具型号表示方法依据国家标准或行业标准执行（表 3-1-5），没有相应标准的型号由产品名称和公称直径组成。名称代号是由其名称的汉语拼音首字母大写组成，公称直径以其 mm 数表示。

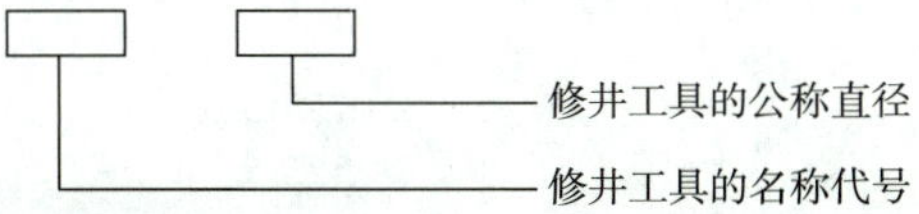

表 3-1-5 修井工具分类、名称代号

序号	分类	产品名称	名称代号
1	打捞小件落物工具	磁力打捞器	CL
2		打捞杯	LB
3		打捞篮	LL
4		一把抓	—
5		外钩	WG
6		活齿外钩	HWG
7		内钩	NG
8	打捞井下管柱工具	公锥	GZ
9		母锥	MZ
10		打捞筒	LT
11		打捞矛	LM
12		对扣接头	DJ
13	切割类工具	割刀	ND，WD
14		化学切割工具	HQ
15		爆炸切割工具	BQ
16	震击解卡类工具	震击器	—
17	套磨铣类工具	双级扣套铣管	SG-S
18		防掉套铣工具	TX-F
19		打捞套铣工具	TX-L
20		水眼冲洗工具	SC
21		磨铣鞋	MX
22	辅助类工具	安全接头	AJ
23		可弯肘节	KJ
24		变角肘节	KJ-B

续表

序号	分类	产品名称	名称代号
25	整形类工具	梨形胀管器	ZQ
26		偏心辊子整形器	ZQ-P

（一）打捞小件落物工具

1. 磁力打捞器

（1）用途

磁力打捞器是用来打捞小件铁磁性落物的工具。

（2）结构

磁力打捞器结构见图 3-1-6 和图 3-1-7。

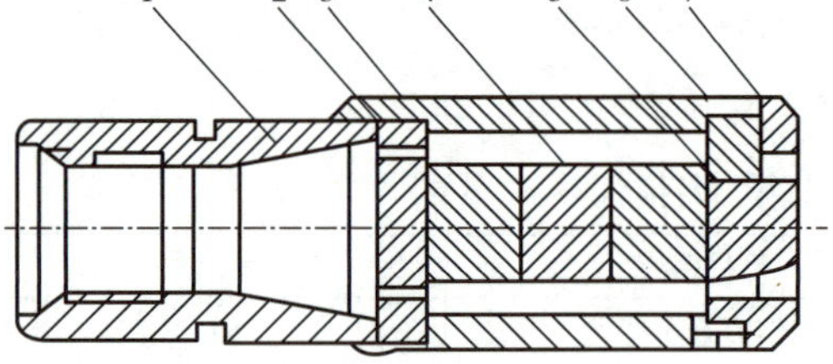

图 3-1-6　磁力打捞器结构示意图

1—上接头；2—压盖；3—壳体；4—磁钢；5—芯铁；6—隔磁套；7—平鞋

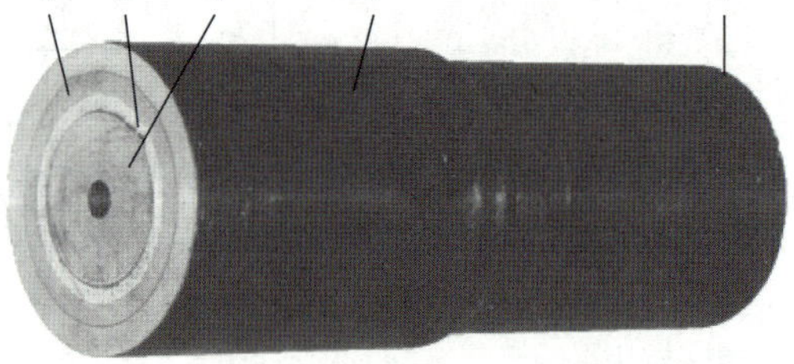

图 3-1-7　磁力打捞器实物图

1—上接头；2—压盖；3—壳体；4—磁钢；5—芯铁；6—隔磁套

（3）工作原理

磁力打捞器是一个由壳体和芯铁两个同心环组成的磁极，两极磁通路之间为无铁磁材料区域，以使芯铁、平鞋最下端的磁场强度较高。由于磁通路是同心的，因此磁力线呈辐射状，并集中于靠近打捞器下端的中心处，不仅可把小块铁磁性落物磁化吸附在磁极中心，还可以吸附一些与其相接触的小型落物，实现打捞。

（4）技术规范及参数

技术规范及参数见表 3-1-6。

表 3-1-6　磁力打捞器技术规范及参数

序号	规格型号	外径 /mm	接头螺纹	技术规范及性能参数			
				吸力 /N		使用温度 /℃	使用井眼直径 / mm
				A	B		
1	CLT-F86A QCLT-F86B	86	NC26（2A10）	3600	1000	≤ 210	95~108
2	QCLT-F100A QCLT-F100B	100	NC31（210）	5500	1700		108~137
3	QCLT-F114A QCLT-F114B	114	NC31（210）	6500	2000		120~140

（5）使用方法

①磁力打捞器下至鱼顶以上 1~5m，开泵循环，冲洗落物。

②保持低排量循环，缓慢下放钻具，接触落物，注意悬重下降不超过 10kN，然后上提钻具 1~5m，将工具转动 90°，再重复打捞作业。

（6）使用注意事项

①磁力打捞器入井前，必须用木板或胶皮与其他铁磁性设备隔开。

②取下护磁板及被吸住的落物时，操作者的施力方向应与工具中心线垂直。

③操作者不可手拿铁磁性工具接近磁力打捞器底部，以防伤人。

④打捞时操作要平稳，防止顿钻损坏磁钢和芯铁。

2. 打捞杯

（1）用途

打捞杯也称随钻沉淀杯。磨铣或钻进时大块和较重的碎屑物随液流沉淀在打捞杯内，待管柱起出井后将碎屑物带到地面。

（2）结构

打捞杯由上接头、中心杆、杯体、下接头等组成（图 3–1–8）。

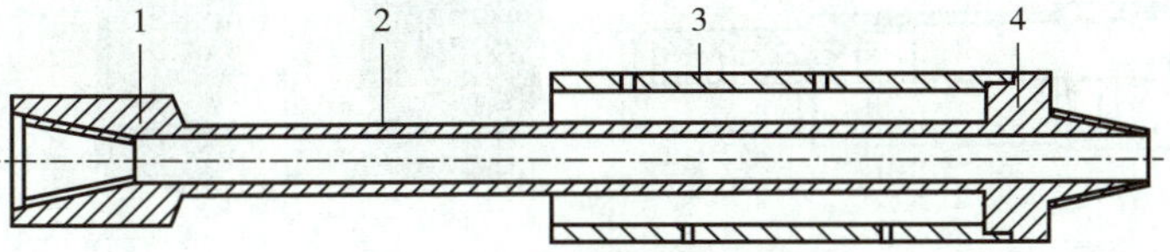

图 3–1–8　打捞杯示意图

1—上接头；2—中心杆；3—杯体；4—下接头

（3）工作原理

打捞杯杯体外径与井眼环形间隙小，而杯口以上环形间隙大，修井液在杯口处流速陡然下降，其携带碎屑能力减弱，使较重的碎屑物落入杯中并携带出井筒。

（4）技术参数

打捞杯技术参数见表 3–1–7。

表 3-1-7　打捞杯技术参数

型号	外形尺寸 /mm	接头螺纹	使用规范
LB–100	ϕ100 × 1100	NC26	ϕ127mm 套管
LB–115	ϕ115 × 1200	NC31	ϕ140mm 套管
LB–150	ϕ150 × 1600	NC38	ϕ177.8mm 套管
LB–180	ϕ180 × 1800	NC50	ϕ219mm 套管

（5）使用方法

将一个或数个打捞杯接在钻头或磨铣工具上，随着钻进或磨铣，打捞杯即可自动储存较重的碎物。待井底沉砂冲净后，在井底转动打捞杯，变换循环液的排量冲洗数分钟即可起钻。

3. 反循环打捞篮

（1）用途

用于打捞钢球、钳牙、炮弹垫子、井口螺母、胶皮碎片等井下小件落物。

（2）结构

由上接头、筒体、篮筐总成、引鞋等组成（图 3–1–9、图 3–1–10）。篮筐总成由篮体、篮爪、外套、轴销、扭簧等组成。各个篮爪在外力作用下只能单向向上旋转 90°。

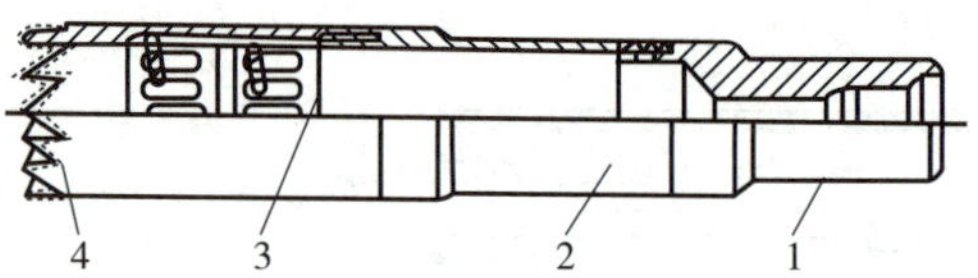

图 3–1–9　反循环打捞篮结构示意图

1—上接头；2—筒体；3—篮筐总成；4—引鞋

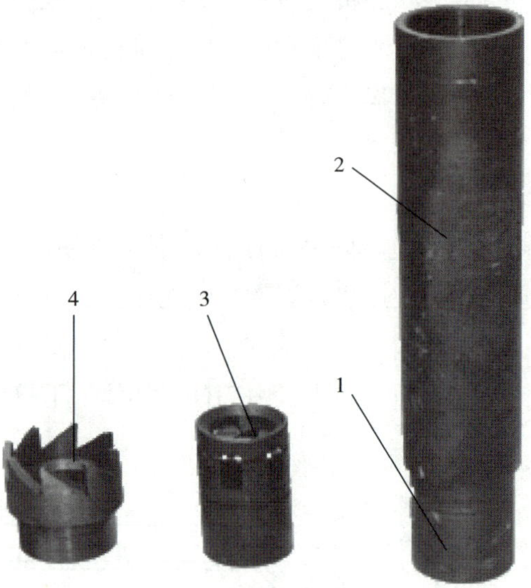

图 3–1–10　反循环打捞篮零件图

1—上接头；2—筒体；3—篮筐总成；4—引鞋

（3）工作原理

反循环打捞篮的工作原理是用大流量、高压力的反洗井液冲击井底，井底落物悬浮运动推动篮爪，使篮爪绕销轴转动竖起，篮筐开口加大，落物进入筒体，然后篮爪恢复原状，阻止了进入筒体内的落物出筐，实现打捞。

（4）技术参数

技术参数见表 3–1–8。

表 3–1–8　反循环打捞篮的技术参数

型号	井眼直径		筒体外径		落物最大外径 / mm
	mm	in	mm	in	
FLL–110	117.5~127	$4\frac{5}{8}$~5	110	$4\frac{5}{16}$	78
FLL–140	155.6~165	$6\frac{1}{8}$~$6\frac{1}{2}$	140	$5\frac{1}{2}$	112
FLL–178	190.5~209.5	$7\frac{1}{2}$~$8\frac{1}{4}$	178	7	132

（5）使用方法

①检查各零部件是否完好灵活，轻顶篮爪，观察是否自由旋转，回位是否及时灵活。

②将工具接上钻具，下至距井底以上 3~5m 处开泵反循环。

③循环正常后，再慢慢下放钻具，边冲边放。当工具遇阻或泵压升高时，提钻0.5~1m，并做好方入记录。

④以较快的速度下放钻具，在离井底0.3m左右时立即刹车，使井底工具快速下行，形成井底液体紊流，迫使落物运动进入筒体，增强打捞效果。循环10min左右停泵，起钻。

（6）使用注意事项

①反循环洗井排量要大。

②使用这种工具时，必须有能实现反循环的井口设备。

③打捞时钻具可上下活动，提高打捞效果。

4. 局部反循环打捞篮

（1）用途

同反循环打捞篮。

（2）结构

该工具由上接头、筒体总成、阀体总成、篮筐总成、铣鞋总成等部件组成（图3–1–11）。筒体总成为外筒与内筒组焊在一起，并且有环形通道的桥式工作筒。外筒下部钻有向下倾斜15°的小水眼，上部有4个尺寸较大并与内筒相通的水眼，构成由内向外的局部反循环通道。

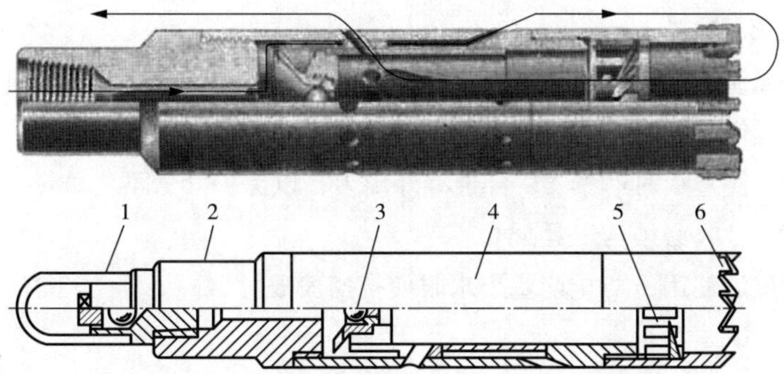

图3–1–11　局部反循环打捞篮实物及结构示意图

1—提升接头；2—上接头；3—阀体总成；4—筒体总成；5—篮筐总成；6—铣鞋总成

（3）工作原理

局部反循环打捞篮的工作原理是工具下至鱼顶洗井后投球，钢球入座，堵死当中正循环通道，迫使液流改变流向，经环形空间穿过筒体向下倾斜的小孔进入工具与套管之间的环形空间向下喷射。液流经过井底折回篮筐，再从筒体上部的4个连通孔返回，形成工具与套管环形空间的反循环水流通道。依靠大流量、高压力的洗井液冲击井底，使井底落物产生悬浮运动推动篮爪，使篮爪绕销轴转动竖起，篮筐开口加大，落物进入筒体，然后篮爪恢复原位，阻止了进入筒体内的落物出筐，实现打捞。

（4）技术参数

技术参数见表3–1–9。

表 3-1-9　局部反循环打捞篮技术参数

序号	规格型号	工具尺寸 /mm	接头螺纹	使用规范及性能参数	
				落物最大直径 /mm	套管直径 /mm
1	DL-102	ϕ102 × 940	NC26（$2\frac{3}{8}$ IF）	52	127
2	DL-114	ϕ114 × 1150	$2\frac{7}{8}$ REC	64	140
3	DL-152	ϕ152 × 1155	NC38（$3\frac{1}{2}$ IF）	92	177.8
4	DL-203	ϕ203 × 1161	NC38（$3\frac{1}{2}$ IF）	104	245

（5）使用方法

①检查各零部件是否完好、灵活，轻顶篮爪观察是否可以自由旋转，回位是否及时。同时检查水眼是否畅通。

②测量钢球直径是否合格，并将球投入工具试验，检查钢球入座情况是否正常可靠。

③测量各部位的尺寸，绘出工具草图，计算鱼顶深度和打捞方入。

④将工具接至钻具下井，下至距鱼顶以上 1~5m 处开泵洗井，正常后投入钢球。开泵洗井送球入座，当泵压略有升高时，说明球已入座。

⑤慢慢下放钻具至预定井深，再略上提 1~2m 后，用较快的速度下放至井底 0.2~0.3m 处，如此反复几次，使落物随洗井液进入篮筐，然后提钻起出落物。

（6）使用注意事项

①用一把抓篮筐总成时只能投球打捞不能钻进，在打捞完毕后收拢一把抓。

②用普通式篮筐总成时只能投球打捞不能钻进。

③用常用型篮筐总成时严禁 YD 合金有外出刃，以保护套管不受破坏。

④测量钢球尺寸，必须与工具配套。

⑤洗井液要过滤使用，防止堵塞小水眼使打捞失败。

5. 一把抓

（1）用途

一把抓专门用于打捞井底不规则的小件落物，如钢球、螺栓、胶皮等。

（2）结构

结构如图 3-1-12 所示。

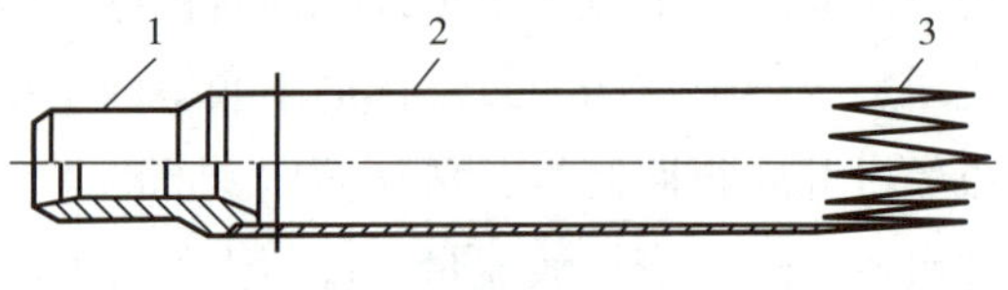

图 3-1-12　一把抓结构示意图
1—上接头；2—筒体；3—抓齿

（3）工作原理

一把抓下到井底后，将井底落鱼罩入抓齿之内或抓齿缝隙之间，依靠钻具重量所产生的压力，将各抓齿压弯变形，再使钻具旋转，将已经压弯变形的抓齿按其旋转方向形成螺旋状齿形，落鱼被抱紧或卡死，从而捞获。

（4）技术参数

技术参数见表 3-1-10。

表 3-1-10　一把抓技术参数

套管尺寸 /mm	114.3	127	139.7	146.05	168.28	177.8
外径 /mm	95	89~108	108~114	114~130	120~140	146~152
齿数 / 个	6	6~8	6~8	6~8	8~10	8~10

（5）使用方法

①工具下至井底以上 1~2m，开泵洗井，将落鱼上部沉砂冲净后停泵。

②下放钻具，当指重表略有显示时，核对方入，上提钻具并旋转一个角度后再下放，找出最大方入。

③在最大方入处下放钻具，加压 20~30kN，再转动钻具 3~4 圈（井深时，可增加 1~2 圈），待指重表悬重恢复后，再加压 10kN 左右，转动钻具 5~7 圈。

④以上操作完毕之后，将钻具提离井底，转动钻具使其离开旋转后的位置，再下放加压 20~30kN，将变形抓齿顿死，即可提钻。

（6）使用注意事项

①齿形根据落物种类选择或设计，若选用不当会造成打捞失败。

②一把抓的材料应选低碳钢，以保证抓齿的弯曲性能。

③提钻轻起轻放，不允许敲打钻具，以免造成卡取不牢，落鱼重新落入井内。

6. 外钩

（1）用途

适用于从套管内打捞各种绳类、提环、空心短圆柱体、短绳套等落物。

（2）结构

结构见图 3-1-13。

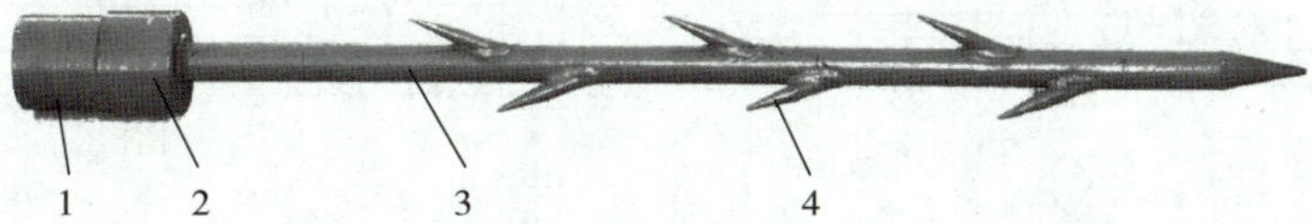

图 3-1-13　外钩结构图
1—上接头；2—防卡盘；3—钩身；4—钩尖

（3）工作原理

当外钩超过鱼顶深度时，在旋转力的作用下使落物变形盘绕在钩身上。由于钩身、钩尖和套管的限制作用，落物被锁定在一定的空间内，产生一定的钩挂力，只能随打捞工具一起移动。另外，盘绕的落物和打捞工具产生一定的缠绕力。二力合一，完成打捞。

（4）技术参数

技术参数见表 3-1-11。

表 3-1-11　外钩技术参数

规格型号	外形尺寸 /mm	接头螺纹	中心杆外径 /mm	套管尺寸 /mm
WG105	$\phi 105\times 9200$	$2\frac{7}{8}$ TBG	30~73	127
WG112	$\phi 112\times 9200$	$2\frac{7}{8}$ TBG	30~73	140
WG150	$\phi 150\times 9200$	$2\frac{7}{8}$ TBG	60~73	177.8
WG210	$\phi 210\times 9200$	$2\frac{7}{8}$ TBG	73~89	244.5

（5）操作方法

①地面检查接头螺纹是否完好，并检查工具尺寸是否符合套管尺寸，钩体是否牢固。

②下钻至鱼顶 50m 以上，按紧扣方向旋转钻具 5~30 圈，释放钻具扭矩或回转圈数并观察记录。计算外钩扭矩或旋转圈数时加上此数值。

③当下钻至预计鱼顶 50m 时开始进行试探打捞，如负荷增加则再转 4~5 圈起钻。

④如此逐级加深，直至负荷有下降显示，立即停止下放，旋转 5~6 圈后试提，上提管柱 2~10m，观察悬重有无变化，如负荷增加明显，再转 4~5 圈起钻。

（6）使用注意事项

①打捞前应摸清落物情况，了解鱼顶深度，必要时进行电测。

②当落物为缆绳时，外钩应加装防卡盘防卡，其外径与套管内径的间隙要小于被打捞绳类落物的直径，以防止缆绳上返在捞钩上端集结卡钻。

③严格实施在鱼顶以上 50m 开始逐步增加打捞深度，打捞时钻压不能太大，加压最大负荷不得超过 5kN，否则会将缆绳压实，给后续处理带来困难。

④旋转时应掌握扭矩大小，防止扭矩过大扭断缆绳。

7. 活齿外钩

（1）用途

同外钩。

（2）结构

结构见图 3-1-14。

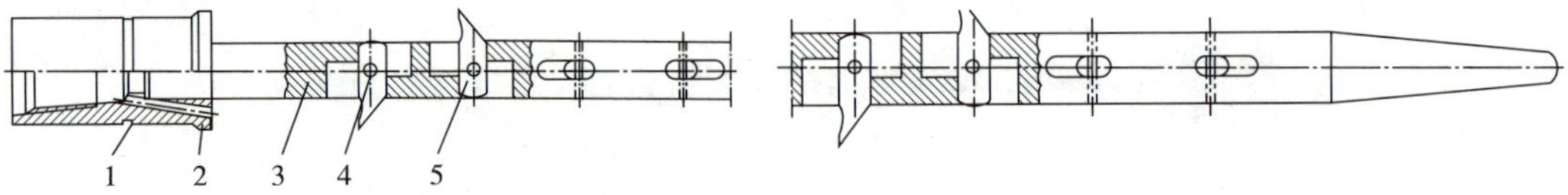

图 3-1-14　活齿外钩结构示意图

1—接头；2—压盖；3—钩体；4—销轴；5—活钩

（3）工作原理

钩体和活钩插入落物之中，压盖挡住落物并压迫其下行，活钩回缩，落物被压变形。上提钻具，活钩张开，落物被外钩钩住，旋转钻具使落物缠绕在钩体上，提钻即可将落物取出。压盖的另一作用是防止钻具上提时钩尖钩刮套管接箍与套管连接形成的台肩处。

（4）技术参数

技术参数见表 3-1-12。

表 3-1-12　活齿外钩主要技术参数

型号	外形尺寸 /mm	接头螺纹	适用套管尺寸 /mm	许用提拉负荷 /kN
HWG-106	ϕ106×1800	NC31	127	200
HWG-120	ϕ120×1800	NC31	140	200
HWG-150	ϕ150×1800	NC31	177.8	200

（5）使用方法

同外钩。

（6）注意事项

同外钩。

8. 内钩

（1）用途

适用于从套管或油管内部打捞各种绳类及其他落物。

（2）结构

结构见图 3-1-15。

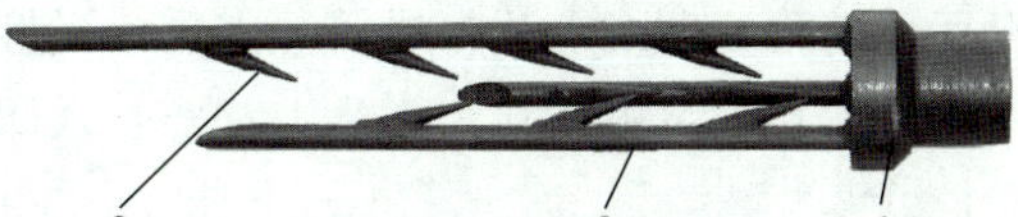

图 3-1-15　内钩结构示意图

1—上接头；2—钩身；3—钩尖

（3）工作原理

将内钩插入绳类或其他落物内，上提钻具时钩齿钩住落物而带出地面。

（4）技术参数

技术参数见表 3-1-13。

表 3-1-13　内钩主要技术参数

型号	外形尺寸 /mm	接头螺纹	适用套管尺寸 /mm	许用提拉负荷 /kN
NG-106	ϕ106×1800	NC31	127	200
NG-120	ϕ120×1800	NC31	140	200
NG-150	ϕ150×1800	NC31	177.8	200

（5）操作方法

同外钩。

（6）使用注意事项

同外钩。

（二）打捞井下管柱工具

打捞井下管柱工具按结构特点分类，则可分成锥类、筒类、矛类。

锥类打捞工具是一种专门从油管、钻杆等落物的内孔或外壁上进行造扣或挤胀而实现打捞落物的工具，打捞成功率较高，操作也较容易。

锥类打捞工具分公锥和母锥两种形式。公锥、母锥型号命名方法如下：

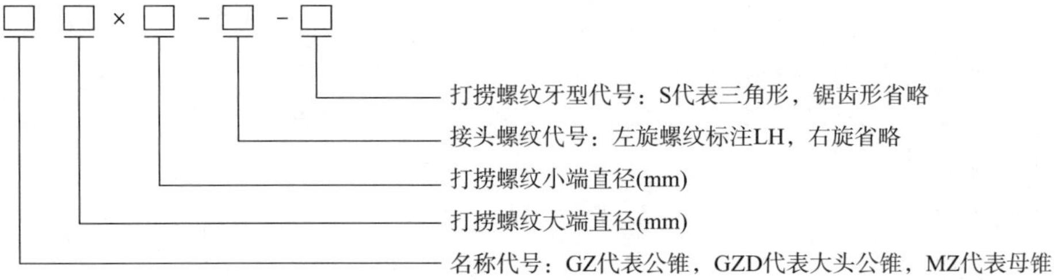

示例 1：接头螺纹为 NC38 左旋螺纹，打捞螺纹为左旋三角形的母锥，打捞螺纹大端直径为 108mm，打捞螺纹小端直径为 86mm，其标记为：MZ108×86−NC38LH−S。

示例 2：接头螺纹为 NC38 右旋螺纹，打捞螺纹为右旋锯齿形的大头公锥，打捞螺纹大端直径为 100mm，打捞螺纹小端直径为 73mm，其标记为：GZD100×73−NC38。

筒类打捞工具是从落物外部进行打捞的工具。

卡瓦打捞筒按卡瓦类型可分为双片卡瓦打捞筒、三片卡瓦打捞筒、螺旋卡瓦打捞筒、篮式卡瓦打捞筒、鼠笼卡瓦打捞筒、球式卡瓦打捞筒、卡爪卡瓦打捞筒和软体卡瓦打捞筒等。其中，卡爪卡瓦包括弹力卡瓦、多瓣卡瓦、卡簧卡瓦等；软体卡瓦包括钢丝卡瓦、黄泥卡瓦、软铅卡瓦、树脂卡瓦等。

卡瓦打捞筒按功能又可分为可退式打捞筒、不可退式打捞筒、可退短鱼头打捞筒、开窗打捞筒、弯鱼头打捞筒、抽油杆打捞筒、弯抽油杆打捞筒、活页打捞筒和三球打捞筒等。

打捞筒型号命名方法如下：

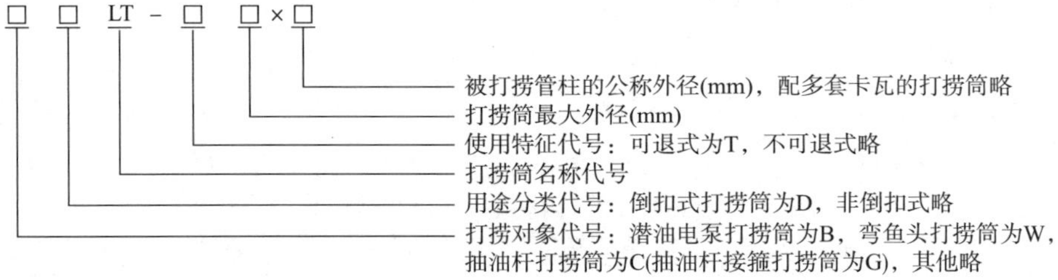

示例 1：DLT−T105×60 表示最大外径为 105mm，用于打捞公称外径为 60mm 管柱的可退式倒扣打捞筒。

示例 2：LT−T127×95 表示最大外径为 127mm，用于打捞公称外径为 95mm 管柱的可退式打捞筒。

矛类打捞工具按其结构特点可分为滑块打捞矛、分瓣卡瓦打捞矛、圆卡瓦打捞矛三大类。其中，滑块打捞矛又分为单牙块、双牙块、三牙块及多牙块几种；分瓣卡瓦打捞矛分为接箍打捞矛和非接箍打捞矛。根据鱼顶的不同，接箍打捞矛又分为抽油杆接箍打捞矛、油管接箍打捞矛、钻杆接箍打捞矛等。

打捞矛型号命名方法如下：

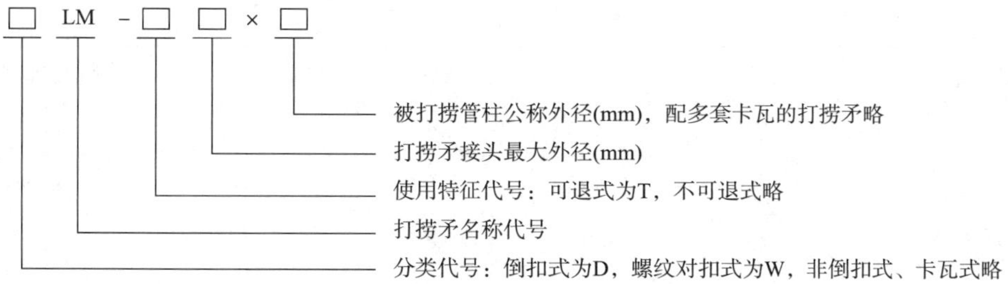

示例 1：DLM−T115×73 表示接头最大外径为 115mm，打捞公称外径为 73mm 管柱的可退式倒扣打捞矛。

示例 2：WLM−56×25 表示接头最大外径为 56mm，打捞公称外径为 25mm 抽油杆接箍的螺纹对扣式打捞矛。

1. 公锥

（1）用途

公锥是从有孔落物的内孔进行造扣打捞的工具。适用于带接箍或壁厚较大的管类落物。

（2）结构

结构见图 3-1-16。

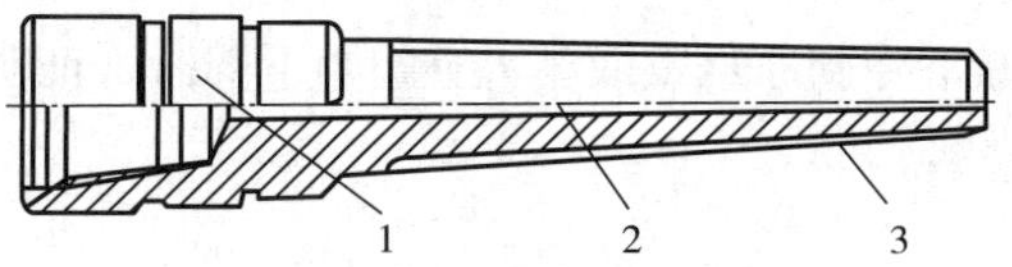

图 3-1-16 公锥结构示意图

1—上接头；2—水眼；3—打捞螺纹

公锥最重要的部分是打捞螺纹，牙型有两种，即锯齿形（粗牙）和三角形（细牙）。

①锯齿形公锥对于打捞材质较硬、韧性较大的落物，成功率较高，建议选用。

②三角形公锥不适于打捞材质较硬、韧性较大的落物。如 P110 材质落物。

（3）工作原理

造扣打捞：当公锥进入打捞落物内孔之后，加适当的钻压并转动钻具，迫使打捞螺纹挤压吃入落鱼内壁进行造扣。当造扣能承受一定的拉力和扭矩时，则可采取上提或倒扣的办法将落物全部或部分捞出。

（4）技术参数

技术参数见表 3-1-14。

表 3-1-14 公锥技术参数

规格型号	外形尺寸 /mm	接头	打捞螺纹牙型	材质强度 /MPa	打捞螺纹直径 /mm
GZ60×38-NC26	86×560	NC26（2A10）	锯齿形	932	43~55
GZ60×38-NC26LH-S	86×560	NC26 反扣	三角形		43~55
GZ70×52-NC31	105×535	NC31	锯齿形		57~65
GZ70×43-NC31	105×800	NC31	锯齿形		48~65
GZ82×55-NC38	121×800	NC38	锯齿形		60~77
GZ108×86.5-NC50	162×800	NC50	锯齿形		89~103

（5）使用方法

①根据鱼腔尺寸选择公锥规格，检查打捞部位螺纹和接头螺纹是否完好无损。

②如落物可能卡死，则公锥上部除配安全接头外，还应增加震击器。

③工具下探至打捞方入，确认达到造扣方入时，加钻压 20~30kN，以 10~20r/min 旋转造扣。公锥造扣 5~10 圈上提，若指重表悬重增加，则起钻。

④若指重表悬重未增加，则适当增加钻压重复上述操作。如遇卡，则采取憋压、旋转、活动等措施进行解卡；如不能解卡，则上提钻具至设计载荷倒扣。

⑤若指重表悬重逐渐下降到原悬重或稍大且扭矩下降时，证明已捞上或倒开，缓慢上提至正常载荷后，正常起钻。

（6）使用注意事项

①选择公锥时要考虑入鱼问题，必要时加配扶正器、引鞋筒等辅助工具帮助入鱼。

②下井前应先进行地面模拟插入打捞，确认公锥尺寸合理后再下井。

③当打捞腔材质较硬时，应选用高强度的公锥，造扣时的钻压与扭矩相应增大。

④需要切割、加焊硬质合金和引鞋筒时，公锥的有效打捞部位螺纹不应退火。

⑤使用公锥冲洗打捞时，应将砂子循环到地面后再进行造扣打捞，以防造扣时砂子回落卡钻。

2. 母锥

（1）用途

母锥是一种专门从油管、钻杆等管状落物外壁进行造扣打捞的工具。

（2）结构

母锥是长筒形整体结构，由接头与本体两部分构成。接头上有正、反扣标志槽，本体内锥面上有打捞螺纹。母锥打捞螺纹与公锥相同。

（3）工作原理

同公锥。

（4）主要技术参数

主要技术参数见表 3-1-15。

表 3-1-15 母锥技术参数

规格型号	外形尺寸 /mm	接头	打捞螺纹牙型	材质强度 /MPa	打捞螺纹直径 /mm
MZ52×41–NC26	86×300	NC26（2A10）	锯齿形	932	52~41
MZ68×49–NC26LH–S	105×600	NC26 反扣	三角形		68~49
MZ95×76–NC31	115×600	NC31	锯齿形		95~76
MZ108×86–NC38	146×700	NC38	锯齿形		108~86
MZ120×98–NC50	162×700	NC50	锯齿形		120~98

（5）使用方法

同公锥。

（6）使用注意事项

①打捞时，不允许猛顿鱼顶以防将鱼顶或打捞螺纹顿坏。

②井内应清洁，母锥从落物外壁打捞，尺寸较大，与套管的间隙较小，防止沉砂卡钻。要求起钻平稳，禁止转盘卸扣。

3. 卡瓦打捞筒（双片）

（1）用途

卡瓦打捞筒用于打捞油管、钻杆、加重杆、长铅锤等鱼顶为圆柱形的落鱼。

（2）结构

结构见图 3–1–17、图 3–1–18。

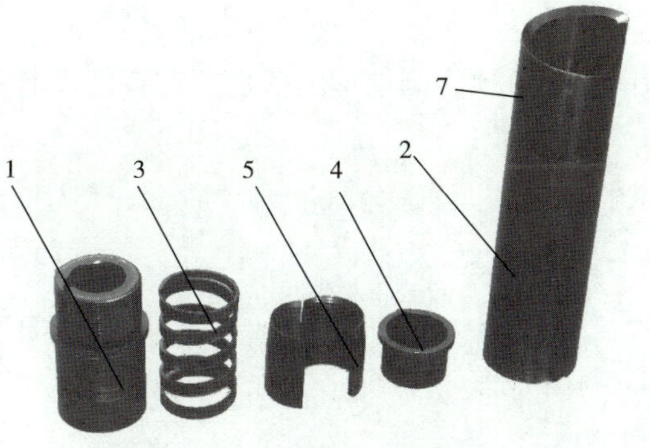

图 3–1–17 卡瓦打捞筒零件图

1—上接头；2—筒体；3—弹簧；4—卡瓦座；5—卡瓦；6—键；7—引鞋

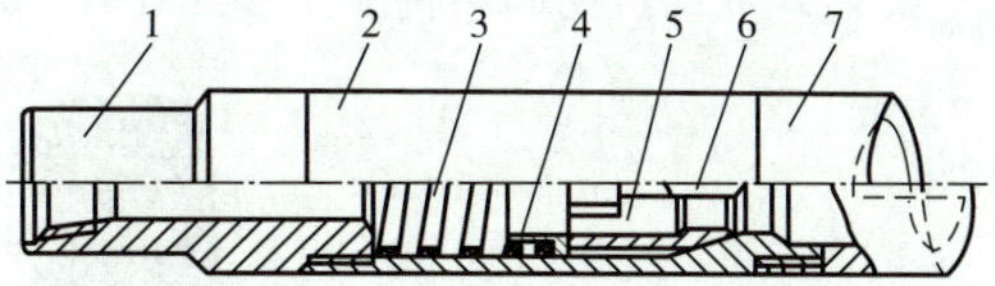

图 3–1–18 卡瓦打捞筒结构示意图

1—上接头；2—筒体；3—弹簧；4—卡瓦座；5—卡瓦；6—键；7—引鞋

（3）工作原理

当引鞋引入落鱼后，下放钻具，落鱼将卡瓦上推，压缩弹簧，卡瓦脱开锥面上行并逐渐分开，落鱼进入卡瓦。卡瓦在弹簧力作用下被压下将鱼顶抱住，并给鱼顶以初夹紧力。上提钻具，筒体上行，在初夹紧力作用下卡瓦与筒体内锥面贴合，产生更大的夹紧力，将落鱼卡住，实现打捞。

一个筒体可以有多个不同尺寸的卡瓦，对于不同直径的落鱼更换不同的卡瓦，即可打捞不同尺寸的落鱼。

（4）技术参数

技术参数见表 3-1-16。

表 3-1-16　卡瓦打捞筒（双片）技术参数

序号	规格型号	外形尺寸（直径 × 长度）/mm	接头螺纹	使用范围及主要参数	
				打捞落物外径 /mm	许用拉力 /kN
1	LT-95	95×610	NC26（2A10）	32~60	400
2	LT-108	108×610	NC31（210）	45~65	650
3	LT-114	114×660	NC31（210）	48~73	950
4	LT-150	150×970	NC38（310）	90~114	1300

（5）使用方法

①根据鱼头尺寸选择卡瓦打捞筒规格，检查打捞部位螺纹牙和接头螺纹是否完好无损。

②工具下至距鱼顶 1~5m 左右转动钻具，边转边放，引鱼顶入打捞筒内腔，待指重表悬重下降，上提钻具悬重增加，证明有捞获，起钻。

③若落鱼重量较轻，指重表显示不明显，可以重复打捞数次，再进行起钻。

④捞获提不动时，对反扣打捞筒可进行倒扣捞出部分落鱼。

（6）使用注意事项

①考虑鱼顶引入筒腔的问题，必要时可加引鞋筒等辅助工具帮助入鱼。

②当鱼顶是油管本体或外螺纹时，应防止损坏鱼顶。

4. 可退式打捞筒

（1）用途

可退式打捞筒用于打捞不同尺寸的油管和钻杆等鱼顶为圆柱形的落鱼。它有篮式卡瓦和螺旋式卡瓦两种形式。

（2）结构

①篮式卡瓦打捞筒结构见图 3-1-19、图 3-1-20。

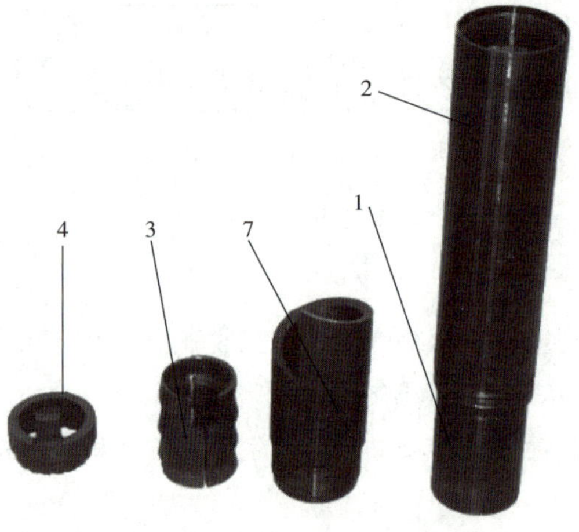

图 3-1-19　篮式卡瓦打捞筒零件图

1—上接头；2—筒体；3—篮式卡；4—控制环；5—密封圈；6—O 形圈；7—引鞋

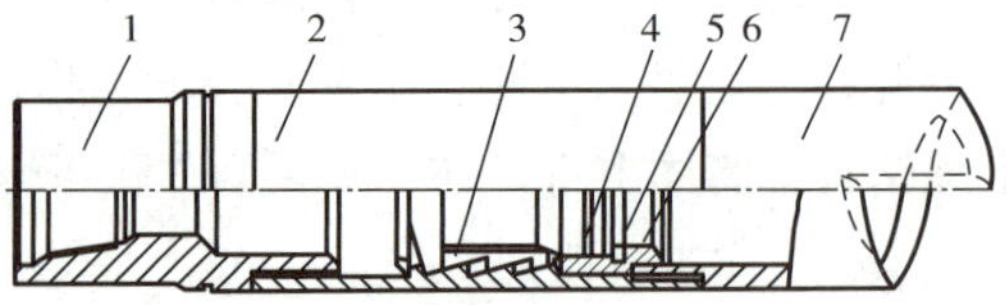

图 3-1-20　篮式卡瓦打捞筒结构示意图

1—上接头；2—筒体；3—篮式卡；4—控制环；5—密封圈；6—O 形圈；7—引鞋

修井作业

②螺旋式卡瓦打捞筒结构见图 3-1-21、图 3-1-22。

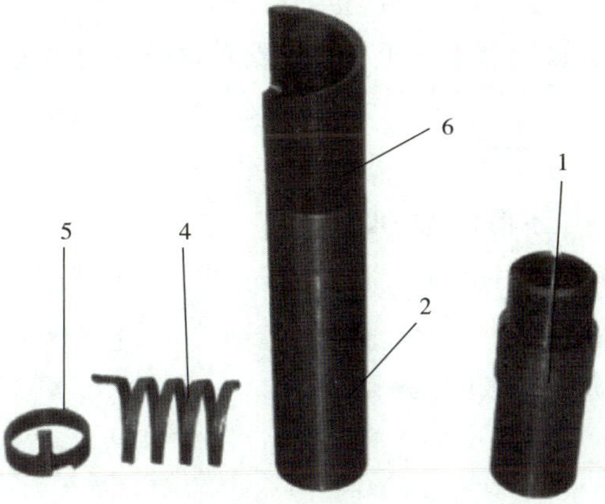

图 3-1-21　螺旋式卡瓦打捞筒零件图
1—上接头；2—筒体；3—密封圈；4—螺旋卡瓦；
5—控制环；6—引鞋

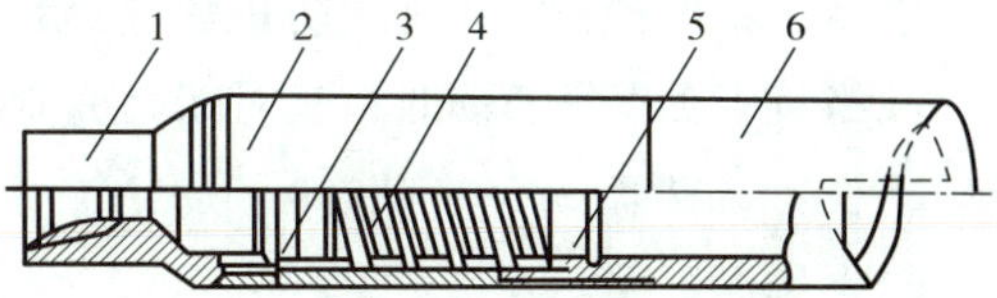

图 3-1-22　螺旋式卡瓦打捞筒结构示意图
1—上接头；2—筒体；3—密封圈；4—螺旋卡瓦；
5—控制环；6—引鞋

（3）工作原理

落物经引鞋接触卡瓦，卡瓦外锥面与筒体内锥面脱开，卡瓦被迫胀开，落物进入卡瓦中，上提钻具，卡瓦与筒体有相对位移，使卡瓦收缩卡咬落物，实现打捞。

（4）技术参数

篮式卡瓦打捞筒技术参数见表 3-1-17，螺旋式卡瓦打捞筒技术参数见表 3-1-18。

表 3-1-17　篮式卡瓦打捞筒技术参数

规格型号	外形尺寸（直径 × 长度）/mm	接头螺纹	打捞尺寸（内径）/mm		许用提拉负荷 /kN		适应套管尺寸 /mm
			不带台阶	带台阶	不带台阶	带台阶	
LT-02TA	105 × 875	NC31（210）	59.7~61.3	63~65 65.4~68	850	600	127
LT-03TA	114 × 846	NC31（210）	72~74.5	77~79	900	450	140~146
LT-05TA	145 × 900	NC38（310）	101~104	104~106 106.5~108.5	1330	950	168~177.8

表 3-1-18　螺旋式卡瓦打捞筒技术参数

规格型号	外形尺寸（直径 × 长度）/mm	接头螺纹	打捞尺寸（内径）/mm	许用提拉负荷 /kN	适应套管尺寸 /mm
LT-02TB	105 × 815	NC31（210）	63~79	1200	127
LT-03TB	114 × 846	NC31（210）	81~90	1000	140~146
LT-05TB	145 × 900	NC38（310）	106~119	1410	168~177.8

（5）使用方法

①根据鱼头尺寸选择卡瓦打捞筒规格，检查打捞部位螺纹和接头螺纹是否完好无损。

②打捞筒下至鱼顶以上 1~5m 时缓慢下放，使鱼顶进入捞筒，悬重下降不超过

10~15kN，表明落物已进入打捞卡瓦内。

③上提钻具，若悬重高于原钻具悬重，说明已捞获，否则应重新打捞。

④最大许用提拉负荷下仍不能提动落物时，说明遇卡严重，可用钻具自身重力下击打捞筒，然后正转管柱，上提退出工具。

（6）使用注意事项

①使用篮式卡瓦打捞筒磨铣修整鱼顶时，钻压不得超过 10kN。

②因打捞筒内有密封圈，当落鱼进入捞筒循环洗井时，应注意泵压变化，防止憋泵。

③如工具外径较大，则应防止套管变形卡钻。

④螺旋卡瓦壁厚较薄时，长时间大负荷活动易造成卡瓦碎裂。

5. 开窗打捞筒

（1）用途

开窗打捞筒是一种用来打捞柱状的、具有卡取台阶自由落物的工具。

（2）结构

结构见图 3–1–23。

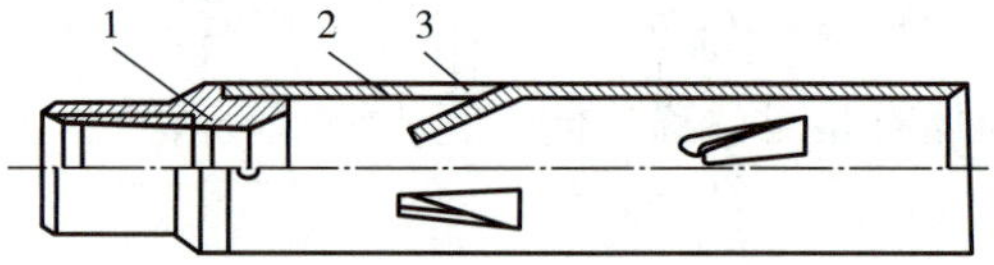

图 3–1–23　开窗打捞筒结构示意图

1—上接头；2—筒体；3—窗舌

（3）工作原理

当落鱼进入筒体并顶入窗舌时，窗舌外胀，其反弹力抱紧落鱼本体，上提钻具，窗舌卡住落物台阶，上提钻具捞出落物。

（4）技术参数

技术参数见表 3–1–19。

表 3-1-19　开窗打捞筒技术参数

序号	规格型号	外径 / mm	使用范围及主要技术参数			
			打捞接箍外径 /mm	窗口排数	窗舌数	适用套管直径 /mm
1	KLT–114	114	38，42，46，55	2	6	140
2	KLT–114 × 89	114	89	2~3	6~12	140
3	KLT–148	148	121，132	3~4	9~16	177.8

（5）使用方法

①根据落鱼尺寸及套管直径选择开窗打捞筒，检查接头螺纹及窗舌是否完好无损。

②当工具接近鱼顶 1~5m 时，缓慢下放，边放边转引鱼入筒后，下放加钻压，使窗舌越过鱼顶接箍或台阶（根据落鱼尺寸及开窗打捞筒而定，如落鱼为 ϕ73mm 以上油管，钻压可加至 30~50kN。若落鱼尺寸过小，则适当减小钻压）。

③捞获后起钻。

（6）使用注意事项

①根据套管情况选用开窗打捞筒，开窗打捞筒在满足打捞要求的前提下应使长度和外径最小，以适应弯曲和轻微变形的条件。

②现场制作的开窗打捞筒应考虑窗口处的抗拉强度，防止入井后拉断。

③下井开窗如提前遇阻，应分析原因，不可盲目加压顿钻，以免造成事故。

6. 可退式抽油杆打捞筒

（1）用途

可退式抽油杆打捞筒是在油管或套管内、外打捞抽油杆的工具。

（2）结构

结构见图 3-1-24、图 3-1-25。

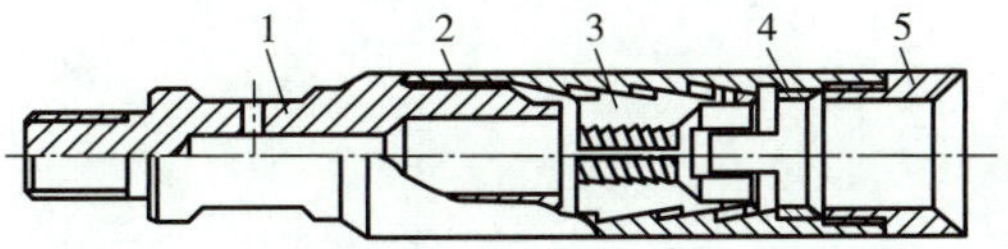

图 3-1-24　篮式卡瓦抽油杆打捞筒结构示意图

1—上接头；2—筒体，3—篮式卡瓦；4—控制环；5—引鞋

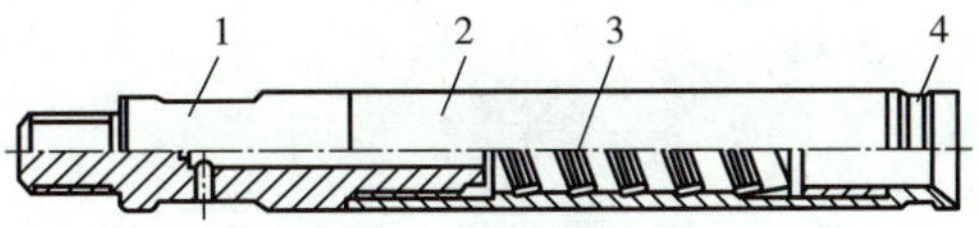

图 3-1-25　螺旋式卡瓦抽油杆打捞筒结构示意图

1—上接头；2—筒体；3—螺旋卡瓦；4—引鞋

（3）工作原理

抽油杆本体经引鞋接触卡瓦，卡瓦外锥面与筒体内锥面脱开，卡瓦被迫胀开，抽油杆本体进入卡瓦中，上提钻具，卡瓦与筒体有相对位移，使卡瓦收缩卡咬落物，实现打捞。

（4）技术参数

技术参数见表 3-1-20 和表 3-1-21。

表 3-1-20　螺旋式卡瓦抽油杆打捞筒技术参数

规格型号	外形尺寸（直径 × 长度）/mm	接头螺纹直径 / mm	打捞落物外径 /mm	许用提拉负荷 / kN	允许最小通径 / mm
CLT–T55	55 × 350	25.4 抽油杆螺纹	更换不同的卡瓦可打捞 16、19、22、25.4 抽油杆本体	350	60

表 3-1-21　篮式卡瓦抽油杆打捞筒技术参数

规格型号	外形尺寸（直径 × 长度）/mm	接头螺纹直径 /mm	打捞落物外径 /mm	许用提拉负荷 /kN	工作井筒
CLT–T60 × 16	60 × 650	16（抽油杆本体）	16	420	油管
CLT–TD × 19	*D* × 650	19（抽油杆本体）	19	420	套管
CLT–TD × 22	*D* × 650	22（抽油杆本体）	22	420	套管
CLT–TD × 25.4	*D* × 650	25.4（抽油杆本体）	25.4	420	套管

注：*D* 为根据油管、套管内径所确定的引鞋尺寸。

（5）使用方法

①把抽油杆打捞筒连接在抽油杆上下入井内。

②当工具接近鱼顶时，缓慢下放，直至悬重有减轻显示时停止。

③上提工具，若悬重增加，则表示打捞成功。

④起出钻具。

（6）使用注意事项

①打捞前对井下落物情况要清楚。

②根据井下落物情况正确选用抽油杆打捞筒。

③抓住井下抽油杆后，一旦遇卡，最大提拉力不得超过抽油杆许用载荷。如不能解卡，可先下击，然后缓慢右旋并上提，即可退出工具。

7. 不可退式抽油杆打捞筒

（1）用途

不可退式抽油杆打捞筒是在套管或油管内外捞抽油杆的专用工具。

（2）结构

结构见图 3–1–26 和图 3–1–27。

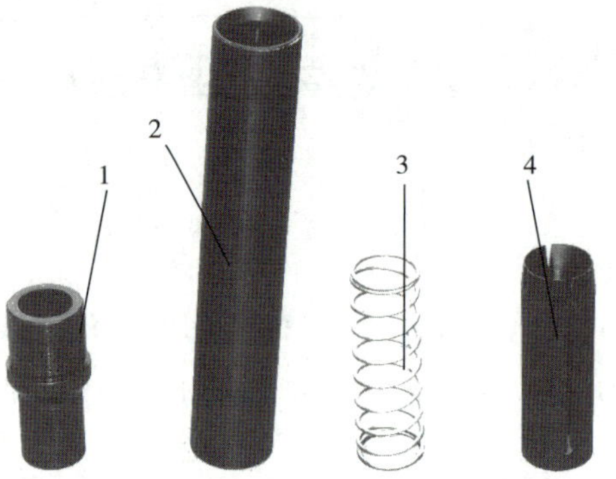

图 3–1–26　不可退式抽油杆打捞筒零件图
1—上接头；2—筒体；3—弹簧；4—卡瓦

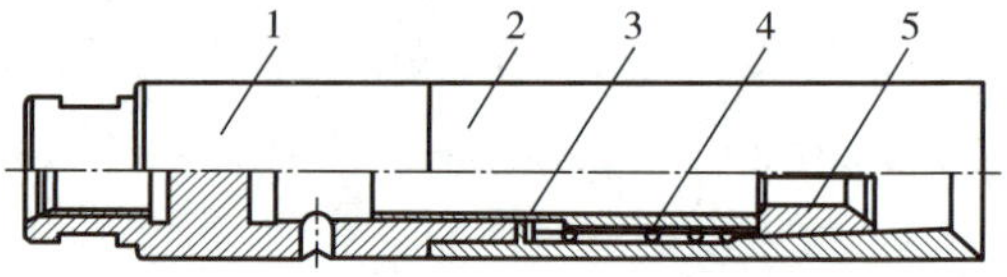

图 3–1–27　不可退式抽油杆打捞筒结构示意图
1—上接头；2—筒体；3—内套；4—弹簧；5—卡瓦

（3）工作原理

当落鱼进入筒体后，下放钻具，落鱼将卡瓦上推，压缩弹簧，卡瓦脱开锥面上行并逐渐分开，落鱼进入卡瓦。卡瓦在弹簧力作用下被压下将鱼顶抱住，并给鱼顶以初夹紧力。上提钻具，筒体上行，在初夹紧力作用下卡瓦与筒体内锥面贴合，产生更大的夹紧力，将落鱼卡住，实现打捞。

（4）技术参数

技术参数见表 3–1–22。

表 3-1-22　不可退式抽油杆打捞筒技术参数

规格型号	外形尺寸（直径 × 长度）/mm	接头螺纹直径 /mm	打捞落物外径 /mm	许用提拉负荷 /kN	允许最小通径 /mm
CLT–55	55 × 346	25.4（抽油杆外螺纹）	更换不同的卡瓦可打捞 16、19、22、25.4 的抽油杆本体	392	60

（5）使用方法

①按井内抽油杆尺寸选择工具尺寸。

②拧紧各部分螺纹，将工具下入井内。

③当工具接近鱼顶时，缓慢下放，悬重下降不应超过 10kN。

④捞获后起出井内管柱。

⑤出井后，卸去上接头、弹簧，取出卡瓦，即可提出抽油杆。

（6）使用注意事项

①打捞前对井下落物情况要清楚。遇卡严重时不能使用此工具。

②如果井下抽油杆鱼顶进工具筒体困难，可慢慢右旋使抽油杆进入筒体。

8. 活页打捞筒

（1）用途

活页打捞筒是在套管内打捞顶为台阶或接箍的小直径杆类落物或小直径管类落物的工具。活页打捞筒又称活门打捞筒或“翻板”。

（2）结构

结构见图 3-1-28 和图 3-1-29。

图 3-1-28　活页打捞筒零件图
1—接头；2—活页总成；3—引鞋

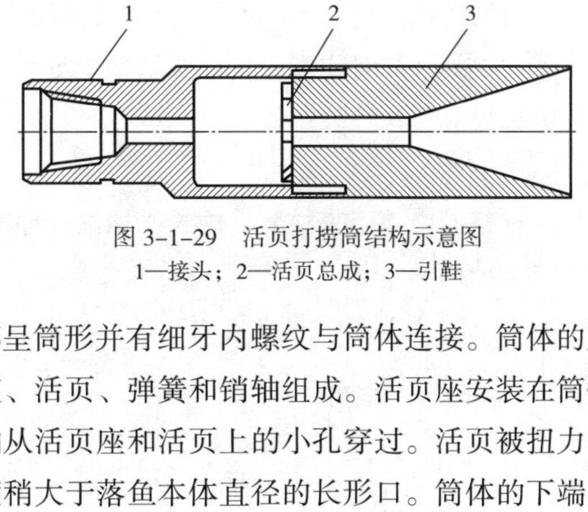

图 3-1-29　活页打捞筒结构示意图
1—接头；2—活页总成；3—引鞋

上接头上部为钻杆螺纹连接钻具，下部呈筒形并有细牙内螺纹与筒体连接。筒体的上端面上安装着活页总成。活页总成由活页座、活页、弹簧和销轴组成。活页座安装在筒体上端面，与活页上的凸缘插装在一起，销轴从活页座和活页上的小孔穿过。活页被扭力弹簧压在筒体上端面。活页中间还开一个宽度稍大于落鱼本体直径的长形口。筒体的下端为锥形喇叭口，便于引进落鱼。

（3）工作原理

鱼顶为接箍的落鱼引入筒体后，顶开活页，活页绕销轴转动。当接箍或台阶通过活页后，在扭力弹簧的作用下活页自动复位，接箍或台阶以下落物本体正好进入活页的开口里。上提工具，接箍或台阶卡在活页上，实现打捞。

（4）技术参数

技术参数见表 3-1-23。

表 3-1-23　活页打捞筒技术参数

序号	规格型号	外形尺寸/mm	接头螺纹代号	杆接箍外径/mm	落物名称	适用井眼直径/in
1	HYLT-95×16	ϕ95×500	NC26 或 2A10	38	ϕ16mm 抽油杆带接箍或外螺纹	4½
2	HYLT-105×19	ϕ105×500	NC31（210）或 2⅞ TBG	42	ϕ19mm 抽油杆带接箍或外螺纹	5~5½
3	HYLT-114×22	ϕ114×500	2⅞ TBG 或 3TBG	46	ϕ22mm 抽油杆带接箍或外螺纹	5½
4	HYLT-114×25	ϕ114×500	3TBG	55	ϕ25mm 抽油杆带接箍或外螺纹	5½

（5）使用方法

①检查弹簧是否有弹力，活页能否自动复位，活页开口尺寸与落鱼尺寸是否相同。

②检查接头螺纹及活页是否完好无损。

③下钻至鱼顶以上 1~5m，慢转慢放使引鞋入鱼。下放时应注意观察指重表悬重变化。如有轻微变化，应立即停止下放，上提钻具，当悬重增加时，说明已捞获，可以提钻。

（6）使用注意事项

①打捞前应摸清落物情况，鱼顶应完好无严重弯曲。

②如井筒内有蜡、稠油或高凝油等，应使用 70℃以上的热水洗井，保证活页开合正常。

③打捞时钻压应为 5~10kN，否则会将抽油杆压弯压实，给后续处理带来困难。

④打捞抽油杆时应配备反应灵敏的指重表，防止打捞时钻压过大。

9. 三球打捞筒

（1）用途

三球打捞筒是用来在套管内打捞抽油杆加厚台阶部位及小直径管类的打捞工具。

（2）结构

结构见图 3-1-30、图 3-1-31。

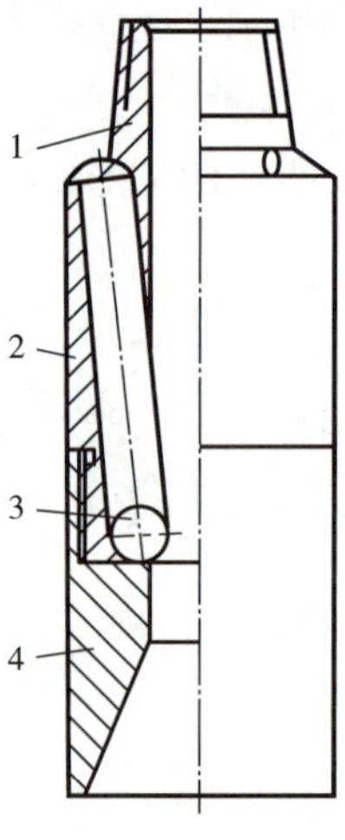

图 3-1-30　三球打捞筒结构示意图
1—接头；2—筒体；3—钢球；4—引鞋

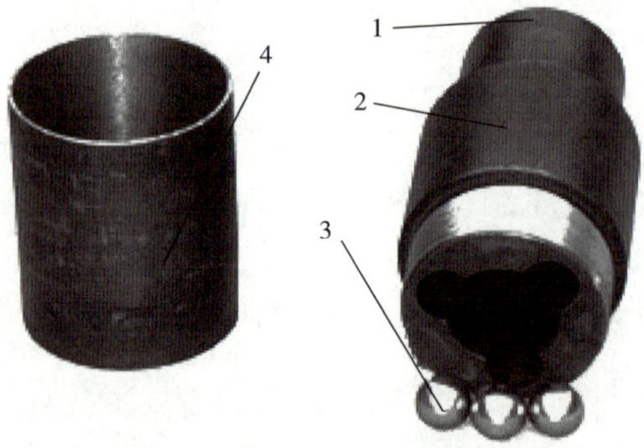

图 3-1-31　三球打捞器零件图
1—接头；2—筒体；3—钢球；4—引鞋

（3）工作原理

三球打捞筒靠 3 个钢球在斜孔中位置的变化来改变球打捞器 3 个钢球公共内切圆直径的大小，从而允许抽油杆台阶和接箍通过。待接箍或台阶通过 3 个球后，3 个钢球依靠自重沿斜孔回落，停靠在抽油杆本体上。上提钻具，抽油杆台阶或接箍因尺寸较大无法通过而压在 3 个钢球上，斜孔中的 3 个钢球在斜孔的作用下给落物以径向夹紧力，从而抓住落鱼。

（4）技术参数

技术参数见表 3-1-24。

表 3-1-24　三球打捞筒技术参数

规格型号	外形尺寸 /mm	接头螺纹	落物规格	井眼直径 /in
SQ-95	ϕ95×360	$2\frac{7}{8}$ TBG	ϕ16mm、ϕ19mm 抽油杆接箍及外螺纹	$4\frac{1}{2}$
SQ-102	ϕ102×290	$2\frac{7}{8}$ TBG	ϕ22mm、ϕ25mm 抽油杆接箍及外螺纹，ϕ48.3mm 油管带接箍	5
SQ-117	ϕ117×305	$2\frac{7}{8}$ TBG	ϕ16mm、ϕ19mm、ϕ22mm 抽油杆接箍及外螺纹	$5\frac{1}{2}$
SQ-150	ϕ150×295	$2\frac{7}{8}$ TBG	ϕ22mm、ϕ25mm 抽油杆接箍及外螺纹，ϕ48.3mm 油管带接箍	7

（5）使用方法

①将三球打捞器连接在管柱的最下端，直接下井。

②待通过鱼头后，再缓慢上提。若指重表比原悬重增加，说明抓住落鱼，起钻。

（6）使用注意事项

①三球打捞器入井前必须通井。

②检查工具外径尺寸、三球活动情况并涂机油润滑。

10. 倒扣打捞筒

（1）用途

倒扣打捞筒既可用于对柱状落鱼进行外捞、倒扣作业，又可释放落鱼。

（2）结构

结构见图 3-1-32 和图 3-1-33。

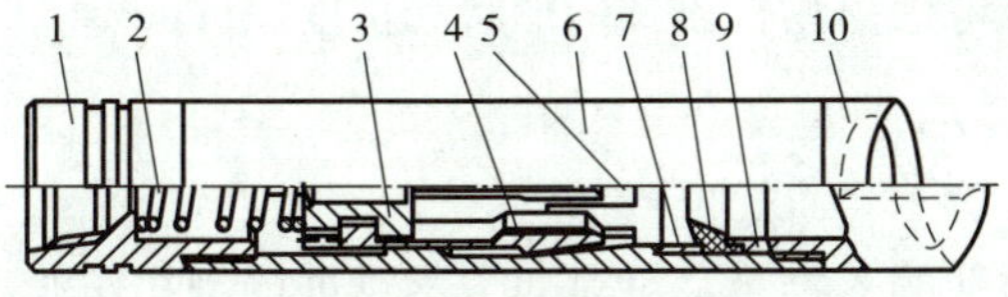

图 3-1-32　倒扣打捞筒示意图

1—上接头；2—弹簧；3—限位座；4—卡瓦；5—键；6—筒体；7—上隔套；8—密封圈；9—下隔套；10—引鞋

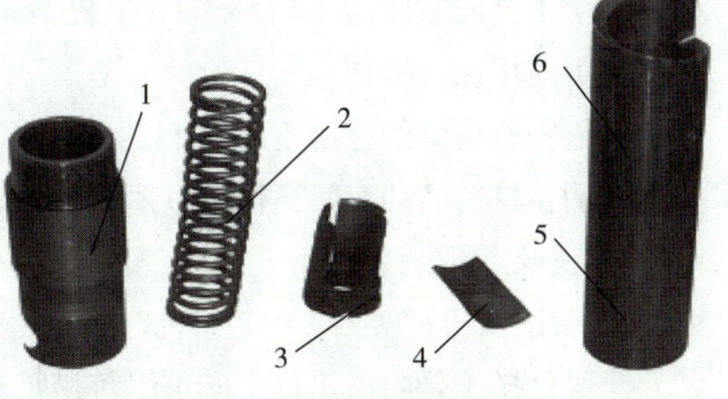

图 3-1-33　倒扣打捞筒结构零件图

1—上接头；2—弹簧；3—限位座；4—卡瓦；5—筒体；6—引鞋

（3）工作原理

打捞时三片卡瓦处在打捞位置。当落鱼接触卡瓦时，卡瓦与筒体产生相对滑动，卡瓦筒体锥面脱开，筒体继续下行，限位座顶在上接头下端面上迫使卡瓦外胀，落鱼引入。若停止下放，此时被胀大了的卡瓦对落鱼产生内夹紧力，紧紧咬住落鱼。上提钻具，筒体上行，卡瓦与筒体锥面贴合。随着上提力的增加，三块卡瓦内夹紧力也增大，使卡瓦牙咬入落鱼外壁，继续上提就可实现打捞。如果对钻杆施以扭矩，扭矩通过筒体上的键传给卡瓦，使落鱼接头松扣，即可实现倒扣。退出落鱼时，下击钻具使卡瓦与筒体锥面脱开，然后右旋，使三片卡瓦处于释放状态，上提钻具即可退出落鱼。

（4）技术参数

技术参数见表 3–1–25。

表 3-1-25　倒扣打捞筒技术参数

规格型号	外形尺寸（直径 × 长度）/mm	接头螺纹	打捞尺寸 /mm	许用提拉负荷 /kN	许用倒扣拉力和扭矩	
					拉力 /kN	扭矩 /（kN·m）
DLT–T95 × 48	95 × 650	2⅞ REG	48	300	120	3.1
DLT–T105 × 60	105 × 720	NC31	60	400	150	3.8
DLT–T114 × 73	114 × 735	NC31	73	450	180	4.5
DLT–T134 × 89	134 × 750	NC31	89	550	180	5.7
DLT–T145 × 102	145 × 750	NC38	102	800	200	9.6
DLT–T160 × 114	160 × 820	NC46	114	1000	200	9.6

（5）使用方法

①根据落鱼选择合适的倒扣打捞筒，检查接头螺纹及卡瓦是否完好无损，应灵活好用。

②打捞筒至鱼顶以上 1~5m 时，慢慢左旋下放钻具，边旋边下放引鱼入筒，待悬重下降后，停止旋转及下放。

③上提负荷使卡瓦抓紧落鱼。

④调节钻具负荷，使中和点处于倒扣位置倒扣。当左旋力矩减少时，说明倒扣完成，起钻。

⑤当需要退出落鱼时，钻具下击，使卡瓦和捞筒锥面分离。调节钻具中和点略高于打捞筒，使工具向右旋转 1/4~1/2 圈并上提钻具，即可退出落鱼。

（6）使用注意事项

①倒扣打捞筒的打捞范围较小，引鞋、下隔套和打捞落物的间隙较小。

②倒扣打捞筒的有效抓捞腔较短，下钻时应考虑落物打捞颈的形状和长度。

11. 滑块打捞矛

（1）用途

滑块打捞矛是内捞工具，既可以打捞具有内孔的落物，又可对遇卡落物进行倒扣作业。

（2）结构

结构见图 3–1–34 和图 3–1–35。

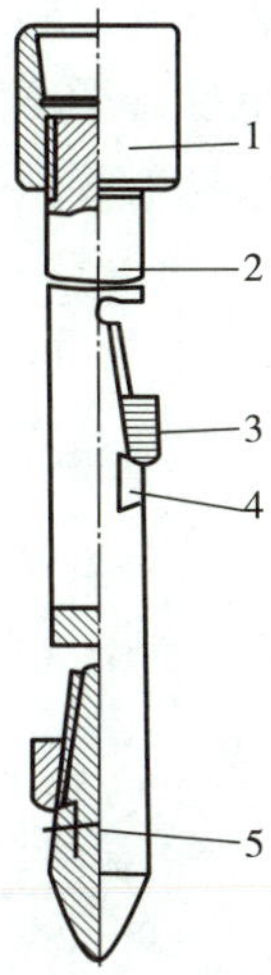

图 3-1-34　滑块打捞矛结构示意图

1—接头；2—矛杆；3—滑块；4—锁块；5—螺钉

图 3-1-35　滑块打捞矛实物图

1—接头；2—矛杆；3—滑块；4—锁块；5—螺钉

（3）工作原理

当矛杆与滑块进入鱼腔之后，滑块依靠自重向下滑动，滑块与斜面产生相对位移，滑块齿面与矛杆中心线距离增加，使其打捞尺寸逐渐加大，直至与鱼腔内壁接触。上提钻具矛杆上行，斜面向上运动所产生的径向分力迫使滑块咬入落物内壁，抓住落物。

（4）技术参数

技术参数见表 3-1-26。

表 3-1-26　滑块打捞矛技术参数

序号	规格型号	最大外径 /mm	接头螺纹	滑块数	打捞管径 /mm	许用提拉负荷 /kN
1	LM–90 × 60	90	2A10	2	60	440
2	LM–105 × 73	105	210	2	73	500
3	LM–105 × 89	105	210	2	89	600
4	LM–121 × 102	121	310	2	102	680

（5）使用方法

①根据鱼腔尺寸选择滑块打捞矛规格，矛杆的直径小于鱼腔直径 3~4mm，或将滑块从上死点下滑约 1/3 处的直径作为打捞腔直径。检查滑块牙齿和接头螺纹是否完好无损。

②工具下至距鱼顶 1~5m 时，记住指重表悬重并缓慢下放，至碰鱼方入遇阻。

③将钻具旋转不同角度，待工具进入鱼腔后慢慢上提，抓住落物，若指重表悬重增加，则捞获起钻。

（6）使用注意事项

①考虑有排泄液体的水眼，防止起钻时钻具内提出的修井液外泄。

②当打捞大直径的落鱼时，应考虑在捞矛上部加装限位装置，限制捞矛的入鱼深度。

③在打捞时打捞矛插在鱼腔的外面易造成鱼头变形和滑块脱落。

④如果需要大扭矩倒扣，防止打捞、倒扣时在意外的部位倒开，影响施工进度。

⑤当鱼顶被砂覆盖且有较高砂柱时，不宜冲捞，防止捞上后砂子下沉卡钻。

⑥倒扣前应上提钻具，使打捞矛和鱼腔胀紧抓牢，避免空转滑脱。

12. 可退式打捞矛

（1）用途

可退式打捞矛用于在油气田修井过程中打捞钻杆、油管、套管及内孔为圆柱形状的落物。

（2）结构

结构见图 3-1-36 和图 3-1-37。

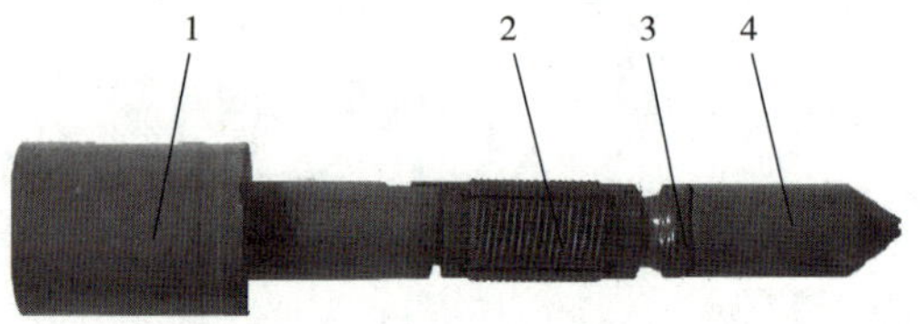

图 3-1-36　可退式打捞矛实物图

1—接头；2—圆卡瓦；3—释放环；4—引鞋

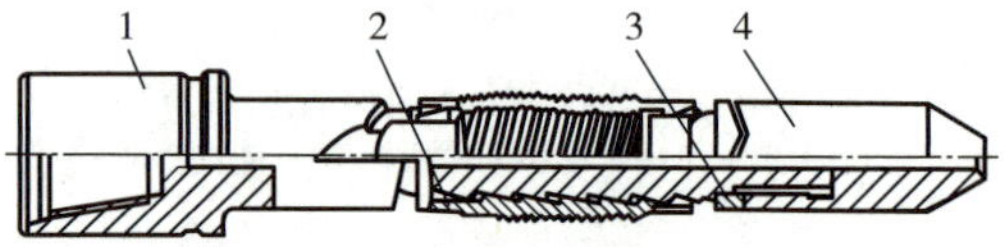

图 3-1-37　可退式打捞矛结构示意图

1—接头；2—圆卡瓦；3—释放环；4—引鞋

（3）工作原理

①打捞：自由状态下圆卡瓦外径略大于落物内径。当工具进入鱼腔时，圆卡瓦被压缩，产生一定的外胀力，使卡瓦贴紧落物鱼腔内壁。随芯轴上行和提拉力的逐渐增加，芯轴、圆卡瓦上的锯齿形螺纹互相挤胀，卡瓦产生径向力，使其咬住落鱼，实现打捞。

②退出（正扣）：一旦落鱼卡死，无法捞出需退出捞矛时，只要给芯轴一定的下击力，就能使圆卡瓦与芯轴的锥面脱开（此下击力可由钻具本身重量或使用下击器来实现）。再正转钻具 2~3 圈（深井可多转几圈），圆卡瓦与芯轴产生相对位移，促使圆卡瓦沿芯轴锯齿形螺纹向下运动，直至圆卡瓦与释放环上端面接触为止（此时卡瓦与芯轴处于完全释放位置），上提钻具，即可退出落鱼。

（4）技术参数

技术参数见表 3-1-27。

表 3-1-27　可退式打捞矛主要技术参数

规格型号	直径 × 长度 /mm	接头螺纹	打捞落物内径 /mm	许用拉力 /kN	卡瓦窜动量 /mm
LM-T86	86 × 618	NC26（2A10）	46.1~50.3	340	7.7
LM-T105	105 × 615	NC31（210）	54.6~62	535	7.7
LM-T105	105 × 670	NC31（210）	66.1~77.9	814	10
LM-T105	105 × 761	NC31（210）	84.8~90.1	1078	10
LM-T105	105 × 823	NC31（210）	92.5~102.3	1078	10
LM-T105	105 × 850	NC31（210）	101.6~115.0	1450	13
LM-T115	115 × 896	NC31（210）	117.7~127.7	1632	13

（5）使用方法及使用注意事项

同可退式打捞筒。

13. 螺纹对扣式打捞矛（接箍打捞矛）

（1）用途

螺纹对扣式打捞矛用于打捞落于井内的带接箍的落鱼。

（2）结构

结构见图 3–1–38 和图 3–1–39。

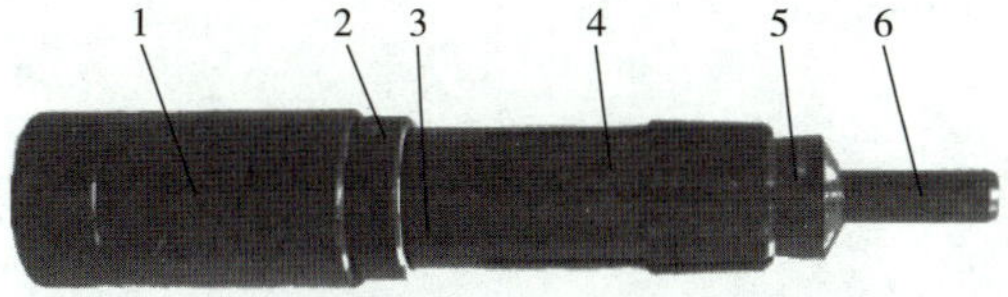

图 3–1–38 螺纹对扣式打捞矛实物图
1—接头；2—锁紧螺母；3—导向螺钉；4—卡瓦；5—矛杆；6—冲管

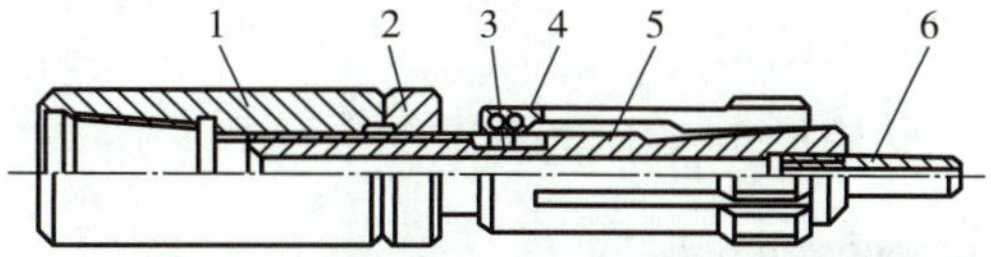

图 3–1–39 螺纹对扣式打捞矛结构示意图
1—接头；2—锁紧螺母；3—导向螺钉；4—卡瓦；5—矛杆；6—冲管

（3）工作原理

螺纹对扣式打捞矛的卡瓦打捞螺纹和鱼顶接箍螺纹的牙型、锥度、螺距均相同，卡瓦在自然状态下的尺寸大于鱼头接箍内螺纹直径 1~4mm。

卡瓦进入鱼腔时被弹性压缩，直径变小，在弹力的作用下，卡瓦外螺纹和鱼顶接箍内螺纹紧密地配合并能承受一定的拉力。上提管柱矛杆上的锥体挤胀卡瓦，使卡瓦承受更大的拉力，上提力越大，挤胀力越大。继续上提管柱，落物捞出。

（4）技术参数

技术参数见表 3–1–28。

表 3-1-28 螺纹对扣式打捞矛技术参数

型号	外形尺寸 /mm	接头连接螺纹	打捞螺纹	许用拉力 /kN
WLM–55 × 48.3	ϕ55 × 395	1.900TBG	1.900TBG	300
WLM–73 × 60.3	ϕ73 × 450	$2\frac{3}{8}$ TBG	$2\frac{3}{8}$ TBG	320
WLM–89.5 × 73	ϕ89.5 × 480	$2\frac{7}{8}$ TBG	$2\frac{7}{8}$ TBG	410
WLM–105 × 88.9	ϕ105 × 480	NC31	$3\frac{1}{2}$ TBG	450
WLM–105 × 101.6	ϕ105 × 480	NC31	4TBG	450
WLM–105 × 114.3	ϕ114 × 500	NC31	$4\frac{1}{2}$ TBG	480
WLM–105 × 73	ϕ105 × 610	NC31	$2\frac{7}{8}$ IF	410

（5）使用方法

①工具下井前应做模拟打捞检查，打捞矛插入抓捞自如，符合打捞要求。

②引打捞矛入鱼腔，待指重表悬重下降 10~20kN，泵压升高，慢提钻具。若悬重增加，即捞获起钻。

（6）使用注意事项

①螺纹对扣式打捞矛的矛杆、锁紧螺母、上部接头之间的锁紧能力较差，下井前各连

接螺纹应上紧，必要时用点焊锁住，防止矛杆和上部接头分离，造成打捞困难。

②对于大尺寸井眼，易插偏造成矛爪损坏或折断，应考虑对中或加设引鞋。

③井内有砂时，不宜使用螺纹对扣式打捞矛进行冲砂作业。

14. 倒扣打捞矛

（1）用途

倒扣打捞矛用于对有圆腔形落物进行内捞、倒扣作业。

（2）结构

结构见图 3-1-40 和图 3-1-41。

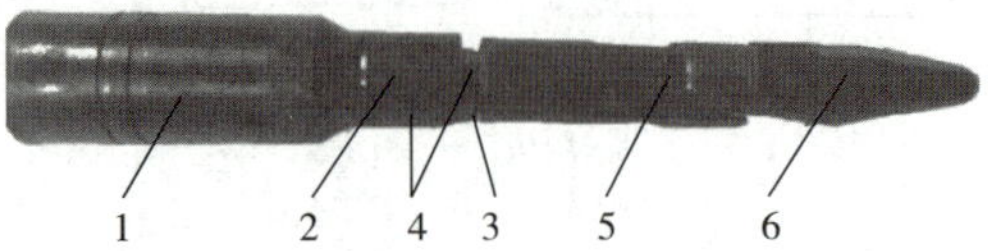

图 3-1-40　倒扣打捞矛实物图

1—接头；2—花键套；3—限位块；4—定位螺钉；5—卡瓦；6—矛杆

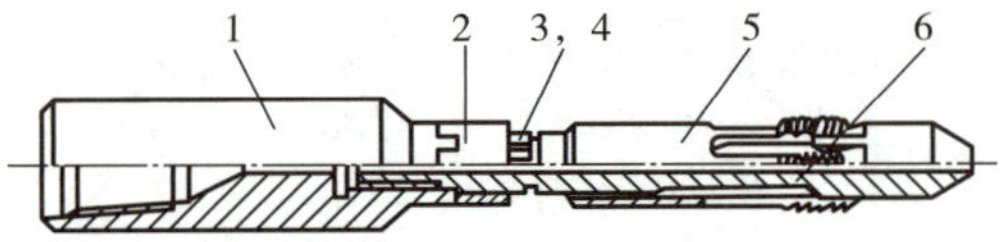

图 3-1-41　倒扣打捞矛结构示意图

1—接头；2—花键套；3—限位块；4—定位螺钉；5—卡瓦；6—矛杆

（3）工作原理

打捞时，打捞矛处于打捞状态。当外径略大于落鱼通径的卡瓦接触落鱼时，卡瓦与矛杆产生相对滑动，卡瓦从矛杆锥面脱开。矛杆继续下行，花键套顶着卡瓦上端面，迫使卡瓦缩进落鱼内。此时卡瓦对落鱼内径有外胀力，紧紧贴住落鱼内壁。上提钻具，矛杆上行，矛杆锥面与卡瓦锥面吻合，随着上提力的增加，卡瓦被胀开，外胀力使得卡瓦牙咬入落鱼内壁，继续上提即可实现打捞。此时对钻具施以扭矩，即可倒扣。若需要退出落鱼，则下击矛杆，使矛杆与卡瓦锥面脱开，然后右旋钻具，卡瓦处于释放状态，此时卡瓦与矛杆上的限位键接触，限定了卡瓦与矛杆的相对位置，上提钻具，卡瓦与矛杆锥面不再贴合，即可退出落鱼。

（4）技术参数

技术参数见表 3-1-29。

表 3-1-29　倒扣打捞矛技术参数

序号	规格型号	外形尺寸（直径 × 长度）/mm	接头螺纹	使用规范及性能参数		
				打捞尺寸 /mm	许用拉力 /kN	许用扭矩 /（N·m）
1	DLM-T105 × 60	105 × 620	2⅞ REG	49~52	330	4313
2	DLM-T105 × 73	105 × 670	NC31	60~65	600	5799
3	DLM-T105 × 89	105 × 750	NC31	72~79	650	9593
4	DLM-T127 × 102	127 × 800	NC38	88~95	780	10726
5	DLM-T140 × 127	140 × 820	NC40	107~116	860	12320

（5）使用方法及使用注意事项（同倒扣打捞筒）

（三）切割类工具

切割类工具是处理井下被卡管柱、取换套施工中的套管切割等工序的重要工具。它分为机械割刀、化学喷射切割工具和聚能（爆炸）切割工具三大类，其中机械割刀又分为内割刀、外割刀和水力式内割刀三种。机械式内割刀优点较多，易操作、使用安全，是目前使用较多的切割工具。

1. 机械式内割刀

（1）用途

机械式内割刀是从套管、油管、钻杆内部进行切割的一种机械式切割工具。

（2）结构

结构见图 3–1–42 和图 3–1–43。

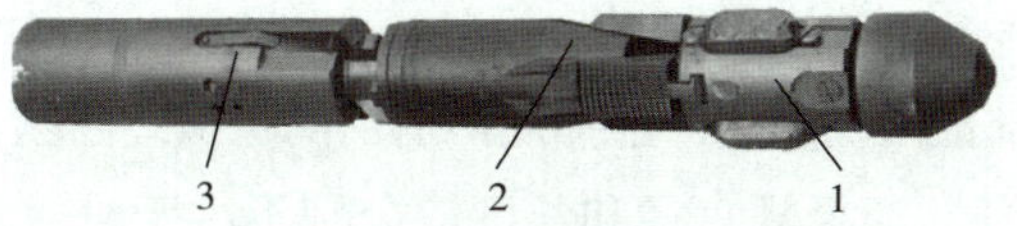

图 3–1–42　机械式内割刀实物图

1—摩擦扶正部分；2—锚定缓冲部分；3—切割部分

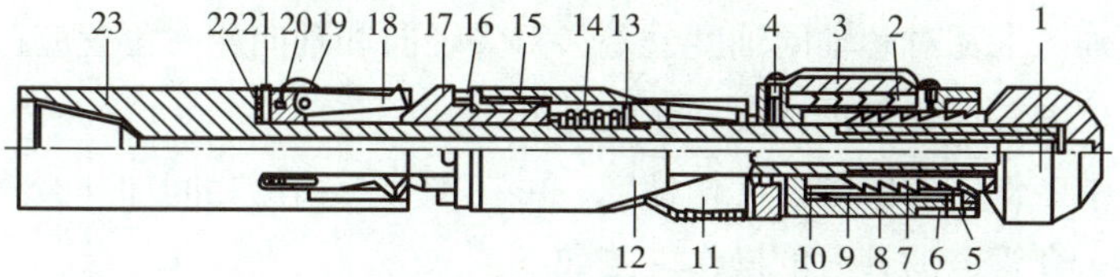

图 3–1–43　机械式内割刀结构示意图

1—下引鞋；2—摩擦块弹簧；3—摩擦块；4—摩擦块螺钉；5—定位螺钉；6—带齿定位环；7—滑牙套；8—扶正体；9—滑牙片簧；10—滑牙片；11—卡瓦；12—卡瓦锥体；13—主簧座；14—主簧；15—闭合螺环；16—止推环；17—推刀块；18—刀片；19—刀片簧；20—支撑螺钉；21—刀片簧螺钉；22—刀片支撑；23—中心轴

（3）工作原理

机械式内割刀下入预定位置时处于自由状态，正转管柱，使机械式内割刀中心轴旋转 3~5 圈，滑牙套与滑牙片脱开，此时摩擦块因弹簧的作用紧贴管壁，套在扶正体上的零件及卡瓦不随中心轴转动，并靠滑牙片与滑牙套的啮合作用上移。这时卡瓦在卡瓦锥体的燕尾斜坡作用下直径扩大，把割刀锚定在管壁上，机械式内割刀处于切割状态。下放中心轴，三把刀片靠推刀块的斜面在径向方向张开。旋转钻具，即可切割。当中心轴压到止推环端面上时，即切割完毕。上提中心轴，三把刀片脱开推刀块的斜面，在刀片簧和其自重的双重作用下，刀尖收回，而滑牙套与滑牙片靠滑牙片簧及倒锯齿的结构恢复初始的啮合状态。与此同时，卡瓦锥体随中心轴一起上移，使卡瓦失去楔紧作用，松开锚定在管壁上的割刀工具，继续上提中心轴，直至下引锥的上锥面抵住带齿定位环的齿面时，机械式内割刀在井内处于自由状态。

（4）技术参数

技术参数见表 3–1–30。

表 3-1-30　机械式内割刀技术参数

型号	割刀外径 /mm	连接扣型	水眼直径 /mm	切割管外径 /mm
ND–J60	46	$\frac{7}{8}$ in 抽油杆扣	12	60（油管）
ND–J73	57	1.900TBG	14	73（油管）
ND–J89	67	$2\frac{3}{8}$ TBG	14	88.9（油管）
ND–J127	102	NC31（$2\frac{7}{8}$ REG）	18	127（套管、钻杆）
ND–J177.8	145	$4\frac{1}{2}$ FH（$3\frac{1}{2}$ REG）	40	177.8（套管）

（5）机械式内割刀命名方法

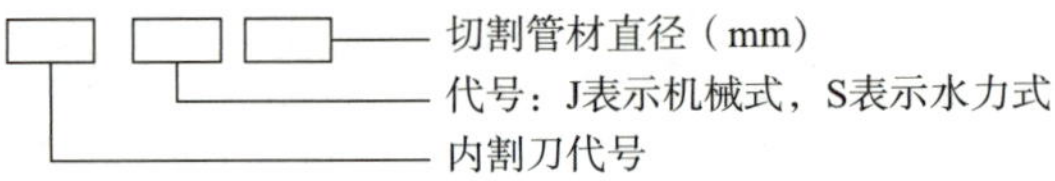

（6）使用方法

①根据被切割管柱部位内径尺寸，选择规格适当的机械式内割刀。

②工具下井前应通井，通径规直径和长度应分别不小于机械式内割刀的直径和长度，保证下井工具畅通无阻。

③检查刀片及摩擦块是否转动伸缩自如，刀刃、卡瓦牙、上接头螺纹是否完好，其他部件装配是否正确。卡瓦对芯轴同轴度公差、刀尖径向和轴向相对位置应符合规定。

④绘出工具草图，计算鱼顶深度和切割方入。

⑤如在斜井中工作，为使割刀工作稳定，可在割刀与钻铤之间加弹簧移动式扶正器。

⑥切割钻杆、套管、油管时的操作工艺如下：

a. 机械式内割刀连接于钻具上，下至预定井深，但应避开被切割管柱的接箍部位。

b. 转割刀 3~5 圈，使滑牙片与滑牙套脱开。

c. 下放切割钻压（5~10kN），使卡瓦与被切割管柱内壁咬紧。

d. 以 10~18r/min 的转速正转切割钻具，进行切割作业。切割过程中应逐渐加压，每次下切割钻具约 2mm，不要超过 3mm。这样当下放钻具总长度为 32mm 时，若旋转自如，无反扭矩出现（即扭矩值复原），则表明切割完成。此时，可提高转速至 28r/min，并反复加压（5kN）两次，若扭矩值不增，即证明管柱已被切断。

e. 停止转动钻具，应先缓慢上提，使内割刀恢复自由状态后，再将内割刀起出井外。

f. 进行打捞作业，取出被割断的管柱。

（7）使用注意事项

①下井前刀头应处于缩回状态。

②下钻过程中严禁转动钻具，如下放遇阻，应上提钻具检查原因。

③切割时应缓慢正转，操作要平稳，送钻要均匀。

④使用后应清除上接头、刀槽、卡瓦及其他部件上的油污、泥渣，检查各零件的安全性，然后涂防锈油，并存放于干燥通风处。

⑤上、下钻台要小心，防止碰坏刀片、卡瓦牙及螺纹。

2. 水力式内割刀

（1）用途

水力式内割刀是一种从套管内壁向外做环形切断套管的专用工具。

（2）结构

水力式内割刀由上接头、本体、活塞、喷嘴、弹簧、刀体等组成（图 3–1–44）。

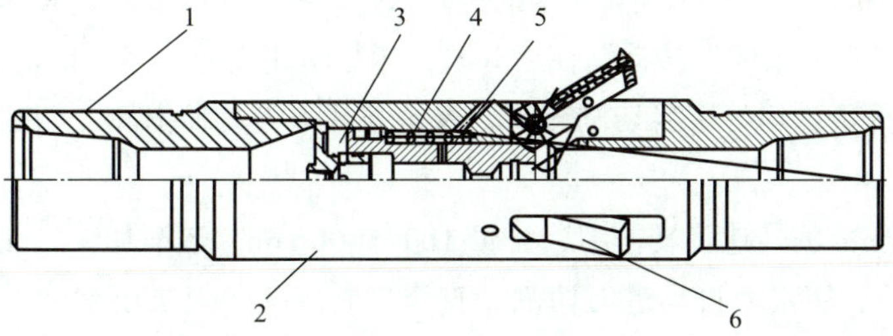

图 3–1–44　水力式内割刀工具结构示意图

1—上接头；2—本体；3—活塞；4—喷嘴；5—弹簧；6—刀体

（3）作用原理

当割刀下入到预定切割位置时，开泵循环，泥浆泵将高压液体（钻井液或修井液）泵入水力式内割刀体内，高压液体通过活塞内的喷嘴产生压力降，推动活塞压缩弹簧使活塞杆下行，从而活塞杆下端推动三个割刀片向外张开与套管内壁接触，张开的三个割刀片随同切割钻具顺时针旋转，三个割刀片周向同时切割套管，直到将套管割断。当活塞运行至预定位置（提前设定）时，泄压阀总成自动泄压，如井口显示泵压突然下降，则表明刀片组已切割至预定位置，可判断管子已被切断。割断落鱼后，上提钻具，割刀在自重的作用下向内旋转复位，割刀就能从井中取出。

（4）技术参数

技术参数表 3–1–31。

表 3-1-31　水力式内割刀技术参数

规格型号	外径 /mm	水眼 /mm	接头螺纹 /API	切割套管外径	
				最小 /in	最大 /in
ND–S140	111	38	2⅞ REG	5½	9⅝
ND–S178	146	38	3½ REG	7	16
ND–S245	211	71	6⅝ REG	9⅝	30
ND–S273	238	71	6⅝ REG	10¾	36
ND–S340	296	89	6⅝ REG	13⅜	60
ND–S340T	305	89	6⅝ REG	13⅝	60
ND–S406	368	89	6⅝ REG	13⅝	60

（5）操作方法

①下井前测试。连接正循环管线，开泵循环，观察刀片是否正常张开，测量刀片张开长度并记录排量和泵压。测试目的：a. 测试刀片张开的排量、泵压；b. 观察刀片能否正常

张开，测量刀片张开长度；c. 观察停泵后刀片能否正常收回。

②下正扣钻杆 + 钻铤 + 套管内组合水力割刀（在刀片外用细麻绳捆绑，以免下放时割刀外张，阻碍下放，割刀以上连接大外径的扶正器和钻铤等质量大的钻具，可提高切割时的稳定性），下到预定井深，但应避开套管、油管接箍、钻杆接头等处。

③水力式内割刀下到切割深度后，应先进行空负荷试验，即先不开泵，只转动钻柱，做20r/min、40r/min、50r/min 三种不同转速下的扭矩试验，并做好悬重、钻压、转速、扭矩记录。

④正式切割套管时采取先转动钻柱后开泵，遵循转速先低后高、排量先小后大的原则，逐渐加大转速与排量，均匀平稳切割套管，保护刀片不被先期损坏（切割后最好以碎屑或片状出现）。

⑤以 20~50r/min 的转速正转割刀，排量 100~500L/min，逐渐加大，使活塞上、下产生 3~7MPa 的压力差，用水力自动进刀切割，直至割断落鱼。当泵压突然下降时，表明切割完成。

⑥停止转动钻具，持续冲洗 15~20min。然后停泵静置使割刀恢复初始状态。应先缓慢上提 30~100mm，再将割刀起出井外。

⑦进行打捞作业，取出被割断的管柱。

（6）注意事项

①割刀下井前一定要做功能测试，了解其张开刀片的排量及泵压，还有停泵后的回收情况，做好记录。

②割刀长时间不用时，应及时保养，防止结垢或生锈，造成张开及回收困难。

③在切割过程中，观察泵压及排量，还有井口及出口返液情况，及时判断切割情况。

④切割钻具组合最好加上钻铤或加重及扶正器，保持割刀稳定性。

⑤切割过程一直伴随着跳钻现象，证明切割正常，若无反应，则需要分析原因。

3. 聚能切割工具

聚能切割工具，也称爆炸切割工具，是在聚能射孔弹的机理上发展起来的专用切割工具。其最大优点是施工较简单，操作容易，时间短，成本低，可连续作业。

（1）用途

聚能切割工具主要用于井下遇卡管柱和取换套管时套铣套管的切割。

（2）结构

聚能切割工具由电缆、电缆头、加重杆、磁性定位器、电雷管室及雷管、炸药柱、炸药燃烧室、切割喷射孔、导向头和脱离头等组成（图 3-1-45）。

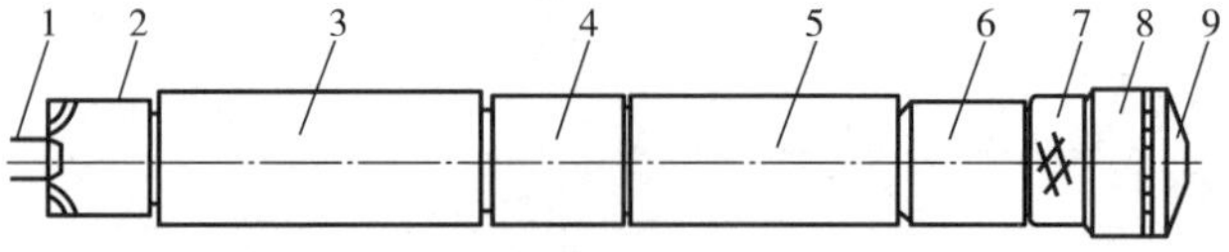

图 3-1-45　聚能切割工具结构示意图

1—电缆；2—电缆头；3—加重杆；4—磁性定位器；5—电雷管室及雷管；6—炸药柱；7—炸药燃烧室；8—切割喷射孔；9—导向头及脱离头

（3）工作原理

聚能切割弹下至设计深度后，地面接通电源，引爆雷管，雷管引爆炸药。炸药产生的高温高压气体沿下端的喷射孔急速喷出，因喷射孔是沿圆周方向均匀分布，并由紫铜制成，孔小且数量多，高温气体喷出将被切割管壁熔化，高压气体则进一步将其吹断。之后，高温高压气体在环空与修井液等液体相遇受阻而降温降压，切割即完成。

（4）技术参数

聚能切割弹目前有 ϕ73mm 油管、ϕ73mm 钻杆、ϕ88.9mm 油管和 ϕ127mm 套管四种；适应井温 300℃，耐压 40MPa。

（5）使用方法

①按所切割管子内径、壁厚、材质选择相应的聚能切割弹。

②连接电缆、加重杆、率性定位器等，将工具下入井内。

③在磁性定位器校深无误后，接通地面电源。

④通电引爆雷管、切割弹，数秒钟后井口、地面可听到爆炸声，5min 后断电。

⑤起出电缆及其他工具。

（6）使用注意事项

①电雷管应绝缘，在工具未下到位时，地面电源不得接通。

②如出现哑炮，应由专人负责处理。

③雷管与切割弹必须分开保管、分开运输，现场组装。

4. 井下电动切割工具

（1）用途

利用电缆输送，切割井下管柱。

（2）结构

井下电动切割工具包括旋转张力、CCL 短节、多芯扶正器、电子节、平衡短节、推靠短节、切割短节（图 3-1-46）。

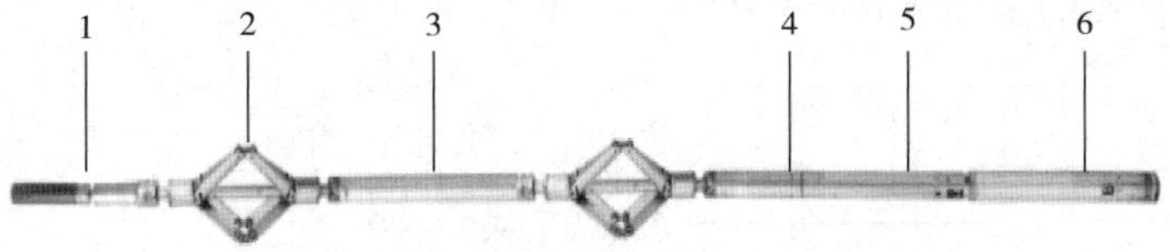

图 3-1-46　井下电动切割工具结构示意图

1—旋转张力、CCL 短节；2—多芯扶正器；3—电子节；4—平衡短节；5—推靠短节；6—切割短节

（3）工作原理：采用电缆将切割工具下到油管内指定位置，通过地面指令，上下扶正器将工具锚定到油管内壁上，同时刀具伸出，然后地面发出电机旋转指令，实现对油管的切割。

（4）技术参数

技术参数见表 3-1-32。

表 3-1-32　井下电动切割工具技术参数

产品编号	工具外径 /in	工作转速 /（r/min）	工作钻压 /BLS	最大切割直径 /in	上端螺纹
D96–8170–100	1.700	70~120	0~2000	2⅞	1inAMMT
D96–8212–100	2⅛	70~120	0~2000	3½	1½inAMMT
D96–8237–100	2⅜	70~110	0~3000	5	
D96–8287–100	2⅞	70~110	0~3000	8½	2⅜inPAC
D96–8350–100	3½	70~110	0~4000	9	2⅞inREG
D96–8425–100	4½	70~110	0~4000	9	3½inREG

（5）使用方法

①切割管柱施加一定预拉力。

②下井前检查切割工具是否符合使用要求。

③下到切割位置后，通过地面指令将工具锚定在管柱内壁上，同时刀具伸出，地面发出指令进行切割。

④根据悬重、压力变化，判断管柱是否已被切割开。

（6）使用注意事项

①切割管柱内径通畅。

②切割位置避开接箍。

③井斜大的井不宜使用。

（四）震击解卡类工具

震击解卡类工具包括开式下击器、闭式下击器、地面震击器、液压上击器和机械上击器等。震击解卡类工具通常与打捞工具配套使用，用于抓获落鱼后震击活动管柱解卡。下面主要介绍震击器与加速器。

震击器及加速器的型号组成如下：

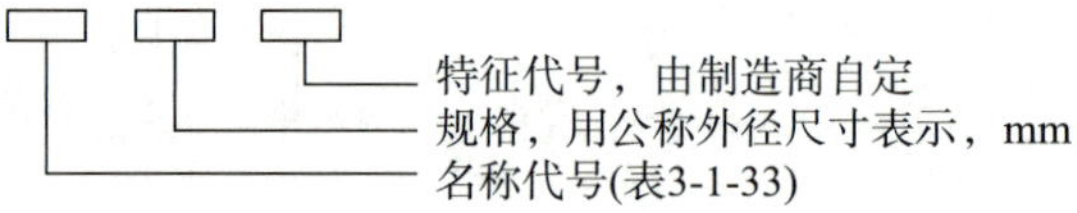

示例：公称外径 178mm，经过第二次改进的全液压随钻震击器的名称、型号可表述为全液压式随钻震击器 QY178 Ⅱ。

特征代号可有多个符号标示多个特征。名称代号由代表工作状况、工作原理、作用方向和用途的汉语拼音第一个字母大写组成，名称代号符合表 3–1–33 中的规定，震击器及加速器的基本参数见表 3–1–34。

表 3-1-33 震击器及加速器的名称代号

产品名称	名称代号	意义
超级上击器	CS	C 代表超级，S 代表上击
地面下击器	DX	D 代表地面，X 代表下击
开式下击器	KX	K 代表开式，X 代表下击
闭式下击器	BX	B 代表闭式，X 代表下击
液压上击器	YS	Y 代表液压，S 代表上击
机械上击器	JS	J 代表机械，S 代表上击
随钻上击器	SS	第一个 S 代表随钻，第二个 S 代表上击
随钻下击器	SX	S 代表随钻，X 代表下击
整体式随钻震击器	ZS	Z 代表整体，S 代表随钻
全机械式随钻震击器	QJ	Q 代表全，J 代表机械
全液压式随钻震击器	QY	Q 代表全，Y 代表液压
液压机械式随钻震击器	YJ	Y 代表液压，J 代表机械
打捞加速器	LJS	L 代表打捞，JS 代表加速器
随钻加速器	ZJS	Z 代表随钻，JS 代表加速器

表 3-1-34 震击器及加速器的基本参数

公称外径 /mm	水眼直径 /mm		接头螺纹	水眼密封压力 /MPa	许用工作拉力 /kN	屈服拉力 /kN	许用工作扭矩 /（kN·m）	屈服扭矩 /（kN·m）
	标准	选用						
73	25	20	2⅜ UPTBG	30	300	500	3	4.5
79	25	28	2⅜ REG		350	600	3	6
89	28	38	NC26		450	750	3.5	7
95	32	38	2⅞ REG NC26		600	1000	4	8
108	38	50	NC31		800	1350	10	20
120	50	45、57	NC35 NC38		1100	1950	15	27
146	57	50	NC40		1350	2350	20	50
159	57	70	NC46 NC50		1600	2700	25	65
165	57	70	NC50		2000	3750	30	75
178	70	57	NC50		2400	4650	35	80
197	70	76	6⅝ REG		2600	5100	40	85
203	70	76	6⅝ REG NC56		2800	6650	45	90
229	76	70	7⅝ REG NC61		3000	8000	65	120
241	76	70	7⅝ REG NC70		3500	9850	75	150
244	76	70	7⅝ REG NC70		3500	9850	75	150

注：震击器和加速器的屈服拉力和屈服扭矩由震击器和加速器受力最薄弱环节通过材料力学计算获得，不作为震击器和加速器正常工况下使用的依据，只作为特殊工况下使用的参考。

1. 开式下击器

（1）用途

开式下击器是一种机械式震击工具，可对遇卡管柱进行反复震击，使卡点松动解卡。

（2）结构

结构见图 3–1–47。

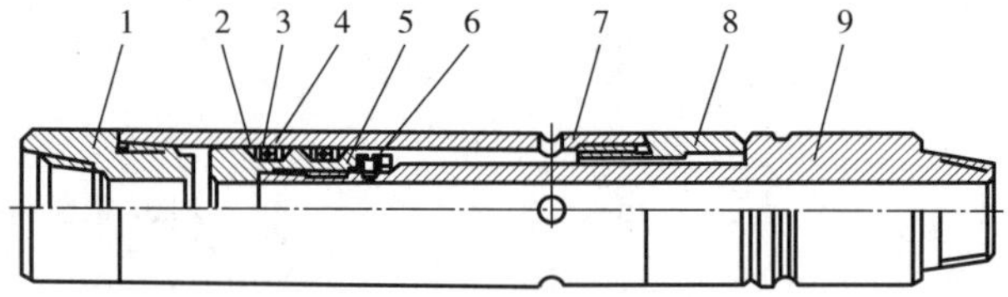

图 3–1–47　开式下击器结构示意图

1—上接头；2—抗挤压环；3—O 形密封圈；4—挡环；5—撞击套；6—紧固螺钉；7—外筒；8—芯轴外套；9—芯轴

（3）使用方法

①解卡：

a. 下击器下井前，应检查表面无裂纹，整个工具无弯曲；拉开闭合无卡滞现象，并按规定的扭矩和钻具连接。钻具组合为：打捞工具 + 安全接头 + 下击器 + 钻铤 + 钻杆。

b. 打捞工具距鱼顶 1~5m 时记录钻具悬重。

c. 下放钻具至鱼顶将落鱼捞获，记录开式下击器闭合方入。上提钻具拉开下击器行程，记录下击器全部拉开方入。继续上提钻具，负荷加大，使打捞工具抓紧落鱼。

d. 快速下放钻具，使下击器关闭。当下击器接近关闭位置前 100~150mm 时刹车，停止下放。由于钻具弹性收缩，下击器将迅速关闭，芯轴外套下端面与芯轴台肩发生连续撞击，向下连续震击。

e. 上提钻具再次拉开下击器冲程并使钻具受到拉伸，快速下放钻具，刹车，如此反复，即产生一次又一次下击力，直至解卡。

f. 下击 15~20 次后，钻具应紧扣一次。

②配合磨铣：

a. 钻具组合：磨铣工具 + 安全接头 + 钻铤 + 开式下击器 + 钻杆。钻铤配重为正常磨铣钻压。

b. 磨铣工具下至距磨铣位置 2~5m，开泵循环正常后，启动转盘旋转。

c. 缓慢下放钻具至磨铣位置，记录方入。继续缓慢下放钻具，加钻压大小为下击器以下钻铤的重量，关闭下击器。

d. 随着磨铣进尺为一个下击器冲程的长度，下击器全部关闭。重复打开、关闭动作，直至磨铣完毕。

2. 地面下击器

（1）用途

地面下击器是解除井内卡钻的工具，它连接在钻具的最上面，调整吨位的机构露出转盘面，便于调整。

（2）结构

地面下击器由中心管总成、外筒总成和冲管总成等部件组成（图 3–1–48）。

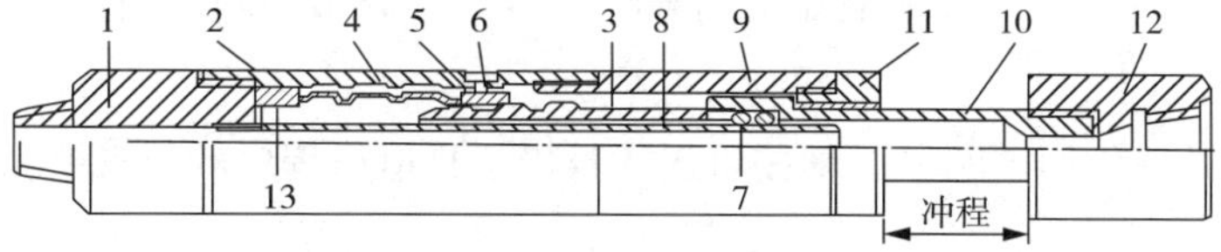

图 3–1–48　地面下击器（拉开状态）结构示意图

1—下接头；2—下外筒；3—卡瓦芯轴；4—摩擦卡瓦；5—调节环；6—锁钉；7—密封圈；8—冲管；9—上外筒；10—中心管；11—震击头；12—上接头；13—滑套

（3）使用方法

①连接下击器：井内遇卡钻具 + 钻铤 + 地面下击器 + 水龙头。

②用专用扳手卸开锁钉，调节震击释放吨位，再旋入锁钉。

③记录悬重和方入，做好记号，便于检查。

④缓慢上提钻具，当到达预定调节吨位时，钻具跳动震击。

⑤根据井内情况调节合适的吨位继续震击。如需循环修井液，则可边循环边震击；直至井内钻具解卡。

3. 液压上击器

（1）用途

液压上击器主要用于处理砂卡、盐水和矿物结晶卡、封隔器卡以及小型落物卡等。

（2）结构

结构见图 3–1–49。

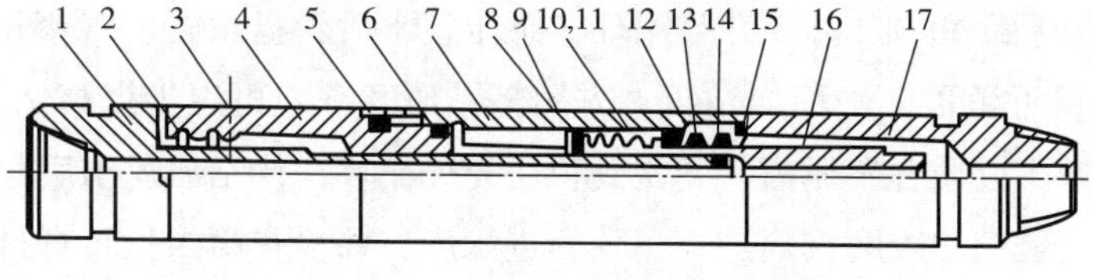

图 3–1–49　液压上击器结构示意图

1—芯轴；2，5，6，9，12，13，14，15—O 形密封圈；3—加油塞；4—上缸体；7—中缸体；8—撞击锤；10—活塞；11—活塞环；16—导管；17—下缸体

（3）使用方法

①在实验架上检验、测定液压上击器的充油状况，测出液压上击器上击所需提拉力和许用最大提拉力。

②震击、打捞钻具结构自下而上为：可退式打捞工具 + 安全接头 + 液压上击器 + 配重钻铤 + 加速器 + 钻杆。

③将连接好的工具及管柱下入井内，控制下放速度小于 2.5m/s。当工具下至距鱼顶 5~10m 时，记录钻具悬重。

④打捞落鱼缓慢上提钻具，使打捞工具抓紧落鱼。

⑤下放钻具液压上击器加压 30~40kN，关闭液压上击器。

⑥上提至原悬重 100~150kN 以上，刹住刹把，等候震击发生。震击发生时液压上击器被拉开。由于情况各异，震击产生的时间也从几秒钟、几分钟到十几分钟不等。

⑦震击结束后下放钻具关闭液压上击器，进行下次震击。吨位由低到高逐渐加大，反复震击直至解卡。

⑧若震击无效或作用不明显，则按可退式打捞工具退出程序的要求退出震击打捞工具。

（五）套磨铣工具

1. 套铣筒

（1）用途

套铣筒可用来清蜡、清死油，解除砂埋、水泥卡钻、硬物卡钻、配合取套和通井等。

（2）结构

结构见图 3-1-50。

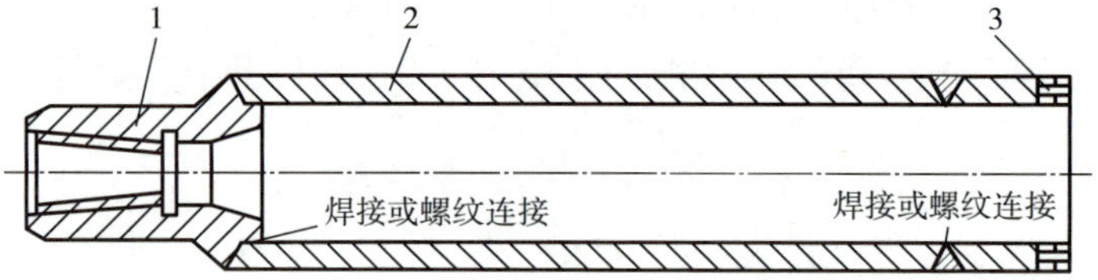

图 3-1-50　套铣筒结构示意图
1—上接头；2—筒体；3—套铣头

（3）使用方法

①根据套管尺寸及被磨铣物体的材料、形状选择套铣筒的长度及套铣头的厚度。

②套铣筒下井后距鱼顶 1~5m 开泵循环，泵压正常后转盘试转。观察扭矩，如无异常，则缓慢下放钻具接近鱼顶，平稳加钻压。先用轻钻压磨铣，再逐步提高钻压，最大限度地提高切削效果，减少硬质合金绷齿。套铣到位后充分循环，待钻屑返出后起钻。

③对起出的套铣筒检查磨铣痕迹、鱼顶套进深度，并检查筒内是否有打捞物。

2. 磨铣鞋

按磨铣鞋形状和功能将其分为平底、凹底、领眼、梨形和锥形等。

（1）用途

平底磨铣鞋用于磨铣油管、封隔器、砂塞、水泥塞、岩石、电缆和钢丝等物体。

（2）结构

结构见图 3-1-51。

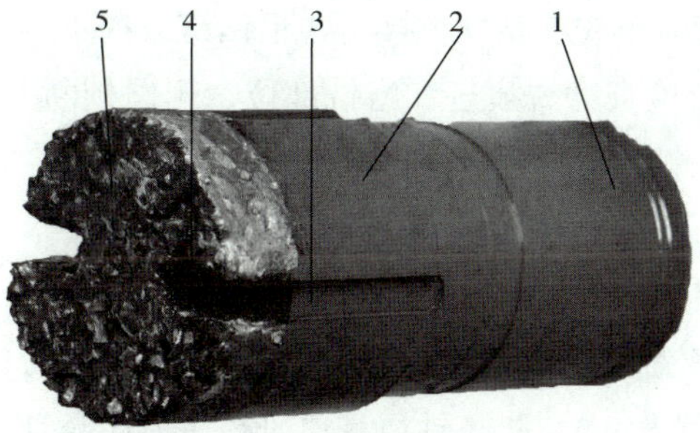

图 3-1-51 平底磨铣鞋结构图

1—接头；2—本体；3—过水槽；4—水眼；5—合金块及镶焊材料

（3）工作原理

平底磨铣鞋以其底面上堆焊的硬质合金或耐磨材料在钻压的作用下吃入并磨碎落物，钻屑随循环洗井液带出地面或沉入鱼顶下部。自锐槽也称出刃槽，在槽的边缘能够使硬质合金块的锐棱露出，更好地和被磨铣物接触产生切削效果。自锐槽越多，切削效果越明显。因此，相同材料的磨铣鞋，其自锐槽的多少决定其磨铣效率，自锐槽越多，磨铣效率越高。所以在设计和制作磨铣鞋时，如强度许可，尽量增加自锐槽。

（4）技术参数及磨铣鞋型号表示方法

磨铣鞋技术参数见表 3-1-35。

表 3-1-35 平底磨铣鞋、凹底磨铣鞋技术参数

规格型号（平底）	规格型号（凹底）	最大直径 /mm	接头螺纹	堆焊合金厚度 /mm	水眼直径 /mm
MXP94	MXA94	94	NC26（2A10）		
MXP108	MXA108	108	NC31（210）		
MXP120	MXA120	120	NC31（210）		
MXP150	MXA150	150	NC38（310）		

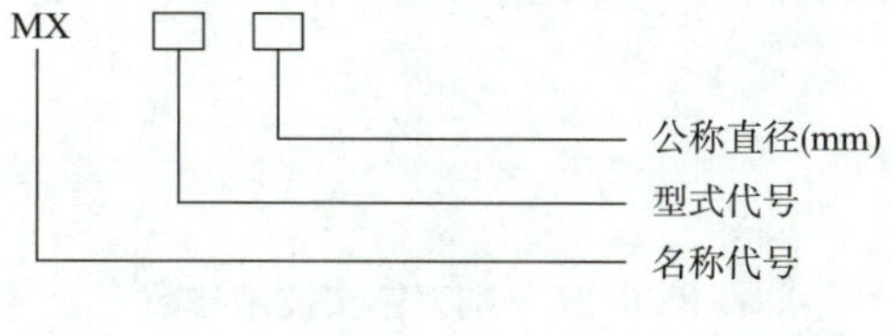

注：型式代号：平底—P，凹底—A，梨形—L，锥形—Z，领眼—Y，套铣—T。

示例 1：公称直径为 121mm 的平底磨铣鞋型号为 MXP121。

示例 2：公称直径为 200mm 的套铣磨铣鞋型号为 MXT200。

（5）使用方法

①根据套管尺寸、钻铣目的选择磨铣鞋。

②工具下至距鱼顶 1~5m 时开泵循环，启动转盘，缓慢下放钻具至鱼顶位置，缓慢加压，磨铣至预定位置。

③磨铣时要保护套管，事先在钻柱上接 2~3 根钻铤或扶正器。

④对起出的磨铣鞋应检查磨铣痕迹和磨铣部位，用以判断井内鱼顶情况，作为制定下一步措施的参考依据。

（6）使用注意事项

①下井的钻具内径应畅通无堵塞，涂钻具螺纹脂。

②除特殊情况外，磨铣鞋不应有超出工具最大外径的外出刃，防止损坏套管。

③磨铣时要考虑钻屑的去向，防止钻屑悬浮研磨，损坏套管或造成卡钻。

④使用磨铣鞋磨铣胶结的砂子、树脂塞等应控制进尺的速度。

⑤接单根前应进行充分的循环，保证将碎屑物冲散带出地面，防止卡钻。

3. 刮刀钻头

（1）用途

刮刀钻头用于钻铣死蜡、死油、砂桥、水泥塞、固砂剂、岩石等。

（2）结构

结构见图 3–1–52。

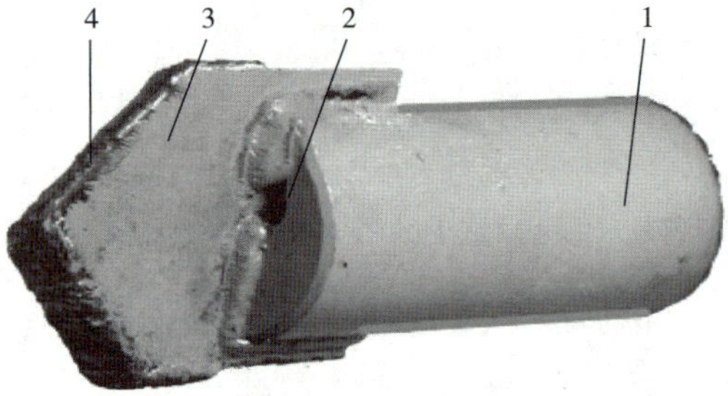

图 3–1–52　刮刀钻头

1—接头；2—水眼；3—刀片；4—硬质合金

（3）工作原理

刮刀钻头的工作原理是，在钻具旋转、钻压及水力射流的作用下，被磨铣物被破碎成为钻屑随循环的修井液带出地面，完成钻铣。

（4）技术参数

技术参数见表 3–1–36。

表 3-1-36　刮刀钻头技术参数

套管直径 /mm	114.3	127.0	139.7	168.2	177.8
钻头外径 /mm	92~95	102~107	112~118	136~148	146~158
钻头总长 /mm	250	300	300	300	300
接头螺纹	NC26，60TBG	NC26，73TBG	NC31，73TBG	NC31，73TBG	NC38，88.9TBG

（5）使用要求

①所选用钻头外径尺寸应与套管规格及被钻磨物相匹配。

②钻头水眼应保持通畅。

③钻压一般不超过 15kN，转速控制在 80r/min 以内，冲洗排量应能使钻屑排出。

（6）注意事项

钻头在井底的接触面大，全是吃入式切削，所需的扭矩较大，所以在操作中应遵循低压慢转的操作原则。

4. 牙轮钻头

（1）用途

牙轮钻头主要用于钻树脂塞、灰塞、岩石等。

（2）结构

结构见图 3–1–53 和图 3–1–54。

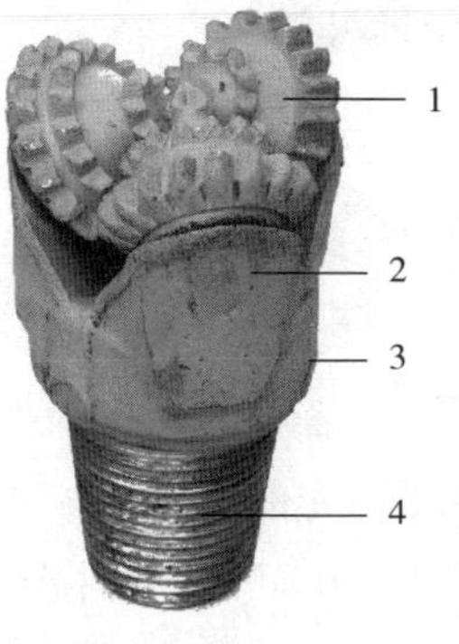

图 3–1–53　三牙轮钻头
1—牙轮；2—巴掌；3—壳体；4—连接螺纹

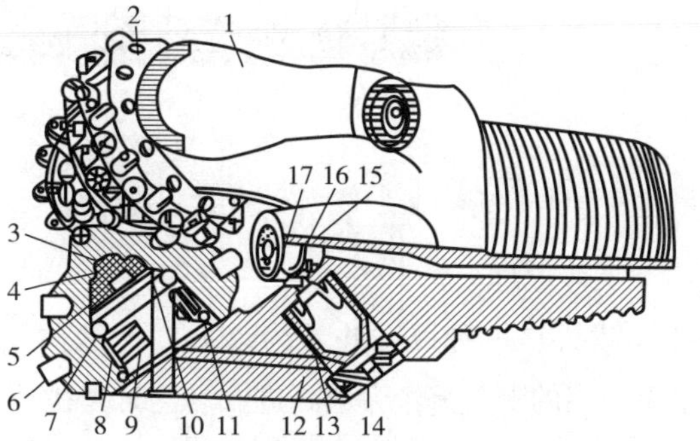

图 3–1–54 三牙轮钻头结构示意图
1—巴掌；2—牙轮；3，4，5，7，8，9—牙轮轴及轴承；6—镶齿；10，11—密封圈；12，13，14—润滑仓；15，16，17—水眼及喷嘴

（3）工作原理

牙轮钻头的工作原理是：钻具旋转带动牙轮旋转，在钻压的作用下使牙齿频繁冲击被钻物体，同时喷嘴内射出高速流体，进行水力破岩；在机械和水力的作用下完成钻进。

（4）使用方法

①用钻头规测量钻头尺寸并配好连接接头。

②下井前，地面检查每只牙轮转动是否灵活，有无较大的松旷。用手转动牙轮，并在巴掌与牙轮结合缝隙处注机油，然后在接头丝扣处涂丝扣密封脂，接钻具后入井。

③下至井底前循环洗井并启动转盘，待转盘运转平稳之后，再缓慢下放，冲净井内沉砂。

④逐步向钻头施加钻压，钻水泥塞时钻压为钻头尺寸（in）×（0.5~0.8）kN，转速为 50~70r/min，不宜过大，否则有可能使钻头变形或致使牙轮脱落。

（5）使用注意事项

①井底要清洁，禁止有小件落物。

②根据岩性或钻锐物的硬度选择牙轮钻头型号。

③根据最大泵压加装喷嘴。喷嘴座和喷嘴应密封，防止液流刺漏；喷嘴卡簧必须卡到位，防止中途脱落。

④钻进过程中若发现泵压变化明显、长时间不进尺、蹩钻、跳钻等现象，应起钻检查。

⑤牙轮松旷、水嘴刺漏、牙齿磨损严重的钻头应停止使用。

5. 螺杆钻具

（1）用途

主要用于修井作业钻塞、套磨铣施工。

（2）结构

螺杆钻具主要由旁通阀总成、马达总成、万向轴总成、传动轴总成、防掉总成等组成。螺杆钻具结构如图 3–1–55 所示。

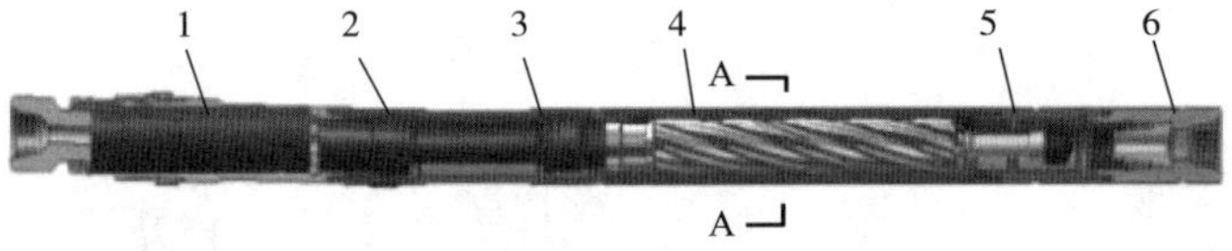

图 3–1–55　螺杆钻具结构示意图

1—传动轴总成；2—弯外壳；3—万向轴总成；4—马达总成；5—防掉总成；6—旁通阀总成

（3）工作原理

螺杆钻具是一种以钻井液为动力，把液体压力能转为机械能的容积式井下动力钻具。当泥浆泵泵出的泥浆流经旁通阀进入马达时，在马达的进、出口形成一定的压力差，推动转子绕定子的轴线旋转，并将转速和扭矩通过万向轴和传动轴传递给钻头，从而实现钻井作业。

（4）使用方法

①地面检查试验：

a. 用提升短节将钻具提起坐入转盘卡瓦内，装上安全卡瓦，卸去提升短节。

b. 检查旁通阀：用木棒下压旁通阀阀芯，从上部注满水，此时旁通阀应不漏，水面无明显下降。然后松开阀芯，阀芯复位，所注水应从旁通阀口均匀流出。

c. 接上方钻杆，卸去安全卡瓦，提出卡瓦，下放钻具使旁通阀阀口处于转盘下易于观察的位置。

d. 开泵：逐渐提高排量直到旁通阀关闭、马达启动为止，记下排量值。不停泵上提钻具至能看见转动的驱动接头为止。在此过程中可能有部分钻井液经轴承组流出，观察钻具运转情况。停泵前应再下放钻具，让旁通阀阀口位于转盘以下，检查停泵时钻井液是否经旁通阀阀口顺利流出。

e. 地面检查试验结束后，用吊钳卡住驱动接头，与钻头盒配合，把钻头和钻具接上，紧扣至规定矩。此时应注意传动轮驱动接头相对于上面壳体是逆时针转动，防止内部螺纹松扣。

f. 使用弯接头时，定向装置带的转盘套和定位键必须和工具面对正，如果要用回压凡尔，可直接安装在旁通阀上方。如果在驱动接头和钻头之间还要加转换接头，建议不超过 250mm 长，以免产生过多的方位变化，降低轴承寿命或损坏传动轴。

②下钻：

a. 下钻时，严格控制下放速度，以防过快时马达倒转使内部连接丝扣脱扣，同时防止在砂桥、套管鞋等处损坏钻具。

b. 当下入深井段或流砂层井段时，应定期循环，防止砂堵。

c. 钻具接近井底时要放慢速度，避免顿钻。

③起钻：

a. 起钻前应充分循环，保证井眼畅通。

b. 应注意起钻速度，以防卡钻损坏钻具。

（5）注意事项

①下井前进行检查。

②加压平稳，防止损坏螺杆钻。

③保持入井液清洁。

（六）辅助类工具

1. 螺纹连接型安全接头

（1）用途

该工具可连接在工具与管柱之间，能传递扭矩，承受拉、压、冲击负荷。在打捞工具无法释放落鱼时，采用该工具可以很容易地将接头旋开，起出安全接头以上工具及管柱。

（2）结构

①锯齿形螺纹安全接头由上接头、下接头及两个 O 形圈组成（图 3–1–56）。

②梯形和矩形螺纹安全接头由上接头、销钉、O 形圈、下接头组成（图 3–1–57）。

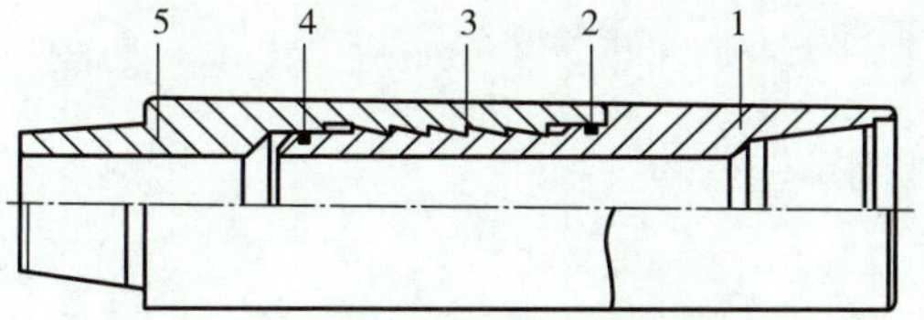

图 3–1–56　锯齿形螺纹安全接头

1—上接头；2，4—O 形圈；3—锯齿形螺纹；5—下接头

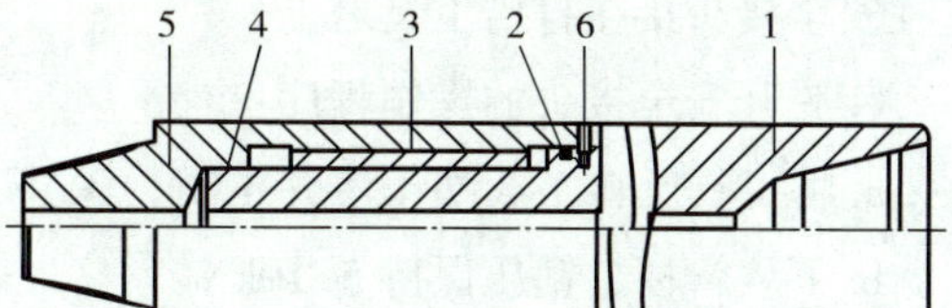

图 3–1–57　梯形（矩形）螺纹安全接头

1—上接头；2，4—O 形圈；3—梯形或矩形螺纹；5—下接头；6—销钉

（3）工作原理

锯齿形螺纹安全接头的上、下接头的宽锯齿形螺旋面，在外拉力的作用下，内、外锥面吻合可传递正、反扭矩；八字形凹凸结构产生预拉力恒定锁紧。遇卡时，利用锯齿形螺纹易卸开的特点，倒开起出。

梯形（矩形）螺纹安全接头靠上、下接头的梯形螺纹承受拉力、压力，端面摩擦力传递扭矩，梯形螺纹用于反转脱手。

（4）安全接头命名方法及技术参数

安全接头技术参数见表 3–1–37。

表 3-1-37　螺纹连接型安全接头技术参数表

型号	外径 / mm	接头螺纹代号	水眼直径 /mm		最大工作拉力 / kN	最大工作扭矩 /（kN·m）	销钉剪断扭矩 /（kN·m）
			锯齿形	梯形或矩形			
AJ105	105	NC31	≥ 50	≥ 20	1340	12	10
		$2\frac{7}{8}$ TBG	55		700	12	
		$2\frac{7}{8}$ TBG	55		800	12	
AJ121	121	NC38	≥ 60	≥ 25	1515	17	15
AJ140	140	NC40	≥ 65	≥ 38	2200	27	20
AJ178	178	NC50	≥ 90	≥ 57	3385	57	

安全接头命名方法如下：

AJ □-□-□

螺纹旋向代号：LH代表左旋，右旋省略

连接型式代号：锯齿螺纹(可省略)，T代表梯形螺纹，F代表矩形螺纹，H代表键连接H型，J代表键连接J型，Y代表液压滑套型

规格代号：以外径标称值的mm数表示

名称代号

示例：梯形螺纹连接型安全接头，外径 178mm，左旋螺纹，其型号为 AJ178−T−LH。

（5）使用方法

①检查上下接头密封件、螺纹牙是否完好。

②上、下接头螺纹涂油、拧紧。

③对分层测试，分层措施管柱、安全接头接在测试工具与封隔器之上。对打捞工具，管柱安全接头接在打捞工具之上。

④脱开安全接头的操作程序：

a. 将工具反转 1~3 圈（浅井 1 圈，深井 2~3 圈）。

b. 下放管柱，钻压保持 5~10kN。

c. 反转工具管柱，上下接头松开，起钻。

（6）使用注意事项

①特别注意下井前安全接头上、下接头必须拧紧，安全接头与管柱要拧紧。

②每次使用工具后要全部拆卸清洗干净，修复并更换密封圈，做好防锈处理后组装，且应放置阴凉干燥处或库房保存。

2. 套管刮削器

（1）用途

套管刮削器可用于清除残留在套管内壁上的水泥块、水泥环、硬蜡、各种盐类结晶和沉积物、射孔毛刺以及套管锈蚀后所产生的氧化铁等物质。

（2）结构

结构见图 3–1–58 和图 3–1–59。

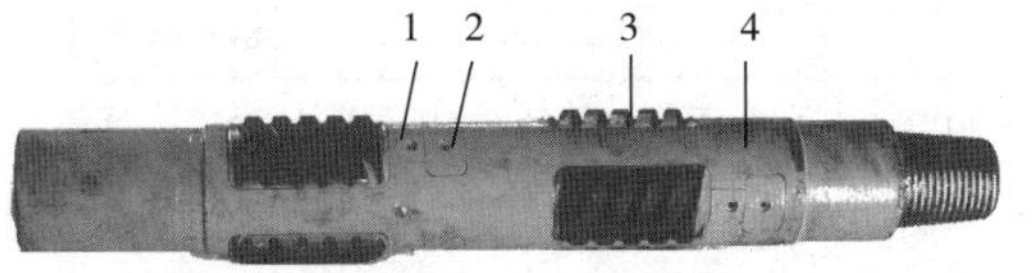

图 3-1-58　弹簧式套管刮削器结构图

1—固定块；2—内六角螺钉；3—刀板；4—壳体

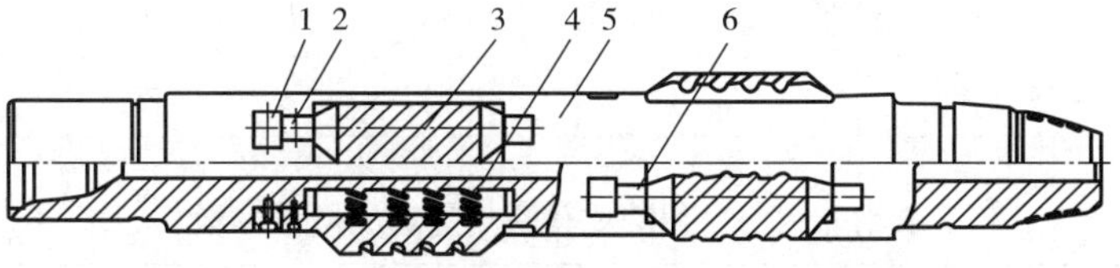

图 3-1-59　弹簧式套管刮削器结构示意图

1—固定块；2—内六角螺钉；3—刀板；4—弹簧；5—壳体；6—刀板座

（3）工作原理

套管刮削器装配完成后，刀片、刀板自由伸出外径比所刮削套管内径大 2~10mm。下井时，刀片向内收拢压缩胶筒或弹簧筒体，此时最大外径则小于套管内径，可以顺利入井。入井后，在胶筒或弹簧的弹力作用下，刀片、刀板紧贴套管内壁下行，对套管内壁进行切削。每一次往复动作，都对套管内壁切刮一次，这样往复数次，即可达到刮削套管的目的。

（4）分类及技术参数

根据结构特征，套管刮削器可分为胶筒式、弹簧式、通井刮管一体式三类，其技术参数分别见表 3-1-38、表 3-1-39 和表 3-1-40。

套管刮削器命名方法如下：

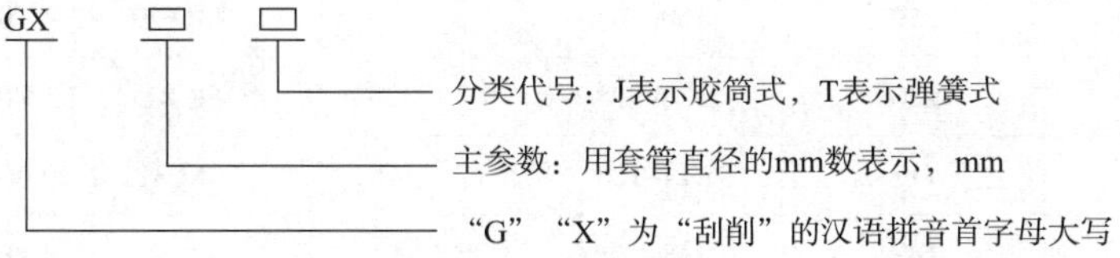

示例 1：GX178J 表示公称外径为 178mm 套管用的胶筒式套管刮削器。

示例 2：GX178T 表示公称外径为 178mm 套管用的弹簧式套管刮削器。

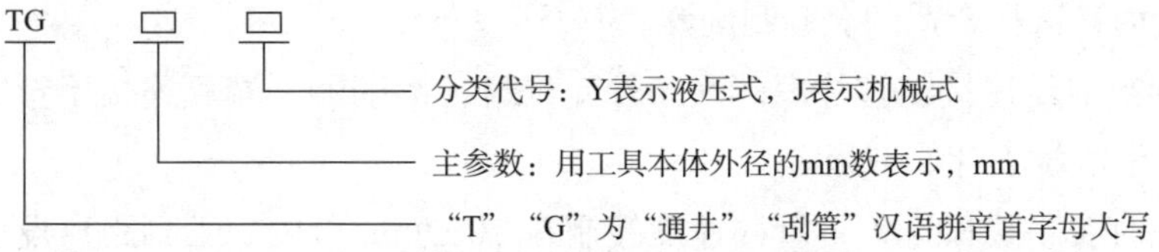

示例 1：TG150Y 表示工具外径为 150mm 液压式通井刮管一体式刮削器。

示例 2：TG150J 表示工具外径为 150mm 机械式通井刮管一体式刮削器。

表 3-1-38 胶筒式套管刮削器的技术参数

型号	刀片伸出最大外径 /mm	刮削范围 /mm	水眼直径 /mm	壳体外径 /mm	连接螺纹代号
GX114J	108	96~104	21	85	NC26，2⅞ TBG
GX127J	119	106~116	25	95	NC26，2⅞ TBG
GX140J	130	117~127	35	111	NC26，2⅞ TBG
GX178J	168	148~164	38	140	3½ REG，3½ TBG
GX245J	233	215~228	63	178	4½ REG，4½ TBG

表 3-1-39 弹簧式套管刮削器的技术参数

型号	刀片伸出最大外径 /mm	刀片伸出最小外径 /mm	刮削范围 /mm	水眼直径 /mm	壳体外径 /mm	连接螺纹代号
GX114T	107	94	96~104	15	90	NC26、2⅞ TBG
GX127T	120	104	106~116	18	100	NC26、2⅞ TBG
GX140T	133	115	117~128	25	110	NC31、2⅞ TBG
GX178T	170	146	148~166	30	136	3½ REG、3½ TBG
GX245T	238	210	216~231	56	200	4½ REG，4½ TBG

表 3-1-40 通井刮管一体式刮削器的技术参数

型号	刀片伸出最大外径 /mm	刀片伸出最小外径 /mm	刮削范围 /mm	壳体外径 /mm	连接螺纹代号	适用套管规格 /in
TG118Y	128	118	118~128	118	NC31、2⅞ TBG	5½
TG150Y	164	150	150~164	150	3½ REG、3½ TBG	7
TG220Y	228	220	220~228	220	4½ REG、3½ TBG	9⅝
TG116J	133	117	117~128	116	NC31、2⅞ TBG	5½
TG150J	170	148	148~166	150	3½ REG、3½ TBG	7
TG210J	238	216	216~231	210	4½ REG、3½ TBG	9⅝

（5）使用操作方法

①按套管内径选择合适的套管刮削器。

②将套管刮削器连接在管柱底部，条件允许时，刮削器下端可连接尾管增加入井时的重量，以便压缩收拢刀片、刀板。

③下管柱时要平稳操作，下管柱速度控制在 20m/min 以内。下到距离设计要求刮削井段前 50m 时，下放速度控制为 5m/min 左右。在设计刮削井段以上 1~5m 开泵循环，循环正常后，下放管柱悬重正常，然后再上提管柱反复多次刮削，悬重正常后再继续下管柱。

④若中途遇阻，当悬重下降 20~30kN 时，应停止下管柱，不可顿击硬下。应边洗井边旋转管柱反复刮削至悬重正常，再继续下管柱，一般刮管至射孔井段以下 10m。

⑤刮削完毕要大排量反循环洗井一周以上，将刮削下来的脏物洗出地面。

（6）注意事项

①下井工具和管柱均应经地面检验合格。

②严禁用带刮削器的管柱冲砂。

③刮削过程中必须注意悬重变化，悬重下降最大不超过 30kN。

3. 通井规

（1）用途

通井规用来检验井筒是否畅通，为下大直径工具做准备。

（2）结构

结构见图 3–1–60。

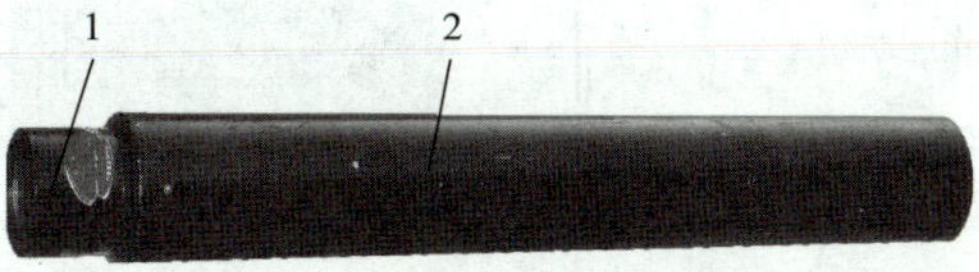

图 3–1–60　通井规结构图

1—接头；2—本体

（3）工作原理

利用通井规的刚度检测套管内径的通过能力及变形情况。

（4）主要技术参数

主要技术参数见表 3–1–41。

表 3-1-41　常规通井规的主要技术参数

套管规格 /mm		114.3	127.00	139.70	146.05	168.28	177.80
通井规规格	外径 /mm	92~95	102~107	114~118	116~128	136~148	114~158
	长度 /mm	1200					
接头连接螺纹	钻杆 /mm	NC26	NC26	NC31	NC31	NC31	NC38
	油管 /mm	ϕ60TBG	ϕ60TBG	ϕ73TBG	ϕ73TBG	ϕ73TBG	ϕ89TBG

（5）操作方法

①量好通井规尺寸后，接在下井第一根油管底部，并上紧螺纹。

②当通井至人工井底以上 100m 左右时，下放速度放缓为 5m/min 左右，同时观察拉力计（或指重表）变化情况。

③若通井遇阻，加压控制为 20~30kN。计算遇阻深度，起出检查通井规，制定下一步措施。

④如探到人工井底，则连续探三次，然后计算出人工井底深度，要求误差小于 0.5m。

（6）使用注意事项

①通井中途遇阻或探人工井底，加压不得超过 30kN。

②通井遇阻时，不得猛顿，应起出通井规进行检查，找出原因。

③通完井后，通井规不得长时间停留在井内，更不允许进行冲砂等工序施工。

④对于大斜度井、水平井通井；通井规下至 45° 拐弯后，下放速度要小于 5m/min，并采用下 1 根、提 1 根、下 1 根的方法。

4. 铅模

（1）用途

铅模是探测井下落鱼鱼顶状态和套管情况的一种常用工具。

（2）结构

结构见图 3–1–61 和图 3–1–62。

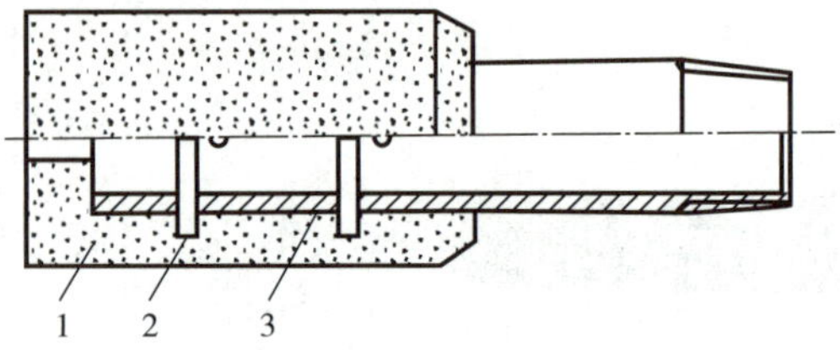

图 3–1–61 铅模结构示意图
1—铅模；2—拉筋；3—铅体

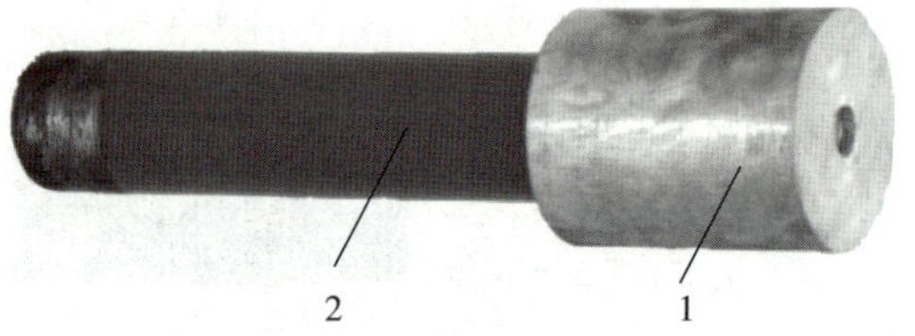

图 3–1–62 铅模实物图
1—铅模；2—铅体

（3）工作原理

依靠铅硬度小、塑性好的特点，在钻压作用下与落鱼或变形套管接触，产生塑性变形，从而间接反映出鱼顶状态或套管情况。

（4）技术参数

技术参数见表 3–1–42。

表 3-1-42 铅模的主要技术参数

套管尺寸 /in	4½	5	5½	5¾	6⅝	7	7⅝
外径 /mm	95	105	118	120	145	158	174
长度 /mm	120	120	150	150	180	180	180

（5）使用方法

①铅模完好，尺寸合适，一般选用比内径小 4~8mm 的铅模。

②接上钻具下入井中；下至设计深度以上 10 根管柱后，下放速度不得超过 5m/min。

③下至鱼顶以上 0.5~1m 处开泵冲洗，冲洗干净鱼顶后停泵。

④下放加压 20~30kN，上提完成打印；套管损坏打铅印时加压 10~30kN。

⑤打印即行起钻，铅印接近井口时，提升速度小于 5m/min。

（6）使用注意事项

①铅模在搬运过程中必须轻拿轻放，严禁摔碰。

②施工井斜大于 60° 时宜选用护罩铅模。

③打印加压时，只能一次就加压打印，不能二次加压打印，使印痕重复，难以分析。

（七）整形类工具

1. 梨形胀管器

（1）用途

梨形胀管器简称胀管器，是用以修复井下套管较小变形的整形工具之一。

（2）结构

梨形胀管器为一整体结构，水槽可分为直槽式和螺旋槽式两种（图 3–1–63、图 3–1–64）。

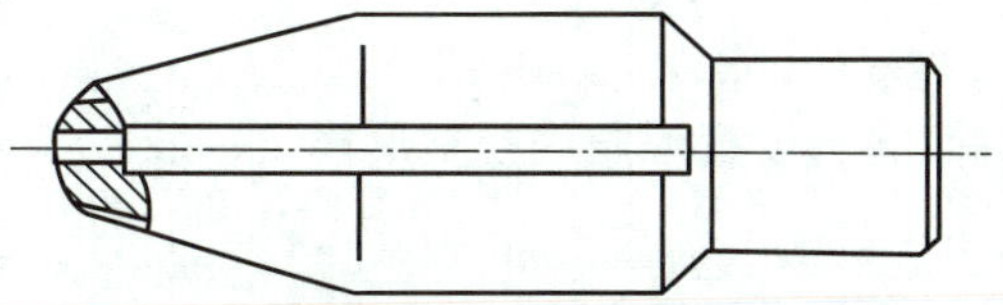

图 3–1–63　直槽式梨形胀管器结构示意图

图 3–1–64　螺旋槽式梨形胀管器

（3）工作原理

梨形胀管器的工作部分为锥体大端。当钻具施加压力时，锥体大端与套管变形部位接触的瞬间所产生的侧向分力挤胀套管变形部位。梨形胀管器的锥角应大于 30°。

（4）技术参数

技术参数见表 3–1–43。

表 3–1–43　梨形胀管器的技术参数

序号	规格型号	外形尺寸，直径（D）× 长度 / mm	接头螺纹	整形尺寸分段 /mm	适用套管 / mm	整形率 / %
1	ZQ–114	$D\times 250$	NC26（2A10）	92、94、96、98、100	114.3	98~99
2	ZQ–127	$D\times 300$	NC31（210） 2$\frac{7}{8}$ REG	102、104、106、108、110、112	127	98~99
3	ZQ–140	$D\times 300$	NC31（210）	114、116、118、120、122、124	140	98~99
4	ZQ–168	$D\times 350$	NC31（210） NC38（310）	140、142、144、146、148、150、152	168.28	98~99
5	ZQ–177.8	$D\times 400$	NC38（310）	154、156、158、160、162	177.8	98~99

（5）使用方法

①通井或打印，落实套管变形的尺寸、深度及方位等数据。

②选用比最大通径大 2mm 的胀管器，接在钻具底部下入井内。当井较深，钻具重力足够大时，可不下下击器。若钻具重力不够大，应在钻具上部接下击器。

③下钻至套管变形井段以上，然后下探遇阻深度。在钻压接近零时，在转盘面上做一个记号。

④上提钻具 2~5m，快速下放。当记号离转盘面 0.3~0.4m 时，突然刹车，让钻具的惯性伸长使工具冲胀变形套管。如此数次尚不能通过，应将钻具刹车高度下降 0.1m 再重复操作。

⑤第一级胀管器通过后，第二级胀管器的外径只能比第一级大 1.5~2mm，以后逐级按 1.5~2mm 增量进行挤胀。

（6）使用注意事项

①使用下击器且钻具重力不够时，应根据钻具重力、井斜和井内液体情况，确定好钻具上提高度和下放速度，以达到冲击胀大变形套管的目的。

②经过以上操作仍不能通过时，表明胀管器尺寸过大，应起钻更换较小一级的胀管器。

③当选用的胀管器外径尺寸超过套管变形部位内通径 2mm 时，切忌高速下放冲胀，防止将胀管器卡死。

2. 偏心辊子整形器

（1）用途

偏心辊子整形器用于对油、气、水井套管轻度变形段进行整形修复，最大可恢复到原套管内径的 98%。

（2）结构

结构见图 3–1–65 和图 3–1–66。

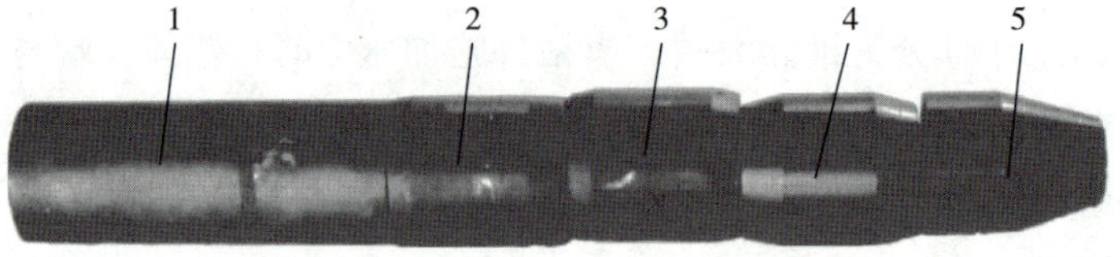

图 3–1–65 偏心辊子整形器实物图

1—偏心轴；2—上辊；3—中辊；4—下辊；5—引鞋

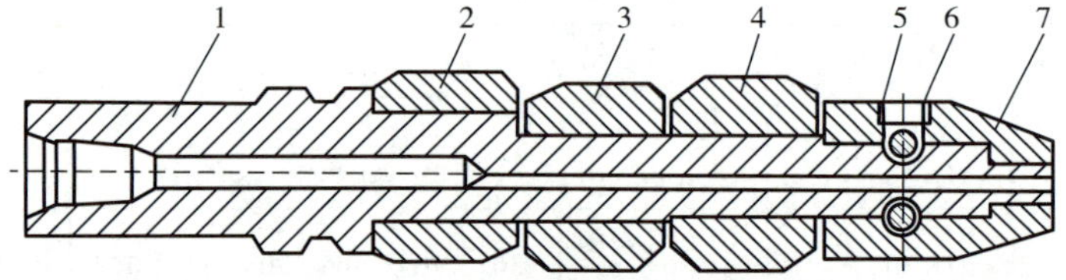

图 3–1–66 偏心辊子整形器结构示意图

1—偏心轴；2—上辊；3—中辊；4—下辊；5—丝堵；6—钢球；7—引鞋

（3）工作原理

当钻具沿自身轴线旋转时，上、下辊也绕自身轴线旋转运动。然而中辊轴线由于与上、下辊轴线有一定偏心距，因而必绕钻具中心线做圆周运动，这样就形成一组曲轴凸轮运动，以上、下辊为支点，中辊以旋转挤压的形式对变形部位套管进行整形。

（4）技术参数及型号表示方法

偏心辊子整形器基本参数见表 3–1–44。

表 3-1-44 偏心辊子整形器基本参数

型号	适用整形范围 /mm	最大整形量 /mm	水眼直径 /mm	许用最大扭矩 /（N·m）	连接螺纹代号
ZX–P140（5½）	105~125	13	15	4150	NC31（2⅞ IF）
ZX–P178（7）	138~164	16	20	7095	3½ REG
ZX–P245（9⅝）	196~220	16.5	25	19211	4½ REG

注：最大整形量为整形器最大整形尺寸与最小整形尺寸之差减去套管弹性回复所剩的实际整形量。

偏心辊子整形器型号表示方法如下：

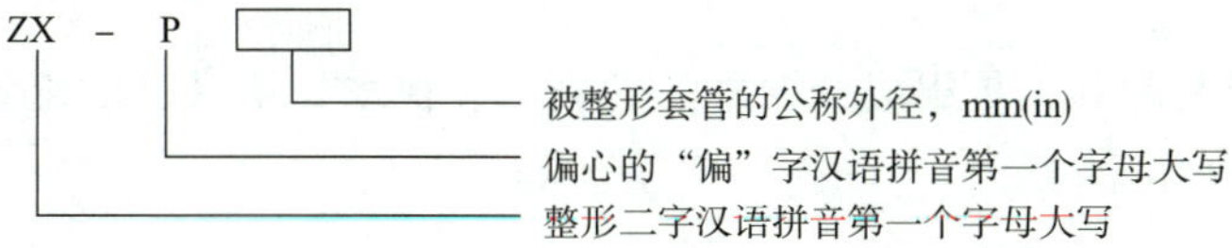

（5）使用方法

①用卡钳检查各辊子尺寸是否符合设计要求。

②安装后用手转动各辊子检查是否灵活。

③检查滚珠口丝堵是否上紧，上紧后引鞋应灵活转动。

④将整形器下至变形位置以上 1~5m 处，开泵循环，待洗井后启动转盘空转。

⑤慢放钻具，使辊子逐渐进入变形井段，转盘扭矩增大后缓慢下放，直至通过变形井段。

⑥上提钻具，用较高的转速转动，反复数次，直至能顺利通过，结束套管整形施工。

（6）使用注意事项

①下井前检查各部位是否符合要求，辊径与轴间隙＜ 0.5mm，辊子窜动＜ 1mm。

②各部位灵活并涂油，无卡阻现象。

三 井下作业分层及控制工具

（一）封隔器

封隔器是为了满足油水井某种工艺技术目的或油层技术措施的需要，由钢体、胶皮封隔件部分与控制部分构成的井下分层封隔的专用工具。封隔器的型号及表示方法如下：

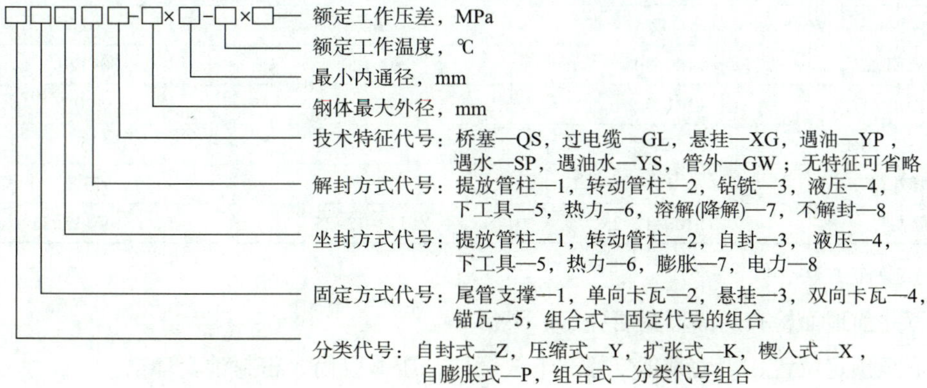

示例：Y453QS−105×35−150×70 型封隔器，表示该工具是一种采用压缩式胶筒密封，双向卡瓦式固定，通过下工具坐封，钻铣解封，并具有桥塞特征的封隔器，钢体最大外径为 105mm，最小内通径为 35mm，工作温度为 150℃，工作压差为 70MPa。

1.Y111 封隔器

（1）用途

与卡瓦封隔器及配套工具组成分层采油、测试、找水、堵水、酸化等工艺管柱，用于分层卡堵水、找水和试油等。

（2）结构

结构见图 3-1-67。

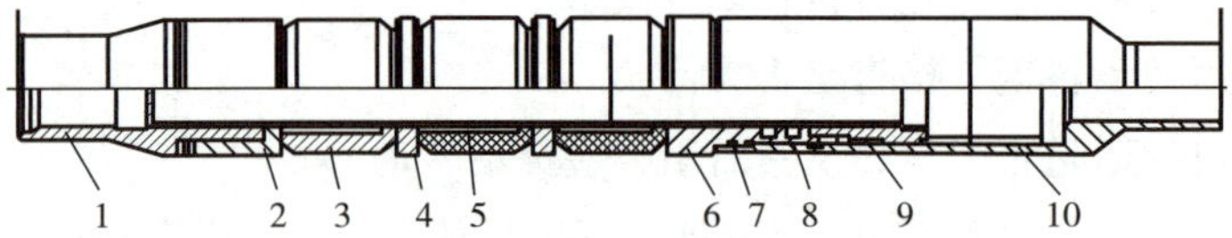

图 3-1-67　Y111 封隔器结构示意图

1—上接头；2—顶胶环；3—胶筒；4—隔环；5—中心管；
6—顶胶环；7，8—胶圈；9—限位环；10—承压接头

（3）工作原理

将该工具支撑在井底或其他卡瓦封隔器上，下放管柱，在管柱重量作用下使上接头、中心管等一起下行压缩胶筒，使胶筒外径变大，封隔油套管环形空间。在需解封时，可直接上提管柱，释放胶筒。

（4）技术参数

技术参数见表 3-1-45。

表 3-1-45　Y111 封隔器的主要技术参数

参数	型号		
	Y111-102×42-120×25	Y111-115×62-120×25	Y111-150×62-120×25
总长 /mm	725	790	1040
最大外径 /mm	102	115	150
内通径 /mm	42	62	62
坐封载荷 /kN	60~80	80~120	80~120
工作温度 /℃	120	120	120
工作压差 /MPa	25	25	25
适用套管外径 /mm	127	139.7	177.8
胶筒型号	YS100-12-25	YS113-12-25	YS146-12-25

（5）操作方法

①下井前地面检查封隔器是否完好、灵活。

②下至预定位置，借助其他支撑，下放管柱，压缩胶筒，密封油套环空。

③解封时，上提管柱使胶筒收回。

（6）使用注意事项

①该封隔器应缓慢下井，平稳操作，严禁猛提猛放，打好背钳。

②坐封位置避开套管接箍，负荷要恰当，过大或不够时，用其他方式补偿。

2.Y211 封隔器

（1）用途

用于分层试油、分层采油、套管验漏、卡水、找水、注水等井下作业。

（2）结构

由换向坐封机构、卡瓦支撑机构和密封机构组成，具体见图 3–1–68。

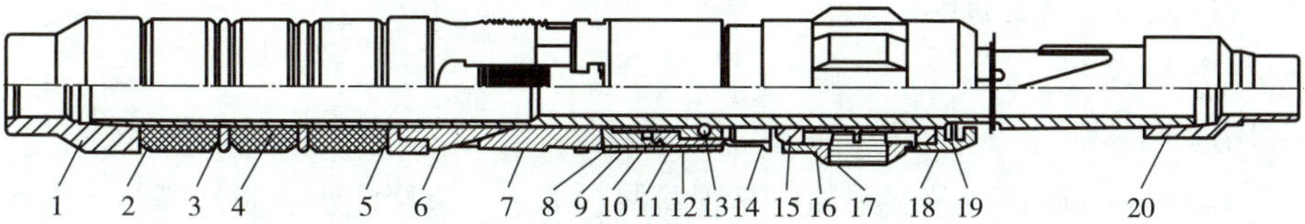

图 3–1–68　Y211 封隔器结构示意图

1—上接头；2—中心管；3—隔环；4—胶筒；5，12—限位套；6—锥体；7—卡瓦；8—卡瓦座；9—护套；10，17—弹簧；11—锁紧短节；13—钢球；14—扶正块护套；15—扶正块座；16—扶正块；18—滑环；19—滑环销钉；20—下接头

（3）工作原理

坐封：按所需坐封高度上提管柱后下放。因扶正器依靠弹簧的张力，使扶正块沿轨道中心管的轨迹槽运动，滑环销钉从短槽的上死点运动到坐封位置长槽的上死点，卡瓦被锥体撑开卡在套管上。上接头、中心管一起下行压缩胶筒，封隔油套管环形空间。

解封：上提管柱，上接头和中心管一起上行。滑环销钉运动到下死点时锥体退出，卡瓦收回而解卡，同时胶筒也收回而解封。

（4）技术参数

技术参数见表 3–1–46。

表 3-1-46　Y211 封隔器的主要技术参数

参数	型号			
	Y211–102×40	Y211–115×62	Y211–150×62	Y211–208×76
最大外径 /mm	102	115	150	208
总长 /mm	1900	2007	2066	2438
内通径 /mm	40	62	62	76
扶正块张开外径 /mm	121	134	170	234
扶正块压缩外径 /mm	102	113	147	198
胶筒型号	YS100–12–15/25	YS114–12–15/25	YS148–12–15/25	YS208–12–15/25
工作压差 /MPa	15	15	15	15
工作温度 /℃	120	120	120	120
坐封载荷 /kN	60~80	80~100	80~120	100~150
防坐距 /mm	650	750	530	537

（5）使用方法

①下井前地面检查封隔器是否完好、灵活。

②下至预定位置，上提管柱至坐封高度，缓慢下放，即可使封隔器坐封。

③解封时，上提油管超过坐封高度即可解封。

（6）注意事项

①下油管时上提管柱高度不得超过 0.3m，以防中途坐封，坐封负荷要恰当。

②提下时平稳操作，严禁猛提猛放，不可强顿压下。

③坐封位置避开套管接箍。

3.Y221 封隔器

（1）用途

用于分层试油、测试、分层采油、套管验漏、卡水、分层注水、防砂等井下作业。

（2）结构

由旋转坐封机构、卡瓦支撑机构和密封机构组成，具体结构见图 3-1-69。

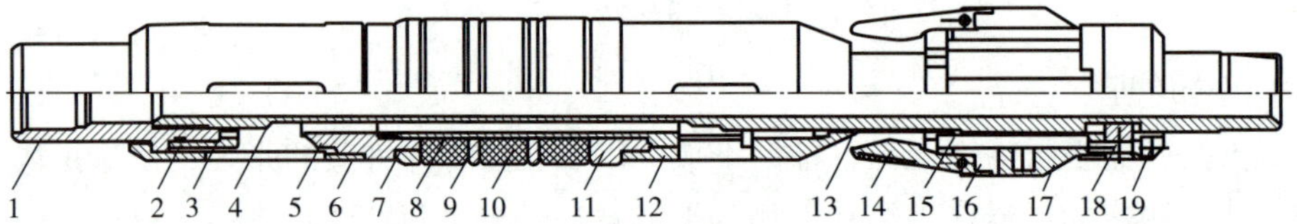

图 3-1-69　Y221 封隔器结构示意图

1—上接头；2—连接环；3—密封环；4—中心管；5—密封头；6—外筒；7—O 形密封圈；8—外中心管；9—隔环；10—胶筒；11—顶力环；12—锥体；13—连接管；14—卡瓦；15—扶正器；16—弹簧；17—扶正块；18—滑动销子；19—下接头

（3）工作原理

坐封：封隔器按设计深度入井后，上提—正转—下放管柱，卡瓦、扶正器等在与套管摩擦力的作用下保持不动，中心管下行推动锥体撑开卡瓦将封隔器卡在套管上，上部管柱重量压缩封隔器胶筒，使其外径变大而将油套环形空间密封。

解封：上提管柱，卡瓦在弹簧的作用下收回；继续上提管柱，中心管上行，胶筒复原，锥体从卡瓦内提出，封隔器被解封。

（4）技术参数

技术参数见表 3-1-47。

表 3-1-47　Y221 封隔器的主要技术参数

参数		型号	
		Y221-115×48	Y221-150×60
总长 /mm		1080	1320
最大外径 /mm		ϕ115	ϕ150
最小通径 /mm		ϕ48	ϕ60
坐封负荷 /kN		60~120	100~120
工作压差 /MPa	上压差	10、15、20、25、35	
	下压差	25	

续表

参数	型号	
	Y221-115×48	Y221-150×60
工作温度 /℃	90、120、150	
适用套管内径 /mm	118~127	157~164
连接螺纹	2⅞ NU	

（5）使用方法

①选择符合设计要求的封隔器连接到管柱预定位置，转动销钉在短轨道内下入井中。

②到设计位置后，上提坐封所需高度，正转管柱，这时慢放管柱，销钉进入长轨道，停止转动，继续下放管柱加压至坐封负荷，以油管的重量压缩胶筒，从而封隔油套环空。

③解封时，上提油管至坐封位置以上，胶筒和卡瓦牙收回，从而解封；同时转动销钉沿轨道斜壁移至短轨道下死点。

（6）注意事项

①封隔器下井前卡瓦齿面不得高出本体。

②封隔器下井要缓慢、平稳，不得急放急停以防封隔器中途误坐封。

③封隔器下井过程中未到给定位置，不得转动管柱避免中途坐封。

4.Y445-114 封隔器

（1）用途

主要用于堵水、找水、注水、酸化、检漏及验窜等。

（2）结构

主要由锚定机构、密封机构、锁紧机构和解封机构组成，具体结构见图 3-1-70。

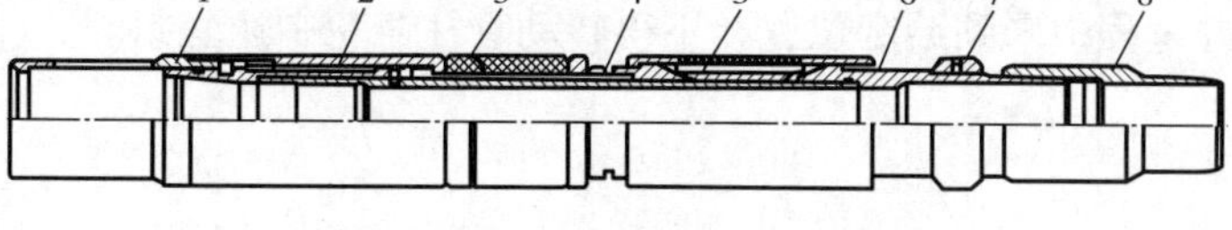

图 3-1-70　Y445 封隔器结构示意图

1—传力套；2—解封接头；3—胶筒；4—中心管；5—卡瓦；6—锥体；7—扶正环；8—下接头

（3）工作原理

坐封：从油管打压，压力推动活塞压缩密封件，同时锁紧机构锁紧，防止封隔件回弹。

丢手：继续打压到压力突然下降，丢手头与封隔器脱开实现丢手。

解封：下工具打捞封隔器上接头，上提锁紧机构解锁，继续上提卡瓦缩回解封。

（4）技术参数

技术参数见表 3-1-48。

表 3-1-48 Y445-114 封隔器的主要技术参数

参数	型号
	Y445-114×49-120×20
最大外径 /mm	114
内通径 /mm	49
坐封压力 /MPa	22
丢手时拉力 /kN	45~65
自验封压力 /MPa	17
解封拉力 /kN	40~60
工作压差（上压差）/MPa	20
工作压差（下压差）/MPa	20
工作温度 /℃	120
适用套管内径 /mm	119.7~123.7
连接螺纹	$2\frac{7}{8}$ TBG

（5）使用操作方法

①下井前检查工具完好，按设计要求下井。

②坐封丢手：封隔器下到预定位置后投入钢球，油管打压，压差依次为 8MPa、15MPa、18MPa，各稳压 3min；当压力达到 20~22MPa 时，压力突然降为 0，封隔器实现坐封丢手。

③丢手后，上提管柱 3~5m，再缓慢下放管柱，加压 20~30kN，下探丢手封隔器，若位置不变，则说明工具锚定，坐封可靠，最后提出管柱。

④解封与打捞：用油管或钻杆连接打捞工具，下到丢手位置，加压 30~40kN，打捞，上提即可解封。

（6）操作注意事项

①封隔器下井前检查卡瓦齿面不得高出本体。

②封隔器下井要缓慢、平稳，不得急放急停以防止封隔器中途误坐封。

③封隔器下井过程中未到给定位置，不得转动管柱避免中途坐封。

5.Y453 封隔器

（1）用途

用于挤注水泥、化学防砂、调剖、化学堵水等作业，还用作桥塞封隔油层。

（2）结构

主要由桥塞、滑阀和密封插管等组成（图 3-1-71、图 3-1-72）。

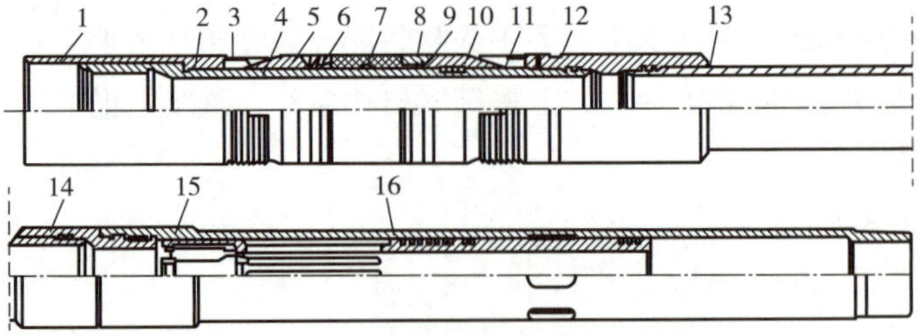

图 3-1-71 Y453 封隔器总成结构示意图

1—压套；2—自锁环；3—上卡瓦；4—中心管；5—上锥体；6—压环；7—胶筒；8—公胀环；9—母胀环；10—下锥体；11—下卡瓦；12，14—接头；13—密封管；15—滑阀体；16—滑阀芯

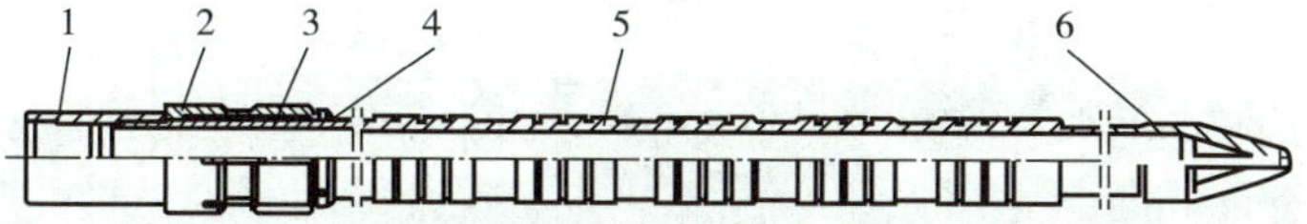

图 3–1–72　密封插管总成结构示意图

1—上接头；2—锁定套；3—上中心管；4—锥形块；5—密封管；6—导引头

（3）工作原理

封隔器下到预定位置，通过送封工具使封隔器坐封后，送封工具和封隔器脱手；下入插管，插管入桥滑阀打开，此时封隔器上下连通，可进行挤注水泥等作业。

（4）技术参数

技术参数见表 3–1–49。

表 3-1-49　Y453 封隔器的主要技术参数

规格型号	钢体最大外径 /mm	插管外径 /mm	最大工作压差 /MPa	最高工作温度 /℃	插管入桥钻压 /kN	适用套管（外径）/mm
Y453QS–110 × 34–148 × 70	110	34	70	<148	30~50	139.7
Y453QS–142.5 × 50.6–148 × 70	142.5	50.6	70	<148	30~50	177.8
Y453QS–206.2 × 50.6–148 × 56	206.2	50.6	56	<148	30~50	244.8

（5）操作方法

①按设计要求选择合适的封隔器，下井前进行外观检查。

②将封隔器下到预定位置坐封，井筒试压或试挤，以验证封隔器的密封情况或油层的吸收情况。

③用油管或钻杆将插管送入井内，慢慢加钻压 40~80kN，此时打开滑阀。

④继续注入修井液试挤，验证插管及封隔器的密封性。

⑤上提管柱，插管拔出桥塞，滑阀关闭。

⑥钻铣解封：钻压为 20~40kN，转速为 60~150r/min，使用黏度大于 40s 的泥浆，其最小环空返速不应小于 40m/min，保证碎屑能循环返出地面。

（6）操作注意事项

①封隔器下井前，用相应的通井规通井，并用套管刮削器进行刮削作业。

②在下井过程中不要猛提猛放，打好背钳，防止中途坐封。

③封隔器的位置应避开套管接箍和射孔井段 1.5m 以上。

④应缓慢加液压，压力每上升 3~5MPa 稳压 3~5min，直至设计压力。

6.K344 封隔器

（1）用途

主要用于验套、压裂、防砂、酸化、堵水、找窜、封窜等作业。

（2）结构

由液压坐封机构和密封机构组成。K344 封隔器的实物图及结构示意图见图 3–1–73 和图 3–1–74。

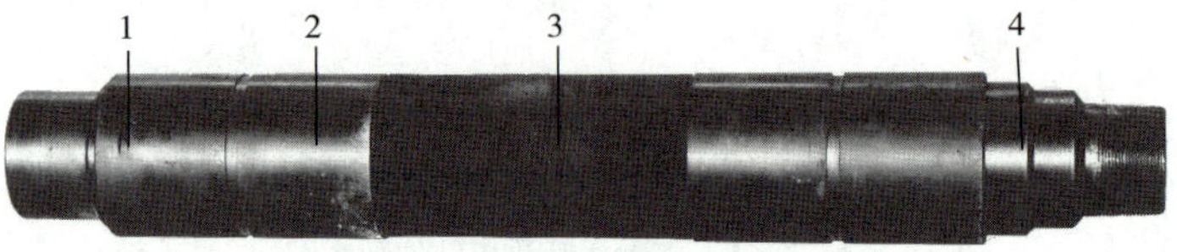

图 3-1-73　K344 封隔器实物图

1—上接头；2—胶筒套；3—胶筒；4—下接头

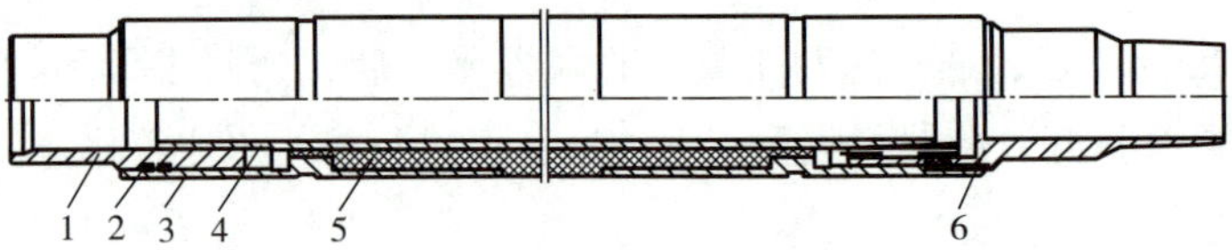

图 3-1-74　K344 封隔器结构示意图

1—上接头；2—密封圈；3—胶筒套；4—中心管；5—胶筒；6—下接头

（3）工作原理

将封隔器下到预定位置，从油管加液压，通过节流器的作用在油套间形成压差，扩张胶筒，贴住套管壁，实现密封油套环空；当撤掉油管压力后，胶筒自行收回，即解封。

（4）技术参数

技术参数见表 3-1-50。

表 3-1-50　K344 封隔器的主要技术参数

参数	型号	
	K344-114×49	K344-150×62
总长 /mm	960	1030
最大外径 /mm	ϕ114	ϕ150
最小通径 /mm	ϕ49	ϕ62
启动压差 /MPa	0.7~1.5	
工作压差 /MPa	35	25、35
工作温度 /℃	120~150	
适用套管 /mm	139.7	177.8
连接螺纹	$2\frac{7}{8}$ TGB	

（5）操作方法

和节流器配合使用，油管内加液压，在节流器打开前封隔器扩张坐封；泄掉液压，封隔器胶筒回缩即解封；可以重复使用，进行多次坐封、解封。

（6）操作注意事项

①封隔器下井前检查工具外表质量，胶筒不得有损坏，确认节流器开启压力大于封隔器坐封压力。

②封隔器下井要缓慢、平稳，不得急放急停以防封隔器中途误坐封。

③下井管柱畅通无阻，不渗漏，上紧扣；坐封位置要避开套管接箍。

④封隔器坐封后再次起、下管柱时，必须确认环空液面是否在井口，只有封隔器位置

内外压力平衡后才能起、下管柱。即使油压为零，若环空液面亏空，封隔器同样处于坐封状态，活动管柱会损坏封隔器。

7.Y341 封隔器

（1）用途

用于分层注水、压裂、酸化、堵水、找窜、封窜等作业。

（2）结构

由水力坐封机构、锁紧机构、密封机构和解封机构组成，具体见图 3-1-75、图 3-1-76。

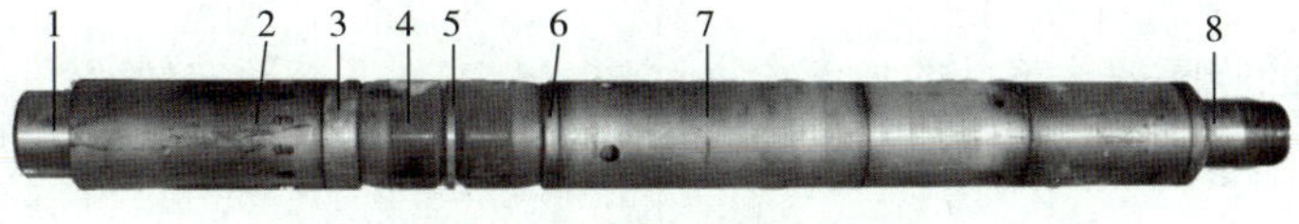

图 3-1-75　Y341 封隔器实物图

1—上接头；2—洗井阀套；3—带阀面胶筒接头；4—胶筒；5—隔环；6—压帽；7—液缸套；8—下接头

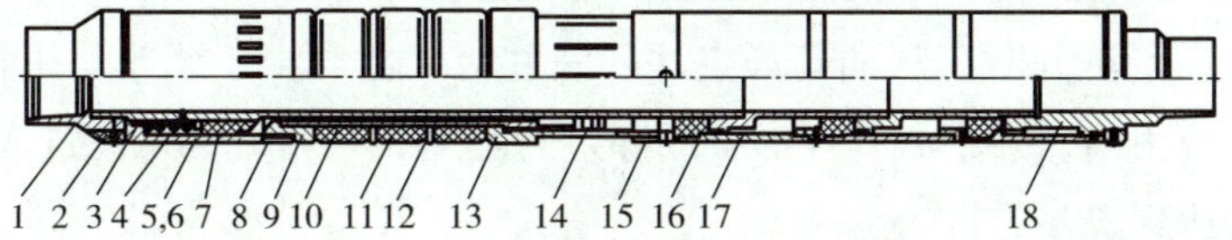

图 3-1-76　Y341 封隔器结构示意图

1—上接头；2—内中心管；3—密封圈；4—弹簧；5—垫环；6—固定环；7—洗井阀塞；8—洗井阀套；9—带阀面胶筒接头；10—外中心管；11—胶筒；12—隔环；13—压帽；14—解封环；15—活塞；16—液缸套；17—固定活塞；18—下接头

（3）工作原理

坐封：封隔器下至设计深度，由油管进行加压，当压力升至一定数值（一般大于 10MPa），活塞剪钉剪断继续加压，液缸滑动压缩封隔件，密封油套环形空间并锁住，当撤去油管压力时，封隔件仍处于压缩状态而不会退回，继续保持密封压缩状态，坐封过程结束。

解封：上提管柱，由于封隔件与套管是贴紧的，有摩擦力，此时内中心管上行，带动解封套上行收缩解锁，在封隔件回弹力的作用下，封隔件收回不再贴紧套管，从而使封隔器解封。

（4）技术参数

技术参数见表 3-1-51。

表 3-1-51　Y341 封隔器的主要技术参数

参数	型号	
	Y341FX-115×59-150×35	Y341FX-150×62-150×35
最大外径 /mm	ϕ115	ϕ150
最小通径 /mm	ϕ59	ϕ62

续表

参数	型号	
	Y341FX-115×59-150×35	Y341FX-150×62-150×35
坐封压差 /MPa	18~22	20~22
工作压差 /MPa	35	35
工作温度 /℃	150	
适用套管内径 /mm	118.6~127.3	157.1~161.7
解封载荷 /kN	≤ 120	≤ 120
连接螺纹	$2\frac{7}{8}$ NU 或 $2\frac{7}{8}$ EU	

（5）使用方法

①选择合格的封隔器，下井前地面检查，与配套工具下至预定位置。

②坐封：由油管进行加压，当压力升至 10MPa 以上时剪断销钉开始坐封，继续打至坐封压差封隔器完成坐封。

③验封：捞出封隔器下部的配水器芯子。从油管加一定压力，观察套管加压前后的返水量或压力变化，如无变化，即说明封隔器是密封的。

④洗井：在需要洗井时，从油套环空注入洗井液，此时由于压差作用打开封隔器上部的洗井阀，洗井液由内、外中心管环形空间穿过封隔器，再由底部球座进入油管返到井口，形成洗井通道，达到洗井的目的。

⑤解封：上提管柱，封隔器解封。

（6）操作注意事项

①下井前必须通井、刮管，视井况验窜，并检验、试压 20MPa 不渗不漏。

②验证配套工具和油管、底球的通过性及密封性。

③坐封位置避开套管接箍。

④提下时操作平稳，严禁猛提猛放。

8. 电缆输送桥塞

（1）用途

电缆输送桥塞具有速度快、定位准、可在桥塞上部快速倒灰等特点，适用于薄夹层（夹层厚度≥ 1m）、严重漏失层、带压施工井、普通直井和小斜度井等，不适用大斜度井、稠油井等。

（2）结构

桥塞电缆坐封工具结构见图 3-1-77。

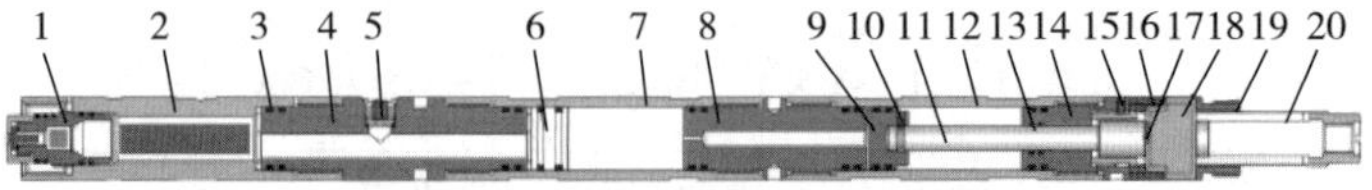

图 3-1-77　桥塞电缆坐封工具结构示意图

1—上接头；2—药筒外壳；3，13—O 形圈；4—泄压接头；5—液压组件；6—上活塞；7—上活塞筒；8—中间接头；9—下活塞；10—限位螺钉；11—活塞杆；12—下活塞筒；14—堵头；15，17—螺钉；16—护键环；18—板键；19—上推力筒；20—活塞杆导筒

（3）工作原理

用电缆将桥塞下至设计位置后，地面通电，经电缆引爆坐封工具内的点火器（雷管），雷管爆炸点燃主装药柱，主装药柱燃烧产生的燃气压力推动上下活塞，与下活塞连接的活塞杆向下剪断限位螺钉后，通过板键将下推力传递给上推力筒，上推力筒通过适配器的推筒推动桥塞上卡瓦破裂、胶筒变形。同时活塞杆导筒通过适配器的连接杆与桥塞的拉断栓连接，当活塞推力达到预定载荷后，拉断栓断裂，实现桥塞坐封、丢手。坐封工具起出后，只有在地面通过液压组件放出残余压力才能安全拆卸。

（4）技术参数

技术参数见表 3-1-52。

表 3-1-52　电缆桥塞的主要技术参数

<table>
<tr><th colspan="2">型号</th><th>耐压 / MPa</th><th>最高耐温 /℃</th><th>最大坐封力 / kN</th><th>最大外径 / mm</th><th>不包括点火头长度 / mm</th><th>包括点火头长度 /mm</th></tr>
<tr><td colspan="2">5 号</td><td>186</td><td rowspan="5">204</td><td>44.5</td><td>44</td><td>1884</td><td>2079</td></tr>
<tr><td rowspan="2">10 号</td><td>标准型</td><td>103</td><td rowspan="2">155.7</td><td>70</td><td rowspan="2">1621</td><td rowspan="2">1834</td></tr>
<tr><td>重载型</td><td>206</td><td>83</td></tr>
<tr><td rowspan="2">20 号</td><td>标准型</td><td>103</td><td rowspan="2">244.7</td><td>97</td><td rowspan="2">1901</td><td rowspan="2">2123</td></tr>
<tr><td>重载型</td><td>206</td><td>105</td></tr>
</table>

（5）施工步骤

①打捞清理出井内落物。通井检查井筒。刮管清除套管壁，在桥塞位置上下 10m 反复刮管 3~5 次。循环洗井洗出井筒内全部悬浮物、污油。

②将桥塞、电缆坐封工具、磁性定位器与电缆连接好，平稳下入井内，下放速度为 4000~6000m/h。

③测套管接箍，准确调整桥塞坐封位置。

④通电引爆，坐封桥塞，引爆 5min 后上提、下放电缆 2~4m，判断桥塞是否已坐封。

⑤起出坐封工具，在工具提出井口前，须检查泄压头是否冲掉，防止拆卸时残余压力伤人。

⑥桥塞坐封后，井口密封接好试压管线按设计要求进行试压，验证其密封的可靠性。

⑦试压合格后，下倒灰筒，在桥塞顶部倒入一定量的水泥浆。

（6）注意事项

①施工井井斜小于 30°。

②施工前必须认真检查电缆、绞车、仪表和下井的工具仪器。

③通井、刮管深度应超过设计桥塞坐封位置 10m，如短套管在设计桥塞坐封深度以下则通井深度应超过短套管以下 10m。通井规外径应不小于套管内径 8mm，有效长度不小于 0.5m，且通井畅通无张力异常。

④需封闭的储层含有硫化氢气体及其他腐蚀性液体，应压井且井筒内不应含有硫化氢气体及其他腐蚀性液体。

⑤井内液体需过滤，保证无杂物。

⑥桥塞下放速度必须严格控制，若有遇阻现象，只能慢慢活动，不能猛冲。

（二）水力锚

油管锚根据锚定方式和功能可分为水力锚、机械式油管锚等。以常用的水力锚为例进行介绍。

1. 用途

通常与封隔器配套使用，起到固定井下管柱位置、阻止管柱轴向跳动的作用。

2. 结构

水力锚的结构见图 3–1–78、图 3–1–79 和图 3–1–80。

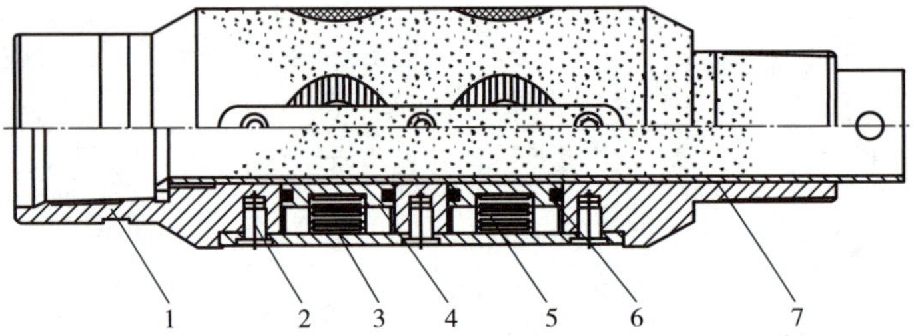

图 3–1–78　挡板式水力锚结构示意图

1—锚体；2—螺钉；3—挡板；4—锚爪；5—弹簧；6—密封圈；7—中心管

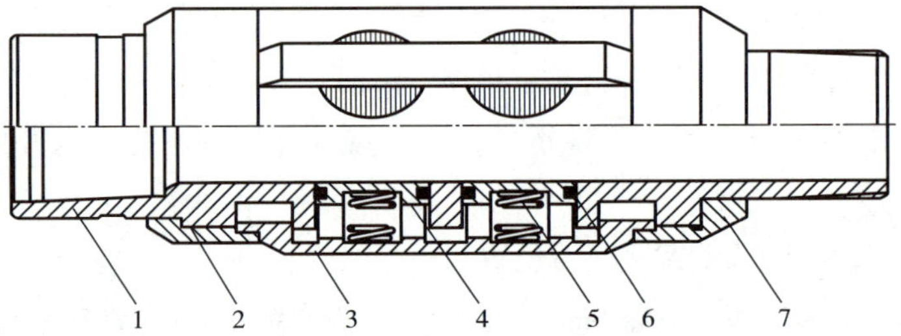

图 3–1–79　扶正式水力锚结构示意图

1—锚体；2—上限位套；3—扶正块；4—锚爪；5—弹簧；6—密封圈；7—下限位套

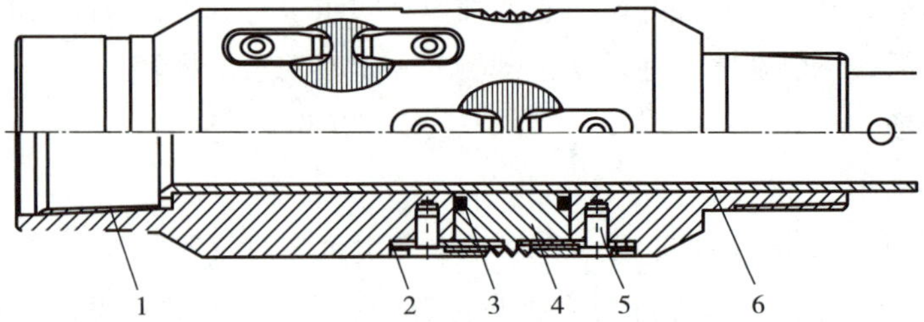

图 3–1–80　板簧式水力锚结构示意图

1—锚体；2—板簧；3—密封圈；4—锚爪；5—螺钉；6—中心管

3. 工作原理

从油管内打入高压液体，在高压作用下将锚爪推出，卡紧在套管壁上，以此平衡施工中产生的轴向推力，起到固定井下管柱位置的作用。

4. 技术参数

技术参数见表 3-1-53。

表 3-1-53　水力锚的技术参数

参数	型号				
	SLM102×50-70FZ	SLM110×62-70FZ	SLM135×62-70DB	SLM148×76-35BH	SLM210×100-35BH
钢体最大外径 / mm	102	110	135	148	210
最小内通径 / mm	50	62	62	76	100
结构形式	扶正式	扶正式	挡板式	板簧式	板簧式
启动压差 /MPa	0.2~0.5	0.2~0.5	0.2~0.5	0.2~0.5	0.2~0.5
最大工作压差 / MPa	70	70	70	35	35
适用套管内径 / mm	108.6~114.1	121.4~127.3	144.2~150.4	157.1~161.7	216.8~226.6

5. 使用方法

①按设计要求将水力锚下至井内预定位置，从油管内打入高压液体即可工作。

②泄压后自动解除锚定。

6. 操作注意事项

①水力锚锚爪不能高于工具钢体，锚爪、扶正块应无卡阻现象。

②下入时，平稳操作，遇阻不得加压过大。

四　测量器具

1. 压力表

压力表主要用于液体、气体与蒸汽的压力测量。

使用压力表注意事项：

①压力表低于 1/3 量程部分，精度较低。

②使用范围最高不得超过刻度的 3/4，一般以全量程的 1/3~2/3 为宜，在这一范围内准确度较高，适用于平稳、波动两种负荷。

③压力表经过多次的使用与受压，难免由于内部机件的变形和磨损，产生误差和故障，为保持其原有精度，要定期检修。一般测压部位安装的压力表检定周期不得超过半年，精密压力表检定周期一般不超过一年；测压部位介质波动大，使用频繁，精度要求较高，安全性要求较严的检定周期应适当缩短。

④震动较大部位应使用耐震压力表。

2. 密度计

（1）结构

结构见图 3–1–81。

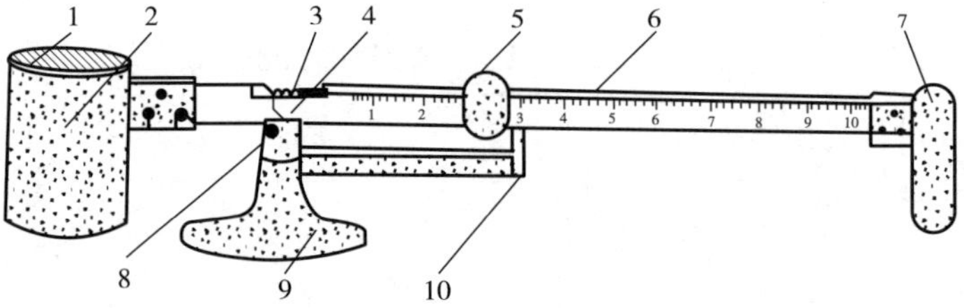

图 3–1–81　密度计结构示意图

1—杯盖；2—液杯；3—水准泡；4—刀口；5—游码；6—杠杆；7—平衡柱；8—刀承；9—底座；10—挡臂

（2）技术要求

①应在密度计的适当位置标明名称、型号、分度值、制造厂名、制造编号、制造年月等。

②液杯、杯盖、杠杆和底座应有统一的出厂编号。

③密度计表面光洁，不得有剥落、碰伤及划痕等缺陷。

④杠杆上的刻度要清晰，分度值为 0.01g/cm^3；刻线垂直于杠杆，宽度不得大于 0.4mm，且间隔均匀。

⑤紧固件不得有松动、损伤等。

⑥游码在杠杆上移动要平稳、灵活，杯盖与杯口配合适中，盖孔畅通。

3. 黏度计

马氏漏斗黏度计是用于修井液塑性黏度的仪器，采用 API 标准制造，以一定量的修井液从漏斗中流出的时间来确定修井液的黏度。

（1）结构

马氏漏斗黏度计由提浆杯、筛网、漏斗（1500mL）、量杯（946mL）以及秒表等组成。漏斗由漏斗锥体及漏斗颈组成（图 3–1–82）。

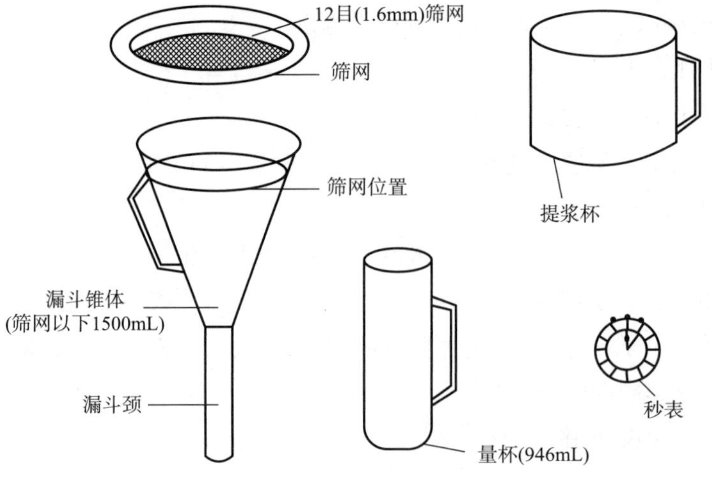

图 3–1–82　马氏漏斗黏度计结构示意图

（2）主要技术指标

①筛网孔径：1.6mm（12 目）。

②漏斗筛网以下容量为 1500mL。

③准确度：当向漏斗注入 1500mL 纯水时，流出 946mL 纯水的时间为 26s ± 0.5s。使用温度为 20℃ ± 2℃，以秒为单位记录修井液的马氏漏斗黏度。

④校验方法：使用清水测量马氏漏斗黏度时，如果测量数值超过 26s ± 0.5s，则可以通过改变漏斗颈的长度或直径的方法进行校正。

（3）使用方法

①用提浆杯取待测液体，倒入用手堵住流出口的漏斗内。筛网以下倒满为 1500mL。

②移开手指同时开启秒表，记录待测液体流满 946mL 的量杯所用的时间。所用时间就是待测液体的马氏漏斗黏度。

③黏度计使用后应清洗干净，妥善保存。

4. 游标卡尺

游标卡尺是一种中等精度的量具，可以直接测出工件的内外尺寸（图 3–1–83、图 3–1–84）。常用的游标卡尺有 150mm 和 200mm 两种规格，这两种游标卡尺的精度均为 0.02mm。

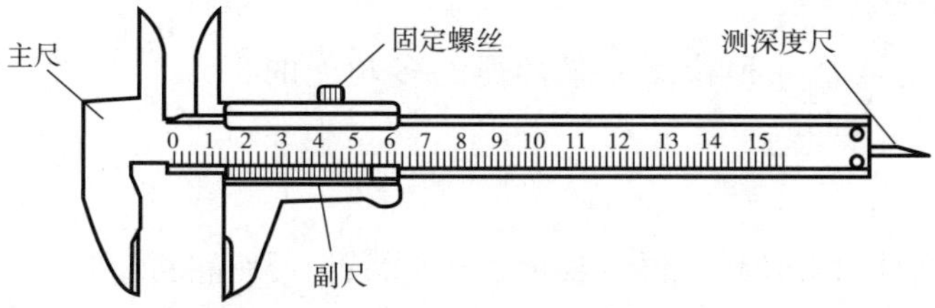

图 3–1–83　游标卡尺的结构

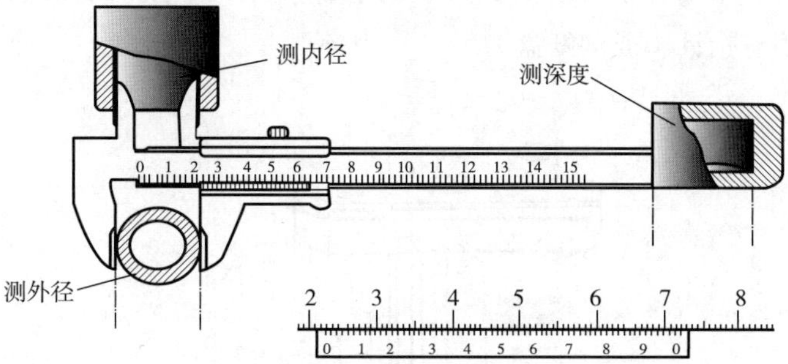

图 3–1–84　游标卡尺测量示意图

游标卡尺的使用：

①使用游标卡尺测量工件的尺寸时，应先检查尺况，再校准零位，即主副两个尺上的零刻度线同时对正，即为合格。

②测量工件外径时，应先将两卡脚张开得比被测工件尺寸大些，而测量工件的内尺寸时，则应将两卡脚张开得比被测工件尺寸小些，然后使固定卡脚的测量面贴靠工件，轻轻用力使副尺上活动卡脚的测量面也贴紧工件，并使两卡脚测量面的连线与所测工件表面垂

直，再拧紧固定螺丝。

③在主尺上读出副尺零位的读数。

④在副尺上找到和主尺重合的读数，将此读数除 100 即为 mm 数，将上述两数值相加，即为游标卡尺测得的尺寸。

值得注意的是，读数时要在光线较好的地方进行，不能斜视，不能读出 23.17mm、4.01mm、0.65mm 之类的数据，因为副尺的精度为 0.02mm，所测得的最后一位小数应是 0.02 的倍数。

5. 钻头规

钻头规是一种测量钻头尺寸的专用工具。

钻头规的使用：

①左手紧握钻头规手把，轻轻套入待测量部位，右手顺时针拨动旋转手柄，此时手柄刻度所指尺寸即为测量部件的外形尺寸（图 3-1-85）。

②记下数据后，再逆时针拨动手柄到最大尺寸，取下钻头规并擦洗干净放入箱子中。

图 3-1-85　钻头规测量示意图

6. 六速旋转黏度计

六速旋转黏度计是一种检测泥浆性能的多功能的器具。

（1）结构

六速旋转黏度计由电动机、恒速装置、变速装置、测量装置和支架装置五部分组成，具体部件组成见图 3-1-86。恒速装置和变速装置合称旋转部分，在旋转部件上固定一个外筒——旋转筒。测量装置由测量弹簧部件、刻度盘和内筒组成，内筒通过测量弹簧固定在机体上，扭簧上附有指针（或刻度盘）。

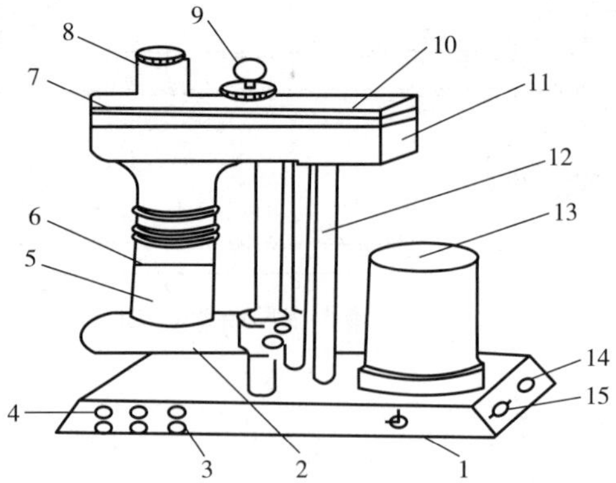

图 3-1-86　六速旋转黏度计示意图

1—总开关；2—托盘；3—开关；4—指示灯；5—外筒；6—外筒刻线；7—刻度指示；8—弹簧罩；9—变速杆；10—挡位牌；11—变速箱；12—传动杆；13—电机；14—保险丝；15—电源插座

（2）使用方法

①将仪器平稳地放在工作台上，尽可能保持水平。

②先将内筒装好，再装外筒，将连接线插头分别插在仪器及电源插座上，把变速拉杆放于最低位置。

③将搅拌好的钻井液注入测试液杯中刻度线处，注量为350mL。

④将测定液杯放在托盘上，对正三个点角位置升起托盘，使外筒的刻度线与钻井液液面相平，旋紧托盘手柄。

⑤把电源开关拨到开的位置，再将电机启动开关拨到高速挡，读取刻度盘数值为 Φ_{600} 的读数，然后将启动开关拨到低速挡，读取刻度盘数值为 Φ_{300} 的读数。

⑥把变速拉杆上提到最高位置，旋转启动开关至高速挡，读取刻度盘数值为 Φ_{200} 的读数，再把启动开关拨至低速挡，读取刻度盘数值为 Φ_{100} 的读数。

⑦把变速拉杆置于中间位置，旋转启动开关至高速挡，读取刻度盘数值为 Φ_6 的读数，旋转启动开关至低速挡，读取刻度盘数值为 Φ_3 的读数。

⑧将变速拉杆放于最低位置，启动开关拨到高速挡，搅拌10s（或1min）后停止，静止10s，将变速拉杆提到中间位置，启动开关拨到低速挡，读取刻度盘最大数值为 Φ_3 的读数（计算初切力时用）。搅拌10s（或1min）后停止，静止10min，再用同样的方法测量，读取刻度盘最大数值为 Φ_3 的读数（计算终切力时用）。

⑨数据处理

a. 表观黏度：$AV=\frac{1}{2}\Phi_{600}$　（mPa·s）

b. 塑性黏度：$PV=\Phi_{600}-\Phi_{300}$　（mPa·s）

c. 动切力：$YP=0.0478\times(\Phi_{300}-PV)$　（Pa）

d. 流性指数：$n=3.322\times\lg\dfrac{\Phi_{600}}{\Phi_{300}}$

e. 稠度指数：$K=0.478\times\dfrac{\Phi_{600}}{1022n}$　（$\mathrm{Pa\cdot s}^n$）

f. 卡森极限黏度：$\eta=5.83\times(\Phi_{600}{}^{1/2}-\Phi_{300}{}^{1/2})\times2$　（mPa·s）

g. 卡森动切力：$\tau_c=0.2465\times(2.45\Phi_{100}{}^{1/2}-\Phi_{600}{}^{1/2})\times2$　（Pa）

h. 初切力：$G_1=0.478\Phi_3$　（Pa）（Φ_3 为10s的读数）

i. 终切力：$G_2=0.478\Phi_3$　（Pa）（Φ_3 为静止10 min的读数）

（3）注意事项

①各速梯下的测量应从高速到低速逐渐进行，所读数值应是刻度盘最大扭矩值。

②用3r/min测定初切时，所取数值应是刻度盘最大扭矩值。

③测试液杯中钻井液液面不能超过外筒的刻度线，否则，会损伤仪器中的弹簧。

④换挡时，切勿强拔或硬按仪器上面的红色球，以免损伤轴承。

⑤清洗时，内筒不能大幅度摆动，必须用手顶住。

第二节　常用管材

一　套管

（一）套管规范

1.API 套管种类

根据 APISPEC5CT（2012）标准，API 套管种类见表 3-2-1。其中以 J55、N80、P110 钢级套管用量最大。

表 3-2-1　API 套管的种类

分类	种类
钢级	H14，J55，K55，N80，L80，L80（9Cr），L80（13Cr），C90，C95，T95，P110，Q125（4 组共 17 个钢级）
外径（in）	4½~20（共 19 个规格）
制造方法	无缝管（S）、电焊管（E）
连接方式	接箍连接、无接箍连接（即直连型）
螺纹类型	短圈螺纹（SC）、长圈螺纹（LC）、偏梯形螺纹（BC）、直连形螺纹（XC）

除 API 标准套管外，一些非 API 标准套管也得到了广泛应用。这些非 API 标准套管是超高强度套管、高抗挤套管、低温环境下用套管、耐腐蚀套管、直焊缝（FRW）套管和特殊螺纹接头连接套管。

2. 套管规格及尺寸

套管规格及尺寸见表 3-2-2。

表 3-2-2　套管规格及尺寸

外径 /mm（in）	接箍外径 /mm	内径 /mm	通径 /mm	外径 /mm（in）	接箍外径 /mm	内径 /mm	通径 /mm
114.3（4½）	127	103.9	101	177.8（7）	194.5	166.1	162.9
		102.9	99.7			164.0	160.8
		101.6	98.4			161.7	158.5
		99.6	96.4			159.4	156.2

续表

外径 /mm（in）	接箍外径 /mm	内径 /mm	通径 /mm	外径 /mm（in）	接箍外径 /mm	内径 /mm	通径 /mm
127（5）	141.3	115.8	112.6	193.7（$7\frac{5}{8}$）	215.9	178.5	175.3
		114.1	111.0			177.0	173.8
		112.0	108.8			174.6	171.5
		108.6	105.4			171.8	168.7
139.7（$5\frac{1}{2}$）	153.7	127.3	124.1	219.1（$8\frac{5}{8}$）	244.5	205.7	202.5
		125.7	122.6			203.7	200.5
		124.3	121.1			201.2	198.0
		121.4	118.2			198.8	195.6

3. 无接箍小套管规格、性能参数

无接箍小套管规格、性能参数见表 3–2–3。

表 3-2-3　无接箍小套管规格、性能参数

外径 / mm	名义重量		计算重量 /（kg/m）	钢级	壁厚 / mm	通径 / mm	接头外径 / mm	抗挤强度 / MPa	最小内屈服强度 / MPa	连接强度 / kN	上扣扭矩 /（N·m）		
	lb/ft	kg/m									最小	最佳	最大
101. 6	9.50	12. 83	13.48	N80，L80	5. 74	86. 94		45	55	458	1550	1760	1920
	10.90	14. 72	15.46	WSP80S	6. 65	85. 12		61	63	602	1750	1950	2170
	13.20	17. 82	19. 13	WSP80SS	8. 38	81. 66		84	80	745	2750	3050	3350
	14.80	19. 98	21. 73		9. 65	79. 12		95	92	930	3180	3530	3880
	9.50	12. 83	13.48	C90	5. 74	86. 94		49	61	515	1850	2050	2250
	10.90	14. 72	15.46	WSP90S	6. 65	85. 12		66	71	677	1920	2150	2360
	13.20	17. 82	19. 13	WSP90SS	8. 38	81. 66		94	90	838	3100	3420	3750
	14.80	19. 98	21. 73		9. 65	79. 12		1017	103	1045	3440	3820	4200
	9.50	12. 83	13.48	P110	5. 74	86. 94		55	75	629	2110	2350	2600
	10.90	14. 72	15.46	WSP110S	6. 65	85. 12		115	109	1023	3350	3700	4100
	13.20	17. 82	19. 13	WSP110SS	8.38	81. 66		58	85	716	2290	2550	2810
	14.80	19. 98	21. 73		9. 65	79. 12		130	125	1165	3620	4020	4420
	9.50	12. 83	13.48	Q125	5. 74	86. 94		58	85	716	2290	2550	2810
	10.90	14. 72	15.46	125S	6. 65	85. 12		83	99	940	2470	2750	3030
	13.20	17. 82	19. 13		8. 38	81. 66		130	125	1165	3620	4020	4420
	14.80	19. 98	21. 73		9. 65	79. 12	101. 60	148	143	1450	3970	4410	4850

续表

外径/mm	名义重量		计算重量/(kg/m)	钢级	壁厚/mm	通径/mm	接头外径/mm	抗挤强度/MPa	最小内屈服强度/MPa	连接强度/kN	上扣扭矩/(N·m)		
	lb/ft	kg/m									最小	最佳	最大
114.3	12.60	17.01	18.10	L80, N80	6.88	97.36		52	58	641	2750	3100	3400
	15.20	20.52	22.17		8.56	94.01		76	72	926	3090	3430	3770
	17.00	22.95	24.73		9.65	91.82		85	81	1109	3360	3730	4100
	18.90	25.52	27.65		10.92	89.28		95	92	1272	3620	4020	4420
	21.50	29.03	31.60	80S,80SS	12.70	85.73		109	107	1455	4060	4510	4960
	12.60	17.01	18.10	C95,95SS	6.88	97.36		58	69	787	3000	3300	3600
	15.20	20.52	22.17		8.56	94.01		98	99	1271	3710	4120	4530
	17.00	22.95	24.73		9.65	91.82		117	112	1520	4060	4510	4960
	18.90	25.52	27.65		10.92	89.28		131	126	1746	4500	5000	5500
	21.50	29.03	31.60		12.70	85.73		150	148	1997	4900	5500	6100
	12.60	17.01	18.10	Q125,125S	6.88	97.36		68	91	1000	3710	4120	4530
	15.20	20.52	22.17		8.56	94.01	114.30	109	113	1445	4060	4500	4960

4. 石油套管螺纹代号对照

石油套管螺纹代号对照见表 3-2-4。

表 3-2-4　石油套管螺纹代号对照

短圆螺纹套管/in		长圆螺纹套管/in		偏梯形螺纹/in
API SPEC 5CT	YB690-70	API SPEC 5CT	YB690-70	API SPEC 5CT
4½ CSG	4½套管	4½ LCSG	4½长丝扣套管	4½ BCSG
5CSG	5 套管	5LCSG	5 长丝扣套管	5BCSG
5½ CSG	5½套管	5½ LCSG	5½长丝扣套管	5½ BCSG
6⅝ CSG	6⅝套管	6⅝ LCSG	6⅝长丝扣套管	6⅝ BCSG
7CSG	7 套管	7LCSG	7 长丝扣套管	7BCSG
7⅝ CSG	7⅝套管	7⅝ LCSG	7⅝长丝扣套管	7⅝ BCSG
8⅝ CSG	8⅝套管	8⅝ LCSG	8⅝长丝扣套管	8⅝ BCSG
9⅝ CSG	9⅝套管	9⅝ LCSG	9⅝长丝扣套管	9⅝ BCSG
10¾ CSG	10¾套管	10¾ LCSG	10¾长丝扣套管	10¾ BCSG

(二)套管抗挤、抗内压强度

套管抗挤、抗内压强度见表 3-2-5。

表 3-2-5　套管抗挤、抗内压强度

套管外径 /mm	钢级	壁厚 /mm	单位重量 /（kg/m）	内容积 /（L/m）	丝扣连接强度		丝扣连接强度		抗挤强度 / MPa	抗内压强度 / MPa
					短圆扣 / kN	长圆扣 / kN	短圆扣 / kN	长圆扣 / kN		
339.7	J55	9.65	81.104	80.59	2284.8			2331.4	7.79	18.822
339.7	J55	10.92	90.777		2644.8			2698.8	10.617	21.3
273.1	J55	8.89	60.27	51.17	1866.9			1905.0	10.89	21.58
244.5	N80	11.99	69.943			4022.8		4104.9	32.82	47.36
244.5	N80	11.05	64.734			3667.2		3742.0	26.269	43.644
244.5	P110	11.99	69.943			5392		5502.0	36.542	65.086
244.5	J55	10.03	59.526		2009.2	2311.4	205.02	2358.6	17.719	27.234
244.5	J55	8.94	53.573	40.31		2013.6		2054.7	13.927	24.269
244.5	N80	10.03	59.526	39.54		3276		3342.9	21.304	39.645
139.7	N80	7.72	25.298	12.12		1546.9		1578.5	43.299	53.365
139.7	N80	9.17	29.763	11.56		1902.5		1941.3	60.881	63.363
139.7	P110	7.72	25.298	12.12		1978.1		2018.5	51.573	73.36
139.7	P110	9.17	29.763	11.56		2435.9		2485.6	76.532	87.15

二　油管

油管是在钻探完成后，将原油和天然气运输到地表的管道，它可以承受开采过程中产生的压力负荷，用于采油、采气、注水和酸化压裂。

（一）油管分类

油管分为平式油管（NU）、加厚油管（EU）和整体接头油管三种。

①平式（10 扣 /in）油管是指两管端不经过加厚而直接车螺纹并戴上接箍。

②加厚（8 扣 /in）油管是指两管端经过加厚以后，再车螺纹并戴上接箍。

③整体接头油管是指一端经过内加厚车外螺纹，另一端经过外加厚车内螺纹，直接连接不带接箍（此类油管基本不用）。

（二）API 油管规格及尺寸

API 油管规格及尺寸见表 3-2-6。

表 3-2-6　API 油管规格及尺寸

公称尺寸 / in	不加厚外径 /mm	不加厚内径 /mm	加厚外径 /mm	加厚内径 /mm	不加厚接箍外径 /mm	加厚接箍外径 /mm
1½	48.3	40.3	53.2	40.3	55.0	63.5

续表

公称尺寸 /in	不加厚外径 /mm	不加厚内径 /mm	加厚外径 /mm	加厚内径 /mm	不加厚接箍外径 /mm	加厚接箍外径 /mm
2⅜	60.3	50.3	65.9	50.3	73.0	78.0
2⅞	73.0	62.0	78.6	62.0	89.5	93.0
3½	88.9	75.9	95.3	75.9	107.0	114.5
4	101.6	88.6	107.9	88.6	121.0	127.0
4½	114.3	100.3	120.6	100.3	132.5	141.5

三 抽油杆

抽油杆是抽油井的细长杆件，它上接光杆，下接抽油泵，起传递动力的作用。

（一）抽油杆分类

常规抽油杆制作工艺简单、成本低、直径小、适用范围广，使用率约占有杆泵抽油井的 90% 以上。一般将常规钢抽油杆分为 C 级、D 级、K 级和 H 级 4 个等级。

C 级抽油杆：用于浅井、轻负荷情况。

D 级抽油杆：用于中、重负荷油井的钢制抽油杆。

K 级抽油杆：用于腐蚀性的轻、中负荷油井的钢制抽油杆。

KD 级抽油杆：具有 K 级抽油杆的抗腐蚀性能并具有 D 级抽油杆的力学性能的钢制抽油杆。

H 级抽油杆：用于重、超重负荷油井的钢制抽油杆。

（二）抽油杆及接箍

1. 抽油杆及接箍规格

抽油杆及接箍规格见表 3–2–7。

表 3-2-7 抽油杆及接箍规格

抽油杆	型号 /in	⅝	¾	⅞	1
	直径 /mm	16	19	22	25
接箍	外径 /mm	38	42	46	55
	长度 /mm	80	80	80	80

2. 抽油杆重量明细

抽油杆重量明细见表 3–2–8。

表 3-2-8 抽油杆重量明细

规范 /mm	长度 /m	重量 /（kg/m）
ϕ19	8	2.350
ϕ22	8	3.136
ϕ25	8	4.091

（三）特殊抽油杆

1. 超高强度抽油杆

与 D 级抽油杆相比，这种抽油杆是一个新的强度等级，性能指标更高，具有更高的承载能力，最小应力为 0~102MPa 时，许用应力值超出 D 级抽油杆 35% 以上。

2. 玻璃钢抽油杆

与金属材料相比，玻璃钢制品具有重量轻、抗腐蚀、疲劳性能好等优点。经过十几年的开发研究，已成功地用玻璃钢材料试制成抽油杆。

（1）玻璃钢抽油杆的结构

玻璃钢抽油杆是由玻璃钢杆体和两端带外螺纹的钢接头组合而成。

（2）玻璃钢抽油杆类型

玻璃钢抽油杆类型按杆身直径、最高工作温度和端部接头的级别划分。

例如：$\frac{7}{8}$—93℃-A

其中，$\frac{7}{8}$—杆身直径。

93℃—最高工作温度。

A—端部接头强度级别。抗拉强度 A 级为 620.793MPa，B 级为 793.965MPa。

3. 空心抽油杆特点

①空心抽油杆除可作为普通抽油杆传递动力外，还可以通过其内孔加入各种稀释剂、轻油、破乳剂、防腐剂、热油等，降低原油的黏度、清除油井结蜡、改善井筒中原油的流动性。

②空心抽油杆可以和无管泵配合使用，使原油从空心抽油杆的内孔流出，空心抽油杆既起抽油杆的作用又起油管的作用。

③空心抽油杆的流道小，流速快、不易沉积砂粒，适用于含砂油井。

④由于空心抽油杆抗扭能力比普通抽油杆大，适用于驱动井下螺杆抽油泵。

⑤便于向井中安装各种控制器。

四 钻杆

（一）钻杆分类

石油钻杆通常分为内加厚 IU、外加厚 EUE、内外加厚 IEU。

（二）钻杆规格及尺寸

钻杆规格及尺寸见表 3-2-9。

表 3-2-9　钻杆规格及尺寸

规格外径 /mm（in）	管体内径 /mm	内加厚内径 /mm	外加厚外径 /mm	规格外径 /mm（in）	管体内径 /mm	内加厚内径 /mm	外加厚外径 /mm
60.3（2⅜）	46.1		67.5	114.3（4½）	97.2		131.8
73.0（2⅞）	54.6	33.3	81.8	114.3（4½）	92.5		131.8
88.9（3½）	76.0	57.2	97.1	127.0（5）	112.0	95.2	
88.9（3½）	70.2	49.2	97.1	127.0（5）	108.6		146.1
101.6（4）	88.3	74.6	114.3	139.7（5½）	121.4	96.9	141.3
101.6（4）	84.8	69.8	114.3	139.7（5½）	118.6	96.9	141.3

（三）钻杆接头

①用阿拉伯数字表示的接头代号：（中国）例如 210、220、330。

a. 第一位数字代表钻杆尺寸：2⅜、2⅞、3⅞、4½、5½、6⅝。

b. 第二位数字代表接头类型：分别用 1 代表内平式，2 代表贯眼式，3 代表正规式。用顺口溜来记就是一内平二贯眼三正规。

c. 第三位数字代表公扣、母扣：1 代表公扣，0 代表母扣。

②用字母表示的：NC 是数字型螺纹，采用 V-0.038R 螺纹牙型，并以螺纹基面中径的英寸数和十分之一英寸数表示的螺纹。

例如 NC26、NC31、NC38。

③用字母表示的：API 标准（美国）。

IF 代表内平式、FH 代表贯眼式、REG 代表正规式。

例如 2⅞ IF、2⅞ FH、3½ REG。

以上三种钻杆接头表示方法可以互换，见表 3-2-10。

表 3-2-10　数字型接头代号

中国（数字）	中国（阿拉伯数字）	美国（API）
NC26	2A10（2A11）	2⅜ IF
NC31	210（211）	2⅞ IF
NC38	310（311）	3½ IF
NC50	410（411）	4½ IF
	320（321）	3½ FH
	420（421）	4½ FH

续表

中国（数字）	中国（阿拉伯数字）	美国（API）
	230（231）	2⅞ REG
	330（331）	3½ REG
	430（431）	4½ REG

④钻杆常用接头识别办法见表 3-2-11。

表 3-2-11　钻杆常用接头识别办法

扣型代号	小端直径 /mm	镗孔直径 /mm	锥度
2A11	60.35	74.6	1：6
211	71.32	87.7	1：6
311	85.06	103.6	1：6
4A11	103.73	124.6	1：6
411	114.3	134.9	1：6
511	141.32	163.9	1：6
221	69.85	84.9	1：4
321	77.62	102.8	1：4
421	96.31	123.8	1：4
4A21	89.56	110.3	1：6
521	126.79	150.0	1：6
621	150.37	173.8	1：6
2A31	47.63	68.3	1：4
231	53.97	77.8	1：4
331	65.07	90.5	1：4
431	90.47	119.0	1：4
531	110.06	141.7	1：4
631	131.03	154.0	1：6
731	144.47	180.2	1：4
831	167.80	204.4	1：4

（四）接头标记

接头扣分右旋和左旋，左旋螺纹代号后加注“LH”，例如 4½ REG–LH。右旋无加注，例如 4½ REG。一般情况下在接头扣型外壁上，是正扣的加工成一道槽，反扣的加工成两道槽；变扣接头也都有同样的标记，一般都把扣型打印在上面，例如 4½ REG–LH × 3½ IF。

思考题

1. 简述安全卡瓦的使用要求？
2. 磁力打捞器的使用方法是什么？
3. 卡瓦打捞筒（双片）工作原理是什么？
4. 滑块打捞矛的使用方法是什么？
5. 简述梨形胀管器的使用注意事项。
6. 简述 Y221 封隔器的结构和工作原理。

扫一扫
获取更多资源

第四章

常用施工工艺

PART 4

修井作业常用施工工艺分为压井、通井与套管刮削、探冲砂、油井检泵、注灰塞与挤水泥、油井防砂、油井出水与堵水、油水井打捞、套管损坏与修复、套管内侧钻等。

第一节　压井

利用设备从地面往井内注入密度适当的压井液，使井筒里的液柱在井底造成的回压与地层压力相平衡，恢复和重建井内压力平衡，这一过程称为压井作业。压井的目的是使井内流体在修井施工过程中不溢出，实现井控安全作业。压井要保护油气层，遵守“压而不喷、压而不漏、压而不死”三项原则。

一　压井液

压井作业时入井流体称为压井液。

（一）压井液三大类型

①水基型压井液，分为低固相压井液、无固相盐水压井液、聚合物固相盐水压井液。
②油基型压井液，如纯油、乳状液等。
③气、液混合型泡沫压井液，泡沫压井液由液体、表面活性剂和气体组成。

（二）压井液应具备的功能

①与地层岩性相配伍，与地层流体相溶，可保持井筒流体稳定。
②密度可调，以便平衡地层压力。
③在井下温度和压力条件下性质稳定。
④滤失量少。
⑤有一定携带固体颗粒的能力。

（三）选择压井液的原则

①压井液的性能应满足本井和本区块地质要求。
②将钻井液作为压井液时，其性能应与地层配伍，满足本井和本区块地质要求。
③根据地层压力大小、油气产量、漏失高低选择合适的压井液。
④尽量选用低固相压井液或无固相压井液，以免损害地层和堵塞射孔孔眼。

⑤悬浮性能达到将砂子或岩屑携带到地面的要求。

⑥价格应便宜，调配、使用方便。

（四）水基压井液的性能

1. 低固相压井液

①黏度：指低固相压井液流动时固体颗粒之间、固体颗粒与液体之间以及液体内部分子之间产生的内摩擦力。

②密度：指一定体积低固相压井液的重量与同体积 4℃的纯水重量之比。

③失水：指低固相压井液在井下因受液柱压力和地层压力差值作用的影响，低固相压井液滤液渗入地层的现象。

④切力：指低固相压井液的胶结力，即悬浮固相颗粒的能力。

⑤含砂量：指低固相压井液中直径大于 0.074mm 的砂子占修井液体积的百分比。

⑥胶体率和沉淀率：将 100mL 的低固相压井液注入 100mL 的玻璃量筒中，用玻璃板盖上静置 24h，观察量筒上部澄清液的体积。

⑦稳定性：将低固相压井液注入稳定计中，静置 24h 后，分别测量上部、下部的修井液密度，用上部、下部密度的差值表示低固相压井液的稳定性。

⑧耐温性：在深井作业中，低固相压井液的抗温性能是一个重要因素，温度提高能改变修井液的液相黏度并加快修井液中的化学反应速度。

2. 无固相盐水压井液

无固相盐水压井液被称为洁净的完井液，一般含 20% 左右的溶解盐类，由一种或多种盐类和水配制而成，有的还加入化学处理剂以增加黏度和降低失水量。

无固相盐水压井液的密度一般为 1.06~2.30g/cm^3，可分为以下种类。

①氯化钾盐水：最大密度为 1.17g/cm^3。

②氯化钠盐水：最大密度为 1.20g/cm^3。

③溴化钠盐水：最大密度为 1.50g/cm^3。

④氯化钙盐水：最大密度为 1.39g/cm^3。

⑤溴化钙盐水：密度为 1.39~1.70g/cm^3。

⑥溴化钙 / 氯化钙盐水：密度为 1.33~1.80g/cm^3。

⑦溴化锌 / 溴化钙 / 氯化钙盐水：密度为 1.80~2.30g/cm^3。

3. 聚合物固相盐水压井液

聚合物固相盐水压井液以聚合物代替黏土而产生适当黏度、切力及滤失量，同时还采用各种类型的固体作为桥堵剂，以防无固相液体大量漏入油层，桥堵剂应是可以酸溶、水溶或油溶的。聚合物固相盐水压井液由桥堵剂、携带液、增黏剂三部分组成（表 4–1–1）。

①桥堵剂：是能封堵高渗透层，使工作液转向低渗透层的化学剂。桥堵剂可分为酸溶性、水溶性、油溶性三种。

②携带液：水、盐水和油基液，应根据压井作业所要求的密度、地层温度等来确定。

③增黏剂：由于 HEC 对地层几乎没有损害，常用 HEC 聚合物作为增黏剂。

表 4-1-1　聚合物固相盐水压井液体系的组成及适用地层

压井液体系	携带液	桥堵剂	增黏剂	适用地层
酸溶性体系	淡水或盐水，油基液	碳酸钙	粉状或液态 HEC 油溶性增黏剂	用于非酸敏性碳酸岩地层、砂岩地层
水溶性体系	黏性饱和盐水，油基液	分选的盐粒	粉状或液态 HEC 油溶性增黏剂	用于酸敏性地层
油溶性体系	黏性水或盐水，加亲水性表面活性剂	油溶树脂	粉状 HEC 油溶性增黏剂	用于低于 180℃的凝析油气藏

二　压井液密度的确定与压井液用量计算

（一）压井液密度的确定

压井液密度的确定应以钻井资料显示最高地层压力系数或实测地层压力为基准，再加一个附加值。附加值可选用下列两种方法之一确定。

1. 密度附加值法

$$\rho_{压}=\rho_e+\rho_{附加} \tag{4-1-1}$$

式中　$\rho_{压}$——压井液密度，g/cm^3；

ρ_e——地层压力当量密度，g/cm^3；

$\rho_{附加}$——密度附加值，g/cm^3。

密度附加值 $\rho_{附加}$的取值范围为：油水井 0.05~0.10g/cm^3，气井 0.07~0.15g/cm^3。

2. 压力附加法

$$\rho_{压}=(P_P+P_{附加})/gH_{中} \tag{4-1-2}$$

式中　$H_{中}$——油层中部深度，km；

P_P——静压或目前地层压力，MPa；

$P_{附加}$——附加压力，MPa；

g——重力加速度，取值为 9.8m/s^2。

压力附加值 $P_{附加}$取值范围为：油水井 1.5~3.5MPa，气井 3.0~5.0MPa。

（二）压井液用量的计算

1. 压井液用量的计算公式

$$V_{压}=\pi r^2h(1+k) \tag{4-1-3}$$

式中　$V_{压}$——压井液用量，m^3；

r——套管内径，m；

h——目前井底深度，m；

k——附加量，取 50%~100%。

2. 加大压井液密度所需加重剂的计算

$$G=\rho_1+V_{加重前}(\rho_2-\rho_3)/(\rho_1-\rho_2) \quad (4-1-4)$$

式中 G——加重剂所需用量，kg；

$V_{加重前}$——加重前压井液体积，m^3；

ρ_1——加重剂密度，g/cm^3；

ρ_2——加重后压井液的密度，g/cm^3；

ρ_3——加重前压井液的密度，g/cm^3。

3. 降低压井液密度所需水量的计算

$$Q_{降}=V_{原}(\rho_{原}-\rho_{稀})\rho_{水}/(\rho_{稀}-\rho_{水}) \quad (4-1-5)$$

式中 $Q_{降}$——降低压井液密度需要加入的水量，m^3；

$V_{原}$——原压井液体积，m^3；

$\rho_{原}$——原压井液密度，g/cm^3；

$\rho_{稀}$——稀释后压井液的密度，g/cm^3；

$\rho_{水}$——水的密度，g/cm^3。

三 压井方法及作业程序

（一）压井方法

常用的压井方法有灌注法、挤注法和循环法三种。

1. 灌注法

灌注法是向井筒内灌注一段压井液，利用液柱产生的压力平衡地层压力，多用在井底压力不高、工作简单、时间短的修井作业。

2. 挤注法

挤注法压井是以高压挤入压井液，把井内的原油、气、水挤回地层，以达到压井的目的。这种方法的缺点是压井时会将井内脏物挤入油层，容易造成油层污染。

3. 循环法

循环法是将密度合适的压井液用泵泵入井内并进行循环，密度较小的原压井液（或油、气、水）被压井用的压井液替出井筒，达到压井目的。循环法压井又分为反循环压井和正循环压井。

（1）反循环压井

反循环压井法多用在压力高、产量大的油气井中。当压井液从油套环形空间泵入时，压井液的下行流速低，沿程摩阻损失小，压降也小，而对井底产生的回压相对较大。

（2）正循环压井

正循环压井适用于低压、产量较大的油井。对井底产生回压相对较小。所以，对于低

②通井中途遇阻或探人工井底，加压不得超过 30kN。

③通井遇阻时，不得猛顿，应起出通井规进行检查，找出原因，待采取措施后，再进行通井。

④对有射开油（气）层的井，通井时要做好防井喷工作。

⑤通完井后，通井规不得长时间停留在井内，更不允许进行冲砂等工序施工。

⑥对于大斜度井、水平井通井：通井规下至井斜 45°后，下放速度要小于 5m/min 左右，并采用下 1 根、提 1 根、下 1 根的方法。

二 套管刮削

（一）套管刮削目的

套管刮削的目的是清除套管内的水泥块、硬化钻井液、结蜡、积砂、水垢、毛刺等，为射孔、测试、下封、延长生产井生产时间创造条件。

（二）套管刮削施工步骤

①按套管内径选择合适的套管刮削器。

②将套管刮削器连接到管柱底部，条件允许时，刮削器下端可连接尾管增加入井时的重量，以便压缩收拢刀片、刀板。

③下管柱时控制下钻速度，平稳操作。下到距离设计要求刮削井段前 50m 时，下放速度控制为 3m/min 左右。在设计刮削井段以上 1~5m 开泵循环，循环正常后，缓慢下放管柱，再上提管柱反复多次刮削，悬重正常再继续下管柱。

④若中途遇阻，当悬重下降 20~30kN 时，应停止下管柱，不可顿击硬下。应边洗井边旋转管柱反复刮削至悬重正常，再继续下管柱，一般刮管至射孔井段以下 10m。

⑤刮削完毕要大排量反循环洗井一周以上，将刮削下来的脏物洗出地面。

（三）套管刮削操作要求

①选择合适的套管刮削器。最好选择刀片按不同方向排列的刮削器。

②刮削管柱下放要平稳，正常情况下靠刮削管柱自动下放刮削器加压进行刮削。在刮削过程中若遇阻，一般情况下加压 10~20kN，最大加压不得超过 30kN。

③在刮削射孔井段时，要有专人指挥，在设计刮削井段以上 2m 开泵循环，循环正常后，边缓慢顺螺纹紧扣方向旋转管柱边缓慢下放。

④刮削次数：一般在未射孔部位刮削一次，在坐封位置刮削次数应达到设计要求；在射孔位置上提、下放刮削三次无遇阻，悬重正常为合格（或刮削次数达到设计要求）。

⑤刮削冲洗：一般情况下刮削至设计深度后，要求大排量充分洗井，洗净井内脏物。

（四）套管刮削器刮削操作的注意事项

①下井工具和管柱均应经地面检验合格。

②严禁用带刮削器的管柱冲砂。

③刮削过程中必须注意悬重变化，悬重下降最大不超过 30kN。

④刮削器使用一次后，要及时检修刀片，检查弹簧，使刮削器处于良好状态。

⑤在进行套管刮削时，要防止刮削器顺着刀片的方向旋转卸扣。

三 通刮一体

（一）通刮一体工具

常规修井作业中通井、刮管是两道独立的工序，需要经过以下两次作业管柱来完成：

①通井：下入通井工具贯通全井筒，排除套管变形、缩径、井下落物等井筒异常情况。

②刮管：下入刮管工具清除井壁附着异物，包括结垢、结蜡、射孔毛刺等。

通刮一体工具，可在井下作业刮管和通井施工中进行二合一的刮管和通井作业。该装置下井前上半部分是刮管器，下半部分是通井规，因此，既可以满足从井口就开始通井的要求，又可以满足从井口刮管的要求，直至油气井的人工井底。通过通刮一体工具，将原来的两道工序变成一道工序，既节约了作业费用，又缩短了钻井周期。

（二）工具结构

工具结构见图 4-2-1。

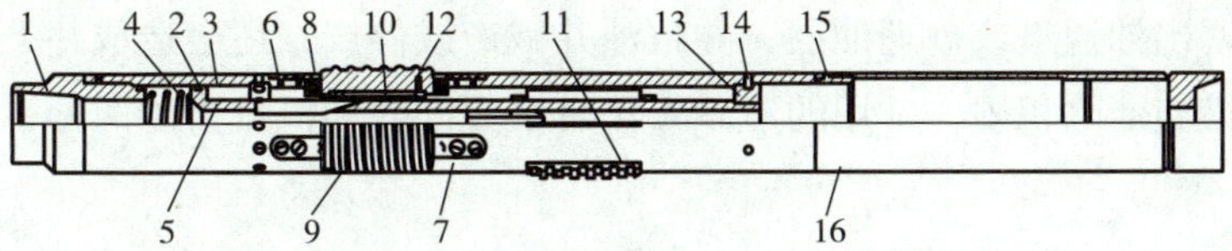

图 4-2-1　通刮一体工具结构示意图

1—上接头；2—密封圈；3—刮削壳体；4—活塞弹；5—活塞中心管；6—沉头螺钉；7—压板；8—刮板复位弹簧；9—上刮刀；10—刮刀弹簧；11—下刮刀；12—开槽沉头螺钉；13—活塞限位环；14—剪短销钉；15—防松销钉；16—延长筒

（三）工作原理

当进行修井刮通作业时，把该装置按施工要求接在下井管柱的最底端，由于该装置下部的沉淀筒可以作为通井规使用，上部为刮管器，因此，下井后，即可开始对整个油气井筒同时进行通井和刮管，并且按要求还可以对井筒进行多次通刮，以满足下封隔器时对井筒的要求。

刮管完毕，可以在井口投球，当所投的球到达球座后，就可以用修井液打压，直至剪短销钉被剪断，此时，刮刀弹簧释放，并在刮板复位弹簧的作用下，上下刮刀被压缩回刮削壳体内，刮刀和刮削壳体本体保持同圆，此时，刮管部分也变成了通井规，相对减少了起钻阻力。

（四）使用注意事项

①下井前，要检查工具尺寸，确保与下井套管尺寸相符，选用通刮一体工具原则是工具本体外径要小于套管内径 6~8mm。

②下井前，检查工具的外观，保证工具完好，检查固定螺钉和防松螺钉是否松动、外露、凸翘，如有，则使用工具扳手上紧固定。

③工具下井时，下钻速度控制在 10~20m/min。

④工具下井过程，就是通井过程，下钻时要平稳，严禁猛顿、硬压，下钻过程中遇阻时，加压不能超过 30kN。

⑤若在深井和超深井中使用，需要每通井 1500~2000m，洗井一周。

⑥当工具下到刮管深度，投球，等钢球入座后，再打压 8~12MPa，销钉被剪断压力突降，刮刀收回。

⑦刮管完毕后，按要求充分洗井，将井内被通刮下的脏物彻底洗出地面。

第三节　探冲砂

油层出砂后，如果井内液流不能将出砂全部带出地面，会使井内砂粒沉没度逐渐增加，砂柱增高，堵塞出油通道或砂埋油层，导致油井减产或停产，还会造成井下砂卡事故。因此，必须采取措施清除积砂，常用的清砂方法有水力冲砂和机械捞砂两种，本节重点讲解水力冲砂。

一　探砂面

探砂面是下入管柱实探井内砂面深度的施工。通过实探井内砂面深度，可以为下入其他管柱提供参考，也可以通过实探砂面深度了解地层出砂情况。

①探砂面施工可以用两种管柱来完成，一种是加深原井泵挂管柱，带泵探砂面，另一种是起出原井管柱下入探砂面管柱探砂面。

②准备冲砂管、油管和其他下井工具，要求拉力表灵活好用。

③按照施工设计要求加深原井管柱带泵探砂面或起出原井管柱下探砂面管柱探砂面。

④对用金属绕丝筛管防砂的井，要下入组合管柱探砂面。

⑤当下井工具下至距油层上界 30m 时，下放速度应小于 3m/min，缓慢加深油管探砂

面，核实砂面深度，以悬重下降10~20kN时为遇阻砂面。

⑥用带冲管的组合管柱探砂面，在冲砂管至防砂铅封顶或进入绕丝筛管内时，要边转管柱边下放，以悬重下降5~10kN确定砂面深度。

⑦起出管柱后还要复查丈量油管，进一步确认砂面深度。

二 冲砂方法与冲砂液

冲砂是向井内注入高速流体，靠液流作用将井底沉砂冲散，利用液流循环上返的携带能力，将冲散的砂子带到地面的施工。

冲砂方式主要有三种，即正冲砂、反冲砂和正反冲砂。冲砂的工作液也有多种，要根据井下的油气层物性来选。

1. 冲砂方法

（1）正冲砂

正冲砂是冲砂液由油管打入井内，在流出冲砂管柱底部时产生较高的流速冲散砂堵，被冲散的泥砂与冲砂液混合后沿着冲砂管与套管的环形空间返至地面。

正冲砂时，由于冲砂管直径较小，冲刺力大，因而易于冲散砂堵。但因为环空截面积比冲砂管截面积大，所以正冲砂时冲洗液上返速度小，携砂能力差，大颗粒砂不易带出。

（2）反冲砂

反冲砂是液体从套管与冲砂管的环形空间进入，而被冲起的泥砂与冲砂液混合后沿冲砂管内部上返至地面。

当套管直径较大、正冲砂液上返速度不够时，可采用反冲砂的办法将砂粒冲洗干净。这样就消除了冲砂过程中卡钻的可能性，其缺点是冲刺力不大，且易堵塞管柱。

（3）正反冲砂

正反冲砂就是采用正冲的方式冲散砂堵，并使其呈悬浮状态，然后迅速改用反冲砂，将砂子带到地面的冲砂方式，这样就可以提高冲砂效率。正反冲砂时要接换向开关，以便于倒换冲砂方式时方便快捷。

2. 冲砂液

冲砂时所采用的液体就是冲砂液。一般油井用原油或清水作冲砂液，水井用清水或盐水作冲砂液，低压井用混合气水作冲砂液。冲砂液的选择应根据油井的具体情况而定，一般对冲砂液有如下要求：

①具有一定黏度，以保证有良好的携砂性能。

②具有一定密度，以便形成适当的液柱压力，防止井喷和漏失。

③与油层配伍性好，性能稳定，能保护油气层的渗透性，对油气层损害要小。

④洗井（或冲砂）时，由于液柱压力作用，洗井液（冲砂液）可能进入地层，所以要使洗井液（冲砂液）易于排出。

⑤来源广，经济适用。

三 冲砂程序及技术要求

1. 常规冲砂操作程序及相关要求

（1）下冲砂管柱

①当探砂面管柱具备冲砂条件时，可以用探砂面管柱直接冲砂。

②如探砂面管柱不具备冲砂条件，需要下入冲砂管柱冲砂，下油管 5 根后，在井口装好自封封井器。

③继续下油管至距预计砂面以上 30m 时，缓慢加深油管探砂面，待核实砂面深度后上提管柱。

④正冲砂时将单流阀连接到井口油管上。

⑤连接好冲砂施工管线。

（2）冲砂

①在接好冲砂施工管线后，当管柱下到砂面以上 3m 时，开泵循环洗井，观察水泥车压力表及排量的变化情况。

②返出正常后缓慢加深管柱，同时用水泥车向井内泵入冲砂液，如有进尺，则以 0.5m/min 的速度缓慢均匀加深管柱。

③冲砂时要尽量提高排量，保证把冲起的沉砂带到地面。

（3）接单根

①当冲砂至预定位置，排量 $25m^3/h$ 以上，循环洗井 15min 以上，保证把井筒内冲起的沉砂带出到地面。

②水泥车停泵后，提出连接水龙头的油管并卸下，接着下入一单根油管。连接带有水龙头的油管，提起 3m，开泵循环，待出口排量正常后，缓慢下放管柱冲砂。

③按上述要求重复接单根冲砂，连续加深 5 根油管后，必须充分洗井至井筒内砂粒被完全携带至地面以后，方可继续冲砂。

④冲砂至人工井底或设计要求深度后，上提管柱 1~2m，要大排量充分循环洗井，一般要冲洗井筒 2 周，当出口含砂量小于 0.2% 时，即达到施工要求。

⑤冲砂结束后，上提管柱至原砂面 20m 以上，沉降 4h 后，下放油管实探人工井底，管柱悬重下降 10~20kN，与人工井底深度误差为 0.3~0.5m，为实探人工井底深度。

2. 汽化液（泡沫）冲砂操作方法

①将单流阀连接到井口油管上。

②接好正冲砂管线，同时启动水泥车与氮气车，待出口返液后，缓慢加深管柱（注意用清水作为冲砂液）。

③单根冲完后，氮气车停机，用水泥车继续泵入 1 倍管柱容积的液体。

④水泥车停泵，接单根后，按以上顺序启动水泥车和氮气车，继续以 0.5m/min 的均匀速度缓慢加深油管冲砂，直到冲至设计深度，充分洗井使返出口液含砂量小于 0.2%，结束冲砂施工。

3. 常规冲砂技术要求

①严禁以普通弯头替代冲砂弯头。

②冲砂弯头及水龙带系有安全绳，防止落物意外发生伤人事故。

③汽化液冲砂排量为 500L/min 左右，氮气车排量为 $8m^3$/min 左右，冲至砂面时加压不大于 10kN。

④禁止使用带封隔器、通井规等大直径工具的管柱冲砂。

⑤常规冲砂施工必须在压住井的情况下进行。

⑥冲砂过程中要缓慢均匀地下放管柱，以免造成砂堵或憋泵。

⑦冲砂施工需有沉砂池，进、出口罐分开，防止将冲出的砂又循环带入井内。

⑧要有专人观察冲砂出口返液情况，若发现出口不能正常返液，应立即停止冲砂施工，迅速上提管柱至原砂面以上 50m（如果是在组合套管内冲砂，在确保上提原砂面以上 50m 前提下，还要保证上提到悬挂器位置 10m 以上），并反复活动管柱。

⑨在进行汽化液或泡沫冲砂施工时，氮气车出口与水泥车之间要安装单流阀，井口应装高压封井器，出口必须接硬管线并用地锚固定。

⑩冲砂施工中途若作业机等提升设备出现故障，必须进行彻底循环洗井。

⑪对冲砂地面罐和管线要求与压井作业相同，尤其是对气井要特别注意防火、防爆、防中毒，避免事故发生。禁止使用空气等易燃易爆气体进行冲砂。

⑫冲砂至人工井底或灰面等设计深度后，应保持 2 倍 $v_{降}$（砂粒在静止冲砂液中的自由下沉速度）以上的排量继续循环，当出口含砂量小于 0.2% 时，为冲砂合格。然后上提管柱 50m 以上，沉降 4h 后，回探砂面，并记录深度。

⑬对高压自喷井冲砂要控制出口排量，应保持与进口排量平衡，防止井喷。

第四节　油井检泵

油田在开采过程中常发生砂卡、蜡卡、抽油杆断脱、零件磨损等故障，以及由于油田开发方案调整需调整参数，都可能需要进行检泵作业。

一　检泵原因

油井检泵的原因很多，归纳起来主要有三种：一是根据抽油井的生产规律摸索出来的检泵周期，进行周期性检泵施工；二是抽油井突然发生故障而造成停产，主要是指抽油泵等发生故障而进行的检泵施工；三是为了改变产量而进行的换泵或加深作业。细分起来主要有以下几个方面：

①油井结蜡检泵。油井结蜡会使游动阀或固定阀被蜡或其他脏物卡住，抽油泵工作失

灵，或将油管堵死。为防止结蜡，按照油井的结蜡规律，生产一定时间后就要进行检泵，有时候是由于蜡卡、蜡堵造成停产而被迫检泵。

②泵漏检泵。由于泵的磨损漏失量不断增大，泵效降低达不到正常产量，而进行检泵。

③砂卡、砂堵检泵。压裂施工后，作为支撑剂的压裂砂，在下泵抽油过程中随着原油流进泵筒，造成砂卡泵。对于一些地层砂岩疏松，或施工过程带入井内的砂粒，都可能造成砂卡泵的现象。出现卡泵后需要检泵。

④抽油杆的断、脱造成检泵。由于抽油杆不停地改变受力方向，加之受井内液体流动的阻力和各种摩擦力的作用，使抽油杆产生松动，造成脱扣而需进行检泵施工；或抽油杆在抽油过程中过载断裂，使深井泵不能工作而需进行检泵施工。

⑤当油井动液面或产量突然变化时，为了查明原因，采取恰当措施，需要进行探砂面与冲砂等，从而进行检泵施工。

⑥根据油田开发方案要求，在需改变工作制度换泵或加深与上提泵挂深度等情况下进行检泵施工。

⑦井下有落物或套管出现故障，需要大修作业而进行检泵施工。

⑧其他原因：如油管脱扣、泵筒脱扣、下井的泵体出现问题（如衬套乱、泵漏等）、大泵脱接器断脱、油管本体漏、油管螺纹上得不紧且偏扣等情况下也需进行检泵施工。

二 抽油泵

（一）管式泵

1. 管式泵的结构

管式泵的结构见图 4-4-1。

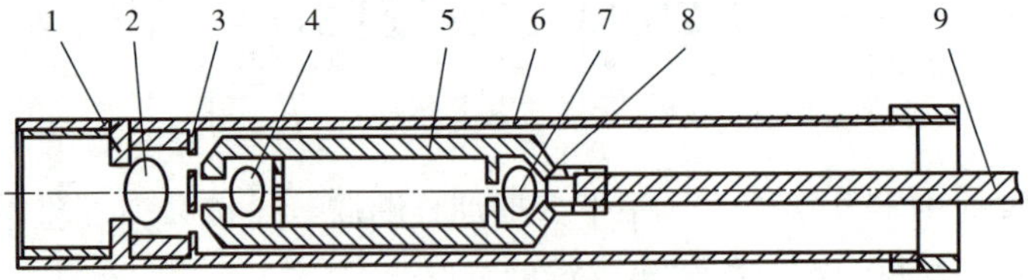

图 4-4-1 管式泵结构示意图

1—固定阀座；2—固定阀；3—固定阀罩；4—下游动阀；5—柱塞（活塞）；6—泵筒；7—上游动阀；8—上游动阀罩；9—抽油杆

2. 管式泵的工作原理

上冲程时，抽油杆柱带动活塞上行，游动阀（排出阀）受自重和油管内液柱压力的作用而关闭，并提升柱塞上部的液体。与此同时，柱塞下面的泵筒空间里的压力降低，当其压力低于套管压力时，该空间的液体将顶开固定阀（吸入阀）而进入抽油泵活塞上冲程所让开的泵筒空间。当柱塞下行时，固定阀靠自重下落而关闭，泵筒内的液体受到压缩，在柱塞继续下行过程中，泵内的压力不断升高，当压力增至超过油管内液柱压力时，将顶开游动阀使泵筒内的液体进入油管内。柱塞在抽油机的带动下，连续做上下往复运动，因而固定阀和游动阀也将交替地关闭与打开，将井内液体源源不断地抽到地面。

3. 管式泵的特点

优点：结构简单，成本低，承载能力强，在同等油管尺寸条件下，可安装的泵径比杆式泵大。对于产液量更大的油井，还可通过脱接器安装泵径大于油管内径的管式抽油泵，使泵径大于油管柱直径，达到增大排量的目的，管式泵在我国得到了广泛的应用。

缺点：起泵和下泵都必须通过起下油管来完成，起、下工作量大，油管上、卸次数多，油管螺纹易磨损，容易造成油管漏失。

管式泵一般适用于油井产量高、含气量低、含砂量低的油井。

（二）杆式泵

1. 定筒式底部固定杆式泵的结构

定筒式底部固定杆式泵的结构见图 4–4–2。

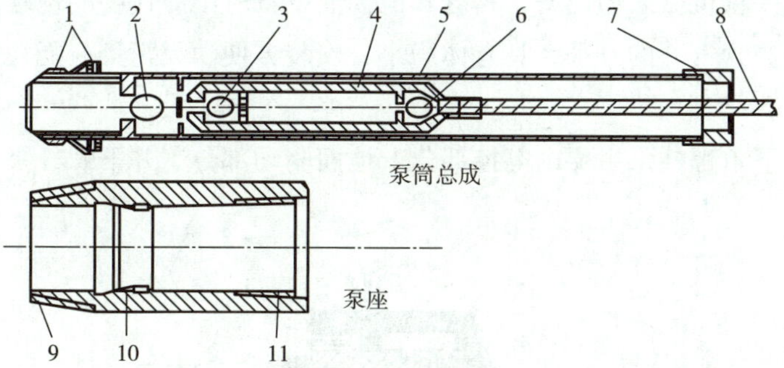

图 4–4–2　定筒式底部固定杆式泵结构示意图

1—卡簧、密封件；2—固定阀；3，6—游动阀；4—柱塞；5—泵筒；7—柱塞限位套；8—抽油杆；9—油管外螺纹；10—卡套；11—油管内螺纹

2. 定筒式底部固定杆式泵的工作原理

抽油杆带动柱塞上、下运动：当柱塞上行时，游动阀关闭，固定阀打开，液体进入泵筒。柱塞到达冲程上死点时下行，游动阀打开，固定阀关闭，液体排出泵筒进入油管。柱塞往复运动，将液体不断地抽到地面。

当需要起出抽油泵时，上提抽油杆，柱塞至柱塞限位套时带动泵筒；拉力超过固定锁紧装置解锁负荷时，锁紧装置解锁，使泵筒和泵座脱开。

3. 定筒式底部固定杆式泵的特点

底部固定杆式泵具有泵筒不会因液柱作用而伸长、只受外压、间隙不会增大的特点，适合在深井中使用，泵筒可绕底部锁紧装置这个支点摆动，在斜井中也可使用。但在其固定支承套和底部锁紧装置（卡簧、卡套）的环形空间处极易沉积砂粒，使起泵作业困难，不宜在含砂井中使用。底部固定又使工作中的泵筒摆动大，加剧了抽油杆、柱塞限位套的磨损，故不宜用作长冲程泵。

杆式抽油泵的特点：作业时不需要泄油器，泵筒随抽油杆离开泵座时，油管内、外流体连通平衡，对于热采井可以实现下一次管柱完成注汽、下泵作业。注汽时上提抽油杆柱，泵座和泵筒分离，蒸汽从油管（隔热油管）内注入油层。注完蒸汽后下放抽油杆柱使泵筒坐在泵座上，底部锁紧装置锁紧，直接挂抽采油，达到减少作业次数，保持注蒸汽效果的目的。

4. 杆式泵的总体特点

优点：检泵方便，不起油管就可以换泵；不需要专门的泄油装置，而且比管式泵余隙容积小，有利于泵的充满；在下井过程中，可使泵的精密部件不受机械磨损。

缺点：由于工作筒需要下到油管内，所以在同等条件下，能下入井内的杆式泵直径比管式泵小，排量也比管式泵小；内外工作筒之间易沉砂，在出砂和结蜡较严重的油井中容易卡泵。

（三）螺杆泵

螺杆泵作为一种机械采油设备，具有其他抽油设备所不能代替的优越性。它主要适用于稠油、含砂、高含气井的开采，具有体积小、安装方便、无污染、能耗低等易于推广的重要特征。

地面驱动井下单螺杆泵主要由电控部分、地面驱动部分、井下螺杆泵、配套工具组成（图 4-4-3）。

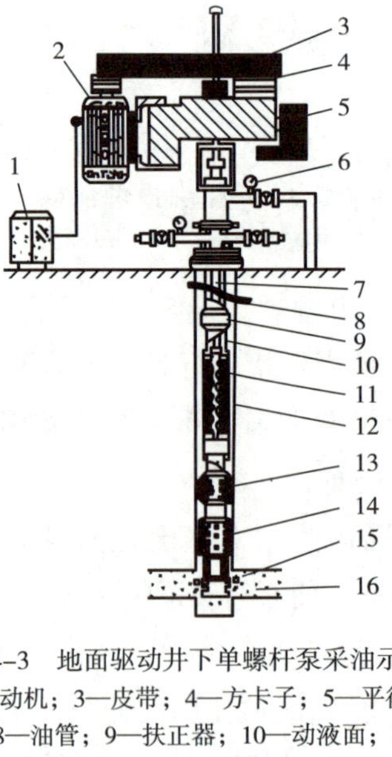

图 4-4-3　地面驱动井下单螺杆泵采油示意图

1—电控箱；2—电动机；3—皮带；4—方卡子；5—平衡块；6—压力表；7—抽油杆；8—油管；9—扶正器；10—动液面；11—螺杆泵；12—套管；13—防转锚；14—筛管；15—丝堵；16—油层

（1）电控部分

电控箱是螺杆泵井的控制部分，控制电动机的启、停；记录螺杆泵井正常生产时的电流、累计运行时间等；有过载、欠载自动保护功能。

（2）地面驱动部分

地面驱动装置是螺杆泵采油系统的主要地面设备，是把动力传递给井下泵转子，实现抽汲原油的机械装置。

（3）井下螺杆泵的结构

它主要由定子、转子、限位接头等组成。定子是由优质钢壳体内注压橡胶而成，橡胶套内为双线或多线螺旋表面；转子为高强度钢加工而成的单头或多头螺旋表面，经镀铬后与定子橡胶内表面啮合，形成密封腔。定子随油管下井并锚定，转子上接抽油杆。

（4）配套工具

专用井口：起到保护光杆和密封井口的作用。

①光杆：用于井口密封。

②抽油杆扶正器：避免或减缓了抽油杆与油井的磨损。

③油管扶正器：可减小油管柱振动和磨损。

④抽油杆防倒转装置：防止抽油杆反转而倒扣。

⑤油管防脱装置：锚定泵和油管，防止油管脱落。

⑥防蜡器：延缓原油中石蜡和胶质在油管内壁的沉积速度。

⑦防抽空装置：地层供液不足会造成螺杆泵损坏，安装井口流量式或压力式防抽空装置可有效地避免此现象的发生。

⑧筛管：过滤油层流体。

三 抽油泵井检泵作业

（一）有杆泵作业施工工序及操作规程

检泵作业施工工序主要有施工准备（摆驴头）、洗井、压井、起抽油杆柱、起管柱（起泵管）、进行套管刮削或刮蜡、通井、探砂面与冲砂、组配下泵管柱、下泵管柱、下抽油杆柱以及试抽交井等。

1. 摆驴头

①将抽油机停在接近下死点 0.3~0.5m 处，刹紧抽油机刹车（抽油机刹车一定要刹牢）。

②把方卡子卡在采油树防喷盒以上 0.1~0.2m 处光杆上。

③松开抽油机刹车，启动抽油机，将光杆的方卡子坐在防喷盒上，卸掉抽油机负荷，刹住抽油机刹车。

④卸掉悬绳器。

⑤慢慢松开抽油机刹车，启动抽油机，将悬绳器提出光杆端头，注意不要伤害光杆。然后使抽油机游梁处于水平状态，刹死刹车。

⑥操作人员上抽油机必须系好安全带，在抽油机驴头上拴上引绳，操作人员站在支架梯子上砸掉驴头一侧的固定销子。

⑦待操作人员下到地面后，地面引绳人员朝支架梯子相反方向拉动驴头。

⑧驴头拉到位后，把驴头挂牢在抽油机的游梁上。

⑨抽油机曲柄旋转范围内不允许站人。

2. 洗井

①在光杆上卡好方卡子，将柱塞提出泵筒。

②一般新井下泵施工要求正洗井，检泵施工要求反洗井。

③洗井液用量不低于井筒容积的 2 倍，如用清水，要求水质清洁，水温不低于 60℃。

④对于漏失严重的井，可采用液氮或二氧化碳混气水洗井。

3. 压井

检泵井的油层压力都不太大，除少数井油层压力高于静水柱压力外，一般情况下油层压力都低于或等于静水柱压力。

①在检泵作业时，必须注意保护油层，防止油层污染。

②必须根据油层压力系数和油层深度计算、选择一定密度的压井液，压井液用量为井筒容积的 1.5~2 倍。

③若用清水洗井、压井，则应洗井、压井两周以上，将井筒内的原油及脏物清洗干净；若用卤水压井，则要求先用清水洗井一周，再用卤水压井。一般检泵井采用反循环压井，热洗后直接替入压井液，要求大排量，中途不得停泵，待出口返出压井液后进行充分循环，并及时测量出口压井液相对密度。当进口、出口压井液密度差小于 0.02g/cm^3 时，关井稳定 30min，打开出口若无溢流现象，则说明压井成功。

4. 起抽油杆柱

拆井口流程，装好抽油杆防喷器，起出井内抽油杆。

①对装有脱接器的井，起第一根抽油杆时要缓慢上提，以保证脱接器顺利脱开。对装有泄油器的井，当开泄油器接头接近泄油器时要缓慢上提，以保证顺利打开泄油器。上提抽油杆杆柱遇阻时，不能盲目硬拔，应查清原因制定措施后再处理。

②起抽油杆时各岗位要密切配合，严格遵守操作规程，防止造成抽油杆变形和井下落物事故。

③平稳操作起完抽油杆及柱塞。把抽油杆摆放在有四道油管桥架的抽油杆桥上，离地面不得小于 0.5m，10 根一出头，并摆放整齐，抽油杆悬空端长度不得大于 1.0m，抽油杆距地面高度不得小于 0.3m，起出的柱塞要放置在不易被磕碰的地方并妥善保管。

5. 起泵管

①卸掉井口采油树，安装好井口防喷器和自封，防止在起下过程中掉入落物，做到密封井口，防止井喷及污染。

②试提油管头，待大钩载荷正常后方可进行正常起管柱作业。如果井下管柱被卡，最大上提负荷不能超过井架及游动系统的安全载荷，同时应该考虑井内管柱的抗拉强度。绷绳、地锚要有专人看守，出现异常情况，应立即停止试提，以免造成事故。

③井下油管装有油管锚时，按照油管锚的使用要求使锚爪脱离套管。井下管柱装有封

隔器时，解封封隔器。在起下封隔器等大尺寸工具时，根据井控操作相关规定控制起下速度，防止发生地层压力波动。

④平稳操作，管柱有上顶显示时应装有加压装置。起管柱做到不碰、不刮、不掉。

⑤起出的井内油管摆放在油管桥上，起出的油管 10 根一出头，并排放整齐，接箍朝向井口，油管悬空长度不得超过 3m。使用 3 道油管搭成，距地面高度不得低于 0.3m。对起出的深井泵应注意保护，与柱塞一起及时送修。

6. 进行套管刮削或刮蜡

①根据套管内径选择合适的套管刮蜡器，要求其直径小于套管内径 6~8mm。如果刮蜡器下不去，可适当缩小刮蜡器的外径，通过后再换大直径的刮蜡器。

②刮蜡深度应超过油井结蜡深度和设计下泵深度。

③刮蜡至设计深度后，要用井筒容积 1.5~2 倍的热水或溶蜡剂洗井，彻底清除井壁结蜡，循环出井筒内的死油。如用热水洗井，温度不得低于 60℃。

7. 通井

①新井下泵前必须进行通井；检泵井施工要按照设计要求决定是否通井。

②通井规的大小要根据实际情况选择。

③通井深度要达到设计要求，中途遇阻，应调查清楚，按照有关要求采取打印等措施后，确定原因，再进行下一步施工。

8. 探砂面与冲砂

对于出砂井检泵，在下泵之前均需下笔尖探砂面、冲砂。

①新井下泵、压裂施工后下泵、自喷井转抽下泵都需要探砂面或确定人工井底。按照施工设计要求决定是否探砂面、冲砂和探人工井底。

②严禁使用带封隔器的管柱探砂面。

③砂面深度以管柱悬重下降 10~20kN，需连续三次探砂面深度一致，其管柱深度即为砂面深度。

④实际探人工井底，误差每 1000m 小于 0.3m 为合格。

9. 组配下泵管柱

根据施工设计要求，计算出抽油管柱各工具间的长度、油管根数及下井深度，画出下泵管柱结构示意图，再按下井先后顺序依次将下井工具连接好。

10. 下泵管柱

下泵管柱操作要点：

①按设计要求核对深井泵的泵径、类型、检验合格证等，并在下井前检查深井泵的完好性。

②对于管式泵，取出柱塞涂抹黄油后，放置在清洁安全、不易被磕碰的指定位置。

③下井管柱必须用通管规通管。

④下井油管、抽油杆应达到“无裂缝、无弯曲、无孔洞、无偏磨、无泥砂、无油污、清洁、螺纹完好”，在螺纹上均匀涂上密封脂或缠上密封胶带，上满扣且上紧，以免因油管

螺纹处泄漏而造成泵效低。然后将泵及下井工具下入井内，完成生产管柱，做到“不掉、不上碰下顿”。

⑤下油管时应平稳，井口要有防掉、防喷措施，防止小件物品落入井内。

⑥坐上井口，装齐配件，摆正方向，均匀上紧各部位连接螺钉，确保不渗漏。

⑦完成抽油井生产管柱后，油管试压 8MPa，稳压 30min，以压降不超过 0.5MPa 为合格。

11. 下抽油杆柱

①抽油杆螺纹及接触面必须清洗干净。抽油杆上紧扭矩要符合规定，防止上紧扭矩过大，损坏抽油杆螺纹。

②将深井泵柱塞连接到抽油杆上，平稳缓慢下入井内，使柱塞顺利进入泵筒。注意在下抽油杆过程中速度要均匀，下放要平稳，避免遇阻时杆柱跳动冲击，在柱塞进入泵筒时一定要放慢下放速度，以防碰伤柱塞。

③对装有脱接器的井，应对接好脱接器，对接后提油杆不能超高，防止脱接器脱开。对装有井下开关的井，应按照使用要求正确打开井下开关。

④柱塞坐进泵筒后，光杆伸入顶丝法兰以下长度不小于防冲距与最大冲程长度之和，光杆在防喷盒平面以上长度应为 1.2~1.5m。

⑤安装光杆并调防冲距。

a. 调防冲距的要求：

安装光杆，然后按每 100m 泵挂深度调防冲距 50~100mm 的原则调好防冲距，做到“上不挂、下不碰”。

（a）光杆方入要大于深井泵的最大冲程，若方入短，光杆在上行时上挂井口，会使防喷盒损坏。光杆方余要保证在调好防冲距后，驴头在下死点时，井口防喷盒以上裸露 1.5m 左右。

（b）卡方卡子时，方卡子牙一定要朝上，卡反了会造成砸泵事故。

（c）方卡子以下的光杆与毛辫子之间部位不可用手抓，严防卡、碰手指。

b. 用通井机调防冲距的操作步骤：

（a）防冲距高度的确定：一般原则是每 100m 泵挂深度调防冲距为 50~100mm。

（b）用通井机缓慢下放光杆，使深井泵柱塞与深井泵固定阀接触，接触时拉力表稍有显示，即可在与防喷盒平齐位置的光杆上做好标记。

（c）将光杆缓慢上提到确定的防冲距高度，在防喷盒上卡好方卡子。

（d）利用提升设备缓慢试抽一个行程，若试抽合格，则下放光杆，使方卡子坐在防喷盒上。

（e）取下与游动滑车相连的钢丝绳套及抽油杆吊卡，卸掉上部方卡子。

12. 试抽交井

①装好密封填料盒，拨正驴头，挂好毛辫子，拧紧井口各部位螺钉，倒好流程，启动抽油机。

②试抽憋压 3.0~5.0MPa 以上，稳压 15min，以压降小于 0.5MPa 为合格，憋压不合格应查找原因。待试压合格，倒好流程，观察正常后方可交井。

③与采油队进行交井，双方在交接书上签字，完成交井。

（二）检泵施工质量要求及相关安全、环保注意事项

①抽油杆、油管的规格和型号应符合设计要求。泵径、泵深等数据要符合设计要求（一般要求工具、管柱完成深度误差小于 5m）。

②产量达到规定要求，检泵后的产量不能低于检泵前的产量。

③不发生抽油杆断脱故障。

④深井泵工作正常。

⑤检泵施工后，井口配件齐全，井口不刺不漏，工完、料净、场地清，无污染。

⑥检泵施工要达到“清洁、密封、准确、及时、精良”十字作业要求。

四 潜油电泵

本节以潜油电泵管柱的组成、结构为主线，介绍潜油电泵管柱各部分相关知识及起下作业。

1. 潜油电泵装置的工作原理及组成

（1）潜油电泵装置的工作原理

潜油电泵装置的工作原理是将在井下工作的离心泵用油管下入井内，悬挂在油管底部；地面电源通过供电流程将电能输送给井下潜油电动机，潜油电动机将电能转换为机械能带动潜油泵工作；井液在潜油泵的作用下，沿抽油工作流程被举升到地面。

（2）潜油电泵装置的组成

潜油泵，指潜油多级离心泵。

潜油电泵，包括潜油电动机、潜油电动机保护器（简称为保护器）、潜油电泵油气分离器（简称为分离器）和潜油泵。

潜油电泵机组，包括潜油电泵、潜油电缆、潜油电泵控制屏（简称为控制屏）和潜油电泵专用变压器（简称为变压器）。

潜油电泵装置，包括潜油电泵机组、接线盒、井口装置、单向阀、泄油阀等附属装备。

潜油电泵装置供电流程为电源—变压器—控制屏—潜油电缆—潜油电动机。

潜油电泵装置的抽油工作流程为分离器—潜油泵—单向阀—泄油阀—井口装置—出油干线。

潜油电泵型号各部分的含义。

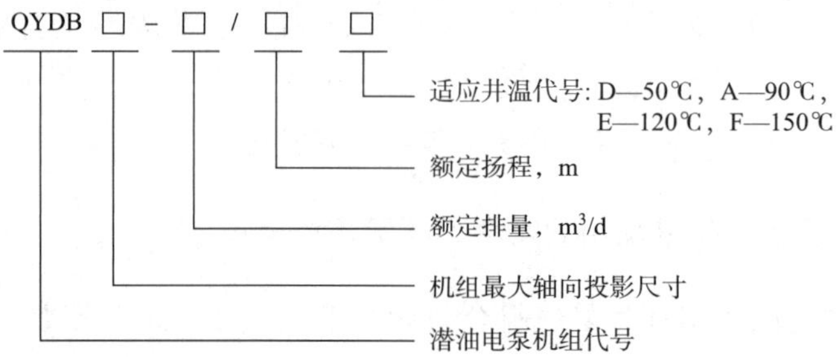

2. 潜油电泵装置的标准管柱结构

潜油电泵装置的管柱形式很多，有标准管柱、斜井管柱、底部吸入口管柱等，其结构各不相同。

潜油电泵装置的标准管柱自下而上依次为潜油电动机、保护器、分离器、潜油泵、单向阀、泄油阀等（图 4–4–4）。潜油电泵各部件之间的壳体用法兰螺钉相连接，轴与轴用花键套接。潜油电泵上 6~8 根油管处安装单向阀，单向阀上部隔一根油管安装泄油阀。潜油电缆由动力电缆和小扁电缆组成，小扁电缆头部有电缆头，用于连接潜油电动机。动力电缆用电缆卡子固定在油管上，小扁电缆用电缆护罩和电缆卡子固定在潜油电泵上。

（1）潜油电动机

潜油电动机位于管柱的最底部，它的作用是将电能转化为机械能，通过电动机轴输出，为潜油泵提供动力。

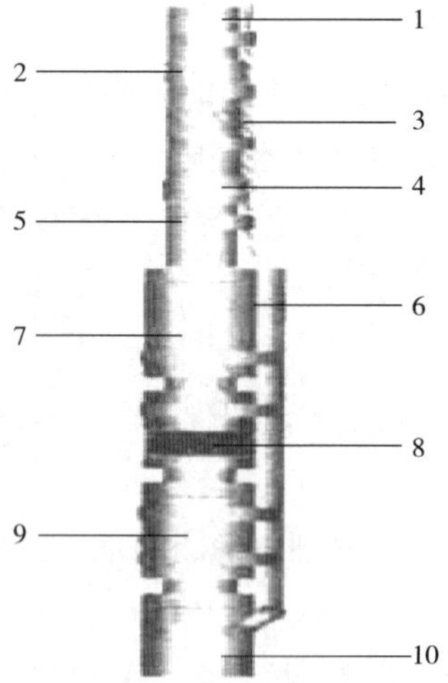

图 4–4–4　潜油电泵装置的标准管柱结构示意图

1—油管；2—泄油阀；3—电缆；4—单向阀；5—电缆卡子；
6—电缆护罩；7—潜油泵；8—分离器；9—保护器；10—潜油电动机

①潜油电动机的组成：

潜油电动机由定子部分、转子部分、止推轴承、上接头（又称电动机头）以及下接头组成。

②潜油电动机的结构特点：

潜油电动机的外径受到井径的限制，为了保证电动机输出功率，只能将电动机做成细长的结构，一般单节潜油电动机的长度为3~9m。

③潜油电动机型号的表示方法：

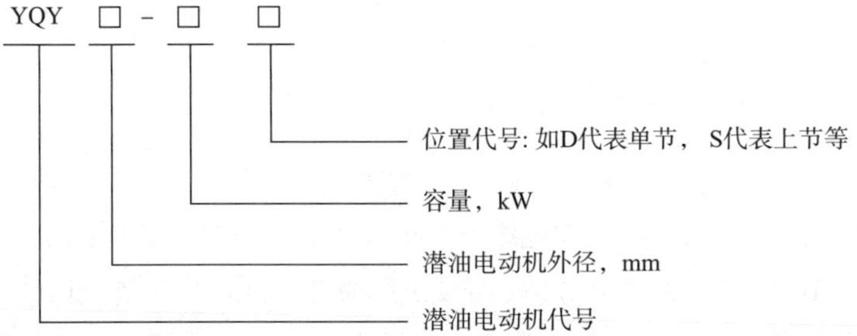

（2）保护器

保护器位于潜油电动机的上方，主要作用有五个：一是连接潜油电动机与潜油泵（或分离器）；二是装有止推轴承，承受潜油泵的轴向力；三是防止井液进入电动机；四是平衡电动机内部压力与井内压力，以消除轴密封两侧的压差；五是补偿由于运转或停机时电动机发热或冷却所造成的油膨胀和收缩。保护器的种类很多，主要分为三种，即连通式保护器、沉淀式保护器和胶囊式保护器。

（3）分离器

分离器位于保护器之上、潜油泵之下。它的作用是使井液在进入潜油泵之前先进行气、液分离，排出井液中的气体。

按气体分离的方式不同，分为沉降式分离器和旋转式分离器。

（4）潜油泵

潜油泵位于分离器的上方。它的作用是将潜油电动机传送来的机械能通过叶轮的作用转换成液体能量，将原油从井中抽送至地面集油系统。

①潜油泵的组成：

潜油泵主要分为两大部分，即转动部分和固定部分。转动部分主要有轴、键、叶轮、止推垫、轴两端的轴套和固定螺帽（或卡簧）等；固定部分主要有导轮、泵壳、上下轴承外套及上下接头等。

②潜油泵的结构特点：

a. 直径小、级数多、长度大。

b. 轴向卸载，径向扶正。

c. 泵吸入口装有分离器。

d. 泵排出口上部装有单向阀和泄压阀。

③潜油泵的铭牌含义：

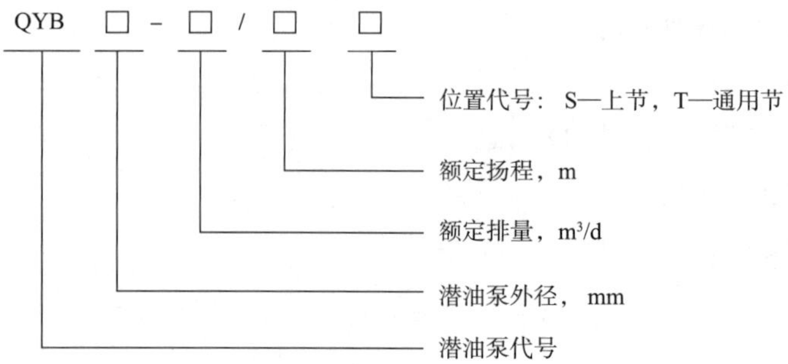

（5）潜油电缆

潜油电缆包括潜油动力电缆（圆电缆或扁电缆）和潜油电动机引线电缆（小扁电缆）。

①扁电缆。扁电缆主要由内外导体、绝缘层、护套层和钢带铠装组成。

②小扁电缆的结构特点。小扁电缆的结构组成与大扁电缆相同，潜油电泵在工作时会产生大量热，小扁电缆的工作温度也比大扁电缆高。

③潜油电缆的特点：

a. 要求耐高压，耐油、水、气，有适应井下工作状况的特性。

b. 外形结构尺寸符合潜油电泵和套管环形空间的要求。

c. 电缆终端有电缆头。

d. 要适应施工和井下环境温度，温度一般为 –30~150℃。

（6）单向阀

安装单向阀可以避免停泵以后液体倒流，造成潜油电泵反转脱扣事故。单向阀主要由接头、限制销、螺母、阀体、阀座和橡胶密封组成。

（7）泄油阀

在起泵作业时，先向油管内投入一个金属棒，将泄油阀销砸断，使油套连通，放出油管中的存油，就可以避免井液喷流到井场内。泄油阀主要由接头、泄油阀销以及橡胶密封环组成。

3. 检修潜油电泵施工步骤

（1）摆放要求

①滚筒必须保持灵活。

②电缆滚筒应距离井口 23~30m。

③电缆的收或放应从电缆滚筒的上方通过。

（2）导向轮安装

①起出或放入井下潜油电缆时必须使用导向轮。

②在潜油电泵安装过程中，准备通过导向轮送进引接电缆及接头时，导向轮应离地面 3m。

③正常作业时导向轮应固定在高于地面 9~14m 处，并配有第二套安全悬挂装置，位置符合使用要求。

（3）潜油电泵管柱的下泵要求

①潜油电泵检验：

对运到井场的潜油电泵进行检验，核对其规格和型号是否正确，所需要的设备是否齐全。应记下整个潜油电泵机组的系列号，逐件核对全部井下设备总成并做初检记录。

②下井前井口装置的准备：

在安装潜油电泵之前，应检查套管法兰和井口装置是否存在毛刺或外伸尖角，防止损伤电动机、泵或刮伤电缆卡子。

③安装操作要求：

a. 在潜油电泵处于井上方垂直位置并准备与其他部件配合之前，不得卸去保护盖。

b. 在潜油电动机下井之前，应检查泄油阀和注油阀是否已拧紧。

c. 在潜油电泵下井之前安装过程中，应根据技术规范进行下列试验及检查。

（a）所有旋转部件是否转动灵活。

（b）相对应的电气检查，包括绝缘电阻测试。

（c）相序和电源线路检查。

（d）设备注油是否合适。

（e）检查所有注油、放气和泄油丝堵的拧紧度。

④电缆连接：

根据井眼条件和电缆材料选择电缆连接方法。

⑤电缆卡子的安装：

a. 在绑扎电缆卡子之前，应检查全部绑扎工具，保证性能良好且操作正常。

b. 电缆连接处不应绑扎卡子，在连接处的上、下方各绑扎 1 个电缆卡子，保证不使电缆连接处受力。

c. 每根油管至少打 2 个卡子。

⑥连接单向阀和泄油阀：

单向阀应装在泵以上的 6~8 个油管接头处，如果装有单向阀，则还应装有泄油阀。

⑦潜油电泵下入作业过程中应注意：

a. 电缆滚筒与导向轮之间的电缆应保持最小的拉力。

b. 应定期检查电缆和潜油电动机的电气连接和绝缘电阻。

第五节　注灰塞与挤水泥

在油水气井开发过程中，经常需要通过注灰塞与挤水泥作业，实现分层和封层。注灰塞作业主要是在井筒内依靠正常循环压力将水泥浆送至预定位置，并使其凝固密封的施工工艺。挤水泥作业主要是在井筒外依靠高压将水泥浆挤入套管外的射孔井段、渗透层、缝隙、孔洞、环空等部位，并使其失水（或部分失水）凝固密封的施工工艺。

一 油井水泥

（一）油井水泥的形成、矿物成分、水化作用

油井水泥属于硅酸盐类水泥，它的主要原料是石灰石、黏土和少量铁矿石。在生产时，把这些原料按一定比例混合磨碎，做成生料，然后在1450℃的高温下煅烧，生成一种以硅酸钙为主要成分的熟料，再加少量的石膏磨细，成为油井水泥。

从开始调配水泥浆到形成一定强度的水泥石，可分为三个阶段：

①胶溶期：水泥遇水后，水泥颗粒表面发生溶解和水化反应，水化产物浓度迅速增加，达到饱和状态时，便有部分水化产物以胶粒或小晶体的形式析出，形成溶胶体系。

②凝结期：水化作用由颗粒表面向深处发展，胶态粒子大量增加，晶体开始互相联结，逐渐絮凝成凝胶结构，水泥浆失去流动性。

③硬化期：水化过程继续发展，晶体大量析出并相互联结，胶体的结构更加紧密，水泥的结构强度明显增加并逐渐硬化，形成微晶结构的水泥石。

水泥完全水化需要的水为干水泥质量的25%左右。

（二）油井水泥的分类

油井水泥和建筑水泥属于不同类型，API（美国石油协会）标准分为八个级别，即A、B、C、D、E、F、G、H，修井常用水泥为G级和H级。

系列油井水泥使用深度范围为：

①A、B、C三级：深度范围为0~1828.8m，温度为26.7~76.7℃。其中，A级无特殊性能要求，B级属中热水泥，C级属早强水泥。

②D级：深度范围为1828.8~3050m，温度为76~127℃，属基本水泥加缓凝剂，用于中温中压条件下。

③E级：深度范围为3050~4270m，温度为76~143℃，属基本水泥加缓凝剂，用于高温高压条件下。

④F级：深度范围为3050~4880m，温度为110~160℃，属基本水泥加缓凝剂，用于超高温高压条件下。

⑤G级、H级：深度范围为0~2440m，温度为26.7~95℃，是两种基本水泥，当掺入促凝剂或缓凝剂后，能适应较大范围的井深和温度条件。

（三）油井水泥物理性能

水泥浆应具有良好的流动性，在注水泥中途不会凝固，注到预定位置后要求尽快凝结硬化形成水泥石。由于井下情况差别很大，对水泥浆性能中主要物理性能，如密度、稠化

时间、失水、强度等要进行测量，根据现场要求进行性能调节，以满足施工要求，保证施工质量。

1. 水泥浆的密度

单位体积水泥浆的质量称为水泥浆密度。

水泥浆的密度一般用泥浆密度计来测量，正常的水泥浆密度为 1.78~1.98g/cm^3。

正常的油井干水泥的颗粒密度为 3.15g/cm^3（自然堆积的干水泥密度为 1.25g/cm^3），低于正常密度的水泥浆称为低密度水泥浆，高于正常密度的水泥浆称为高密度水泥浆。

配制低密度水泥浆的方法通常有两种：一是用黏土或化学硅酸盐填充剂和过量水，二是用低密度添加剂，如火山灰、玻璃微珠或氮气等。密度可配制为 1.08~1.44g/cm^3。

配制高密度水泥浆的方法：添加重晶石，可得密度为 2.28~2.4g/cm^3；添加磁铁矿，可得密度为 3.4g/cm^3 以上。

2. 水灰比

水灰比是水的质量与干水泥的质量之比。例如，G 级油井水泥水灰比为 50% 时，配成的水泥浆密度为 1.835g/cm^3。

水灰比过小，水泥浆流动性差，泵送困难；水灰比过大，会引起水泥颗粒下沉，析出大量自由水，水泥石形成空洞破坏其密封性并影响其强度。

正常水灰比，就是按照水泥正常水灰比要求的加水量（即标准用水量）调配的比例。水泥浆及水泥石的各种指标是按正常水灰比配得的。正常水灰比也称标准水灰比或最佳水灰比。

各个级别的水泥正常水灰比为：A、B 级水泥是 46%，C 级水泥是 56%，D、E、F、H 级水泥是 38%，G 级水泥是 44%。

现场施工时，有经验的工程师会根据施工情况适当降低水灰比，以保证施工安全。

正常水灰比配得的标准水泥浆密度见表 4-5-1。

表 4-5-1　正常水灰比配得的标准水泥浆密度

水泥级别	标准水灰比	清水用量 /（L/ 袋）	配浆量 / 袋	密度 /（g/cm^3）
A	0.46	23.10	38.873	1.878
B	0.46	23.10	38.873	1.878
C	0.56	27.90	43.873	1.778
D	0.38	19.05	35.10	1.979
E	0.38	19.05	35.10	1.979
F	0.38	19.05	35.10	1.979
G	0.44	22.10	37.873	1.901
H	0.38	19.05	35.10	1.979

3. 水泥浆的稠化时间

水化不断进行，水泥浆的稠度不断增加直至停止流动。为了保证安全地将水泥浆送到预定位置，需要测定在井下温度和压力处于动态情况下的水泥浆稠化时间。当稠化时间不能满足施工时间要求时，可以用外加剂（或添加剂）来调节。

（1）概念

目前我国许多现场还沿用凝结时间（苏联标准）来衡量水泥浆的稠化程度，即初凝时间和终凝时间。

初凝时间指在常压、静态、井内温度条件下，从开始调配水泥浆到水泥浆变稠的这段时间。

终凝时间指在常压、静态、井内温度条件下，水泥浆从初凝到硬化的这段时间。

（2）现场施工要求

从配浆开始到反洗井结束的时间应小于水泥浆初凝时间的 70%，小于水泥浆稠化时间的 50%。

4. 水泥浆的失水

水泥浆中的自由水在压差的作用下经过喉道渗走的现象称为水泥浆的失水，也称水泥浆的滤失，失水后的物质称为滤饼。

水泥浆失水会引起水泥浆干稠，降低其流动性，堵塞喉道造成憋泵。挤水泥作业正是利用水泥浆的这一性质来完成的，失水后的水泥浆变成水泥石的硬度要远大于正常凝固的水泥石的硬度。

通常所说的水泥浆失水量（滤失量）是指一定量的水泥浆在 1000psi（相当于 6.9MPa）压差下经历 30min 从喉道滤出的水量。

API（标准水灰比）纯水泥浆的失水量为 600~2500mL /（30min × 6.9MPa）。

（四）水泥常用添加剂

1. 速凝剂（或促凝剂）

能够缩短水泥浆稠化时间的物质被称为速凝剂。

常用的速凝剂有 HR-5、氯化钙、氯化钠、氯化钾、水玻璃及海水等。

2. 缓凝剂

能够延长水泥浆稠化时间的物质被称为缓凝剂。

常用的缓凝剂有 HR20、HR12、葡萄糖酸钙、铁铬盐、磺化单宁和磺化烤胶、CMC、单宁酸钠、酒石酸、硼酸、铁铬木质素磺酸盐、羧甲基羟乙基纤维素、柠檬酸及其钠盐等。

3. 降失水剂

能够降低水泥浆失水量的物质被称为降失水剂。

常用的降失水剂有 DR-13、DR-15、CMC、柠檬酸、羟甲基羟乙基纤维素、黏土、烷基磺酸钠、丙烯酸胺等。

4. 减阻剂（分散剂）

能够降低水泥浆流动阻力的物质被称为减阻剂（分散剂）。常见的减阻剂有 β- 奈磺酸甲醛的缩合物、铁铬木质素磺酸盐、木质素磺化钠等。

5. 加重剂

能够增加水泥浆密度的物质被称为加重剂。常用的加重剂有重晶石、赤铁矿和磁铁矿。重晶石能使水泥浆密度提高到 2.28~2.4g/cm^3，赤铁矿能使水泥浆密度提高到 2.4g/cm^3 以上，磁铁矿能使水泥浆密度提高到 3.4g/cm^3 以上。

6. 减轻剂

能够降低水泥浆密度的物质被称为减轻剂。常用的减轻剂有膨润土、硅藻土、膨胀珍珠岩、火山灰、黏土粉、沥青粉、玻璃微珠等，可使水泥浆的密度降到 1.45g/cm^3。膨润土掺入量占清水质量的 2%~20%，膨胀珍珠岩掺入量占清水质量的 2%~4%，水泥浆的密度可调节为 1.2~1.7g/cm^3。

7. 热稳定剂

能够使水泥石在较高温度下保持一定强度的物质被称为热稳定剂。常用的热稳定剂是硅粉，其掺入量占干水泥质量的 30%~40%。对热稳定剂的性能要求：在 270℃、35MPa 条件下 48h 强度不衰减即为合格。

8. 消泡剂

防止水泥浆产生气泡的物质被称为消泡剂。常用的消泡剂有甘油聚酯、山梨醇甘油酸酯、磷酸三丁酯及硅脂油等。

9. 防漏失剂

能够防止或减少水泥浆漏失的物质被称为防漏失剂，如橡胶粒、沥青粒、纤维材料等。

（五）油井水泥使用基本要求

①水泥浆流动性好，有适宜的初始稠度且均匀不起泡。

②容易混合和泵送，分散性好，摩擦阻力小。

③流变性好，顶替效率高。

④在注水泥、候凝和硬化期间能保持所需要的物理性能和化学性能。

⑤稠化时间和抗压强度需满足要求。

⑥具有一定的稳定性，具有抗地层水腐蚀的能力，水泥在固化过程中不受油、气、水的侵染。

⑦失水量及失水压力符合要求，固化后不发生渗透。

⑧具有足够的早期强度，短时间内能达到要求的抗压强度和较低的渗透性。能满足射孔需要，不产生过多水泥石裂缝。

⑨水泥凝固时体积收缩率较小。

⑩水泥浆体系稳定，密度一致。

（六）特殊水泥

1. 纤维水泥

纤维水泥是一种能减少射孔损伤的弹性水泥，具有良好的变形恢复力，并能抗冲击。

2. 超细水泥

超细水泥是平均颗粒直径为 6μm，最大颗粒直径为 15μm 的精磨水泥。这种水泥粒度极小，能渗入狭小缝隙封堵套管和接箍的漏失。

3. 火山灰水泥

火山灰水泥属于低密度水泥，干水泥密度为 0.4~0.7g/cm^3，可配水泥浆密度为 1.3~1.5g/cm^3。

4. 热稳定水泥

正常条件下水泥在井下凝固，继续水化时强度增加，但温度超过 110℃后，经过一定时间后强度下降。温度越高，水泥强度衰退速度也越快，110~120℃衰退缓慢，230℃左右一个月内可造成强度破坏，310℃条件下在几天内就会造成强度破坏。

热稳定水泥俗称加砂水泥，含硅粉为 30%~40%，具有良好的抗高温性能，尤其对稠油热采井较为适用。

5. 触变性水泥

在水泥中加入黏土或硫酸盐即得触变性水泥。当水泥浆静止时，形成胶凝状态，但在流动时胶凝状态被破坏，具有良好的流动性。如 G 级水泥加入 Na_2SiO_3 就具有了触变性。

6. 膨胀水泥

在水泥中加入铝粉或煅烧的氧化镁即得膨胀水泥，水泥浆凝固时，体积略有膨胀，一般用于高压气井。

7. 防冻水泥

在水泥中加入石膏粉或铝酸钙即得防冻水泥，用于地表温度较低地区的表层套管固井。

8. 抗盐水泥

在水泥中加入盐粉或用海水配即得抗盐水泥，用于盐岩层挤灰、固井。

（七）环境对油井水泥的影响因素

1. 温度对水泥浆稠化时间的影响

温度对油井水泥的稠化时间有很大的影响：温度每降低 11~14℃，稠化时间会延长 1 倍；温度每提高 11~14℃，稠化时间会缩短一半。因此，施工时应适当降低水泥浆的温度，以增加安全性。

API 标准规定设计配浆温度为 27℃。因此，推荐现场混合水的温度为 4~27℃，浅井水温可以在 37℃以内，对于深井，配浆温度越低越好。

因此，对于稠油、超稠油和高凝油注水泥塞或挤水泥施工作业井，在热洗井之后挤灰之前，还要用凉水充分洗井或挤注一定量的凉水，以降低井筒周围的温度，防止泵送水泥浆过程中发生“灌肠”或“插旗杆”的工程事故；对配浆使用的水（即混合水），要用温度计测量水温，并进行调节使混合水的温度在所选择的范围之内。现场禁止使用 38℃以上的热水配浆。

在设计水泥浆稠化时间时，井温是关键因素，无论是挤水泥或是注水泥，必须考虑温度这个重要因素，否则可能会因井温超过预计温度而付出昂贵的代价。

2. 压力对油井水泥的影响

大量试验数据证明，压力变化对水泥凝固时间有较大的影响，压力高，水泥凝固快。

压力对水泥浆的失水也有比较显著的影响，在水泥浆泵送或静止时，压差大，水泥浆在喉道处失水量会增加。

3. 密度对油井水泥的影响

水泥浆的密度越大，水泥石的抗压性越好；水泥浆的密度越小，水泥石的抗压性越差。水泥浆密度过低，水泥石的渗透率增大，密封性变差。水泥浆密度增大，其流动性降低，稠化时间缩短。

（八）水泥石的强度

水泥浆固化后具有一定的机械强度。各种型号水泥浆在采用标准水灰比、候凝 24h 的情况下其抗压强度分别为：

A 级油井水泥 12.4MPa（试验条件：常温常压）。

B 级油井水泥 10.3MPa（试验条件：常温常压）。

C 级油井水泥 13.8MPa（试验条件：常温常压）。

D 级油井水泥 13.8MPa（试验条件：温度 110℃、压力 20.7MPa）。

E 级油井水泥 13.8MPa（试验条件：温度 143℃、压力 20.7MPa）。

F 级油井水泥 6.9MPa（试验条件：温度 160℃、压力 20.7MPa）。

G 级油井水泥 20.7MPa（试验条件：温度 35℃、压力 5.49MPa）。

水泥浆的抗压强度为抗拉强度的 8~10 倍。

二 注灰塞施工作业

（一）不同工况下注灰塞的选择与确定

1. 水泥塞（灰塞）厚度及口袋长度的确定

水泥塞厚度一般应在 10m 以上，挤灰承压水泥塞厚度应不低于 50m。口袋长度要符合地质设计的要求。注水泥塞管柱应完成在水泥塞底界。注水泥洗井深度应在水泥面以上 1~2m。

封井时应注两个水泥塞：第一个水泥塞距射孔顶界或套管漏点以上 50m，第二个水泥塞在油层套管水泥返高 100m 以下，厚度不低于 10m。

2. 水泥浆用量的确定

（1）公式法

①水泥浆体积的计算：

$$V=KQ=K\times(\pi D^2/4)\times H \tag{4-5-1}$$

式中 V——水泥浆用量，m^3；

D——套管内径，m；

H——水泥塞长度，m；

K——附加系数（1.5~1.7），其取值原则是深井多取，浅井少取，井径小多取，井径大少取，水泥塞短多取，水泥塞长少取。

说明：不同的施工目的，要求不同的水泥浆附加量。

②现场常用套管内容积表进行计算：

$$V_{浆} = kq \qquad (4\text{–}5\text{–}2)$$

式中 $V_{浆}$——需配水泥浆的用量，m^3；

q——实际套管内容积，m^3；

k——附加系数，一般取 1.5~4。

现场常用的计量单位为升（L）。

附加系数 k 取值原则为灰塞短、井深和井径小取高值，反之取低值。根据公式及 k 的取值原则，可计算并确定水泥浆的用量。

（2）查表法

常用油管容积和套管内容积分别见表 4–5–2 和表 4–5–3。

表 4–5–2 常用油管容积

外径 /mm	48.3	60.3	73	88.9	101.6	114.3
内径 /mm	40.3	50.6	62	76	88.3	100.5
壁厚 /mm	4	4.83	5.51	6.45	6.65	6.88
内容积 /（L/m）	1.276	2.011	3.019	4.536	6.123	7.932
闭排容积 /（L/m）	1.832	2.856	4.185	6.207	8.107	10.261
开排体积 /（L/m）	0.556	0.845	1.166	1.671	1.984	2.329

表 4–5–3 套管内容积

外径 /mm	壁厚 /mm	内径 /mm	内容积 /[L/m（m^3/km）]
244.5	7.92	228.7	41.06
	8.94	226.6	40.31
	10.03	224.4	39.53
	11.05	222.4	38.83
	11.99	220.5	38.17
219.1	7.72	203.7	32.57
	8.94	201.2	31.78
	10.16	198.8	31.02
	11.43	196.2	30.22
	12.17	193.7	29.45

外径 /mm	壁厚 /mm	内径 /mm	内容积 /[L/m（m³/km）]
193.7	7.62	178.5	25.01
	8.33	177.0	24.59
	9.52	174.7	23.96
	10.92	171.9	23.20
	12.7	168.3	22.24
177.8	8.05	161.7	20.53
	9.19	159.4	19.95
	10.36	157.1	19.37
	11.51	154.8	18.81
168.3	7.32	153.7	18.55
	8.94	150.4	17.76
	10.59	147.1	16.99
	12.06	144.2	16.33
139.7	6.98	125.7	12.41
	7.72	124.3	12.13
	9.17	121.4	11.58
	10.54	118.6	11.05
127.0	7.52	111.96	9.85
	9.19	108.6	9.26

3. 水泥浆密度的确定

理论与实践证明，水泥浆密度大（水灰比低）能保证注水泥塞的质量，因为水泥浆密度大（水灰比低），凝固时间短，对水泥塞有利。但密度过大，水泥浆稠度高，其流动性会变差，在不加入添加剂的情况下，密度过大的水泥浆随着替入井内的压力及温度的升高，其稠化时间缩短，可泵送的安全性降低。而水泥浆密度过低（水灰比高），其流动性变好，可泵送的时间较长，但凝固时间长，抗压强度低，影响水泥塞质量。因此，注水泥塞时，水泥浆密度一般应选择标准密度（如 G 级水泥为 1.878g/cm³），特殊情况下可适当降低（如井深、井温偏高，设备性能较差等），以提高操作安全性。

4. 注水泥塞干水泥用量的确定

（1）公式法

干水泥量计算公式：

$$T=1.467V(\gamma_{水泥浆}-1) \tag{4-5-3}$$

式中 V——水泥浆用量，m³；

T——干水泥用量，t；

$\gamma_{水泥浆}$——配制水泥浆密度，g/cm³。

（2）查表法

现场干水泥用量计算：根据水泥浆配方（表 4–5–4）来确定干水泥的需要量。

表 4-5-4　水泥浆配方

密度 / （g/cm³）	产浆量		需清水		需干水泥
	干水泥 /（m³/t）	水泥配浆 /（L/ 袋）	水泥浆需水 /（L/m³）	水泥配浆需水 /（L/ 袋）	水泥浆需干水泥 /（袋 /m³）
1.70	0.976	48.75	674	32.88	20.5
1.71	0.962	48.07	670	32.19	20.8
1.72	0.949	47.40	665	31.53	21.1
1.73	0.936	46.75	660	30.88	21.4
1.74	0.923	46.12	656	30.24	21.7
1.75	0.911	45.50	651	29.63	22.0
1.76	0.899	44.90	647	29.03	22.3
1.77	0.887	44.32	642	28.45	22.6
1.78	0.876	43.75	637	27.88	22.9
1.79	0.865	43.20	633	27.33	23.1
1.80	0.854	42.66	628	26.79	23.4
1.81	0.843	42.13	623	26.26	23.7
1.82	0.833	41.62	619	25.75	24.0
1.83	0.823	41.12	614	25.24	24.3
1.84	0.813	40.63	609	24.75	24.6
1.85	0.804	40.15	605	24.28	24.9
1.86	0.794	39.68	600	23.81	25.2
1.87	0.785	39.23	595	23.35	25.5
1.88	0.776	38.78	591	22.91	25.8
1.89	0.767	38.34	586	22.47	26.1
1.90	0.759	37.92	581	22.05	26.4
1.91	0.751	37.50	577	21.63	26.7
1.92	0.742	37.09	572	21.22	27.0
1.93	0.734	36.70	567	20.82	27.3
1.94	0.727	36.31	563	20.43	27.5
1.95	0.719	35.92	558	20.05	27.8
1.96	0.711	35.55	553	19.68	28.1
1.97	0.704	35.18	549	19.31	28.4
1.98	0.697	34.82	544	18.95	28.7
1.99	0.690	34.47	540	18.60	29.0
2.00	0.683	34.13	535	18.25	29.3

注：油井水泥每袋 50kg，干水泥颗粒密度为 3.15g/cm³。

5. 清水用量的确定

（1）查表法

现场清水用量计算：根据水泥浆配方（表 4-5-4）来确定清水的量。

（2）公式法

清水用量计算：

$$Q=V\times\gamma_{水泥浆}-T \quad (4\text{-}5\text{-}4)$$

式中 Q——清水用量，L；

V——水泥浆用量，m^3；

$\gamma_{水泥浆}$——水泥浆密度，g/cm^3；

T——干水泥用量，t。

6. 前后隔离液比例与垫水高度的确定

替水泥浆时，两端需替入一段清水，即隔离液。替入隔离液的目的一是防止水泥浆与修井液直接接触，造成水泥浆的性能改变而影响施工；二是冲洗套管内壁，使灰塞能够牢固凝结在套管壁上。例如，外径为 139.7mm，壁厚为 7.72mm，内径为 124.3mm，内容积为 12.13L/m 的油层套管，井内的油管尺寸：外径为 73mm，壁厚为 5.5mm，内径为 62mm，内容积为 3.02L/m（油管外容积 4.19L/m）；其前后隔离液的比例约为 8∶3。怎样来确定前、后隔离液的高度呢？通过对现场注水泥塞成功与失败经验教训的总结，认为前后隔离液的高度不能低于 50m，选择隔离液替入高度一般在 50~100m 为宜。按照前后隔离液的比例及前后隔离液的水柱高度计算，若前后隔离液高度确定为 100m，则替入的前隔离液为 800L，后隔离液为 300L。针对其他不同尺寸的套管，使用不同尺寸的油管，前后隔离液的比例也不相同。

7. 顶替液量的确定

顶替液量 = 泵车到油管头管线的容积 + 油管头到水泥浆上界面的油管内容积。

顶替量计算：正循环替水泥浆和顶替液至设计位置，要求油管中水泥浆面与油套环空中的水泥浆面相平衡，若压井液为泥浆或卤水，在替水泥浆前后必须使用清水作隔离液。在整个注灰施工中，顶替量的计算十分关键，它关系到整个注灰施工的成败，可用顶替量公式来计算：

$$V_{顶}=\left(H-\frac{V}{V_0}\right)v+V_{附} \quad (4\text{-}5\text{-}5)$$

其中 $V_{顶}$——顶替量，L；

H——顶替水泥浆的管柱深度，m；

V_0——每米油套环空与油管内容积之和，L；

V——替入井内水泥浆量，L；

v——每米油管内容积，L；

$V_{附}$——地面流程管线容积，L。

8. 稠化时间的设计与确定

本节引用塔里木油田挤、注水泥封堵作业等稠化时间的计算公式。对于稠化时间的设计，总的原则是在保证施工绝对安全的前提下确定稠化时间。

$$T_{稠}=现场施工时间+K \quad (4\text{-}5\text{-}6)$$

式中 $T_{稠}$——水泥浆稠化时间；

K——时间附加值，取值范围为 0.5~2.5h。

在 $T_{稠}$的计算公式中，现场施工时间的确定是由技术人员对工艺过程及现场实际情况等多方面因素综合考虑，通过科学的计算而得到的一个理论值，这个理论值加上时间附加值（0.5~2.5h），就是希望得到的水泥浆稠化时间。然后根据水泥浆稠化时间进行稠化试验得到水泥浆配方，并按配方现场组织实施。

塔里木油气水井比较深，地层压力和地层温度比国内其他油田要高一些。例如，DH1-8-5井 5691.5~5699.5m 井段，其地层温度为 140℃；东秋 5 井 5160~5165m 井段，其地层压力为 96.11MPa；柯深 101 井 6354~6389m 井段，其地层压力为 109.9MPa，地层温度为 143℃；TX 井 6771.5~6785.5m 井段，其地层压力为 134.19MPa，地层温度为 164℃。此时，稠化时间的计算公式中 K 取值为 2.5h。这就是稠化时间设计总的原则是在保证施工绝对安全的前提下确定稠化时间的原因所在。

9. 对施工作业时间的控制

一般来说，在得到水泥试验数据后，现场施工时间的控制，应依据如下方法：

（1）初凝时间法

水泥浆初凝时间指从配浆到变稠开始凝结的这段时间。石油行业标准规定：现场作业时，从配浆开始到反洗井结束的时间应小于水泥浆初凝时间的 70%。如某种 G 级油井水泥的初凝时间为 105min，则现场施工作业时间应小于 73min，也就是说，现场施工作业时间应控制在 70min 之内。

（2）稠化时间法

理论与实践证明：从配浆开始到反洗井结束，在水泥稠化时间的 50% 之内能够保证水泥浆具有良好的可泵性。如 API 标准生产的 G 级油井水泥最短稠化时间为 90~120min，则现场施工作业时间应为 45~60min；又如轮南 2-25-XX 井挤水泥封堵作业前，对嘉华 G 级油井水泥加入添加剂后进行稠化试验，其稠化时间为 520min，则现场施工作业时间应控制在 260min 之内。

无论采用哪一种方法来控制现场施工作业时间，其实质是确保水泥浆的可泵性，做到安全施工作业，把挤、注水泥施工作业的风险降到最低。

10. 候凝时间的确定

根据水泥性能、养护压力与养护温度，以及水泥石的最小抗压强度的要求确定候凝时间，一般为 24~36h。

11. 注水泥塞质量标准

①水泥塞符合设计要求，口袋一般不小于 20m。

②试压：候凝 24~48h 后清水试压 12~15MPa，30min 压降小于 0.5MPa 为合格。

③实探水泥塞面，连续两次拉力计下降不大于 2 小格（悬重不大于 1.5t），两次探得深度相差小于 0.5m 为合格。

（二）挤注水泥塞施工步骤

挤注水泥塞主要用于封堵高压层，施工步骤如下：

①将管柱或封隔器 / 桥塞下至设计位置。

②充分洗井后坐井口或坐封封隔器。

③用清水试挤吸收性以压力稳定后计算时间和挤入量。

④按试挤数据参数，挤入水泥浆量及替置量，并上提至反洗位置。

⑤反洗井或正（反）挤入压井液，关井候凝。

⑥候凝一定时间后，探水泥面位置（深度）。

⑦按标准试压检验水泥塞密封情况，试压方法根据不同的井况采用相应的方法。

（三）漏失井注水泥塞（灰塞）方法

漏失井注水泥塞应采取堵漏等措施，以提高注水泥塞成功率。对漏失层采取的措施有填砂、填石子堵漏；将长纤维物混入水泥浆中以防漏失；垫稠泥浆或黏稠剂；抵木塞；使用化学暂堵剂处理。

常用漏失井注水泥塞的方法有填砂法、搬土堵漏法、垫稠泥浆法、碰压法、桥塞法、挤注法、送浆不洗井法、倾筒注灰法、循环注灰法。

1. 填砂法

在水泥塞以下漏失层位进行填砂，填砂后进行注灰，填砂起到保护下层、减少漏失的作用。

2. 搬土堵漏法

漏失严重的地层需先堵漏，堵漏后进行注灰。堵漏时可选用土粉加 1∶50 的钾盐现场用水混合，土粉、水混合的质量比例为 3∶5，混合后注入堵漏层。干土粉用量为 1m 油层厚度 100~200kg。

3. 垫稠泥浆法

向井内注入稠泥浆，堵塞地层漏失，然后进行注灰。

4. 碰压法

类似于固井碰压，向井内注入水泥浆后，压入胶塞，顶替清水至预定位置，胶塞和预先下入井内的碰压座接触憋压，将水泥浆送入设计的井段内，凝固后形成水泥塞。注灰时没有顶替液、洗井液进入套管，水泥浆不会压入地层。

5. 桥塞法

下电缆桥塞或油管桥塞，隔离漏失井段，然后注灰。

6. 挤注法

下管柱至预计灰面以上 1~3m，油管注入水泥浆，套管打平衡压，使更多的水泥浆充填堵塞漏失部位。当挤注压力不低于洗井压力时，洗井时地层不再漏失，洗井后形成灰塞。也可以以提高挤注压力的方式使水泥浆在喉道处失水。

7. 送浆不洗井法

注入水泥浆后，清水顶替至预计水泥面以上 50~500m，不洗井直接上提管柱至安全位置，水泥浆自然下沉，形成水泥塞。

8. 倾筒注灰法

倾筒注灰法注水泥塞是利用倒灰筒等工具将一定量水泥浆装入筒内，由电缆或钢丝绳送至预定的注水泥深度处，通过电流爆破或机械撞击等方法将灰筒打开，水泥浆流出，然后提出倒灰筒，置流在井筒内的水泥浆候凝固结，形成封堵。把水泥浆装入倾筒，用电缆或钢丝绳将倾筒下至预定位置，打开倾筒使水泥浆流出，在套管内形成水泥塞。

倾筒注灰法多用于封堵要求不高，灰塞厚度较小的层段，其施工步骤如下：

①采用电缆 / 绳索 + 带规环的碎削打捞篮通井至预定水泥塞底部以下。定位校深并标定记号。

②配制水泥浆。

③将配制好的水泥浆灌入倒灰筒内。

④用电缆或钢丝绳送至预定的注水泥深度处，深度采用校深或标定的记号深度。

⑤将灰筒打开后提出倒灰筒。

⑥关井候凝。

⑦候凝一定时间后，用电缆或钢丝绳探水泥面位置（深度）。

⑧按标准试压检验水泥塞密封情况。

9. 循环注灰法

循环注灰法是目前油田应用最广泛的方法。它是将配好的水泥浆泵入井内循环顶替至预定位置，候凝固结，形成封堵。其施工步骤如下：

①将注水泥管柱下至预计水泥塞底部，并循环洗井到井内稳定。

②按设计配制好水泥浆后按前隔离液、水泥浆、后隔离液、替置液顺序和设计量注入井内。

③将水泥浆替置到设计位置，此时，管内外应处于平衡，上提管柱至预定水泥面以上 1~3m。

④反循环洗井，洗出多余水泥浆。

⑤起管柱至安全位置，坐井口、灌满压井液、关井候凝。

⑥候凝一定时间后，探水泥面位置（深度）。

⑦按标准试压检验水泥塞密封情况，试压方法根据不同的井况采用相应的方法。

（四）注灰塞施工应录取的资料

1. 注灰准备

管柱完成深度：压井液名称、性能；洗井时间；泵压、排量。

2. 注水泥施工

配水泥时间；水泥浆相对密度；实配水泥浆量；附加剂量。

替水泥浆时间；泵压；替入水泥浆量；管柱深度；顶替液名称及性能；顶替液替入时间、液量。

上提管柱完成深度；反洗井时间、泵压、排量；洗出水泥浆量；关井候凝、管柱完成深度。

3. 试压

关井候凝时间；实探水泥塞面深度；试压时间；试压液名称、性能；泵压；泵压下降值；结论。

（五）注灰塞施工注意事项

①从配水泥浆到反洗井开始所经历的作业时间要控制在水泥浆初凝时间的 70% 之内，或从配水泥浆到反洗井开始所经历的作业时间要控制在水泥浆稠化时间的 50% 之内。反（正）洗井中途不得停泵。

②对于井深超过 2000m，夹层小于 5m 的井段，需要对管柱进行磁定位以校正深度。

③注水泥管柱禁止带大直径工具。

④注水泥塞的管柱内壁要清洁，管柱和井口要密封，保证在液体循环过程中不会“短路”。

⑤井口禁止使用锥面油管挂，应使用法兰悬挂井口（或采用液压防喷器），防止洗井时产生高压击穿管挂密封圈导致短路。

⑥替顶、反（正）洗水泥浆过程中途不得随意停泵，防止中途开泵后压力升高憋漏地层。

⑦若反洗压力过高，应及时改成正洗。

⑧在顶替水泥浆过程中，若水泥车出现故障，应立即起出井内油管。若起管过程中提升设备出现故障，应及时洗井洗出井内水泥浆。

⑨井深超过 2000m 禁止使用人工和灰配浆，应采用混灰车（固井车）下灰配浆，以保证水泥浆的均匀性并缩短施工时间，降低卡钻风险。

（六）注水泥塞对水泥浆失水的要求

在井深超过 2500m 的情况下，套管内注水泥塞，水泥浆失水量应小于 250mL/（30min × 6.9MPa）；在井深超过 2500m 的情况下，裸眼段注水泥塞，水泥浆失水量应小于 150mL/（30min × 6.9MPa）；在井深超过 2500m 的情况下，射孔井段注水泥塞，水泥浆失水量应小于100mL/（30min×6.9MPa）；衬管固井，推荐水泥浆失水量控制在50mL/（30min×6.9MPa）以内。

三 挤水泥与封窜工艺技术

（一）挤水泥（挤灰）的目的和要求

挤水泥与注水泥塞（灰塞）的区别在于：注水泥塞主要是考虑井筒内，依靠正常循环压力将水泥浆送至预定位置，并使其凝固密封；而挤水泥主要是考虑井筒外，依靠高压使水泥浆挤入套管外的射孔井段、渗透层、缝隙、孔洞、环空等部位，并使其失水（或部分失水）凝固密封。

1. 挤水泥的目的

①封堵套管外窜槽，加固套管外水泥环。

②阻挡水层，减少出水，提高采收率。

③封堵枯竭层位，改采其他层位。

④报废封井，防止层位流体运移。

⑤封堵误射孔层位，防止窜通或出水。

2. 挤水泥对水泥浆失水（滤失）量的要求

挤水泥的主要机理是：水泥浆在压差的作用下在喉道（喉道：水泥浆流道的最窄处。喉道是相对的，可以是地层孔隙，也可以是岩石裂缝，还可以是射孔炮眼等。凡是水泥浆通过的狭窄处都有可能形成喉道）处失水（滤失）形成滤饼，凝固后形成坚硬的水泥石。滤饼形成的水泥石硬度要成倍大于水泥浆形成的水泥石的硬度。挤水泥是利用水泥浆的失水（滤失）特性来完成的。

滤失量过小未形成失水的水泥浆（滤饼）在循环时会被冲洗掉，导致挤水泥失败。只有失水量合适的水泥浆，进入喉道后才会形成一定强度的滤饼，达到封堵的目的。

在孔穴和裂缝地层挤水泥作业时，由于连通性好，水泥浆极易进入地层深处，因此滤失量控制得过低，不易建立起挤灰压力或挤灰压力增长缓慢，水泥浆需求量较大。采用滤失量较大的水泥浆快速滤失，在喉道处形成滤饼，丧失一定流动性，建立起挤灰压力，使更多的水泥浆失水，最终可达到整体封堵效果。

经验表明，挤水泥钻塞后试压不合格的主要原因是挤注压力较低，水泥浆失水量较小，形成的滤饼较少且较软。

通常所说的水泥浆失水量（滤失量）是指一定量的水泥浆在1000psi（约为6.9MPa）压差下经历30min从喉道滤出的水量。

水泥浆的失水（滤失）速度与喉道处的压差有关，压差越大，滤失（失水）速度越快。水泥浆的失水速度与水泥浆密度也有关，密度越大，失水（滤失）速度越快。

挤水泥时，不同的地层对失水量有不同的要求：

①对几乎不渗透的裂缝性石灰岩地层，其失水量在 50~100mL/（30min×6.9MPa）以内。

②对极低渗透层，其失水量为 50~100mL/（30min×6.9MPa）。

③对低渗透地层，其失水量为 50~100mL/（30min×6.9MPa）。

④对高渗透地层，其失水量为 300~800mL/（30min×6.9MPa）。

⑤在裂缝性井段，其失水量为 800~2500mL/（30min×6.9MPa）。

⑥对稠油热采漏井采用挤注法套管外封窜，采用失水量为 500~2500mL/（30min×6.9MPa）的水泥浆进行封窜。

⑦对松散亏空的浅地层、浅层水层、浅层稠油，其失水量为 500~2500mL/（30min×6.9MPa）。

降低水泥浆失去量的方法是加入降失水剂。

采用循环挤入法，在挤注量很大时，计算稠化时间应以洗井前最新到达管鞋处的水泥浆为依据，因为先前的水泥浆已经超过管鞋或进入地层，并不构成卡钻或油管堵塞的危险。这更有利于水泥浆的失水凝固，不至于在洗井时水泥浆外吐。保证安全的前提条件是首浆出管鞋前，油套环空被液体充满，水泥浆不至于出管鞋后进入油套环空。这就要求套管、井口有可靠的密封。当套管存有气体时，气体会被压缩，可能使水泥浆出管鞋后向油套环空流窜，也会给现场的压力估算造成误差，尤其是采用平推加压挤入法更应引起注意。

3. 挤水泥排量

对松散地层，0~8MPa 的泵压可以获得 0.5~1.5m^3/min 的排量。如果压力过低，可停泵间歇几分钟至几十分钟再进行挤注，以提高挤注压力，或者适当增大水泥浆的密度。

对致密地层，使用 24~28MPa 的泵压，地层吸收排量为 50~100L/min。但水泥浆的密度不宜过高。采用间歇压力扩散挤注，即压力增大到某一数值时停泵，压力扩散后，再次挤注、扩散，交替进行，直至挤注后压力不降为止。

（二）挤水泥工艺技术

挤水泥可以在低于或高于地层破裂压力条件下进行。在低于地层破裂压力条件下挤注称为低压挤水泥，在高于地层破裂压力条件下挤注称为高压挤水泥。低压挤水泥适用于挤注层渗透率较大且挤注层较浅的井况，高压挤水泥适用于挤注层渗透率较小且挤注层较深的井况。高压挤水泥可有效地封堵低渗透地层。在高压挤注的过程中地层会产生裂缝，只要水泥浆失水量（滤失量）、稠度、密度合理，井筒清洁，足够数量的水泥浆就能被注入地层的较远处。水泥浆在喉道处失水形成滤饼，使水泥浆结晶凝固，达到阻挡水层、调整产层剖面和封堵弃层的目的。

修井作业常用的挤水泥方法有送浆加压挤入法、循环挤入法、平推加压挤入法、水泥承转器挤入法和空井筒加压挤入法。

1. 送浆加压挤入法

送浆加压挤入法是指下光管柱，从油管中将一定数量符合性能要求的水泥浆循环送到设计位置，然后上提管柱，使管柱和水泥浆分离（井眼较小时，上提管柱，洗井），对井筒施加一定的压力后关井，使水泥浆进入目的层并在喉道处失水形成滤饼而变成坚硬的水泥石（图 4–5–1）。

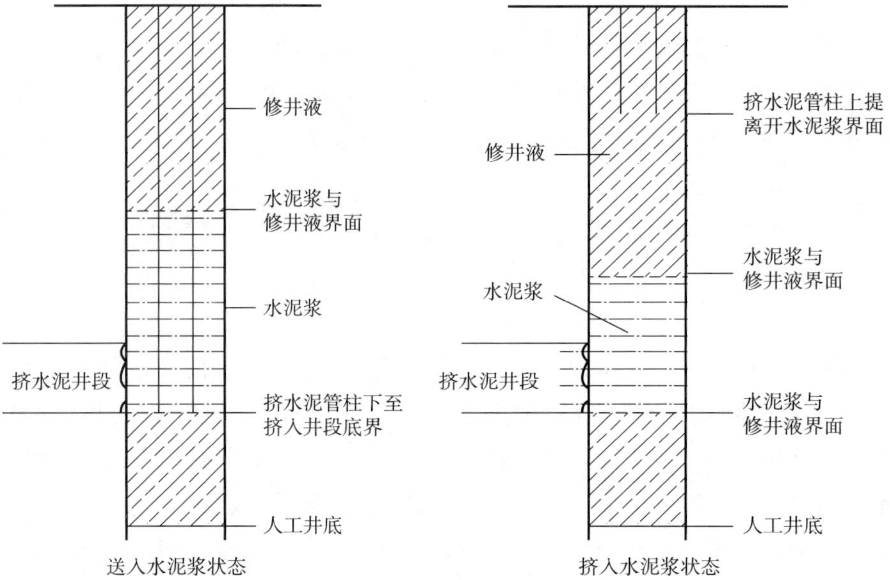

图 4–5–1　送浆加压挤入法示意图

（1）特点

使用送浆加压挤入法能够有效地控制挤入压力，水泥浆用量少，节省水泥，送入水泥浆和挤注间隔时间较长，具有一定的安全性；井口挤注压力较高，带压候凝，水泥浆进入套管外较少，主要是以封堵炮眼为主，钻塞后试压成功率高。

对于封窜或加固套管外水泥环等水泥浆用量较大的情况，采用此方法挤水泥后钻塞试压虽然合格，但钻塞后进行声波变密度测井或水泥胶结评价测井不一定合格。其原因是水泥浆集中在射孔炮眼处失水形成滤饼凝固，进入窜槽或地层较少。

（2）适用范围

送浆加压挤入法适用于深井，低压挤水泥。该方法最适合封堵炮眼及挤注地层吸收量较少的层位，或在初次挤水泥钻塞时因试压不合格而进行的补救措施。

（3）施工注意事项

①准确掌握井内温度，确定水泥参数，必要时进行循环洗井液降温。尤其是对于稠油热采井，用地温梯度的计算方法得出的温度数值并不是真实的地层温度数值。

②套管验漏时，对于地层亏空且固井质量较差的井，试验压力应适当降低，一般为 8~10MPa，避免把封隔器以下套管压变形。

③挤水泥前应掌握水泥的型号、级别、适用井深、适用温度、稠化时间及标准水灰比等参数，了解是否符合施工需要，必要时对其进行调整，确保安全施工。

④挤水泥前应对管线、井口进行试压，试验压力不应低于最高挤注压力的 1.2 倍。

⑤使用防喷器半封挤水泥，要考虑挤灰管柱悬重所能承受的挤水泥压力，避免挤水泥压力过大，管柱上顶。必要时对管柱施加反向作用力，以平衡挤灰时管柱的上顶力。

⑥尽量采用固井车配浆。若人工配浆，应使水泥浆密度均匀、无杂物、水灰比合理。

⑦若由于意外的原因水泥浆送不到位，则应及时进行洗井，洗出管鞋以上的水泥浆，防止卡管柱。

2. 循环挤入法

循环挤入法：管柱下至挤注层以上 10~20m，从油管挤注水泥浆，当水泥浆在射孔炮眼（或喉道）处失水形成滤饼时，泵压明显上升；当水泥浆在喉道处失水时停止挤注，进行洗井，洗出多余水泥浆，上提管柱候凝（图 4-5-2）。

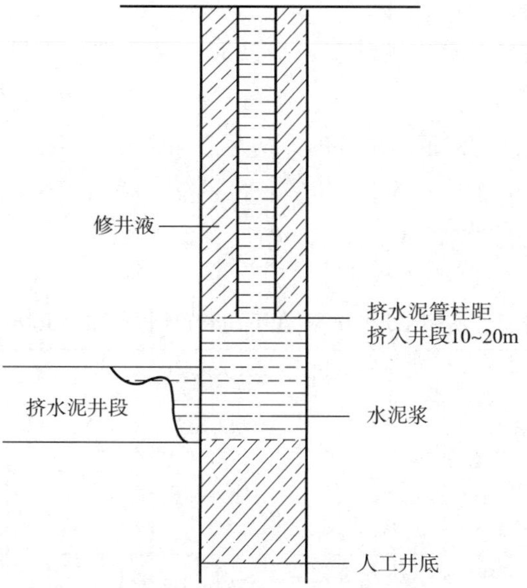

图 4-5-2　循环挤入法示意图

（1）特点

该方法的特点：水泥浆液柱产生的压力较大；泵车工作压力较低，套管压力较高；水泥浆量充足；具有一定的安全性，但失水压力不易掌握。

（2）适用范围

该方法适用于对渗透率较低的井进行高压挤水泥，也适用于老井、套管密封压力不可靠及地层吸收情况不确切的井况，也适用于采用平推加压方法不可行的井，还适用于水泥浆用量大的工况以及亏空或负压水层。

（3）施工注意事项

①挤水泥前应掌握水泥的型号、级别、适用井深、适用温度、稠化时间及水灰比等参数，了解是否符合施工需要，必要时对其进行调整，确保安全施工。

②套管验漏时，对于固井质量不合格或较差的井，试验压力不宜过高，一般为 8MPa 左右，避免把封隔器以下套管压变形。

③禁止使用油管挂悬挂井口进行挤水泥，应使用液压防喷器或法兰悬挂井口。

④禁止使用旋塞代替闸门进行挤水泥，防止高压施工过程中旋塞失灵造成事故。

⑤挤水泥进口和出口在井口处至少应各连接一段高压软管线，防止挤水泥时因泵车性能不稳定使井口和管线产生共振。如果发生共振时间过长，可能会导致井口、管线损坏折断而造成挤水泥失败。

⑥挤水泥前应对管线、井口进行试压，试验压力应不低于最高挤注压力的 1.2 倍。

⑦使用半封防喷器挤水泥，应考虑油管悬重所能承受的挤水泥压力，避免管柱悬重不够，管柱上顶。必要时可对管柱施加反向作用力。

⑧挤水泥时，若水泥泵车出现故障，水泥浆挤入量不足，可使用备用泵车，将井筒内的水泥浆挤入地层，准备二次挤水泥。

挤水泥过程中若水泥泵车出现故障，应及时洗井，洗出管鞋以上的水泥浆，防止卡管柱。

由于水泥浆失水而造成高压需洗井时，应尽量采用正洗井，以降低洗井泵压，和防喷器配合，可边活动管柱边洗井。

半封防喷器套管压力与光管柱上顶力关系见表 4–5–5。

表 4-5-5　使用半封防喷器在不同套管压力下的光管柱上顶力

闸板处管柱外径 /mm	使用半封防喷器在不同套管压力下的光管柱上顶力 /kN					
	l0MPa	15MPa	20MPa	25MPa	30MPa	35MPa
73	41.8	62.7	83.6	104.5	125.4	146.3
88.9	62.0	93.0	124.0	155.0	186.0	1075

3. 平推加压挤入法

平推加压挤入法：下光管柱至挤入井段以上一定距离，从油管挤注一定量的水泥浆（或达到一定的挤注压力）后替挤清水，将水泥浆推至管鞋以下一定距离，带压直接关井（图 4–5–3）。

（1）特点

该方法的特点是：整个施工过程不动管柱；水泥浆量充足，挤注压力较低，不洗井，带压候凝，水泥浆不外吐。

（2）适用范围

该方法适用于挤注压力较低，水泥浆需求量较大的层位，对于封层、封井、调层、堵窜尤其是加固套管外水泥环更有效，对于浅层正压水层也极为有效（正压水层是指水层压力高于井筒清水液柱压力的水层）；套管抗压能力可靠。

（3）注意事项

①挤水泥前应掌握水泥的型号、级别、适用井深、适用温度、稠化时间及水灰比等参数，了解是否符合施工需要，必要时对其进行调整，确保安全施工。

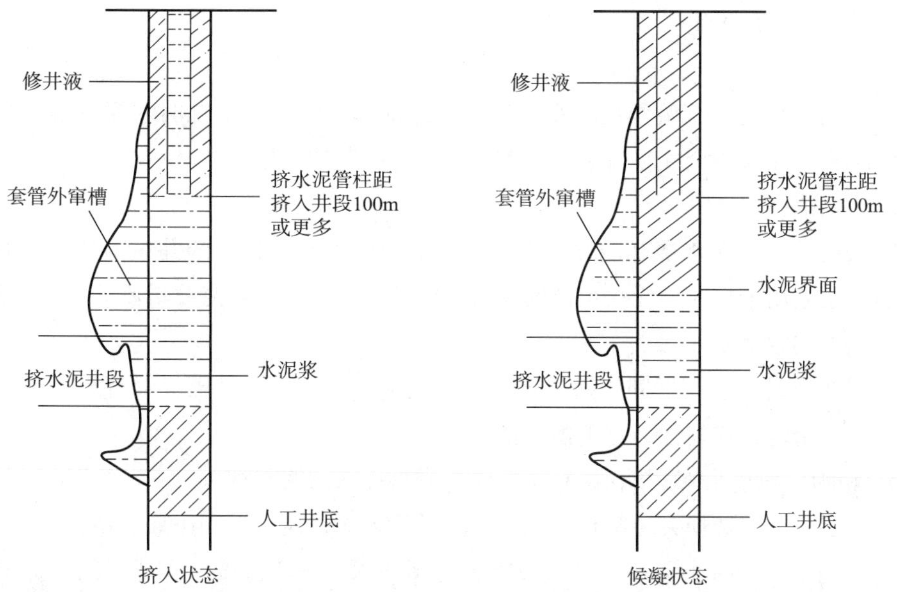

图 4-5-3　平推加压挤入法示意图

②套管验漏时，对于固井质量不合格或较差的井，试验压力不宜过高，一般为 8~10MPa，避免把封隔器以下套管压变形。

③禁止使用油管挂（大头）悬挂管柱进行挤水泥，应使用液压防喷器或法兰悬挂井口。

④禁止使用旋塞代替闸门进行挤水泥，防止高压施工过程中旋塞失灵而造成事故。

⑤挤水泥进口和出口在井口处至少应各连接一段高压软管线，防止挤水泥时因泵车性能不稳定使井口和管线产生共振。如果发生共振时间过长，可能会导致井口、管线损坏折断而造成挤水泥失败。

⑥挤水泥前应对管线、井口进行试压，试验压力是最大工作压力的 1.2 倍。

⑦使用半封防喷器挤水泥，应考虑油管悬重所能承受的挤水泥压力，避免挤水泥压力过大，管柱上顶。必要时可对挤水泥管柱进行反加力。

⑧水泥浆在出管鞋前，对油套环空应充满修井液，防止水泥浆沿油套环空上返。

⑨应控制最高挤水泥压力和水泥浆失水量，防止水泥浆在顶替到位前全部失水而顶不到位。如果挤水泥压力过高，可适当降低泵入排量或水泥浆密度，使挤水泥压力适当降低。

⑩挤注量较大时，如果泵压平稳上升，挤水泥过程应连续不间断，间断后可能会导致泵压升高或升高压力超过炮眼处水泥浆全部失水压力而挤不动。

⑪挤水泥时，若水泥泵车出现故障，水泥浆挤入量不足，可使用备用泵车，将井筒内的水泥浆挤入地层，准备二次挤水泥。

⑫当油管替挤水泥浆出管鞋时，剩余的替量应尽量从油套环空替挤，以保证施工安全。

⑬若由于意外的原因水泥浆顶不到位，应及时进行洗井，洗出管鞋以上的水泥浆，防止卡管柱。

4. 水泥承转器挤入法

（1）特点

该方法的特点是：套管承压较小，对保护上部套管有利；洗井时水泥浆不外吐，挤注层带压候凝；挤注时安全性较高，井径较小时水泥承转器易堵塞。

（2）适用范围

该方法适用于正压水层，浅井、水层、松散地层以及有外溢的井，也是浅层稠油井常用的方法；还适用于挤注量无法预计的井或隔层挤注，以及对挤灰质量要求较高的井。

（3）施工注意事项

①隔层挤注时，防止层间串通，水泥浆上返卡钻。水泥承转器插管直径较小，挤注时应注意水泥浆密度的均匀性，避免插管堵塞。

②挤注前应进行清水试挤，试验桥塞体及插管插入的密封性。

③挤下层时，应选择夹层密封可靠的井段进行封隔，避免层间串通卡钻。

④挤水泥前应掌握水泥的型号、级别、适用井深、适用温度、稠化时间及标准水灰比等参数，了解是否符合施工需要，必要时对其进行调整，确保正常施工。

⑤禁止使用油管挂（大头）悬挂井口进行挤水泥，应使用液压防喷器或法兰悬挂井口。

⑥禁止使用旋塞代替闸门进行挤水泥，防止高压施工过程中旋塞失灵造成事故。

⑦挤水泥进口和出口在井口处至少应各连接一段高压软管线，防止挤水泥时因泵车性能不稳定使井口和管线产生共振。如果发生共振时间过长，可能会导致井口、管线损坏折断而造成挤水泥失败。

⑧挤水泥前应对管线、井口进行试压，试验压力为最高挤注压力的 1.2 倍。

⑨插管插入后，需挤注清水验证插管的密封性，待确认密封可靠时方能进行挤水泥作业。

⑩挤注量较大时，如果不是施工需要，挤水泥过程应连续不间断，间断后可能会导致泵压升高喉道处水泥浆失水而挤不动。

⑪若由于意外的原因水泥浆顶不到位，应及时上提插管进行洗井，洗出插管以上的水泥浆，防止卡管柱。

⑫由于水泥浆失水而造成高压需洗井时，应尽量采用正洗井，以降低洗井泵压。和防喷器配合，可边活动管柱边洗井。

5. 空井筒加压挤入法

（1）特点

该方法的特点是：整个施工过程不下管柱；水泥浆量充足，挤注压力较低，不洗井、带压候凝，防止水泥浆外吐。

（2）适用范围

空井筒加压挤入法主要用于挤注松散的浅水层，适用于有外溢的井或套管状况较差的井，还适用于油、气、水井的工程报废封井。由于此类井没有太大的利用价值，其周围的地理位置特殊，或井场不利于立井架作业，所以要实行远程挤水泥封井作业，其条件是挤水泥时地层有吸收量，能够使水泥浆进入井筒。

（3）施工注意事项

①试挤清水 3~10m^3，根据试挤情况确定挤水泥参数。

②在井口处连接一段高压软管线，防止挤水泥时泵车性能不稳定使井口和管线产生共振。如果发生共振时间过长，可能会导致井口、管线损坏折断而造成挤水泥失败。

③挤水泥前应对管线、井口进行试压，试验压力是最大工作压力的 1.2 倍。

④挤水泥前试挤 3~10m^3 清水，进行降温和隔离，避免井温过高或井内含有速凝物质使水泥浆速凝。

（三）封堵新工艺技术

1. 不留塞封堵工艺技术

该技术是针对射孔井段进行有效封堵，利用该技术封堵施工后，井筒内不留堵塞，免去了钻塞工序，从而解决了套管变形、特殊套管井、定向井以及水平井封堵后存在钻塞的难题。

在不留塞封堵基础上开发出的“一趟管柱任意层封堵技术”，实现了一趟管柱多次任意层封堵。

2. 多层连续精准封堵技术

该技术是针对井筒内有多套生产层段和不同压力系统开发的。该技术特点是：

①一趟管柱能有效地封堵多套废弃生产层；

②替代插管桥塞实施封窜施工；

③施工周期短，封堵强度高。广泛适用于各类油、水井封堵、封窜以及堵水等施工。

3. 油基水泥浆选择性堵水技术

油基水泥浆（OBS）是一种高选择性的堵水材料，也称为堵剂，堵剂进入目的层后，流动的地层水置换出堵剂内油液，水化凝固，堵塞出水孔道，而油层不含水或含水很少，油基水泥浆堵剂不水化凝固，随油流排出，从而实现选择性堵水。

OBS 选择性复合堵水技术是以油基水泥浆为基础，加入了深部选择性 GDJ 堵剂、中部地带 KDF 堵剂和近井地带高选择性 OBS 堵剂复合而成的工艺技术（图 4–5–4）。

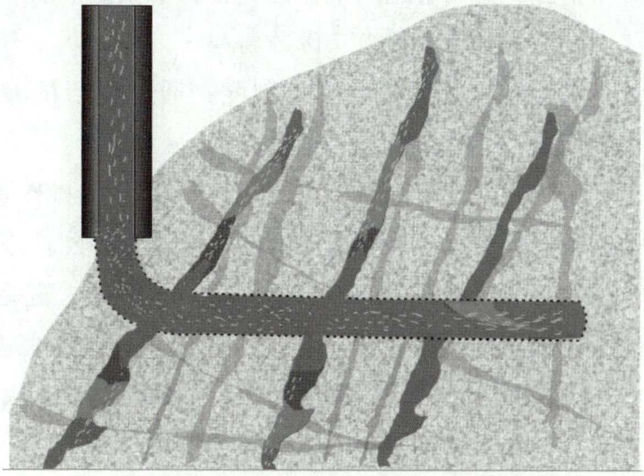

图 4–5–4　油基水泥浆选择性堵水原理示意图

第六节 油井防砂

地层出砂严重影响油气水井正常生产，防砂作业是在采油过程中针对油层及油井条件，正确选择固井、完井方式，制定合理的开采措施，控制生产压差，限制渗流速度，防止砂堵的措施。

一 油井出砂原因

油井出砂指在生产压差的作用下，储层中松散砂粒随产出液流向井底的现象。油井出砂的原因主要有以下两种：

一是储层岩石的性质及应力分布。储层岩石性质主要指岩石的胶结强度，它是影响岩石结构完整性的重要因素。岩石的胶结强度与胶结方式密切相关，其中接触式胶结的强度最低，表现为渗透率高、孔隙度大，因此也容易出砂。

二是大压差生产、注水开发及采取增产措施等。大压差生产提高了流体的渗流速度，且井壁周围渗流速度更高。当地层流体的渗流速度达到一定值后，底层发生剪切破坏，砂粒就会从地层结构中松动、脱落，随流体进入井筒形成出砂。

二 防砂方法

为防止油井出砂，一方面要针对油层及油井，正确选择固井、完井方式，制定合理的开采措施，提高管理水平；另一方面要根据油层、油井及出砂的具体情况采取防砂措施。

1. 制定合理的开采及防砂措施

①制定合理的油井工作制度，通过生产试验保证确定的生产压差不会造成油井大量出砂。

②加强对出砂层油水井的管理，开、关操作要求平稳，防止因生产压差的突然增大而引起油层大量出砂。易出砂的油井应避免强烈抽汲。

③对于胶结疏松的油层，酸化、压裂等措施要以不破坏油层结构为前提。

④根据油层条件和开采工艺要求，正确选择完井方法和改善完井工艺。

⑤机械防砂适用于厚度中等、油层层数少、夹层薄的井。

⑥油层渗透性对化学防砂影响较大。

⑦化学防砂对产能影响最大。

⑧控制防砂的成本，防砂的成本分为材料成本和施工成本。

2. 采取合理的防砂方法

目前防砂方法发展迅速，无论采用哪一种方法，都应该有效地阻止油层中砂岩固体颗粒随流体流入井筒。根据具体的油层和油井条件，最终要以防砂后的经济效果来选择和评价防砂方法。按照防砂的原理，防砂方法主要分为机械防砂、化学防砂、砂拱防砂、压裂防砂等。

（1）机械防砂

机械防砂可分为下入防砂管柱和下入防砂管柱加充填物两类。

第一类：下入防砂管柱挡砂，如割缝衬管、绕丝筛管、各类地面预制成形的滤砂器（如双层预充填筛管、树脂砂粒滤砂管、金属丝纤维滤砂管、多孔陶瓷滤砂管等）。这类方法工艺简单，施工成本低，具有一定的防砂效果，缺点是防砂管柱的缝隙或孔隙易被油层细砂所堵塞，一般效果差、有效期短，只宜用于中、粗砂岩油层。

第二类：下入防砂管柱加充填物，充填物的种类很多，如砾石、果壳、果核、塑料颗粒、玻璃球或陶粒等，这种防砂方法能有效地将油层砂限制在油层中，并使油层保持稳定的力学结构，防砂效果好，寿命长，但果壳、果核、塑料颗粒材料在实际应用中很少采用，一般使用砾石材料。

机械防砂就其采取的措施方法不同，又分为井筒防砂和砾石充填防砂两大类。

①井筒防砂：

在油井出砂量不高时，生产管柱或井筒内封隔管柱采用简单的防砂装置（如防砂泵、绕丝筛管、割缝筛管、各种预制滤砂器、旋流沉砂器等），防止砂粒进入生产管柱及地面，从而起到短期防砂作用的方法称为井筒防砂。其优点是施工简单方便，成本低；缺点是无法阻止地层砂进入井筒，仅将砂防在了井筒内，在短期内可以减少泵卡及砂对设备的破坏，但长期使用还是会堵塞油层，甚至砂埋管柱，并且这种方法只适用于中粗砂岩地层（砂粒直径大于 0.1mm）。

②砾石充填防砂：

砾石充填防砂就是将绕丝筛管或其他滤砂管下入出砂井内，用筛选的砾石充填筛管和井壁之间的环空及近井周围地层，在管和油层之间形成一定厚度的砾石层，阻挡地层砂运移，而滤砂管又起着支撑砾石层，阻挡砾石进入井筒的作用，形成两级滤砂体系的防砂工艺方法。该方法的特点是防砂强度高，有效期长，而且相对稳定，适应范围广，基于多级过滤，工艺方式多，产能损失相对较小（可降至 10%）。该防砂技术不适用于套管直径小于 127mm 的井、多层系油藏采油井、注水井及细粉砂岩储层粒径为 0.07mm 的生产井。

常用的砾石充填方式有两种，即用于裸眼完井的裸眼砾石充填和用于射孔完井的套管内砾石充填（图 4-6-1）。裸眼砾石充填的渗滤面积大，砾石层厚，防砂效果较好，对油层产能的影响小，常用于油井先期防砂，工艺较复杂，要求油层结构有一定的强度，对油层条件要求高（如单一油层，厚度大，无气、水夹层等），因而多数油井采用套管射孔完井后，再采取套管内砾石充填防砂的方法。

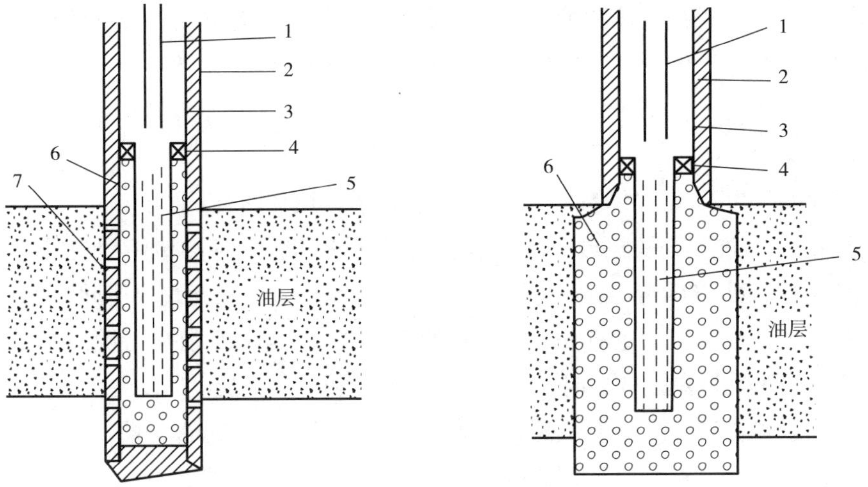

图 4–6–1　砾石充填防砂示意图

1—油管；2—水泥环；3—套管；4—封隔器；5—衬管；6—砾石；7—射孔孔眼

砾石充填工艺可分为反循环和正循环两种充填方法。

a. 反循环砾石充填工艺：

应用最早、最简单的一种砾石充填工艺。将带有绕丝筛管的防砂管柱下到设计深度后，砾石砂浆从油井环形空间泵入，砾石在井底筛管与套管之间的环形空间中逐渐堆积，而携砂液经筛管过滤后沿油管柱向上返回地面，形成液流反循环，不断将砾石输送到产油井段形成阻挡地层出砂的砾石充填屏障。

在反循环砾石充填中，砂浆易受套管内壁杂物的污染而降低充填体的渗透率，且套管必须承受充填压力。

b. 正循环砾石填充工艺：

正循环砾石充填有下冲法充填和转换法充填两种工艺。用下冲法填充时要求先把砾石投入防砂井筒，再下入带有下冲喷头的防砂管柱，从油管柱内泵入工作液，砾石受冲悬浮在井筒中，管柱得以逐渐下放，而后沉降在绕丝筛管周围形成挡砂屏障。为了提高防砂效果，在下防砂管柱前可先用油管柱向炮眼挤压砾石，迫使砾石填充到炮眼通道及炮眼通道外边，目的在于不让地层砂进入炮眼，这种方法称为炮眼填充，这可看作砾石填充的第一步，称为预填充。此种工艺及所用工具简单，但作业中易造成砾石分级现象，只适用于浅井和薄层段防砂。

正循环转换砾石充填是利用井下转换填充工具来完成的。利用转换工具进行填充作业时，地面泵将砾石砂浆从油管柱泵入井底，通过填充工具转换通道进入油井绕丝筛管与套管之间，砾石在重力作用下逐渐堆积于环形空间，而携砂液经筛缝过滤进入冲管向上自旁通孔流入转换工具上方的油套环形空间并返出井口。这种转换填充工艺兼具正循环和反循环的优点，因而得到广泛地使用。

③机械防砂施工要点及注意事项：

a. 应全面准确地认识地下情况，选用合理的防砂工艺技术，做好单井设计。

b. 认真抓好工具组装、设备配备、现场配置、井筒准备等工作，确保施工质量。

c. 施工前严格检查设备，确保施工中设备正常运行，并准备好备用设备及备用方案，严防砂卡事故。

d. 对工具及深度认真检查、丈量、组配，确保施工质量。

e. 做好防砂前期准备工作，包括压井、通井、冲洗炮眼等工作。

f. 充填防砂时，必须保证携砂液清洁，无固体杂质，无聚合物结块。

g. 防砂后应及时开井生产，尽快排出施工液及携砂液。

（2）化学防砂

化学防砂工艺与堵水工艺基本相同，通过施工管柱向井内出砂地层挤入定量的化学剂和预涂层砾石，以胶固地层或在井壁外及近井地层形成可渗透的人工井壁，阻止地层砂进入井筒，降低油井出砂，确保油井正常生产。

化学防砂大致可分为人工胶结砂层和人工井壁两类。人工胶结砂层防砂指从地面向油层挤入液体胶结剂及增孔剂，使胶结剂固化，在油气层层面附近形成具有一定胶结强度及渗透性的胶结砂层，达到防砂的目的，目前主要有酚醛树脂溶液及酚醛溶液地下合成等方法。人工井壁防砂方法通常指在地面将支撑剂和未固化的胶结剂按一定比例拌和均匀，用液体携至井下挤入油层出砂部位，在套管外形成具有一定强度和渗透性的壁面，可阻止油层砂粒流入井内而又不影响油井生产，如水泥砂浆、树脂砂浆、预涂层砾石人工井壁等。

化学防砂适用于渗透率相对均匀的薄层段，在粉细砂岩油层中的防砂效果优于机械防砂，但其对油层渗透率有一定的损害，成功率也不如机械防砂高，并且还存在有老化现象、相对成本较高等缺点，不如机械防砂应用广泛。

化学防砂的特点是施工较简单，防砂后井筒内不留工具管柱，防砂失效后容易补救。该方法适用于粉细砂岩及出砂严重的地层和低含水油井；对于出砂严重的地层，可先向地层挤入部分石英砂，再挤化学剂胶固。化学防砂宜处理短井段（不超过 10m），井段太长，层间吸入能力有差异，化学剂进入地层分布不均，防砂后部分层段仍易出砂。

化学防砂发展至今，方法越来越多，工艺也日趋完善，已形成了 5 大类 18 种方法（图 4–6–2）。

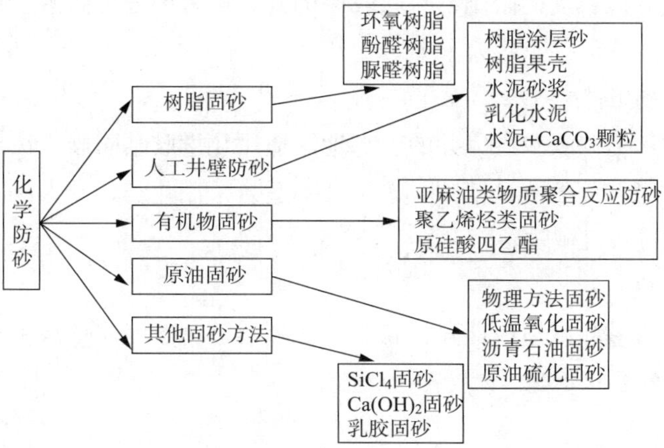

图 4–6–2　化学防砂分类

第四章　常用施工工艺

严格来说，任何一种机械防砂都可以与一种化学防砂工艺组合形成复合防砂工艺，各油田可根据具体情况组合使用。

（3）砂拱防砂

砂拱防砂指油气井射孔完井后不再下入任何机械防砂装置或充填物，也不注入任何化学药剂的防砂方法。砂拱防砂的工作原理就是砂粒在套管炮眼外侧形成砂拱，具有一定的承载能力和渗透能力，能够挡住地层砂进入井筒。主要方法有套管外膨胀式封隔器防砂和割缝衬管防砂两种。

（4）压裂防砂

随着油气田开采技术的发展和多种工艺技术的综合运用，压裂技术的应用范围已经不再局限于低渗透层，在中高渗透层也开始应用，并得到了迅速发展。主要原因是中高渗透油藏在开发过程中出现了严重影响正常生产或高效开发的矛盾和问题，主要表现在：中高渗透层在近井地带不仅普遍存在伤害带，而且地层深部的渗透率因生产过程中的微粒移动也在不断下降，有时还相当严重。常规解堵方法不仅有效期短，而且不能解除和防范地层深部伤害的问题。

为了更好地解决上述问题，适应这类油藏的压裂填充防砂技术近年来得到了系统研究和快速发展，在作业领域已从陆上油田延伸到海上油田。压裂充填防砂结合了压裂和充填防砂两种工艺，将“端部脱砂压裂”技术运用于中高渗透油藏，能够同时达到防砂和解堵增产的目的。

3. 防砂方法的选择

油气井投入开发之前，应结合油田具体情况选择防砂方法，通常应综合考虑下述因素：

（1）完井类型

完井可分为裸眼防砂和管内防砂。原油黏度偏高，地质条件相对简单，地层砂具有一定胶结强度的产层可以考虑采用裸眼防砂来改善井底渗流条件，提高油气井产量；而地层条件复杂，含有水、气、泥岩夹层的井应考虑采用管内防砂。

（2）完井井段长度

机械防砂不受井段长度的限制，夹层较厚的井，可考虑分层防砂。化学防砂只能在薄层段进行。

（3）井筒和井场条件

小井眼、异常压力井及双层完井的上部地层适用化学胶结防砂方法。温度对化学防砂有直接影响，应注意井筒的测试范围，老油井不适合采用化学防砂方法。施工现场无钻机或修井机的井不能进行机械防砂。

（4）地层砂物性

化学防砂对地层砂粒度适应性强，膨胀式封隔器适用于泥质低渗透产层，砾石充填对地层渗透率的均匀性要求不高。

（5）产能

无论选择哪一种方法，要想得到较好的防砂效果又不过分影响产能，就必须进行合理的设计和施工。一般来说，砂拱防砂对产能的影响最小，但难以保持砂拱的稳定。裸眼防砂能达到较高且稳定的产能水平，有条件时应尽量采用。

（6）费用

从施工成本的角度考虑，应该选择最经济的防砂方法，但同时应考虑综合经济效果。

第七节　油井出水与堵水

随着油田开发深入，经常会遇到油井出水问题，对油田生产、油气集输和油田开发工作影响较为严重。尤其是在水驱（注入水、边水及底水）油田开发的中后期，油井出水更不可避免。油层的不均质性以及开发方案或开采措施不当，使水在横向和纵向上推进很不均匀，造成油田过早水淹，消耗了地层能量，大大降低了油藏采收率。大量出水冲刷地层，造成地层出砂坍塌，使油井停产甚至报废。另外，地层水还会严重腐蚀抽油杆、油管、套管、输油管线等采油设备，加重油水分离工作，增加采油成本。因此，在油田开发过程中，尽快采取找水措施确定出水层位，并制定相应堵水措施尤为重要。

一　油井出水的原因及防水措施

1. 油井出水的原因

油井出水按水的来源可分为边水、底水、夹层水、上层水或下层水和注入水。其中，边水、底水、注入水在油藏中虽然处于不同的位置，但水、油在同一层中，可统称为“同层水”；上层水或下层水、夹层水是从油层上部或下部的含水层及夹于油层之间的含水层中窜入油井的水，由于它们是油层以外的水，可统称为“外来水”。也可以简单地以地层水（边水、底水、夹层水、上层水或下层水）和注入水来区分油层出水。

（1）边水

边水是聚集在油层低处四周承托着油藏内油气的水。由于油层的非均质性或开采方式不当，使局部地区边水过早地推进到井内，从而造成油井水淹（图 4-7-1）。

（2）底水

底水是指在同一油层中靠近底部聚集的水，并能承托同层上部的油气（图 4-7-2）。当油田具有底水时，由于油井生产时在地层中造成的压力差，破坏了由于重力作用建立起来的油水平衡关系，使原来的油水界面在靠近井底处呈锥形升高，对于垂直井可能产生“底水锥进”，对于水平井可能产生“底水推进”，均可使油井迅速水淹。

（3）夹层水

夹层水又称为层间水，是上、下油层中间段夹有的水层。往往由于误射（测井解释错误或射孔深度计算、电缆丈量错误等）水层或固井质量不高，层间窜槽，使夹层水窜入井

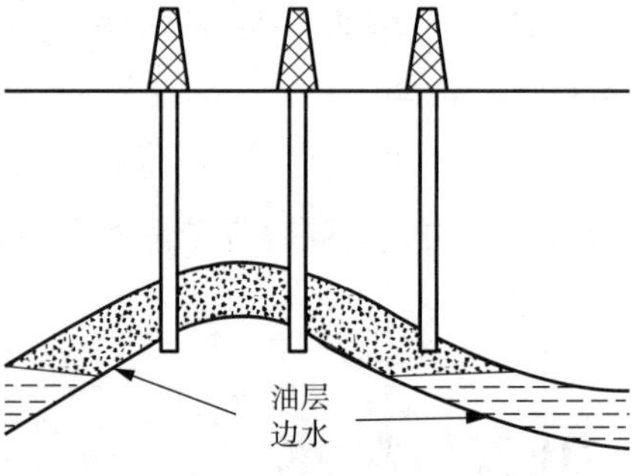

图 4-7-1　边水示意图

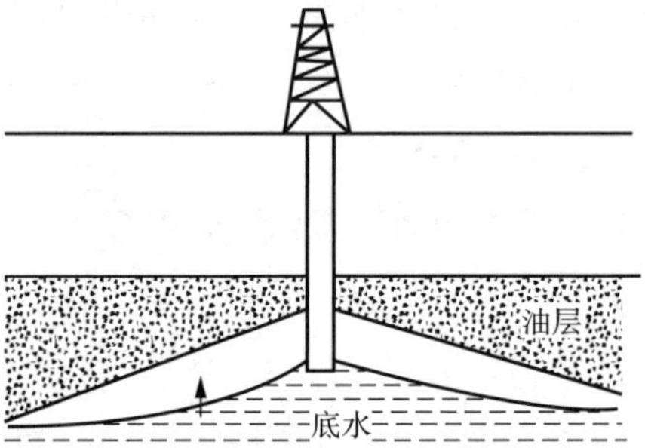

图 4-7-2　底水示意图

内，造成油井出水，使油井含水率上升过快，导致油井水淹。

（4）上层水或下层水

上层水（或下层水）是油藏上层（或下层）的水，往往由于固井质量不高、套管损坏等使上层（或下层）水窜入井内或误射（测井解释错误或射孔深度计算、电缆丈量错误等）水层使油井出水，导致油井含水率上升过快，从而造成油井水淹（图 4-7-3）。

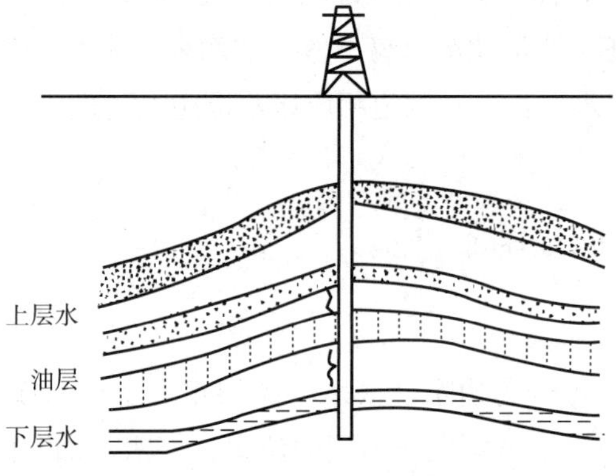

图 4-7-3　上层水和下层水示意图

（5）注入水

由于油层在垂直、水平方向的非均匀性和开采方式不当，使注水井注入的水沿着高渗透层或油层中的高渗透段进入油井，引起油井过早水淹（图 4-7-4）。

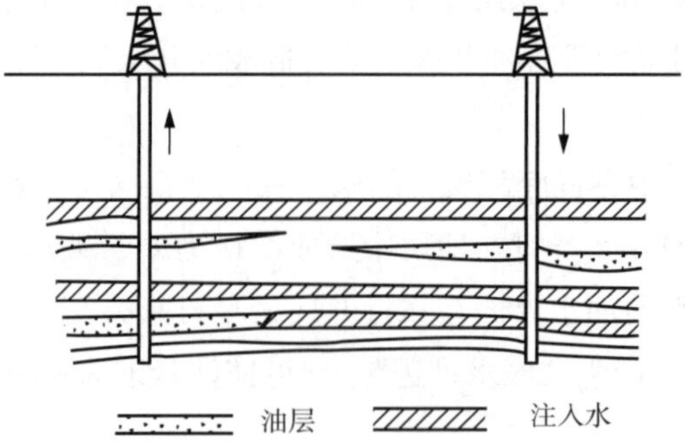

图 4-7-4　注入水示意图

（6）油井出水的原因

①固井质量差，不能有效地分隔油水层，造成层间窜槽，可导致水层水或注水层的水进入井筒。

②由于地质或作业方式不当等使套管损坏，水层的水进入井筒。

③射孔时误射孔而射开水层。

④由于油层的非均质性，在采油制度不合理和注水方式不当的情况下，造成油层底水和注入水沿高渗透层过早侵入油层。

⑤增产措施不当，如酸化、压裂施工，破坏了油层的盖层等封闭条件，使油水层连通，造成油层出水。

⑥由于邻井注汽、注水注穿油层而造成油井出水。

2. 油井出水的危害

油井出水的危害性是极大的，可以简单归纳为如下几点：

①由于地层大量出水冲刷地层，造成地层出砂坍塌，可导致地层大量出砂，砂埋油层而使产量下降或使油井停产甚至报废，增加了修井成本。

②由于油层的不均质性以及开发方案或开采措施不当等，使水在横向和纵向上推进不均匀，造成油田过早水淹，消耗了地层能量，大大降低了油藏采收率。

③地层水还会严重腐蚀抽油杆、油管、套管、输油管线等采油设备。

④加重了油水分离工作，增加了采油成本。

二　油井找水方法

发现油井出水后，首先必须通过各种途径了解水源，确定出水层位，而后采取必要的技术措施进行封堵。

找水是指油井出水后，通过各种方式确定出水层位和流量的工作，可为进一步采取堵水等措施提供依据。目前判断出水层位的方法主要有如下几种。

1. 综合对比资料判断法

仔细研究出水井的地质情况（如开采层位、油水井各层连通情况、各层渗透性和断层以及边水、底水、夹层水的情况等）和井身质量等资料，并对采油动态资料（产量、压力、生产气油比、含水、水质分析、注水情况等）进行综合分析、对比，以确定出水层位。也可以结合小层平面图和油水井连通图以及注采井生产关系推断可能的出水层位。这是一种将动态、静态资料结合起来判断出水层位的间接方法，还需同其他方法配合才能最后确定出水层位。

2. 水化学分析法

水化学分析法是利用产出水的化验分析结果来判断出水为地层水或注入水的方法。该方法主要是根据地层水和注入水在组成上的明显不同而进行判断。地层水一般具有较高的矿化度以及游离的 CO_2 和 H_2S，不同层位的地层水，其矿化度和水型也不同。在有些油田，地层越深，地层水矿化度越高，这有助于根据矿化度来判断油井出水是来自上部的地层水还是来自下部的地层水。

3. 根据地球物理资料判断出水层位

根据地球物理资料判断出水层位，主要有流体电阻测井法、井温测井法、放射性同位素测井法、碳氧比能谱测井法、油藏监测仪（RMT）测井法、核磁共振测井法、电磁波传播测井法和流体密度测井法等。目前应用较多的主要有流体电阻测井法、井温测井法、放射性同位素测井法。

（1）流体电阻测井法

流体电阻测井法是根据不同矿化度的水有不同的导电性（即电阻率不同），利用电阻计测出油井中流体电阻率变化曲线，从而确定出水层位的方法。其测量步骤为：先向井内注入一种与井内水具有不同含盐量的水，进行循环洗井，将井内原有液体替换干净，然后测量井内流体电阻率分布，得到一条电阻率曲线，再将液面抽吸到一定深度后进行一次测量，抽吸量的大小取决于外来水量的大小。这样交替进行，抽吸一段，测量一次，直到发现外来水为止，当注入井内的水的电阻率大于地层水电阻率时测得电阻率曲线。从曲线上可以明显看出电阻率曲线发生突变处即为出水位置（图 4–7–5）。

这种测量方法设备比较简单，但找水工艺比较复杂，需要多次进行抽吸提捞和测井工作。该方法不适于高压水层，对于高渗透水层，由于地层水在降压过程中大量流出，且在井筒中大量扩散，使根据电阻率曲线突变确定的上、下限与实际出水层位不相符。在因套管损坏而出水的井中，只能测出套管损坏的位置，而测不出实际出水层位。因此，这种方法的应用范围受到很大限制。

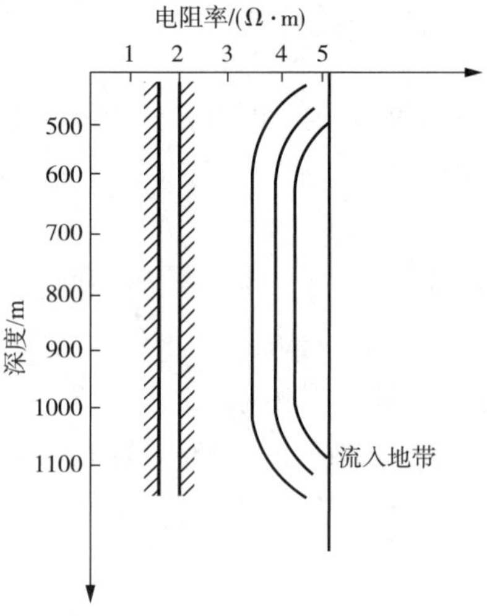

图 4–7–5　电阻率曲线

（2）井温测井法

井温测井法是利用地层水具有较高温度的特点确定出水层位的方法。测量井温的过程同电阻率测井法相似。先用均质流体清洗井筒使整个井筒内的液柱温度分布稳定后，测量井内温度分布曲线（控制曲线），然后降低液面使地层水进入井内，一直到测出温差为止。降低液面后所测井温曲线发生突变的位置便是外来水进入井内的位置，如果套管破裂的地方与出水层不重合，则流体要在套管外流动一段距离，由于套管外流体与井内流体的热交换，所以温度曲线上有一段较平稳的高温显示（图 4–7–6）。由于水的比热容大于油的比热容，在出水层往往有高温异常显示，因此，也可利用直接测得的井温曲线来判断出水位置，但要求井温必须有较高的灵敏度。

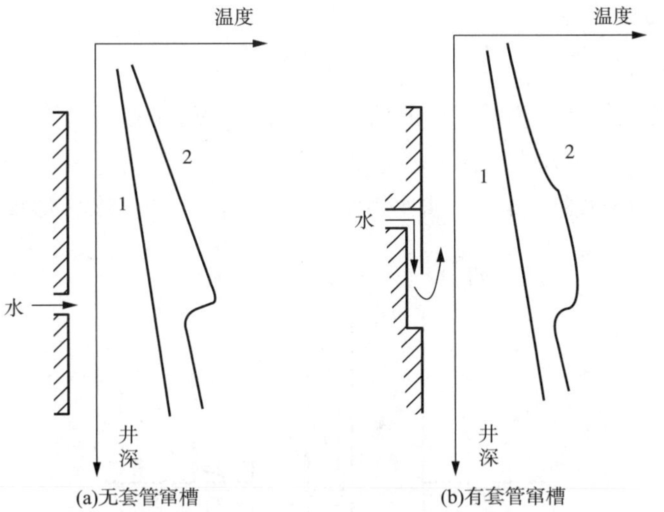

图 4-7-6　井温曲线找水示意图

1—控制曲线；2—降低液面后测得曲线

（3）放射性同位素测井法

放射性同位素测井法是向井内注同位素液体，人为提高出水层段放射性强度来判断出水层位的找水方法。根据注同位素液体前后测得的放射性曲线来鉴别出水层位（图 4-7-7）。步骤是：先测井内自然放射性曲线，再往井内注入一定数量含同位素的液体（一般 1.5~3m^3），并用清水将其替入地层；洗井后，再测放射性曲线。对比前后两次测得的曲线，如后测曲线在某处放射性强度异常剧增，则说明套管在该处吸收了放射性液体。根据此异常结合射孔资料，便可确定套管破裂位置及套管破裂位置连通的渗透地层。

用这种方法来追踪套管破裂和套管外液流串通，一般会得到很好的效果。但是，在确定夹层水或水淹层位时，则受到限制。为此，往往采用相渗透法及次生活化纳法。

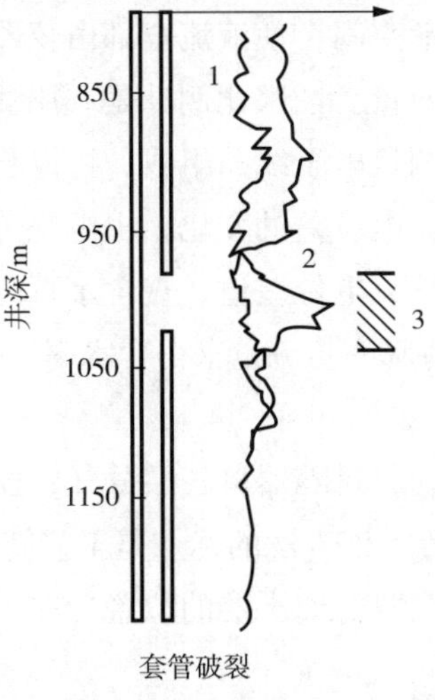

图 4-7-7　放射性同位素测井法示意图

1—注同位素前的曲线；2—注同位素后的曲线；3—套管破裂位置

4. 机械找水法

（1）找水仪找水

找水仪找水是指在油井正常生产的情况下，下入专门仪器——找水仪，不停产确定主要出水层位和流量的找水方法。

找水仪主要由电子线路、电容含水比例仪、涡轮流量计、皮球集流器等组成（图 4–7–8）。

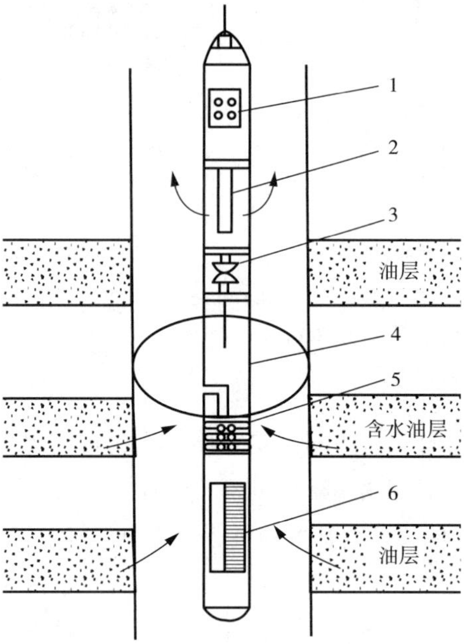

图 4–7–8　找水仪找水示意图
1—电子线路；2—电容含水比例仪；
3—涡轮流量计；4—皮球集流器；5—进液孔；6—泵阀

其工作原理是当仪器下到预定位置后，电磁振动泵开始工作，用井内原油将集流器的皮球打胀，密封仪器与套管的环形空间，使液流全部由仪器内部通过。流动的液流冲动涡轮转动频率，从而得知该层的总液量。油水比例计是利用油和水的导电性差异来确定油样中含水量，它由电容探头及井下测量电子线路组成，可以将含水量的变化转换成电容大小的变化，再由电子线路转换成直流电位差的变化，由电缆传送到地面，由二次仪表记录出直流电位差的数值，根据记录的直流电位差值，查含水百分比与直流电位差关系曲线便可得到所测层位的持水率，并根据持水率与流量求得含水率。

（2）封隔器找水

该方法是通过下测试管柱，利用封隔器将各层分开，控制找水开关对各层进行分层求产，根据求产结果，找出水层位置。该方法的优点是工艺简单，能够准确地确定出水层位。缺点是施工周期长，无法确定夹层薄的油水层的位置；在窜槽井中，必须封窜后才能进行找水施工。

油井生产过程中，油层是由一个或多个射孔层段组成的。对于只有两个射孔层段的油层（且夹层大于 5m），用封隔器进行找水比较简单，下入单级封隔器分隔即可找到出水层。

而对于由多个射孔层段组成的生产层，则需下入多级封隔器分别测试后，才能找到出水层。根据井况的不同，可选用不同的封隔器和工作筒组合。工作筒可选用常开滑套、常关滑套或配产器等。

①封隔器找水施工主要工序：

a. 按施工设计要求准备好施工设备、工具等。

b. 按施工方案要求，进行压井、通井、刮削施工。用刮削器在井段上下反复刮削 3~5 次后，下至油层以下 50m，洗井，起出刮削管柱。

c. 按照设计要求，组配好找水管柱，将找水管柱下至预定深度，坐好封隔器，装好全套采油树，求产测试。

②常用找水管柱组配方法：

a. 单级封隔器管柱结构：

管柱结构自下而上为：丝堵 + 油管 + 常开滑套 + 封隔器 + 常关滑套 + 油管 + 油管挂。

b. 多级封隔器管柱结构：

管柱结构自下而上为：丝堵 + 油管 + 封隔器 + 活动配产器 + 封隔器 + 活动配产器（带堵塞器）+ 油管 + 油管挂。

三 油井堵水技术

油井堵水技术包括机械堵水技术和化学堵水技术。机械堵水是使用封隔器及其配套的控制工具来封堵高含水产水层，以解决油井各油层间的干扰或调整注入水的平面驱油方向，提高注入水驱油效率，增加采油量的施工过程。而化学堵水是以某些特定的化学剂作为堵水剂，将其注入地层高渗透层段，通过降低近井地带的水相渗透率，达到减少油井产水，增加原油产量的目的。水泥浆堵水是化学堵水的一种，主要用于套管损坏出水和固井水泥环的损坏出水以及地层结构破坏引起的窜槽出水堵水。

1. 机械堵水管柱

机械堵水必须借助井下管柱来实现，已经应用于现场、技术比较成熟的管柱有两类：自喷井堵水管柱和机械采油井堵水管柱。

（1）自喷井堵水管柱

自喷井堵水管柱有桥式（代号 QS）配产器堵水管柱、偏心（代号 PX）堵水管柱、滑套（代号 HT）堵水管柱、固定（代号 GD）堵水管柱、双管（代号 SG）堵水管柱、斜井（代号 XJ）堵水管柱和裸眼（代号 LY）井堵水管柱。

（2）机械采油井堵水管柱

机械采油井堵水管柱一般采用丢手管柱结构，所用的井下工具与自喷井堵水管柱基本相同。

①几种典型的机械采油井堵水管柱：

a. 机械采油支撑防顶堵水管柱：

机械采油支撑防顶堵水管柱主要由 KQW 防顶器、KNH 活门、Y141 封隔器、KPX 配产器（或 KHT 堵水器）和 KQW 支撑器等井下工具组成，如图 4-7-9 所示。卡堵层段的管柱丢手在井内，以便在井内安装各类抽油机械设备。该管柱的主要优点在于可进行不压井作业检泵、投捞、验封、找水和堵水等，卡堵水可靠性高；缺点是施工工序多，难度大、周期长，一般适用于中深井。

b. 机械采油整体堵水管柱：

机械采油整体堵水管柱主要由 Y141 封隔器、KPX 配产器（或 KHT 堵水器）等井下工具和油管组成，如图 4-7-10 所示。卡堵层段的管柱与抽油泵的管柱为一个整体，管柱底部支撑井底（或采用 KQW 支撑器），管柱自重使封隔器处于良好的工作状态。在该管柱中，抽油泵固定阀是可投捞的，实现了找水、堵水和采油使用同一管柱。该管柱结构简单，施工方便，但由于抽油泵固定阀可投捞，而降低了泵效。检泵作业也必须起出卡堵水管柱，增加了施工工作量。

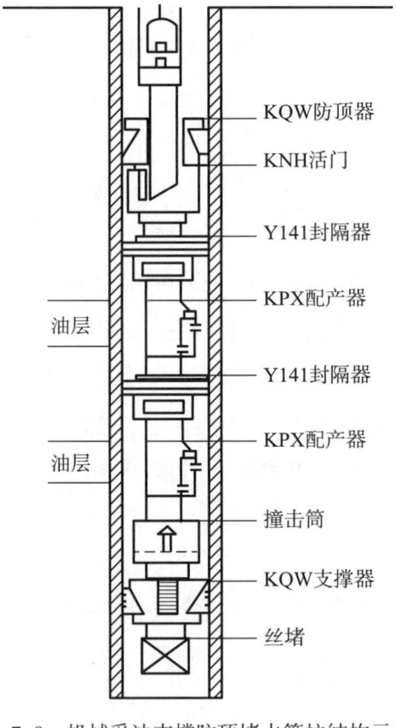

图 4-7-9　机械采油支撑防顶堵水管柱结构示意图

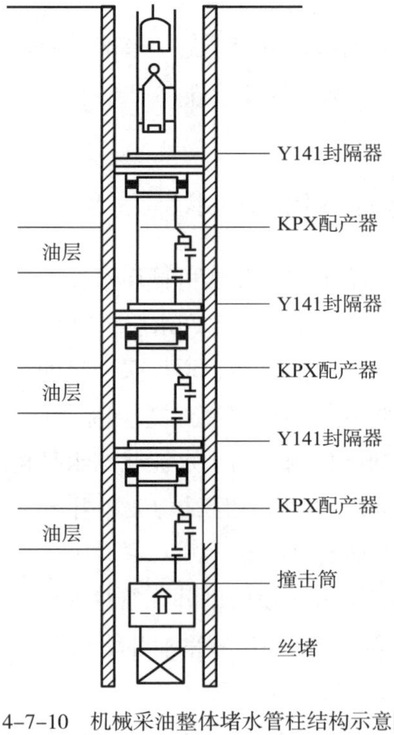

图 4-7-10　机械采油整体堵水管柱结构示意图

c. 机械采油堵底水管柱：

机械采油堵底水管柱主要由 Y411 封隔器等井下工具组成，如图 4-7-11 所示。封隔器安装于底水层上部，允许封堵层之间工作压差小于 15MPa。下入打捞管柱，以一定值的张力负荷上提，封隔器即可解封。该管柱施工成功率高，工作可靠。

d. 机械采油平衡丢手堵水管柱：

机械采油平衡丢手堵水管柱主要由 KSQ 丢手接头、KNH 活门、Y344 封隔器、KQS 配产器（或 KPX 配产器、KHT 堵水器）等井下工具组成，如图 4-7-12 所示。该管柱的卡堵段丢手于井内，尾管下至井底。水层上部 2~5m 和水层下部 2~5m 各下 1 个平衡封隔器，以平衡相邻封隔器之间液压产生的作用力，确保管柱安全可靠地工作。

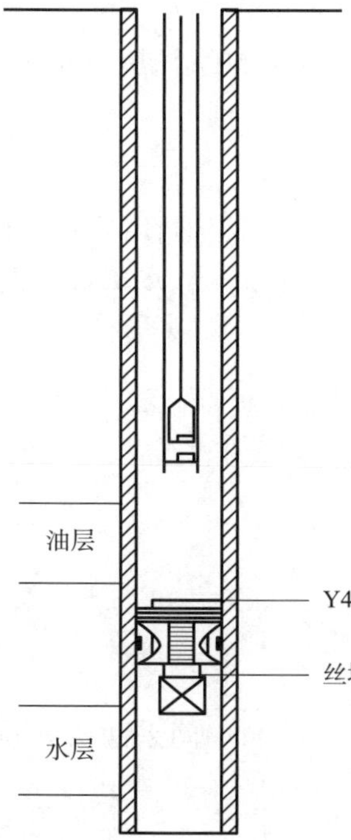

图 4-7-11　机械采油堵底水管柱结构示意图

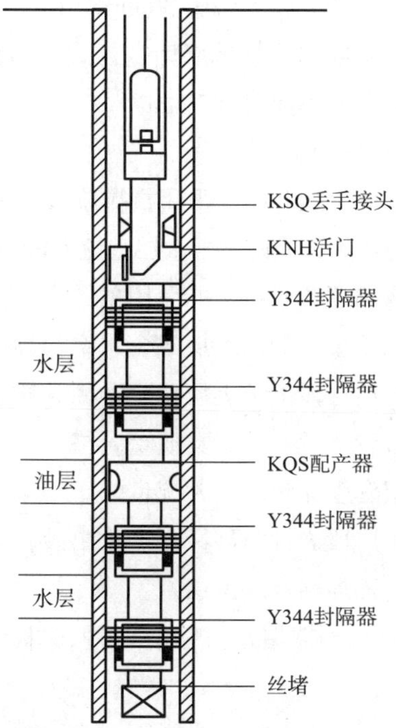

图 4-7-12　机械采油平衡丢手堵水管柱结构示意图

②桥塞在油井堵水作业中的应用：

桥塞是目前在国内外广泛使用的一种油井层间分隔装置。按其输送方式及坐封方式不同，可分为电缆桥塞和机械桥塞两大类。电缆桥塞用电缆输送，机械桥塞采用油管输送。采用桥塞施工主要是解决注水泥塞工艺中难以解决的问题：

a. 在漏失层段以上实施水泥塞作业比较困难，其主要原因是无法建立循环。若使用桥塞，即可顺利封堵漏失层位。

b. 某些油水井出水层压力很高，井口出现水涌现象，实施注水泥塞作业比较困难，应用电缆桥塞则不受此限制。

c. 对于油层密集的油气井，层间间隙非常小，通常只有几米可供注水泥塞，所注水泥塞因强度不够难以承受大的压差。另外，对水泥塞深度的准确性也难以把握。而采用电缆桥塞封堵，由于电缆桥塞的耐压差可达 70MPa，同时电缆桥塞依靠测井仪器的校深，坐封位置准确，误差一般小于 0.5m，完全可以达到封隔的准确性及承受较大压差的技术要求。

d. 对于 4000m 以上的深井及超深井，常规的注水泥塞作业的施工成功率较低，采用电缆桥塞则能较好地解决这一难题。

（3）机械堵水工艺评价标准

堵水施工后，满足以下条件即可以认定为机械堵水工艺成功：

①各级封隔器卡点准确（误差范围 ±0.2m/km），管柱和下井堵水工具完好无渗漏。

②整体管柱深度小于 1500m，经 8~13MPa 试压 15min，压降不超过 0.3MPa；整体管柱深度 1500~2000m，经 10~15MPa 试压 30min，压降不超过 0.5MPa；整体管柱深度大于 2000m，经 15MPa 以上试压 30min，压降不超过 0.8MPa。

③各级封隔器经投单层堵塞器式压力计方法测压检查，10~15MPa 试压 30min，测试资料显示压力上升不超过 0.5MPa。

2. 封隔器堵水

将封隔器下入井中，采用机械或液压坐封方式使封隔器坐封，达到封堵油井中的某一高含水层段的目的，使该高含水层液流不能进入井筒，通常将这种堵水方法称为封隔器堵水。

（1）封隔器堵水技术的应用条件

①适用于单一的出水层或含水率很高、无开采价值的层段。

②需封堵层段上下夹层稳定，固井质量合格无窜槽，且夹层大于 5.0m。

③堵水管柱及井下工具质量合格。

④油层套管无损坏，井况良好。

⑤出水层段岩性坚硬，无严重出砂。

（2）封隔器堵水的方法

常用的封隔器堵水方法有四种，即封下采上、封上采下、封中间采两头和封两头采中间。

①封下采上管柱结构自下而上为（图 4–7–13）：

丝堵 + 油管 + 封隔器 + 筛管 + 泵 + 油管。

②封上采下管柱结构自下而上为（图 4–7–14）：

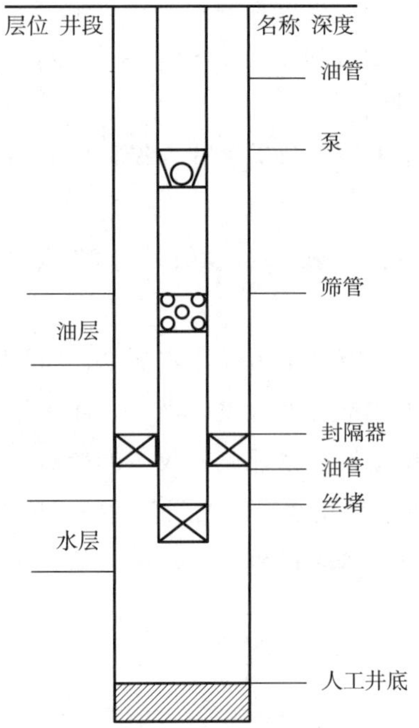

图 4–7–13　封下采上管柱结构示意图

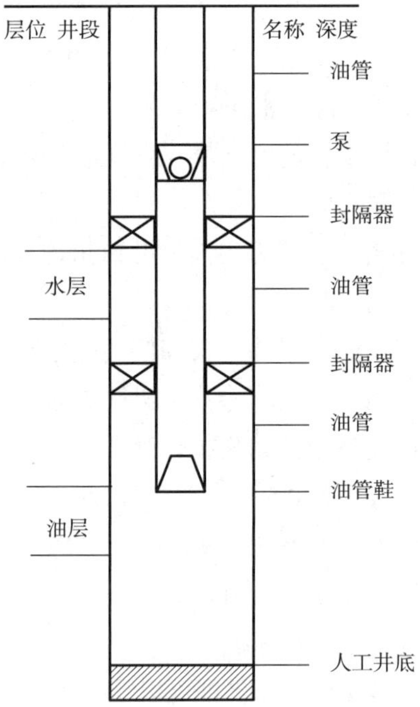

图 4–7–14　封上采下管柱结构示意图

油管鞋 + 油管 + 封隔器 + 油管 + 封隔器 + 泵 + 油管。

③封中间采两头管柱结构自下而上为（图 4–7–15）：

油管鞋 + 油管 + 封隔器 + 油管 + 封隔器 + 筛管 + 泵 + 油管。

④封两头采中间（图 4–7–16）：

封堵这样的出水层段，管柱的连接应尽量简化，一般采用先下入 Y445 或 Y441 封隔器，封堵其下部水层，然后按照封上采下管柱连接方法操作。

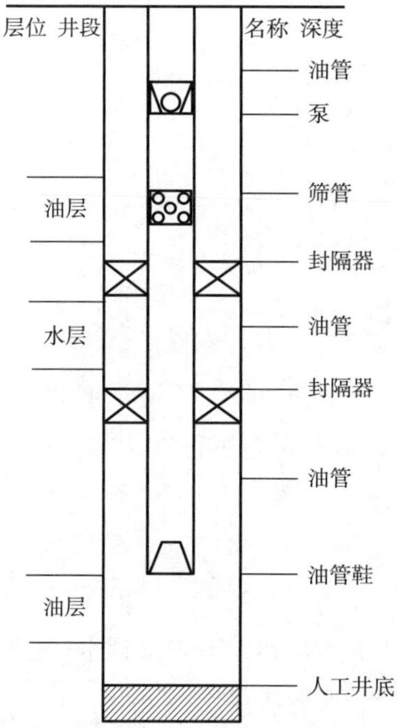

图 4–7–15　封中间采两头管柱示意图

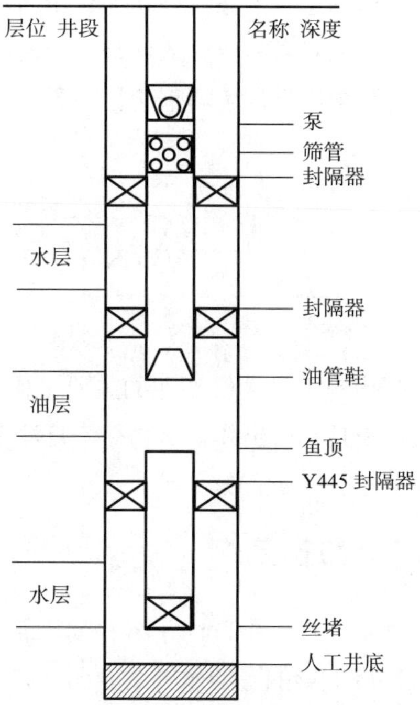

图 4–7–16　封两头采中间管柱示意图

3. 化学堵水

化学堵水是以某些特定的化学剂作为堵水剂，将其注入地层高渗透层段，通过降低近井地带的水相渗透率，达到减少油井产水、增加原油产量的目的。

（1）化学堵水剂的分类

分为树脂类、沉淀类、冻胶类、凝胶类、颗粒类、其他等六类。

（2）化学堵水的方法

将化学堵水剂经油井注入高渗透出水层段，以降低近井地带的水相渗透率，减少油井出水、增加原油产量的一整套技术称为油井化学堵水技术。化学堵水对于裂缝地层、厚层底部出水更为有效。根据堵水剂对油层和水层的堵塞作用，化学堵水又分为选择性堵水和非选择性堵水。

（3）堵层间水与层内水的选井原则

①油层较厚（厚度大于 3m）且大片连通、能量较好的高含水油井。

②层内非均质严重、油层射开厚度较大和具有较大潜力的油井。

③层内存在隔夹层且射开厚度较大的油井。

④水窜流线固定单一且在断层附近的高含水油井。

（4）封堵底水锥进的选井原则

优先选择具有较强的渗透性及供液能力的底水入侵井，以中高含水期为宜，油层底部具有一定隔夹层最为理想。

（5）化学堵水工艺评价

堵水施工后满足以下条件即认为化学堵水工艺成功：

①按设计要求对目的层注入堵剂，卡层准确。

②施工过程中没有发生堵卡管柱现象。

第八节　油水井打捞

油水井打捞施工是大修作业的主要工作之一。泛指需要针对不同类型的井下落物，选用相应的打捞工具，捞出井下落物，恢复油水井正常生产工艺过程。

一　油水井打捞基础

在油水井生产过程中，由于各种原因常出现井下落物和井下工具遇卡问题。各种井下落物在很大程度上影响着油水井的正常生产，严重时可造成停产。因此，需要针对不同类型的井下落物，选用相应的打捞工具，捞出井下落物，恢复油水井正常生产。

（一）打捞简单计算

①套管深度 = 套管联入 + 套管长度。

②油管深度 = 井下工具长度 + 油管长度 + 油管挂长度 + 油补距。

③修井深度 = 井下工具长度 + 钻杆长度 + 方入 + 方差。

④注意：一切深度的计算基准点都是钻机转盘补心上平面。

（二）打捞作业的分类

1. 按井下落物的种类划分

打捞出井下落物的作业过程称为打捞作业，可以从不同角度对打捞作业的性质进行分类。根据井下落物的种类可将打捞作业分成四类。

①管类落物打捞：如油管、钻杆、封隔器、工具等。

②杆类落物打捞：如（断脱的）抽油杆、测试仪器、加重杆等。

③绳类落物打捞：如测井和录井钢丝、电缆等。

④小件落物打捞：如铅锤、扳手、钳牙、钻头、刮蜡片、压力计、取样器和阀球、牙轮等。

2. 按打捞作业的难易程度划分

按照工程难易程度可将打捞作业分为简单打捞和复杂打捞两种。这种划分方法便于施工准备和制定施工措施。简单打捞的划分界限是凡掉入井内的管类、封隔器和绳类等，没有卡钻、遇阻等复杂情况，一般作业队的设备及技术力量能够解除的故障，并且不需要采用转盘倒扣、套铣、磨铣等工艺的作业。在采油、注水、修井过程中掉入井内的铅锤、刮蜡片、压力计、钢丝和钢丝绳等，或在修井过程中没有按操作规程操作，造成修井工具、管类、绳类掉入井中，或钻具（管柱）、封隔器被卡断落在井内，用简单提拉、震击解卡可以解除的，均属于简单打捞。

复杂打捞的划分界限是凡掉入井内或卡在井内的管类、封隔器和绳类等，一般作业队的设备技术力量无法处理，需要采取倒扣、套铣、钻磨及爆炸措施处理才能恢复正常生产的作业。

3. 井下落物的危害

①缩短沉砂口袋，使油井的免修期缩短。

②堵塞油层，影响油井的正常生产。

③造成卡钻事故。

④妨碍实施增产措施。

⑤造成油水井侧钻或报废。

4. 井下落物的处理

对于井下落物的处理：一种方法是原物取出；另一种方法是井内消灭。所谓原物取出是下各种打捞工具将落物整体或分段捞出，所谓井内消灭则是指下磨铣工具把落物磨铣掉。在下打捞工具可以奏效的情况下，尽可能采用原物取出的方法，即我们常说的打捞。

5. 打捞作业遵循的基本原则

①每次工具下井都应该设法打捞起落鱼或使井下问题得到缓解。

②能进能出原则：下得去、捞得住、起得出。工具遵循先内后外、先捞矛后捞筒的原则；解卡方式遵循先提拉，后倒扣或切割的原则。

③保护油水层不受污染和破坏。

④处理井下事故的设备能力、人员素质，必须能满足工艺需要，不得因处理井下事故而造成人员伤害、设备损坏、环境污染等。

⑤从易到难原则，成本最低原则。

⑥不损坏井身结构（套管与水泥环）。

二 打捞工具选择与使用

在长期的打捞实践中，根据井下落物的类型，设计出了多种打捞工具。在修井作业中，打捞作业占很大的比重，打捞工具应用最为广泛。由于井下落物种类繁多、形状各异，因此打捞工具也有多种结构形式。按结构特点可分为锥类、矛类、筒类、钩类、篮类、其他等六大类。

（一）各类落物打捞工具

1. 管类落物打捞工具

常用工具有滑块打捞矛、公锥、母锥、接箍打捞矛、可退式打捞矛、可退式打捞筒、倒扣打捞矛、倒扣打捞筒等。

2. 杆类落物打捞工具

常用工具有抽油杆打捞筒、组合式抽油杆打捞筒、活页式打捞筒、三球打捞筒等。

3. 绳类落物打捞工具

常用工具有螺旋式外钩、内钩、老虎嘴等。

4. 小件落物打捞工具

常用工具有一把抓、反循环打捞篮、磁力打捞器等。

5. 辅助打捞工具

常用工具有铅模、各种磨铣工具（平底磨鞋、凹底磨鞋、领眼磨鞋、梨形磨鞋、柱形磨鞋、内铣鞋、外齿铣鞋、裙边鞋、套铣鞋等）、各种震击器（上击器、下击器、加速器和地面下击器等）、井下液压增力器、安全接头和各种井下切割工具等。

6. 大修常用钻具和井口工具

常用的钻具有 2$\frac{3}{8}$~3$\frac{1}{2}$ in 正反扣钻杆、2$\frac{1}{2}$~3$\frac{1}{2}$ in 方钻杆。常用的井口工具有轻便水龙头、液压钳、吊钳、安全卡瓦、各种规格的活门吊卡、井口卡瓦、方钻杆补心、旋塞阀、钻铤提升短节、接头等。

（二）常规事故处理工具适用条件

常规事故处理工具适用条件见表 4-8-1。

表 4-8-1 常规事故处理工具适用条件

<table>
<tr><th colspan="2">工具名称</th><th colspan="2">适用条件</th></tr>
<tr><td rowspan="6">内捞工具</td><td>公锥</td><td rowspan="4">鱼顶带接箍或接头</td><td>被卡落物</td></tr>
<tr><td>滑块卡瓦打捞矛</td><td>经套铣需倒扣的落物</td></tr>
<tr><td>可退式打捞矛</td><td>可能遇卡的落物</td></tr>
<tr><td>倒扣打捞矛</td><td>遇卡落物或经套铣出的部分落物</td></tr>
<tr><td>油管接箍打捞矛</td><td colspan="2">油管接箍完好及下部落物无卡</td></tr>
<tr><td>水力打捞矛</td><td colspan="2">内径较大的落物及下部无卡</td></tr>
</table>

续表

工具名称		适用条件
外捞工具	母锥	鱼顶为油管、钻杆本体等工具
	可退式打捞筒	鱼顶外径基本完整且可能有卡的井下落物
	倒扣打捞筒	鱼顶外径基本完整且可能部分倒出的落物
	开窗捞筒	鱼顶外径基本完整并带接箍或接头台肩的无卡落物
辅助工具	开式下击器	经活动、憋压等方法解卡无效时使用，反复向下震击被卡落物使卡点松动而解卡
	液压上击器	处理深井砂卡、封隔器卡及小件落物卡，尤其是井架载荷不够而不能实施解卡时使用
	铅模	检查套管内径变形及损坏程度、深度和落物深度、鱼顶状况等
	磨铣工具	打捞落物前的先期处理工具或无法打捞时使用

（三）解卡打捞管柱工具组合

1. 组合原则

管柱组合应遵循下得去，抓得住，起得出，有退路的原则。工具一般是先内捞，后外捞，先捞矛，后捞筒的原则。解卡方式是先提拉，后倒扣，实在不行就切割，最后一招是磨铣。

2. 解卡打捞工艺管柱结构

（1）检测管柱结构

①铅模打印管柱结构（自上而下）为：油管或钻杆柱 + 安全接头 + 铅模。

该管柱结构适用于检测鱼顶状况、套损点状况。

②胶模打印管柱结构（自上而下）为：油管柱 + 短节 + 工作筒 + 胶模 + 尾管 + 泄压阀。

该管柱结构适用于检测套损点状况。

（2）常规打捞工艺管柱结构

常规打捞工艺管柱自上而下为：钻杆柱 + 配重钻铤 + 震击器及其配套辅助工具 + 钻铤 + 安全接头 + 打捞工具（最好选用可退式可倒扣打捞矛、筒类工具）。这种工艺管柱既可实现抓捞落鱼、施以活动管柱，又可实施震击解卡法，对砂蜡卡、小物件卡、轻微套损卡有明显效果。震击器的选用视落鱼结构、鱼顶状况、卡阻类型等情况而定。一般情况下，以向上震击为主时，应选用液压上击器及其配套的液体加速器和配重钻铤。

（3）切割管柱结构

①机械内割刀切割管柱（自上而下）：

钻杆柱或可在油管内使用的小直径油管 + 开式下击器 + 配重钻铤 + 安全接头 + 打捞工具 + 机械式内割刀。

这种工艺管柱适用于油管、套管的切割，如切割 $2\frac{7}{8}$ in 油管时，可选用 $1\frac{1}{2}$ in 油管，$2\frac{7}{8}$内割刀及 $1\frac{1}{2}$ in 加重杆。

切割 $5\frac{1}{2}$ in 套管时，可选用 $2\frac{7}{8}$ in 钻杆、ϕ105mm 钻铤、$5\frac{1}{2}$机械式内割刀等。管柱中

的开式下击器主要为割刀进刀提供钻压，使进刀量 30mm 的操作容易实现和掌握。打捞工具主要是可退式打捞矛，使切割后同时捞获被切割管柱，减少一趟起下管柱。

②水力式内割刀切割管柱：

目前水力式内割刀切割管柱应用也较多，其管柱结构为（自上而下）：

钻杆柱 + 钻铤 + 扶正器 + 安全接头 + 水力式内割刀。

管柱中钻铤的作用是增加钻具的稳定性，提高切割效率。水力式内割刀用于处理卡钻事故时，在卡点以上部位切割管柱。也用于取换套施工中的切割，效果非常理想，切割后的端部切口光滑平整，可直接进行下一步工序。

③水力式外割刀切割管柱：

该管柱目前不常用，但是在内割刀受阻，下不到预定深度时，可以考虑使用，其管柱结构为（自上而下）：钻杆柱 + 安全接头 + 套铣管 + 水力式外割刀。

这种工艺管柱一般在套管内切割被卡的油管柱且油套环形空间间隙较大时使用。切割套管时，需将套管外部套铣干净，套管与裸眼井壁间隙足够大，工具才可顺利通过。

④聚能切割或化学喷射切割管柱：

聚能切割或化学喷射切割弹可用硬性管柱带入井内，然后投入磁性铁棒撞击点火引爆，这种管柱结构为（自上而下）：油管或钻杆柱 + 短节 + 测试接头 + 聚能切割弹或化学喷射弹。

（4）震击管柱结构

①上击管柱结构（自上而下）：

这种管柱结构为：钻杆柱 + 配重钻铤 + 液体加速器 + 配重钻铤 + 液压上击器 + 安全接头 + 可退式可倒扣打捞矛或打捞筒。

②下击管柱结构（自上而下）：

这种管柱结构为：钻杆柱 + 配重钻铤 + 润滑式下击器或开式下击器 + 安全接头 + 可退可倒扣式打捞矛或打捞筒。

这种管柱结构可同时完成打捞、震击及倒扣，当震击无效时，可利用反扣钻杆、工具及以下的可退可倒打捞工具直接进行倒扣作业。

（5）钻磨套铣管柱结构

钻磨套铣方法是在其他措施无效或效果不明显时最后采取的有效措施，其工艺管柱结构（自上而下）为：钻杆柱 + 钻铤 + 扶正器或套管保护装置 + 安全接头 + 钻磨套铣工具。

这种工艺管柱中必需加套管保护装置，以防止或减少因钻压过大钻柱弯曲而打磨刮损套管。开式下击器及以下的配重钻铤为钻磨套铣工具提供相对恒定钻压，在管柱遇卡阻时进行震击解卡。

（6）其他工艺管柱结构

在解卡打捞过程中，除上述几项关键工艺结构外，还常常使用一些辅助性工艺管柱，如刮削、通井、冲砂、替喷等，这些辅助性工艺管柱的组合原则应以安全为主、尽可能增加安全接头的使用，以便管柱最下端遇卡、砂埋等能安全取出上部管柱。

（四）选用打捞及打捞工具应注意的问题

1. 打捞注意事项

在各种各样的打捞井下落物过程中，只要根据落鱼的原因和提前对鱼顶进行印证，合理改变钻具组合，就能收到事半功倍的效果。在打捞过程中必须注意以下事项：

①打捞前必须处理井筒保证打捞作业畅通无阻。

②落实落物型号、数量及鱼顶深度和形态。

③打捞作业要从最坏的可能考虑，防止任何异物落井造成卡钻。捞住落物遇卡时必须有脱手措施。尽可能避免使井下情况复杂化。

④下井的管柱和工具必须做好详细记录，工具必须有标明尺寸的草图，一旦发生意外便于处理。

⑤判断是否捞上落鱼的方法是：校对打捞方入；观察指重表悬重变化；对比打捞前后泵压；造扣后，上提钻具 1~2m 再下放观察钻具深度的变化。

⑥打捞过程中要确保油、水层不受伤害与破坏。

⑦打捞过程中要根据以上事项和井筒及产油气情况，合理改进钻具。

2. 打捞工具注意事项

必须根据落鱼及管柱卡阻情况优选合适的打捞工具，一旦处理不好，会造成井下事故复杂化。原则上对不同类型的落鱼情况，选择工具应注意以下问题：

①管类落鱼鱼顶为本体时，应优先考虑选用可退可倒扣的筒类打捞工具，其次选用母锥，避免使用矛类打捞工具，以防破坏鱼顶，因油套环形空间小，筒类、母锥无效时，可使用外部带护罩和引鞋的捞矛，并且插入鱼腔内的深度不应低于 1.2m，以免上提负荷过大，造成鱼头劈裂，破坏鱼头，给下一步打捞增加困难。

②管类落鱼鱼顶为母扣时，应优先选用可退可倒扣的矛类打捞工具。如鱼腔内受阻而油套环形空间又较大时，可选用可退可倒扣的筒类打捞工具。

③落鱼为杆类时（包括大套管内的小油管），由于这类落鱼的直径远远小于套管内径，在打捞和打印时钻压稍大，就会将落鱼压成弹簧，给打捞增加难度。一般选用筒类打捞工具，而且要精选引鞋，确保在轻钻压下就能将落鱼引入工具内。

④绳、缆包括钢丝类落物一次捞净的可能性很小。如工具选用不当很可能发生打捞钻具被卡的情况。使用外钩时，外钩上接头应设有压盘，防止外钩插入太深而将接头卡埋，造成新的事故。

⑤其他应注意事项：

a. 选用打捞工具前必须先检测落鱼及鱼头情况，核准深度，为选择打捞工具提供依据。任何情况下都不得使用与打捞管柱螺纹方向相反的打捞工具及其他修井工具。

b. 选用钻磨铣工具时应根据井内落物的形状和材质选择相应的工具，应注意工具外径与套管内径间隙保持 6~8mm，以利于工具起下和钻屑的上返排出。除特殊需要外，工具外侧不要铺焊硬质合金，便于保护套管。

（五）解卡打捞

落物（落鱼）在井内有两种状态，一种是从井口掉入处于自由状态，另一种是在井内被卡，而解除此类事故，往往采用解卡的方法。以下简要介绍一下：

①活动解卡法。旋转井内被卡管柱并逐步上提，最大悬重不应超过井内管柱或工具抗拉强度的 80%，最大扭矩小于管柱最大抗扭矩的 80%。上下活动管柱解卡。若活动解卡不成功，采用其他打捞方法打捞落物。

②磨铣解卡法。使用转盘钻修设备时，使用的钻具组合为（自下而上）：磨铣工具 + 安全接头 + 捞杯 + 钻杆柱 + 方钻杆。落物磨铣完后循环洗井一周以上，排量不低于 500L/min，洗井后用循环打捞篮或磁力打捞器清除井内落物碎块，保证井底干净。

③套铣打捞法。当管柱被砂、盐、垢卡，或被水泥固死，用套铣管对被卡管柱进行套铣。根据套铣结果选择打捞工具。重复以上步骤直至打捞出全部落物。若套铣打捞不成功，则选用其他的打捞方法。

④套铣切割法。要求井下落物卡点以上管状落物通径应满足爆炸切割要求。

a. 下切割弹至管状落物卡点以上 0.5~2m，切割并取出断口以上的管状落物。

b. 用大于井下落物长度的套铣管套铣操作时，应每隔 20min 左右上提下放套铣管柱，随时观察转盘扭矩变化，同时观察泵排量和返出量的变化，以防套铣卡钻。在套铣深度大于井下落物底端深度后，洗井两周，转入打捞程序。

⑤倒扣打捞法。在井内被卡管柱较长，活动解卡无法解卡时可采用反扣打捞工具，将被卡管柱捞获，分别倒出，以分解卡点的力量，达到解卡的目的。

计算公式：

$$H=K\lambda/P \tag{4-8-1}$$

式中 H——卡点深度，m；

K——计算系数（表 4-8-2）；

λ——钻具多次上提拉力下的平均伸长量，cm；

P——钻具多次上提平均拉力，t。

a. 在井况允许情况下应先对被捞管柱从上到下紧扣。

b. 测定或计算出管柱卡点深度，确定倒扣载荷。

c. 根据卡点深度确定中和点倒扣，直至捞获全部落物。

d. 若倒扣打捞不成功，则采用其他打捞方法打捞落物。

表 4-8-2 常用管柱的 K 值

管类	外径 /mm	壁厚 /mm	K	管类	外径 /mm	壁厚 /mm	K
钻杆	73	9	3800	油管	73	5.5	2450
油管	60	5	1800	油管	89	6.5	3750

⑥爆炸解卡法。它是在测准卡点之后，用爆炸方法使卡点钻具松动解卡，然后起出卡点以上管柱，再打捞卡点以下结构而采取的一种工艺措施。

⑦震击解卡法。利用震击器或钻具砸击被卡管柱，使其受突然的强烈震击而松动解卡。

⑧割铣解卡法。在被卡钻具里面或外面下入带有切割刀刃的内割刀或外割刀，割刀便在预定的位置把钻柱割断，遗留在井内的管柱，可再用套铣倒扣的方法处理。

⑨油浴解卡法。它是把原油（也可混入部分柴油及加入适量的表面活性剂）泵入井内，使其返到卡点部位浸泡、改善滤饼摩擦系数，边泡边活动钻具即可解卡。

⑩酸浴解卡法。它是把一定浓度的盐酸溶液泵送到被卡段浸泡，酸液可溶解滤饼，使石灰岩岩屑分解而解除卡钻。

三 油水井打捞工艺

（一）打捞操作规程

①全面检查游动系统，加固井架绷绳，检查指重表是否灵敏。

②检查打捞工具的规范是否符合所打捞的落物。

③选用打捞工具时，应考虑操作方便，经济实惠。

④采用最佳的管柱组合，做到能捞能放，能进能退，有预防再度发生事故的技术措施。

⑤打捞大直径工具以前，应将鱼顶以上的砂子冲洗干净，避免造成砂卡管柱，打捞丢封以前，应选用合适的通井规通井，验证套管，避免因套变造成卡钻。

⑥打捞操作要平稳，捞获落物起钻时，要打好背钳，防止因管柱转动导致脱扣。

⑦捞上落物后应试提后再上起，不能超负荷使用。

⑧每打捞一次都要总结分析，研究措施，直到全部打捞结束。

（二）铅模印痕的分析与判断

在实施打捞作业前，一般先进行铅模打印，通过铅模打印过程来判断井下落物的形态，得到相关数据。

①铅模起出后，首先要丈量铅模是否缩径，如变形严重，从铅模上可以直观看出套管的损坏程度。

②铅模侧面有擦痕，说明套管有毛刺或卷边；如擦痕严重，则说明套管错断，更严重的可直观地在铅模上反映出来。

③有规则的管类、杆类和井下工具，通过打印可以直接反映落鱼的内外径，在井下的状态、鱼顶好坏。

④绳类落物可以通过打印判断其所处的状态和落物的性质。

⑤有规则的小件落物可直观地在铅模上反映出来，无规则的小件落物也可通过打印来判断其尺寸大小、所处状态，为下一步打捞提供依据。

值得注意的是，在铅模打印时要平稳操作，一趟管柱只能打一次印，以保证判断依据的准确性。

（三）管类落物打捞

1. 井下落物为油管且鱼顶无破损

针对这种情况，打捞时优选与落鱼规格相符的打捞工具。如卡瓦打捞筒、滑块打捞矛、可退式打捞矛。

2. 如井下落物为油管且鱼顶破损

针对这种情况，须根据鱼顶破损情况选择母锥、公锥或弯鱼头打捞筒，下入锥类打捞工具造扣成功后上提打捞管柱，如指重表显示吨位不在安全操作范围，则进行倒扣更换鱼顶；若鱼顶破损严重，应下磨鞋修整鱼顶后再进行打捞。

3. 砂埋油管打捞

地层胶结松和生产后长时间流体冲刷等因素导致地层出砂，砂砾进入油套环空卡住油管使油管无法正常起出。

常规修井工艺一般采用先下入套铣筒对油套环空中的砂进行处理，再下打捞工具进行打捞，整个过程至少需要起下两次管柱，施工时间长，且常常会出现一趟套铣作业后，处理干净后地层继续出砂卡住油管，给打捞作业带来很大的难度。为提高砂埋油管的打捞速度，优先选用套铣打捞一体化管柱，该管柱由套铣头、功能接头、筒体和倒扣捞矛组成，工作原理是下入工具距离油管 5m 处开始循环洗井，边冲边下，对油管外部砂砾及落物鱼顶进行彻底清洗，下入一定位置后捞矛进入油管内壁然后上提实施打捞作业，这种套铣打捞一体化工艺可有效解决传统工艺作业时间长、打捞成功率低的问题。

（四）杆类落物打捞

抽油杆断脱有两种情况：一种是断脱在油管内；另一种是断脱在套管内。在油管内打捞抽油杆比较容易，如抽油杆脱扣，可直接下抽油杆对扣打捞或下卡瓦打捞筒进行打捞。如打捞工作量大，可直接起油管至抽油杆露头。

（五）小件落物打捞

在修井工作中经常碰到螺丝、钢球、钳牙、牙轮、射孔弹片等小物件落井，这会给井下作业带来一定困难。打捞这些落物时，要根据落鱼的大小、形状选择合适的工具。必要时还要根据具体情况，加工专门打捞工具。

1. 打捞小件落物的常用工具

磁力打捞器、反循环打捞篮、一把抓、活页打捞筒等。

2. 打捞小物件分类

分为硬捞和软捞，硬捞是使用钻杆或油管起下打捞工具；软捞是使用钢丝绳起下，打捞工具主要是磁力打捞器。

（六）绳类落物打捞

1. 绳类落物的分类

绳类落物主要有测井钢丝、射孔电缆、电泵电缆、抽汲钢丝绳等。

2. 绳类落物打捞工具

①打捞工具可分为内钩、外钩、内外组合钩、老虎嘴等。

②绳类落物打捞有硬捞和软捞之分。

③加工内外钩时，应在打捞工具上加装阻挡环，防止绳类落物跑到工具上端造成卡钻。

④打捞时，一次不能下入太深，应逐步加深。

（七）井下封隔器打捞

封隔器是油气田开发中应用最广泛的井下工具之一，它可以起到卡封油层、配套防砂管柱、卡封套损段等作用，在打捞封隔器作业时，首先要对落物封隔器的型号和尺寸充分了解然后下入对应工具进行打捞。在井下打捞封隔器时通常采用旋转后上提或直接上提的方法，在打捞过程中需要解决多种技术难题，同时要避免遗漏某项打捞工序。对此，在实施打捞作业的过程中应根据井下工具的实际情况合理选择打捞技术，以克服封隔器打捞施工难点，避免出现常见的打捞问题，确保能够顺利打捞出封隔器。

（八）磨铣工艺

1. 对磨屑的辨认

磨屑返出井口有片状、丝状、砂粒状几种。当井下落物为稳定落鱼（即落鱼卡死固定），材料含碳量较高时，其磨屑为长丝状。最大厚度为 0.5~0.8mm，长度可达 70mm 左右。当出现的磨屑呈头发丝状时，说明钻压过小，应当增加钻压。

当磨铣含碳量较低的落鱼时，出现的磨屑为长度较短的丝条状，长度在 30~50mm。有时由于局部挤压研磨作用也出现长鳞片状磨屑。如果在磨铣中磨屑大量呈现鳞片状或铁末，说明参数不合理或者磨鞋已大量磨损，需要更换新的磨鞋。注意，当磨铣时，如洗井液排量不够，环形空间流速低于或等于大磨屑的沉降速度，则大的磨屑在井筒中悬浮，地面收集到的磨屑实际是假象，因而应根据排量等因素综合判断。

当各种参数均正常时，对各种管材磨铣时可参考表 4-8-3、表 4-8-4。

表 4-8-3　不同落鱼材料磨铣参数

材料	转速 /（r/min）	钻压 /kN	返出磨屑情况
P-110	100~156	30~40	细长卷条状，长 70mm 左右
N-80	80~125	20~30	细长卷条状，长 70mm 左右
J-55	80~125	20~30	细长弯曲状（小卷），长 50mm 左右
C-40	50~75	10	长鳞片状

表 4-8-4　不同磨鞋磨铣参数

磨鞋种类	钻压 /kN	转速 /（r/min）	排量 /（m^3/h）	备 注
平底磨鞋	18~44	70~100	>25	
凹面磨鞋	25~45	80~125	>25	
梨形磨鞋	10~18	50~80	>25	用低速低钻压
套铣磨鞋	10~25	50~100	>25	

井下磨铣，应选用较高的转速进行，以取得较高的磨铣速度。但应当与钻压配合使用，如钻压大转速高则地面扭矩加大，动力、钻具和工具等均可能出现损坏，具体可参考表 4-8-3、表 4-8-4。

当井下落鱼处于不稳定的可变位置状态时，在磨铣中落物会转动、滑动或跟随磨鞋一起做圆周运动，这将大大降低磨铣效果，应采取一定措施，使落物于某一段时间内暂时处于固定状态以便磨铣。

落鱼上附带的胶皮在磨铣过程中会造成麻烦，胶皮会引起磨铣速度下降。如遇到这种情况时，判断准确之后可采取降低泵压或完全停泵很短一段时间，并反复顿钻，用磨鞋把胶皮捣成碎块。如果胶皮使得实在无法继续操作，那就起出磨鞋，下钻头将胶皮块从落鱼中消除，或者另行下入其他打捞工具（如一把抓、老虎嘴、反循环打捞篮等）将胶皮处理之后，再进行磨铣。

2. 磨铣作业操作规程

①检查动力提升设备和修井液循环系统运转是否正常，中途不应停止运转，仪器仪表准确灵敏。

②适时调整修井液的性能，满足换带磨铣屑的能力，保持井内液体常满状态并构成闭合循环。

③检查磨铣工具并将测量的外径、内径、长度做好记录。绘制出工具示意图。

④在连接安全接头和磨铣工具前应将安全接头两连接体全部卸开，彻底清洗干净螺纹并涂抹螺纹脂后将两连接体装配，装配后应留有轴向窜动量。

⑤连接磨铣工具时应卸下螺纹保护套，彻底清洗螺纹并涂抹螺纹脂。

⑥安装自封或防落物装置，防止小件金属物体落入井内。

⑦下入磨铣管柱应平稳操作，控制下放速度不大于 0.5m/s，最后 10 根控制下放速度不大于 0.01m/s，距离鱼顶 1~2m 时，开泵循环冲洗鱼顶，然后缓慢下放管柱校对鱼顶深度。

⑧开泵循环正常后，低速旋转管柱慢下放，轻压慢转至鱼顶处，参照表 4-8-4 所列参数并适时进行调整以获取最大磨铣进尺。

⑨磨铣过程中，适时调整修井液性能，保持良好的携屑能力，下放管柱时加压应平稳均匀，每磨铣 30min 左右上下活动一次管柱，磨铣完一根后应充分循环修井液清除井内磨屑，直到磨铣至预计井深或磨铣目的井段。

⑩磨铣过程中应适时观察泵压、排量、悬重和转盘扭矩的变化，出现异常情况应正确判断和及时处理。

⑪磨铣起钻前应循环修井液1~2周后停泵，平稳操作缓慢提升管柱，直至将磨铣工具全部提至磨铣井段以上，方可以正常速度起钻。

⑫平底磨鞋和凹底磨鞋正常磨铣可按上面要求进行操作。

⑬领眼磨鞋下入井内距鱼顶1~2m处时，开泵循环修井液冲洗鱼项20~30min后，缓慢下放管柱或间断旋转管柱边下放将领眼部分引入鱼腔内，轻压慢转将破损的鱼顶磨掉，然后才能正常磨铣。

⑭铣鞋下入井内距鱼顶1~2m处时，开泵循环修井液冲洗鱼顶20~30mm后，连续或间断旋转管柱边下放铣鞋至鱼顶上轻压慢转磨铣5~10min后逐渐增加钻压和加大转速，无异常憋、跳钻的情况下才能正常磨铣。

（九）套铣工艺

套铣作业就是将铣鞋、套铣管、打捞杯、震击器等钻具组合下到井底，在套铣的同时大排量循环，达到清洁环空解卡的目的。套铣过程中必须严格控制套铣参数，当套铣参数发生变化时应认真分析井底情况，采取必要措施，避免造成井下复杂事故。

1. 钻具组合

自下而上：套铣鞋＋套铣筒＋安全接头＋短钻杆＋捞杯组合＋震击器＋钻铤＋钻杆＋方钻杆。

打捞杯是套铣管柱上的必备工具。在套铣过程中，套管与钻杆环空容量大，钻井液上返速度不足以使一些较大的金属落物或胶皮、绕丝等返到地面，只能通过在钻具上加打捞杯回收，同时也减少了套铣钻具被卡的危险。携砂钻井液在上返过程中经过打捞杯，环空容积突然增大，返速减小，较大的金属落物、胶皮等下沉掉入打捞杯内，起钻时随打捞杯带到地面。

2. 施工参数

钻压：10~25kN，根据井内实际情况而定。

转速：50~100r/min，根据井内实际情况而定，当遇到不连续切削如套铣封隔器卡瓦牙时，转速不能过高，要适当降低。

排量：500~700L/min，根据井下实际情况而定。

3. 套铣解卡施工中应注意的问题

①套铣筒下井前要测量外径、内径和长度，并绘制草图。

②套铣筒连接时，螺纹一定要清洁，并涂螺纹密封脂。

③根据地层的软硬及被磨铣物体的材料、形状，选用套铣头。

④下套铣筒时必须保证井眼畅通。在深井、定向井、复杂井套铣时，套铣筒不要太长。

⑤套铣筒下钻遇阻时，不能用套铣筒划眼。

⑥当井较深时，下套铣筒要分段循环修井液，不能一次下到鱼顶位置，以免开泵困难，憋漏地层和卡套铣筒。

⑦下套铣筒要控制下钻速度，由专人负责观察环空修井液上返情况。

⑧校正好井深、鱼顶、套铣方入，控制下放速度，应在距离鱼顶0.5~1m处缓慢转动下放。接触鱼顶时，为防止牙齿先期折断，先加压5~10kN，转速50~100r/min进行套铣，待平稳后提到正常钻压和转速。

⑨套铣作业中若套不进落鱼，应起钻详细观察铣鞋的磨损情况，认真分析，并采取相应的措施。不能采取硬铣的方法，避免造成鱼顶、铣鞋、套管的损坏。

⑩应以憋跳小、钻速快、井下安全为原则选择套铣参数。

⑪当正常套铣处于连续切削状态时，可以使用较高的转速（80~100r/min），以提高切削速度；但是，如果处于断续切削状态如套铣到封隔器卡瓦牙时，就要采用尽可能低的旋转速度（20~30r/min），以尽量减少连续切削对刀具牙齿的冲击载荷。

⑫钻压是保证牙齿啮入被切削落物的重要参数，只有施加适当的钻压才会有合适的啮入量。在套铣硬度不是很高的工件和连续切削时，使用较低的钻压（10~25kN）就可以实现快速套铣；在套铣硬度很高的工件时，可以使用较大的钻压（30~40kN），以保证牙齿啮入工件一定的深度。

⑬套铣筒入井后要连续作业，当不能进行套铣作业时，要将套铣筒上提至鱼顶50m以上。每套铣3~5m，上提套铣筒活动一次，但不要提出鱼顶。

⑭套铣时，在修井液出口槽内放置一块磁铁，以便观察出口返出的铁屑情况。

⑮套铣过程中，若出现严重蹩钻、跳钻，无进尺或泵压上升或下降情况，应立即起钻分析原因。待找出原因，泵压恢复正常后再进行套铣。

⑯套铣至设计深度后，要充分循环洗井，待井内碎屑物全部洗出后，应立即起钻。在套铣鞋没有离开套铣位置时不能停止施工。

套铣解卡施工中应注意的问题与磨铣作业时相同，但有一点必须特别注意，即套铣筒直径大，与套管之间的间隙较小，而且长度大，在井下容易形成卡钻事故，因而在操作中应注意使工具保持运动状态。停泵后必须立即上提钻具，还应经常使钻具旋转并上下活动，直至恢复循环。

（十）套捞一体化工具在大修施工中的应用

砂卡管柱在活动解卡无效的情况下，选用的管柱结构有：

①套铣母锥+安全接头+钻杆+方钻杆。

②套铣打捞矛+安全接头+钻杆+方钻杆。

③套铣打捞筒+安全接头+钻杆+方钻杆。

这些组合的共同优点是可实现“套铣、打捞倒扣”合二为一，改变以往先套铣后打捞倒扣的施工方式，提高施工效率。

套铣母锥适用于鱼顶为油管公扣状况下的砂卡管柱套铣打捞。

套铣打捞矛适用于鱼顶为油管接箍状况下的砂卡管柱套铣打捞。

套铣打捞筒适用于鱼顶为油管公扣且处于完好状态下的砂卡管柱套铣打捞。

四 疑难井打捞工艺

（一）深井打捞

1. 深井定义

修井深度是按油田技术水平及装备能力来确定属深井或超深井范畴的，大修作业一般界定是，井深在 2000m 以内的井为浅井；井深为 2000~4000m 的井为中深井；井深为 4000~6000m 的井为深井；井深在 6000m 以上的井为超深井。随着修井技术的发展，深井打捞工具和打捞技术也得到了改进和发展，几乎每一项打捞作业都有其特殊性，因此需要对打捞程序的每一环节进行仔细分析并作出判断。

2. 深井特点

井底温度高、压力高、相对井眼小。打捞工艺与常规井相似，但具体情况和难易程度不同。其主要表现为：

（1）高温、高压、高油气比对修井液的影响

由于深井井下温度高、地层压力大、油层油气比高，对修井液的要求也相应要高，目前高密度修井液用于 3000m 以内的井其性能比较稳定，能满足作业要求，但对 3000m 以上高压、高温、高油气比的井，在井内的稳定性就比较差。对于深井使用密度 1.6g/cm^3 以上修井液施工时，在井内很短时间性能就会发生变化，严重时修井液会在井内出现沉淀，容易造成井况复杂化，从而降低了大修效率，增加了修井成本。

（2）深井井身结构对打捞作业的影响

目前新疆油田绝大部分深井选用 ϕ139.7mm 油层套管完井，从开发的角度讲，选用 ϕ139.7mm 油层套管完井成本相对较低，但是对后期采油、油井维修以及打捞作业均带来诸多不便。因为打捞作业时，随着井深增加钻具长度及重量也会增加。首先打捞钻具在满足自身及被捞物重量的基础上还要克服钻具及被捞物在井内的摩擦阻力，因此深井钻具的钢级、尺寸与常规井有所不同。根据新疆油田的现状，目前在 ϕ139.7mm 套管内只能选用 ϕ73mm 钻杆、ϕ105mm 钻铤。使用打捞工具最大尺寸在 ϕ116mm 以内。目前深井打捞作业的钻具组合以 ϕ73mm 钻杆为主，因为打捞作业主要是以紧扣、上下大力活动、造扣、倒扣等方法来实现的，上述尺寸的钻杆在深井打捞作业中易发生断钻具、钻杆粘扣、接箍母扣被拧成喇叭口等事故。

（3）井身质量对打捞作业的影响

当深井井身质量差时，由于井眼轴线的方位变化、井斜变化，造成井壁对管柱的摩阻作用，及井内管柱的弹性弯曲，管柱自重作用较常规井都十分明显，使得深井打捞时操作、判断也不同于常规井，比较困难、复杂。

3. 深井打捞施工应注意的事项

打捞施工的最终目的是将井内物体卡点解除，并将其从井内顺利起出。深井打捞方法与常规井打捞方法既有相同之处又有其特殊性，深井打捞方法在遵循常规井打捞原则的基

础上还必须遵循活动解卡的原则：

①活动前必须紧扣，否则会因扣未上满而拉脱扣，如果从某一深度拔断，可根据情况考虑用正扣管柱带可退打捞工具紧扣、活动。

②必须在钻具和落鱼允许抗拉强度内进行活动，否则会因拉力过高而将钻具或落鱼拉断；同时不能超过起升设备安全范围。

③上提拉力必须逐渐逐次增加，并且上拉与下击结合。在允许条件下，可用转动配合解卡。

（二）复杂井打捞

复杂井打捞指油气井内落物情况错综复杂，不容易将落物一次性清除。比如：某井井下管柱、工具全部卡死，小修处理时拔油管无法作业。此外，油井套管时常因种种情况导致套管损坏，因此修复油井套管是大修的一项重要工作。

针对复杂的井下事故，形成了五大系列复杂井大修工艺技术：

1. 电潜泵井大修技术

（1）电泵故障分类

A 类：电泵无法正常起出，原管柱等未损坏。

B 类：全套电泵机组，部分电缆、油管落入井内。

C 类：只剩电机组或部分电机组在井内。

（2）电泵打捞

①上下活动打捞原管柱未损坏情况下（A 类），或其他情况下捞获后，可在油管、地面设备允许的负荷内上下活动，以达到松动解卡捞获电泵的目的，但不可转动管柱，更不能倒扣。

②打捞电缆、管柱活动无效时，对 A 类情况可从电泵泄油器以上把油管与电缆全部切断，起出油管和电缆；对于 B 类情况，捞获后可采用震击解卡，若无效，也可采用切割或套、磨、铣等工艺把油管和电缆全部捞出。

③打捞电泵冲洗鱼顶，下电泵卡瓦捞筒（需要时，还要套铣电泵）对电泵进行打捞。捞获后，可用上下活动、震击解卡，若无效，就从泵连接螺栓处提断，进行分段打捞，直至把全部电泵捞出。

④破坏性电泵打捞，倒掉电机上接头，用特制工具抽出转子、定子，最后磨掉电机外壳。

（3）施工要求及注意事项

①施工前首先将井史资料查清，如井下电泵、电机、管柱的结构和规范。

②根据井下事故状况编写施工设计，按设计准备各类专用工具。

③每一道施工工序都严格按设计进行，选用工具必须符合井下情况要求，不得随意选用。

（4）每次打捞都要详细描述捞出落物的名称、数量、规范，以便为下一步打捞提供依据。

（5）全套施工结束，写施工工程总结。按照施工工序，将工艺过程描述清楚。每道工序实施成功与否都要明确记录，并给出结论性意见及评语，以备存档。

2. 复杂杆类落物打捞技术

该工艺技术采用探视鱼顶、钩捞弯曲杆管、抽取缠绕杆管、限位套修鱼顶、套铣打捞一体化的工艺措施，并配套设计了偏心外钩、加强钩、套铣筒组合母锥等工具，能够成功处理复杂杆类落物事故。

解决的技术难点：

①抽油杆或连续管在套管内自然状态时因自重会呈弯曲状，紧贴套管壁，鱼顶不易引入打捞工具。

②抽油杆或连续管具有较强挠性，受压易变形，且有非常大的变形空间，打捞钻压不易控制，捞获时显示不明显。

③抽油杆或连续管打捞成功后承受拉力小，极易断脱、破碎造成落物重叠复杂化。

④抽油杆或连续管在套管内时环空大，易造成重叠缠绕，形成多鱼顶并列的情况，使打捞工具无法引鱼打捞。

3. 防砂管柱打捞技术

防砂管柱打捞技术应用分金属绕丝管和滤砂管打捞。

（1）绕丝筛管打捞技术

①绕丝筛管难以打捞的原因：

a. 筛管外径大，套管内径较小，间隙比较小，且环空充填了砾石，提捞时，筛管所受阻力很大，不易顺利起出。中心管强度低，易拔断。

b. 筛管防砂失效后，易砂埋筛管，造成筛管卡死。

c. 悬挂丢手封隔器坐封加压超重，造成封隔器卡住。

d. 充填施工失败，造成充填工具、筛管卡钻。

②打捞绕丝筛管：

a. 逐个查清井下落物规范、数量，将鱼顶清理干净，并修磨平整。

b. 下反扣钻杆（或倒扣器），下带闭窗套铣工具，对绕丝筛管进行套铣。

c. 套铣一根套铣筒长度（10m 左右），试提是否捞住。

d. 倒扣，反复多次，直至把全部绕丝筛管捞完。

（2）破坏的绕丝筛管打捞

破坏的绕丝筛管打捞过程中将绕丝捣乱呈乱团钢丝状，先捞乱丝，再捞中心管，把已损坏的筛管捞出后，再用常规捞筛管方法进行打捞。

①打捞乱绕丝。对于提断的筛管，常存在乱丝。无法进行正常套铣时，下闭窗套铣筒，大排量冲洗。启动转盘，将乱丝引入筒内，加压至套铣筒下不去为止，提出捞筒，取出乱丝。这样反复进行直至把乱丝全部捞出为止。

②打捞中心管。修整鱼顶，下中心管打捞筒，把中心管倒出来。

③打捞余下的完好筛管。把损坏段的筛管全部捞完后，用前面的打捞筛管的方法，下闭窗打捞筒套铣，打捞余下的完好筛管，直至将全部筛管捞出。

（3）施工要求及注意事项

①施工前查清井史、油井基本数据及历次修井资料。

②做好施工设计，备全配套打捞工具。

③打捞、套铣平稳操作，捞出落物做好描述，准确掌握井下情况。

④套绕丝施工时，细心观察分析井下情况，如有异常，及时起钻检查。如遇套管变形，待证实准确位置、变形程度后，先处理套变，再打捞落物。

⑤在套管变形的情况下打捞绕丝管，不要使用很长的套铣筒（如 10m）套铣，下工具必须带安全接头，防止二次卡钻。

（4）滤砂管的打捞

①普通滤砂管的打捞：普通滤砂管中心管的外径为 73mm，内径为 62mm，其打捞方法与打捞 ϕ73mm 平式油管的方法基本相同。

②其他防砂管的打捞：其他防砂管的打捞可根据其中心管的不同选择合适的打捞工具。

4. 注水井大修技术

（1）将水井事故分为以下六种类型

①水垢卡管柱。

②注水管柱严重腐蚀。

③全井套管严重腐蚀试不住压。

④上部套管破裂，地面返水，需要换套施工。

⑤套管破裂、缩径、弯曲和错断。

⑥砂卡注水管柱。

（2）针对六种类型的水井事故，研究出几种配套工艺技术

①水垢（砂）卡注水管柱：套、反、捞、倒。

a.“套”就是下连续套铣管套铣，一般情况不要超过 80m 连续管。套铣过程中谨慎操作，加压 5~10kN，钻速控制在 60r/min 以内，钻盘扭矩控制在 5000N·m 以内，保证修井机、大泵运转正常，保证钻具密封不短路，严防卡钻，这是本工艺的关键。ϕ139.7mm 套管配套使用 ϕ114mm 双级扣连续管；ϕ177.8mm 套管配套使用 ϕ127mm 或 ϕ139mm 双级扣连续管。

b.“反”就是连续套铣时采用反循环方式，循环液应用高黏度泥浆，提高携带水垢铁屑的能力，防止沉砂卡钻。

c.“捞”就是打捞，采用可退式倒扣打捞矛、提放可退式打捞矛打捞。

d.“倒”就是打捞牢固后，上提合适负荷倒扣。如果钻具是正扣钻杆可以使用倒扣器倒扣，操作安全方便，效果较好。

②油管严重腐蚀水井。

常规打捞方案一般会采用打捞矛、打捞筒或锥类工具进行打捞，捞不上来就会选择打

印，鱼顶若变形，则采用磨铣鱼顶继续打捞。这样用常规打捞方案，打捞矛或打捞筒往往一抓就是一片、一段或者一块油管碎片，反复几次后，鱼顶破坏严重，再采用平常磨铣工具磨铣油管，就会造成大量油管碎片下落，最终在鱼顶上部形成堆积，进一步增加处理打捞难度，最终无法完成施工。在现场的打捞中形成了以下打捞工艺：

对于腐蚀油管的打捞应掌握“四不原则”：

a. 能加压打捞不造扣打捞。即能采用矛类、筒类工具通过旋转引鱼加压，直接打捞的，不采用锥类工具进行旋转造扣打捞。腐蚀油管往往能承受一部分拉力，而对扭力对抗性很差，在造扣打捞的过程中，腐蚀油管会像玻璃管一样碎裂，造成鱼顶进一步被破坏。

b. 能直接打捞不套铣打捞。即能对鱼顶直接进行打捞的，不选择用套铣工具进行打捞。套铣虽然对环空的杂物起到清除的作用，但对腐蚀油管的套铣，往往会对整根油管造成破坏，形成较大的竖向油管皮，和鱼顶交错，给下一步打捞带来困难。

c. 能套铣打捞不磨铣打捞。即能采取套铣后实现打捞的，不采用磨铣鱼顶后再打捞的方案。套铣对本体的破坏力要远小于磨铣，不恰当的磨铣会造成大量的油管碎片堆积。

在井况腐蚀严重的情况下，尽量不要长时间进行套磨铣打捞，否则很可能造成套管损伤，甚至井筒报废。

d. 能打捞接箍不打捞本体。即能采用打捞接箍的工具直接打捞的，不采用打捞油管本体。在腐蚀程度相同的情况下，油管接箍能承受的负荷要远大于油管本体，捞住接箍后，直接上提或倒扣，都会产生较少的碎片，更利于下步措施的制定。

以上“四不原则”，可以较好地避免选择不恰当的打捞方案，防止产生大量油管碎片，增加打捞难度。

（3）配套特殊工具

①复合式磨鞋（图 4-8-1）：

在对腐蚀变形鱼顶进行打捞时，若鱼顶变形严重，打捞无法正常实现，需要对鱼顶进行修整，套铣筒只能对油管与套管环空进行处理，而且处理时会产生一些碎片，增加打捞难度，复合式磨鞋可以较好地收住鱼顶，进行磨铣修整，能够对鱼顶及其他小的碎块进行统一处理，将大的碎块磨小，通过洗井的方式返出地面，保持鱼顶的完整性，为下一步打捞提供理想的条件，提高打捞成功率。

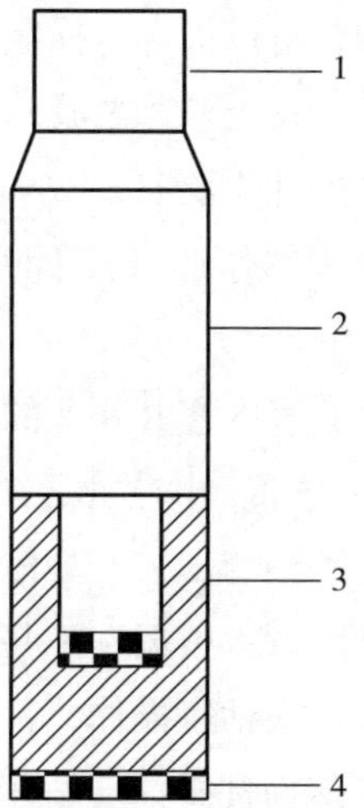

图 4-8-1　复合式磨鞋
1—ϕ105mm 接头；2—ϕ114mm 套铣筒；3—磨鞋（根据需求尺寸）；4—ϕ114mm 套铣头

②复合式套铣打捞筒（图 4-8-2）：

由于反复打捞造成环空的油管碎片较多，油管鱼顶腐蚀变形严重，在使用现有的成品工具打捞时，不能达到理想的打捞效果，故制作此工具，套铣头可以起到修整鱼顶，清理环空碎片的作用，下母锥打捞范围大，可以打捞变形的鱼顶也可以打捞油管接箍，上部母锥可以打捞油管本体，在对腐蚀油管的打捞中能达到较好的效果。

③复合式卡瓦打捞筒（图 4–8–3）：

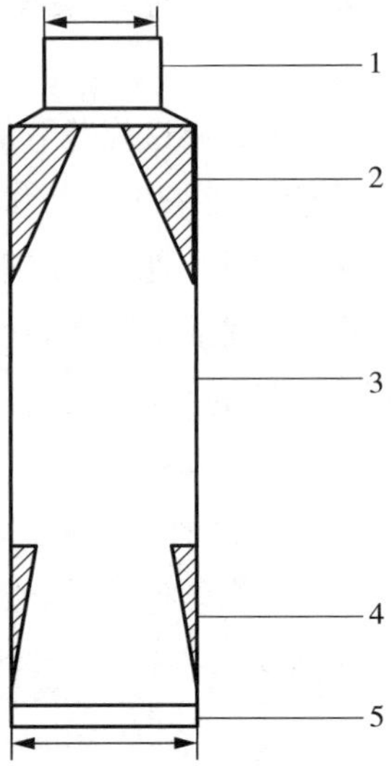

图 4–8–2　复合式套铣打捞筒

1—钻杆接头；2—打捞本体母锥；3—筒体；4—打捞接箍母锥；5—套铣头

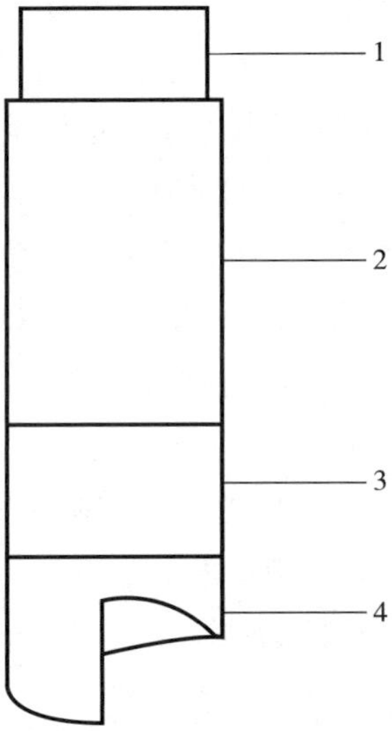

图 4–8–3　复合式卡瓦打捞筒

1—钻杆接头；2—筒体；3—卡瓦打捞筒；4—引鞋

由于油管鱼顶腐蚀变形严重，在使用打捞筒打捞时，会出现捞住鱼顶一提就脱的情况，为了避开鱼顶薄弱部位，故制作此工具，腐蚀鱼顶穿过卡瓦打捞筒，继续上行进入上部的筒体内，下部较好的油管本体部分可以用卡瓦打捞筒捞住，达到较好的打捞效果。

④修井液的合理选择：

如果需长时间套磨铣，应提高修井液性能，修井液能起到携带油管碎片、润滑井筒与钻杆的作用，可以提高打捞效率，避免套管损伤。

5. 小套管内大修工艺技术

小套管尺寸主要有 ϕ127mm、ϕ114.3mm、ϕ102mm、ϕ95.3mm 和 ϕ88.9mm 五种。近几年对小套管内大修作业工具不断改进、工艺技术不断创新、钻具结构不断完善，形成了系列专用工具。

（1）小套管内修井作业的主要作业内容

打捞小钻杆、小冲管、钻塞、打捞小落物、封堵等。通过研究和摸索，配套形成了在小套管内的一整套工艺。具体如下：

①钻具防弯：根据实际井况采用小径钻杆。

②探鱼：限钻压操作，打捞工具试捞验证鱼顶。

③小件落物打捞：反循环打捞，提高小件落物及鱼顶碎物的打捞成功率。

④解卡、倒扣：打捞成功后，解卡、倒扣。

⑤套磨铣：设计小尺寸高效套磨铣工具，用套磨铣的方法处理。

⑥验窜、封堵：小尺寸封隔器等工具应用于验窜，以及应用新的固井工艺如超细水泥等封堵。

（2）小套管内修井作业的注意事项

①小套管井出现落鱼或管柱卡阻时，应及时落实落鱼形态、深度、卡阻类型、管柱结构等，无法判明落鱼鱼顶情况时，应下铅模进行打印检测，为打捞措施的制定和打捞工具的选择提供依据。

②选择打捞工具时，应遵循能进能退的原则，优先选用可退式打捞工具。

③由于小套管井打捞工具入鱼困难，上提力不易充分作用到卡点上，因此首次打捞时，一定要缓慢上提，判断井下管柱是否存在阻卡，应掌握管柱的悬重，以免拉伤管柱。严禁大负荷强力提拉，以免管柱脱扣，造成二次事故。管柱卡阻时，优先选用上下活动管柱法及悬吊解卡法，使卡点松动，以达到解除卡阻目的。

④在小套管中磨铣时，首先要轻压慢转，控制磨铣进尺，其次要判断管柱的受力状态及井底净化程度，不能求快而忽略井下复杂情况。

⑤小套管井以ϕ114.3mm为主，套管内径仅为101.6mm，限制了打捞工具的外径尺寸，大部分常规打捞工具均不适用，加之小套管井打捞工具品种少、强度低、可靠性差，无法满足打捞作业要求，如使用加厚油管和大直径工具打捞受限程度大，因此，加大了解卡打捞的难度，处理事故占井周期长。

（三）水平井打捞

1. 水平井打捞难点

目前，井下事故处理技术，从一般的打捞解卡发展到了复杂打捞解卡及套管修复，形成了捞、震、套、刮、磨、铣、倒、钻、胀、爆、扩、补、接、换、侧、挂等16大类修井技术。水平井的事故处理工具及修井工艺还要考虑很多难点和影响因素，以满足水平井修井的需求。

①水平井内由于造斜段的作用，井口的上提力无法有效传递到井下水平段内，同时出于保护套管的原因，在直井中普遍采用的大力上提、活动解卡等打捞工艺技术无法在水平井中实施。

②同样由于造斜段的影响，井口扭矩也无法有效传递到井下水平段，因此在水平井中实施常规的套铣、倒扣等打捞工艺比较困难。

③一般直井防砂管柱长度只有几米至十几米，而水平井水平射孔段比较长，因此滤砂管也比较长，一般长度为几十米以上，甚至长达几百米。每根滤砂管均带有扶正器，在扶正器处有变径，这也增加了打捞难度。

④黏附卡钻。管柱与套管静止接触时，不循环洗井液易发生黏附卡钻。

⑤目前的水平井特别是非常规水平井，井深、水平段较长，多采用多级压裂桥塞施工，容易造成砂堵、井内压力高等困难，对井控等要求极高。

2. 水平井滤砂管的打捞

水平井在水平段打捞的技术关键就是解决整个管柱在提负荷时力的传导问题。由于造斜段和稳斜段的斜度较大，整个管柱的负荷将有很大一部分在这两段被消耗，既增加了作业难度，又提高了打捞的风险。

目前水平井均采用金属棉滤砂管或 TBS 筛管防砂完井的方式。随着生产时间的延长，腐蚀、堵塞、含砂井液的冲刷、生产参数的变化等，会造成滤砂管防砂管柱失效。为了尽快恢复水平井的产能，必须对滤砂管进行打捞。

（1）技术难点

①由于滤砂管留井时间长，被砂埋的可能性较大，负荷会很高。

②水平段打捞时，由于受到管柱摩阻和井眼曲率的影响，采用常规下打捞矛的打捞方式时，作用点在造斜点以上，地面指重表不能真实地反映井下情况。

（2）解决方案

为解决此类难题，研制开发了一种专门用于水平井打捞的工具——井下增力器，配合可退式打捞矛使用。通过地面液压控制，使力直接作用在落物上，大大提高了打捞负荷。

①管柱结构见图 4-8-4。

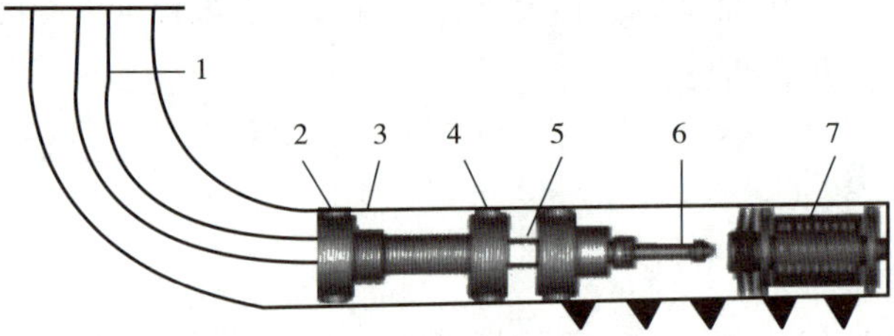

图 4-8-4 滤砂管打捞管柱示意图

1—油管；2，4—扶正器；3—水力器；5—井下增力器；6—可退式捞矛；7—滤砂管

②液压式井下增力器见图 4-8-5。

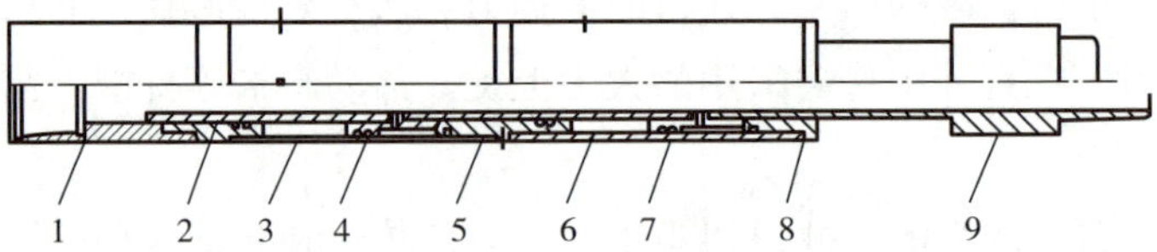

图 4-8-5 液压式井下增力器结构示意图

1—上接头；2—中心管；3—上外套；4—一级活塞；5—连接套；6—下外套；7—二级活塞；8—承托套；9—下接头

该装置采用液压控制。地面液压通过油管进入装置的传压孔，推动多级活塞，压力转换成拉力，带动下接头及滤砂管上行，实现打捞。压力越大，拉力就越大（表 4-8-5）。

表 4-8-5 井下增力器压力 - 拉力对应表

压力 /MPa	12	14	16	18	20	22	25
拉力 /kN	276	322	368	414	460	506	575

③技术指标。

a. 最大外径：130mm。长度：6000mm。最大工作压力：25MPa。

工作介质：水。液缸行程：500mm。最大拉力：575kN。

b. 可退式打捞矛见图 4-8-6。

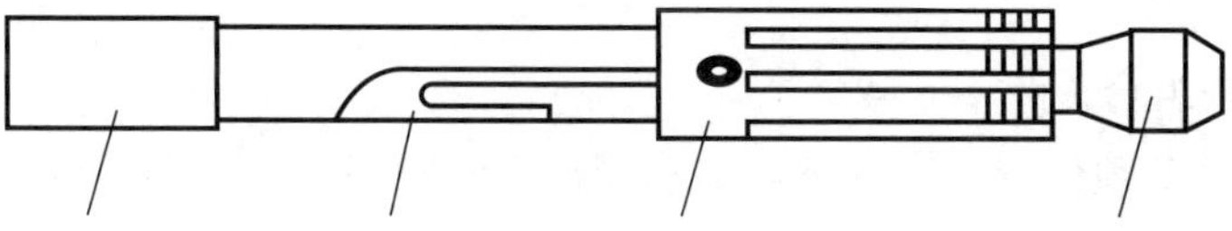

图 4-8-6 可退式打捞矛结构示意图
1—上接头；2—轨迹槽；3—弹簧爪；4—导向杆

该工具接在管柱最下部，通过上提下放，弹簧爪的张开和回收，可实现对鱼顶的抓获和释放。可操作性强、安全性能可靠。

c. 水平扶正器见图 4-8-7。

由外旋转套体和主杆体组成，旋转套体镶有圆柱体、椭圆体或球体，末端为 7 × 30° 倒角。

用途：可用于起下钻、倒扣、旋转等作业。

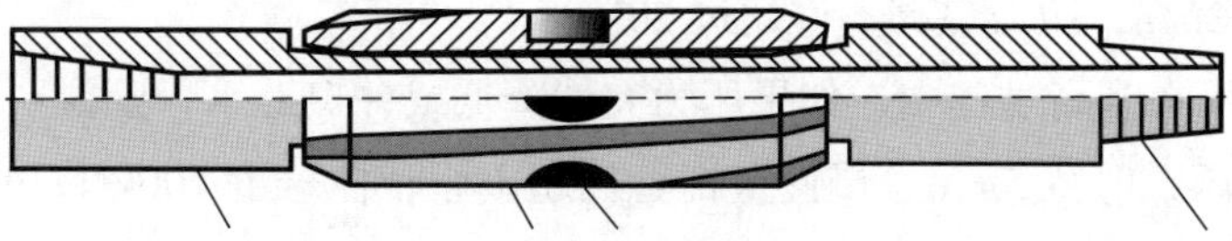

图 4-8-7 水平扶正器结构示意图
1—上接头；2—扶正体；3—硬质合金棒；4—下接头

④工具特点。

一是可以在井下落鱼的鱼顶处直接产生 500~650kN 的拉力，井下打捞增力器以上部分管柱在打捞过程中不受力，套管也不会受到破坏。

二是在需要时可以可靠地退出捞矛，打捞不成功时不会给井下制造新的事故。

⑤在使用中应注意以下几点。

a. 由于井下增力器较长，同时，全部由合金钢制成，一旦该工具被卡在井内，将无法采取措施，所以，该工具下井时一定要配接可退式打捞矛，最好使用提放式可退打捞矛。

b. 注意井下管柱的强度。井下打捞增力器提供的拉力非常大，可达到 650kN 以上，如果想达到井下管柱整体解卡的目的，须在管柱强度允许的范围内小负荷活动，并采取挤注等措施，最后提高压力拉出管柱。一开始就提高压力，容易导致井下管柱断脱。

⑥工艺步骤。

a. 下 ϕ89mm 油管（带接箍）探冲砂至鱼顶，实探鱼顶深度，并计量冲出砂量。

b. 起管。注意边起边从套管灌水，保证井筒液面基本在井口，维持井底压力平衡。通井并刮管，洗井。

c. 下入密封插头和 ϕ89mm 油管，探冲砂鱼顶。加压，将密封插头插入鱼腔内，装好井口。

d. 正挤处理液，将滤砂管外地层砂进行松动，便于下一步打捞。配方：清水 + 黏土稳定剂 + 防乳清洗剂，排量根据实际泵压而定，起管。

e. 下入打捞管柱：

（a）打捞管柱组合（图 4-8-4）。

（b）管柱下至鱼顶位置，上提下放活动管柱，同时记录上提和下放时的管柱悬重。转动管柱，测量管柱空转时的扭矩。

（c）检查套管液面是否在井口。如果液面不在井口，必须先向井筒内灌满水，以保证钻杆和套管压力平衡。如果井筒内不能灌满水，应测出井筒内液面高度，算出油套压差。

（d）分别接好钻杆和油管的打压管线，缓慢下放管柱，加压 40~50kN，将打捞矛插入鱼腔，上提管柱至悬重超出原管柱悬重 50~80kN 时，可确认捞住井下管柱。

（e）利用泵车从油管内加液压，要求泵车排量大于 $20m^3/h$。泵车起压后，减小泵车排量，慢慢提高压力。在压力升高的同时，应有专人负责观察指重表示值的变化。如果示值增 180kN，则应停止泵车打压，终止增力打捞作业。

（f）泵车起压后，按 10MPa、12MPa、14MPa、16MPa、18MPa、20MPa 的顺序打压，每个压力点稳压 2min，压力最高不许超过 20MPa。

（g）泵车泵压在升高过程中，如果压力突然降低或井口返水，则说明井下管柱已解卡，此时应停泵并泄压，等待 5min，慢慢上提管柱超出原管柱悬重 100kN，如果管柱能顺利起出，则说明井下管柱已完全解卡，此时可以拆除井口打压管线，起出打捞管柱。如果上提管柱一段距离后再次遇卡，可重复（e）（f）（g）过程，直至彻底解卡。

如果泵车泵压达到规定值后，压力不降，说明井下管柱未解卡，此时可以重复（e）（f）（g）过程两次，使井下工具解卡。此打捞工艺对于水平井因砂卡的管类落物均有效。可根据落物的尺寸选取不同的提放式可退打捞矛。

f. 水平井滤砂管打捞总结。

在配套了合适的工艺管柱后，水平井滤砂管打捞工艺可以用“冲”“捞”“松”“拔”这几个字来概括。

“冲”：将井筒内的沉砂冲洗干净，并以合适的压井液替入，防止再次出砂。

“捞”：利用提放式可退捞矛捞住井下管柱，并上提一定的负荷。

“松”：用水泥车打压，压力控制在一定的范围内，使井下管柱在一定的负荷下反复受力，使周围的沉砂松动。

“拔”：当滤砂管周围的沉砂开始松动时，以打捞管柱和井下管柱可以承受的拉力（使用增力器）大力活动，将滤砂管拔出。

第九节　套管的损坏与修复

油水井在生产过程中由于地层运动、腐蚀、套管固井质量等造成套管损坏，影响油水井正常生产。套管修复是指对于损坏的各种类型的套管进行分析和修缮，包括套管整形、套管补贴、套管加固、取换套等工艺。

一　套管损坏的危害、原因及类型

（一）套管损坏后的危害

在油田的开发过程中，生产井或注入井（注气井、注水井等）发生套管损坏后会产生以下危害：

①造成井的停产或报废，延长油水井的非生产时间，增加修井作业的成本。

②破坏注采井网的正常布置和注采层系方案的实施，降低油气产量。

③某一口井发生套管破漏或错断后，往往会造成水层（或注水层）与其他层系间的水窜，软化泥岩层，形成大面积水浸域，引起相邻井套管成片损坏，进而形成恶性循环。

④下部高压产层的油气水可能上窜至上部某一浅地层，造成上部浅地层的高压或浅层气，给钻井带来较大的安全隐患。

（二）套管损坏的原因

1. 地质因素

①盐膏等蠕变性地层对套管产生很大的挤压应力，当挤压应力超过套管的抗外挤强度时就会损坏。

②构造应力作用。在长期的生产过程中，由于地层断层活动、地下地震活动、地壳运动等损坏套管。另外，地层的倾角、岩石的非均质性也会因地应力的集中而损坏套管。

③地层含有腐蚀性介质，套管发生严重的化学和电化学腐蚀。如 H_2S、CO_2，无机盐类，硫酸盐还原细菌和嗜氧细菌等。

2. 工程因素

①套管强度设计和选型不合理。盐膏层段、酸化压裂井的套管强度偏低，腐蚀性地层流体环境下的套管类型不抗腐蚀，没有采取合理的防腐措施。

②射孔引起套管损坏。高强度射孔弹射孔后孔眼附近形成微裂纹和应力集中，在长期应力状态下形成应力腐蚀开裂及疲劳裂纹扩展，导致了套管的破裂和错断。

③套管在钻井或修井过程中发生严重磨损。

④套管本身质量存在缺陷，下套管过程中上扣扭矩过大或过小引起套管丝扣处应力过大或密封不严。

3. 生产因素

（1）注气热采井使套管产生很高的内应力

在注蒸汽时如不加隔热管和封隔器，整个套管段受到高温（温度可达350℃），在水泥封固段，套管不能自由伸长变形，在套管内会产生很大的压应力。在未封固段，如果井口固定死，套管受压弯曲致使破坏。间隔高压注蒸汽时，套管受热胀冷缩影响使套管疲劳破坏。同时热采井也会破坏水泥与套管的联结。

（2）不合理注水开发引起地应力的变化挤毁套管

注入水挤入油层顶部或底部的泥岩中，使水敏性强的蒙脱石水化膨胀，对套管产生较高的挤压力，挤坏套管。两种岩性的界面相遇以后，降低了层间摩擦系数，致使倾角较大的地层发生滑移，错断套管上下岩层相对滑动，将套管剪坏。注入水进入断层或破碎带后使胶结物水化，导致断层或破碎带复活，引发地层错动，从而挤坏套管。

（3）酸化压裂造成的套管损坏

一般压裂的压力较高，并且在裂缝内加入支撑剂，造成地层对套管的挤压力。

（4）地层出砂是油层套管变形的主要因素

油层出砂形成空洞后，原来油层承受的重力除空洞中流体承受一部分外，相当一部分转嫁给了套管，当转嫁力达到或超过套管的极限强度时，套管失稳，产生弯曲变形，严重的甚至造成套管错断。

（5）采油强度过高

采油强度过高会使套管受到的外载增大，采油过程中频繁地开关井，会使套管发生疲劳破坏。

（三）套管损坏的类型

1. 套管变形

包括套管内凹和套管外凸，即套管管体相对于原尺寸缩小或扩张，但管未破裂，如单向挤扁、多处缩径等。

2. 套管破裂

套管有裂开、撕开的现象，同时相对于套管原尺寸有缩径或扩张的情形。

3. 套管腐蚀穿孔

套管腐蚀变薄，并出现锈蚀破损孔洞，但套管未变形。

4. 套管漏失

套管螺纹或井身损坏导致不密封。

5. 套管错断、脱扣

套管本体断开或上下套管从连接丝扣处脱开。

6. 套管弯曲

局部井段套管轴线偏离原井眼轴线，其弯曲度≥ 0.3°/m。

7. 套管毛刺

套管端面轻微卷边或套管射孔后孔眼边有突起。

二 套管损坏的判断

（一）套损井的判断方法

①作业施工过程中起下钻困难，有遇阻或挂卡现象。

②洗井过程中洗井液大量漏失，严重的会返出水泥块或泥浆。

③生产中突然出现大量淡水和泥浆。

④生产中井口压力下降，产量骤减。

⑤注水井突然发现泵压下降，注水量增大，但注不到目的层位。

⑥套管试压不合格。

⑦井口附近地面冒油或水。

当发现上述现象后，应该进一步判断套管变形情况是凸凹、破裂，还是断裂错位，以及损坏位置、破裂大小、形状等。

（二）套管损坏部位检测

套管损坏后，在进行修复前，首先要搞清套管损坏的部位以及损坏的程度。目前对损坏部位的检测手段，主要有通井验套法、印模检测法、薄壁管检测法、封隔器验漏法、井径仪测井法、电磁检测法、井下成像检测法等。

1. 通井验套法

利用一定长度和直径的通井规（或薄皮管）来验证套管的变形程度和部位，这是一种常用、简单、实际、有效的验套方法。能很快找出套管缩径、弯曲、错断等变形部位，根据薄皮管的变形程度可以大致判断套管的弯曲程度，对于缩径、错断等还需要利用打印来进一步对套管损坏进行验证。

2. 印模检测法

印模检测法是通过专用管柱或钢丝绳下接印模类打印工具，对套管损坏程度、几何形状等进行打印，然后对印痕进行分析判断，得出套损点的几何形状、尺寸、深度位置。此方法可用于对套管变形、错断、破裂等套损程度的验证，并可以确定初始点的深度。印模按制造材料可分为铅模、胶模、蜡模和泥模；按印模结构可分为平底、锥形、环形、凹形和筒形。

（1）用途

铅模是探视井下套管损坏类型、程度和落物深度、鱼顶形状、方位的专用工具，根据印痕判断事故的性质，为制定修理套管和打捞落物的措施及选择工具提供依据。

（2）操作步骤

①将冲砂笔尖连接在下井的第一根油管底部，下油管至鱼顶以上 5m 左右，接好水泥车管线，冲洗干净鱼顶上面的砂子及脏物。待返出井口的水质干净后停泵，起出全部油管，卸掉冲砂笔尖。

②将检查测量合格的铅模，连接到下井的第一根油管底部，下油管 5 根后装上自封封井器。

③铅模下至鱼顶以上 5m 左右时，开泵大排量冲洗，排量不小于 500L/min，边冲洗边慢下油管，下放速度不超过 2m/min。

④当铅模下至距鱼顶 0.5m 时，以 0.5~1.0m/min 的速度边冲洗边下放，一次加压打印。一般加压 30kN，特殊情况可适当增减，但钻压不能超过 50kN。

⑤起出全部油管，卸下铅模，清洗干净。

（3）铅模描述

①用照相机拍照铅模，以保留铅模原始印痕。

②用 1∶1 的比例绘制草图，详细描述铅模变形情况并存档，以备检查。

（4）印痕分析判断

印痕分析判断，是对铅模的印痕进行测量、描绘、对比，并作定性、定量分析解释，其结论用于指导修复措施的制定和施工设计的编写。同时也为套损井的套损机理研究和预防措施的制定、实施提供有效依据。

目前，印痕分析判断仍以对比、作图、模拟、经验等方法为主。

1）对比法

对比法就是将铅模打出的印痕形状与理论图形进行对比，找出相同或相似的图形。对比法除与理论图形对比外，还可以与工程测井曲线、成像图比较，以获得更加准确的结论。对比法的重要作用是通过对同一口井的几次不同规格铅模的印痕对比，可以分析、判断、确定套管损坏的最小通径和几何形状，为制定修复或报废措施、编写施工设计提供可靠依据。

2）作图法

作图法是将铅模入井前的端面基本形状测绘清楚备存，然后铅模入井打印，将打出的印痕进行测量描绘作图。备存的图形与印痕描绘图形比较，找出基本变化轮廓，然后进行分析。

3）模拟法

模拟法是在作图法基础上，根据印痕形状、尺寸，用相应规格的材料，模拟做出井下落物鱼顶的形状或套管的变形、错断、破裂、孔洞等形态，与印痕基本相吻合，可直观地观察出井下鱼顶情况。

本方法施工简单、方便、快速，检测结果直观，但印模直径选择困难，直径过大，印模打印出来不在变形最明显处，不可靠；直径过小，打印不出印痕或印痕不明显，并且只能确定上部一点的套损情况。

3. 薄壁管检测法

薄壁管检测法是用一定长度壁厚较小的空心管来检验套管弯曲情况的一种方法。因薄壁管容易变形，下到检测部位后适当加压即可。相对于采用测井斜和方位变化来检测套管的弯曲变形状况，薄壁管检测法具有工艺简单，迅速直观的优点。

4. 封隔器验漏法

怀疑套管有漏失或破裂时，为确定其准确深度，可下封隔器进行套管验漏，这是一种方便可行的方法。封隔器下至预定坐封位置后用水泥车泵入压井液试挤，上下活动封隔器，即可以确定套管漏失的位置。

5. 井径仪测井法

目前常用的是 18、24、36 或 40 臂井径测量仪，可测量套管的变形长度及变形量。利用计算机软件可以绘出套管的三维图像，形象直观地反映出套管的变形情况，但此方法对套管的具体变形情况描述不准确。

6. 电磁检测法

电磁检测法包括磁井径测量和磁壁厚测量。磁井径测量传感器是一个工作于高频的线圈，高频的线圈在套管（导体）中产生涡流，涡流的产生使高频交变磁通能量损耗，从而使高频线圈的电感量发生变化，进而使高频谐振回路频率（输出振幅）发生变化，由于高频趋肤效应，此时输出振幅是线圈与套管内表面距离的函数，这时的电压幅度变化即反映套管内径的变化。

磁壁厚测量系统由发射线圈和接收线圈（或阵列传感器）组成。交变磁通在套管中产生涡流，涡流会导致磁化滞后效应，使二次磁场与原磁场间产生相位差。因此，用接收线圈感应的电流与发射线圈的电流的相位差，可测量套管的壁厚。

7. 井下成像检测法

（1）超声波成像检测技术

井下超声探测仪发出的超声波具有较强的穿透性，透过介质作用到套管内壁并发生反射，反射波被井下仪器接收。由于不同的井径对超声波的反射强度不同，因此可以测到套管内壁任何一点的井径，从而测出套管损坏部位的详细情况，为开展套管损坏预防与综合治理提供详细的基础数据。

（2）井下摄像测井技术（井下电视）

该技术用于检测油层套管及井下落物，可对套管破损情况及井下落鱼的鱼顶情况进行摄像及测量。该工艺具有图像直观、准确可靠的特点。

8. 井温及流量计找漏技术

（1）井温找漏

地下温度随深度的增加而升高，温度随深度变化的规律称为地温剖面，井筒中的温度在没受到干扰的情况下，温度曲线与地温剖面一致，注水、产液过程都会对地温剖面产生干扰。注水后关井一段时间，吸水层和漏失点附近温度较非漏失井段恢复慢。井温找漏就是通过漏失井段产液或者吸水后关井一段时间的井温与非漏失井段井温变化幅度存在差异来判断漏点。无套漏的情况下，井温剖面受到地温的影响趋近于地温剖面，当套管漏失时，井筒内温度不同的液体会流入漏失点，引起井筒漏失点附近井段温度异常。

井温找漏施工工艺简单。成本低且对管柱要求低，但是在套管破损点与吸水层位不一致时，由于套管外窜槽会在曲线上形成一段较长的井温异常段，因此井温找漏只能判断漏失井段而无法确定漏点深度。

（2）流量计找漏

该方法借鉴了注水井分层测试工艺原理，施工时由地面连续向施工井内注水，在注水量恒定的前提下，自下而上用流量计测出设定点的流量。若套管未发生破裂、穿孔，上下所测的流量应该恒定不变；若相邻两点流量锐减，则在此区间必然发生漏失。

该工艺不受测量井段长短的限制，对施工场地要求不高，仅需一辆试井车即可进行，是一种快速、准确、低成本的找漏方法。

三 套管修复技术

（一）套管整形工艺技术

整形方法分机械整形、液压膨胀滚压套管整形和爆炸整形。

1. 机械整形

机械式整形的技术：利用钻具和钻铤传递动能，如快速下放钻具产生冲击力，旋转钻具的扭转动力等，使冲击膨胀式、旋转碾压式、旋转震击式整形工具产生冲击或碾压挤胀力，对变形套管做功。当整形工具挤胀力克服套管弹性应力和地层附加在套管的应力时，变形套管就会逐渐被整形修复。机械整形适用于缩径量较小的套管整形，套变通径大于90mm。

（1）冲击胀管整形

冲击胀管整形见图 4–9–1。

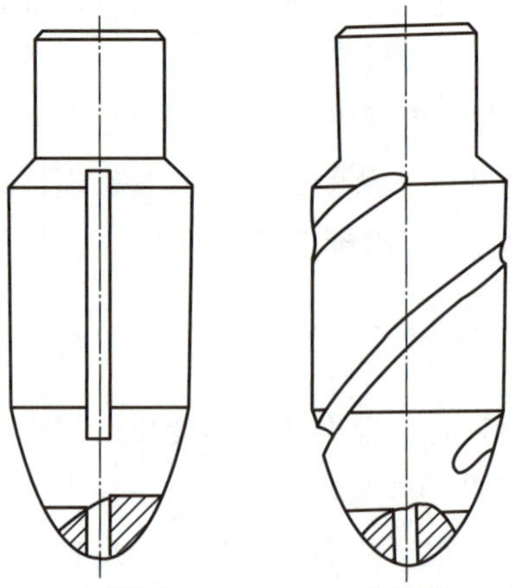

图 4–9–1　冲击胀管整形

①通井或打铅印，落实套管变形的尺寸、深度及方位等数据。

②选用比最小通径大 2mm 的胀管器，接在钻具底部下入井内。当井较深钻具重力足够大时，可不下下击器。若钻具重力不够大时，应在钻具上部接下击器。

③下钻至套管变形井段以上 10m 开泵洗井，然后下探遇阻深度。记录钻柱悬重并在钻柱上做记号打印。

④上提钻具 2~3m，快速下放。当记号离转盘面 0.3~0.4m 时，突然刹车，钻具的惯性伸长会使工具冲胀变形套管。如此数次尚不能通过，应将钻具刹车高度下降 0.1m 再重复操作。

⑤使用下击器且钻具重力不够时，应根据钻具重力、井斜和井内液体情况，确定好钻具上提高度和下放速度，以达到冲击胀大变形套管的目的。

⑥经过以上操作仍不能通过时，表明胀管器尺寸过大，应起钻更换较小一级的胀管器。

⑦第一级胀管器通过后，第二级胀管器的外径只能比第一级大 1.5~2mm，以后逐级按 1.5~2mm 增量进行挤胀。

⑧当使用的胀管器外径尺寸超过套管变形部位内通径 2mm 时，切忌高速下放冲胀，防止将胀管器卡死。

（2）旋转碾压法

原理：利用钻具传递转盘扭转动力，带动旋转碾压整形工具转动，在一定的钻压下，旋转对变形部位的套管不断地连续碾压、挤胀。使其逐渐恢复到原径向尺寸。

偏心辊子整形器和三锥辊套管整形器对油水井轻度变形的套管进行整形修复，可以恢复到原套管内径的 98%。

①偏心辊子整形器（图 4–9–2）：

a. 结构：偏心辊子整形器由偏心轴（上接头）、上辊、中辊、下辊、锥辊、钢球、丝堵等零件组成。

偏心轴上端为连接钻柱的螺纹，下端为四阶不同尺寸、不同轴线的台阶。其中上接头、上辊、下辊三轴为同一轴线，中辊与锥辊为另一轴线，两轴线的偏心距为 e。

辊子分为上辊、中辊、下辊、锥辊，为整形器的整形挤胀关键零件。锥辊起引鞋导向作用，同时其内孔有半球面的槽与芯轴配合，装入钢球后被固定，在旋转时起上、中、下三辊的限位作用。锥辊在入井后，对变形部位有初始整形作用。

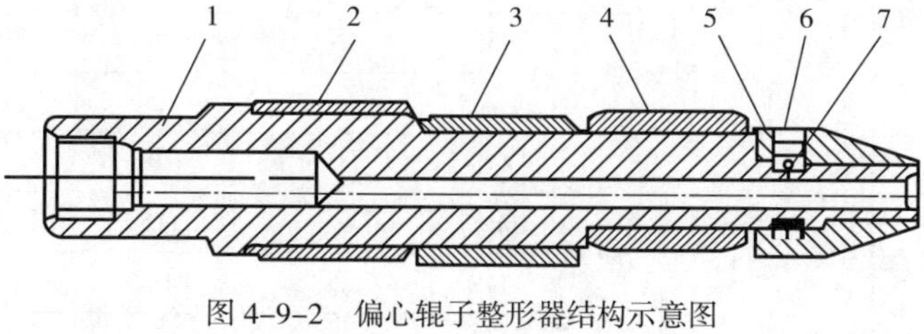

图 4–9–2　偏心辊子整形器结构示意图

1—偏心轴；2—上辊；3—中辊；4—下辊；5—锥辊；6—丝堵；7—钢球

b. 原理：当钻柱沿自身轴线旋转时，上、下辊绕自身轴线做圆周运动，而中辊轴线由于与上、下轴线有一偏心距 e，必绕钻柱中心线做圆周运动，这样就形成一组曲轴凸轮机构，形成以上、下辊为支点，中辊以旋转挤压的形式对变形部位套管进行碾压整形。除此之外，当工具在变形复杂的井段内工作时，由于变形量的不同，上、下辊与中辊又可以互为支点，而各支点的阻力各不相同，因此具有偏心距 e 的偏心轴旋转时，在变形量小且阻力小的支点处，辊子边滚动边外挤。在变形量大阻力也较大的支点处，偏心轴与辊子间产生滑动摩擦运动，对变形部位向外挤胀。因而，偏心辊子整形器具有滚动碾压功能，在钻压下辊子外部还有向下挤胀作用。

c. 使用方法、要求：

（a）检查各辊子尺寸是否符合设计整形量对辊子尺寸的要求，辊子孔径与轴的间隙应不超过 0.5mm。

（b）安装完成后，用手转动辊子应灵活无阻滞，上下滑动辊子窜动量不大于 1mm。

（c）钢球装口丝堵应紧固，锥辊转动灵活无卡阻。

（d）工具内充满润滑脂。

（e）连接工具入井，整形器上应加装安全接头。

（f）工具下至变形部位以上 1~2m 时，开泵循环工作液，记录钻柱悬重。

（g）洗井正常后，启动转盘空转钻柱，转数不超过 20r/min。无异常后，缓慢下放钻柱，转动不停。锥辊、下辊逐渐进入变形部位，转盘扭矩将明显增大，此时保持缓慢下放直至工具通过变形（整形）部位。

（h）上提、下放钻柱，用较高的转速反复划眼，直至工具能顺利通过变形点且无夹持力。

（i）视整形量和整形结果是否符合要求，酌情更换大一级别的上、中、下辊再次整形，直至达到设计要求。

（j）必要时在整形器上加配重钻铤和开式下击器，保持恒定钻压。

（k）旋转转速一般不超过 40r/min。

d. 偏心辊子整形器技术参数见表 4-9-1（140mm 系列）。

表 4-9-1　偏心辊子整形器技术参数

上辊	中辊	下辊	工具最大外径 /mm	整形量 /mm	整形范围 /mm
105	104	105	110.5	5.5	105~110.5
	107		112	7	105~112
	110		113.5	8.5	105~113.5
	113		115	10	105~115
	116		116.5	115	105~116.5
	119		118	13	105~118
110	104	110	113	3	110~113
	107		114.5	4.5	110~114.5
	110		116	6	110~116
	113		117.5	7.5	110~117.5
	116		119	9	110~119
	119		120.5	10.5	110~120.5

续表

上辊	中辊	下辊	工具最大外径 /mm	整形量 /mm	整形范围 /mm
115	104	115	115.5	0.5	115~115.5
	107		117	2	115~117
	110		118.5	3.5	115~118.5
	113		120	5	115~120
	116		121.5	6.5	115~121.5
	119		123	8	115~123
119	110	119	120.5	1.5	119~120.5
	113		122	3	199~122
	116		123.5	4.5	119~123.5
	119		125	6	119~125

注：偏心距 e=6mm。140mm 整形器使用上下辊 4 种 8 只，中辊 6 种 6 只，合计 14 只，可配出 21 种整形尺寸。整形范围为 105~125mm。

②三锥辊套管整形器：

三锥辊套管整形器是在偏心辊子整形器基础上，根据变形部位套管及管外水泥环破损程度而研制、发展、完善起来的新型整形工具，特别适用于变形后通径较小（140mm 套管变形 85mm 以上）的套管整形。此工具对于保护套管内壁不被再次刮、磨伤害，管外水泥环不被震挤破碎有较好的效果。这是该工具最大的优点。另外该工具一次整形量较大，一次整形级差可达 6mm 以上。如 140mm 套管变形后通径为 100mm，选用锥辊尺寸 ϕ106mm、ϕ112mm、ϕ118mm、ϕ122mm，4~5 次即可整形恢复至 ϕ122mm 以上。

a. 结构：三锥辊套管整形器由芯轴（上接头）、锁定销、垫圈、锥辊、销轴、引鞋等零件组成（图 4-9-3）。

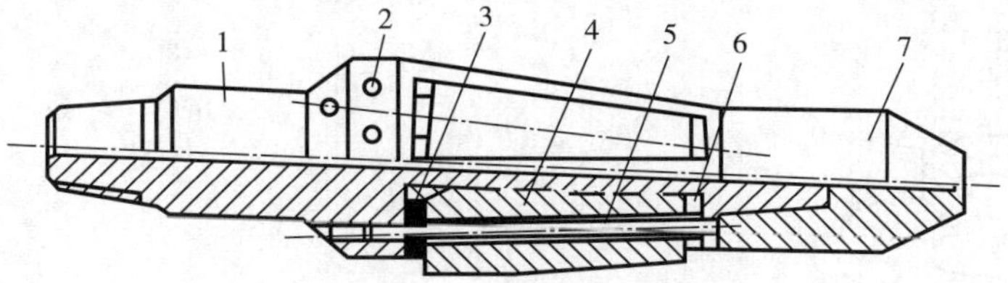

图 4-9-3　三锥辊套管整形器结构示意图

1—芯轴；2—锁定销；3—垫圈；4—锥辊；5—销轴；6—垫圈；7—引鞋

芯轴上部为钻杆接头螺纹，中部为圆锥体，其上有三个梯形槽，安装锥辊，由销轴在中间穿过限定只能绕轴心转动。芯轴下部为引鞋，用以引入工具进入变形井段。锥辊是工具整形的关键零件，分为长、短锥面两部分。长锥面对变形部位有挤胀、碾压作用。短锥面对恢复通径的变形部位有克服弹性变形、保持并固定通径尺寸的辊压作用。工作循环水眼一般大于 20mm。

b. 作用原理：三锥辊套管整形器随钻柱旋转和所施加的钻压进入套管变形部位，锥辊随芯轴转动并绕销轴自转，对变形部位套管进行挤胀、碾压，在钻压和钻柱转动作用下，套管变形部位不断被挤胀、碾压而逐渐恢复通径。因套管材质原因，套管变形段对工具有弹性反作用力，锥辊最大直径通过变形段后，对长锥面反弹作用力因距离大而不起作用，但对短锥面有反弹力。钻柱不断转动，加上锥辊的自转，对恢复段继续辊压，在工作液的循环冷却下，弹性反作用力逐渐消失，被整形复位的通径则保持不变。随着钻柱、工具不断转动和下压，整形效果越来越明显。

c. 技术规格参数见表 4–9–2。

表 4–9–2 三锥辊套管整形器技术参数

规格型号	接头螺纹	工作直径 /mm	适应套管 /mm
ZGQ–114	NC26（2A10）， REG（230）	92，94，96~114	114
ZGQ–122	NC31（230）， REG（230）	102，104，106~122	140
ZGQ–126	NC31（210）， REG（230）	114，116，118~126	140

d. 使用方法及要求：

（a）整形器各连接、销定部位完好，润滑脂充足。

（b）工具下至变形部位以上 1~2m，开泵循环工作液，记录管柱悬重。

（c）旋转下放钻具，使整形器缓慢工作。

（d）锥辊接触变形部位时，悬重下降，此时钻压应保持在 20~50kN，转数控制在 20~40r/min。

（e）悬重下降、扭矩减少，工具已通过变形部位，此时应上下划眼 3~5 次至工具无夹持。

③旋转震击式整形器：

a. 基本结构：由锤体（上接头）、整形头、钢球、整形头螺旋曲面等组成（图 4–9–4、图 4–9–5）。

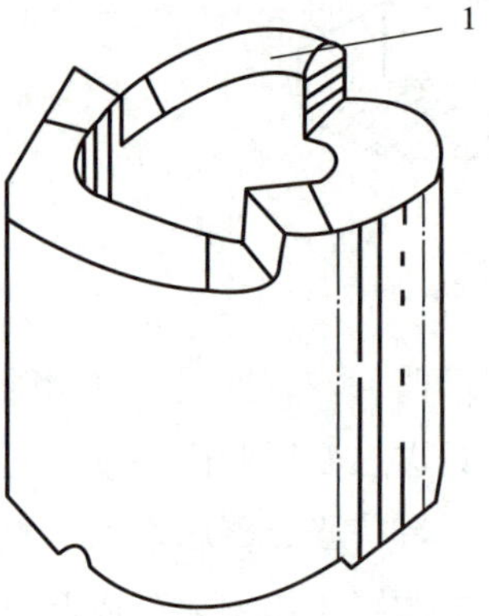

图 4–9–4 工具螺旋形震击曲面
1—整形头螺旋曲面

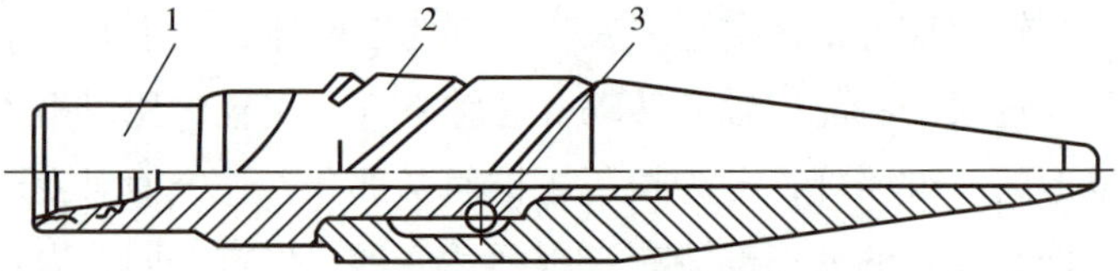

图 4–9–5 工具结构示意图
1—锤体；2—整形头；3—钢球；

旋转震击式整形器不用提放钻柱冲击，只需旋转钻柱使工具产生向下的震击力，对套管变形部位有较好的保护。整形体内孔壁上有环形槽，装有钢球并被螺钉锁住而不外窜，钢球将锤体与整形头连为一体，锤体和整形头接触面由凸凹螺旋形凸轮曲线面配合，可以转动一次管柱（工具）发生三次震（敲）击。工具外面有三条螺旋形水槽，可以循环洗井。

b. 作用原理：

旋转震击式整形器在钻柱旋转带动下，锤体同整形头间的凸轮面产生相对运动，锤体带动钢球沿环形槽抬起。旋转一定角度后，凸轮曲面出现陡降，被抬起的锤体下降，砸在整形头上，给变形部位以挤胀力。由于锤体、整形头端面的凸轮轮廓面为三个等分的螺旋面，所以钻柱每旋转一周可震击三次。

震击力的大小由钻柱本身质量、凸轮螺旋曲面高度决定。高度越大、钻柱向下冲击行程越大。在工具不变情况下，增加钻柱质量（即增加配重钻铤数量）可增大冲击力。加快钻柱旋转速度也能起到较好的冲击整形效果。

c. 技术规格参数见表 4–9–3：

表 4–9–3　旋转震击式整形器的技术参数

规格型号	接头螺纹	工作外径，水眼 /mm	整形尺寸分级 /mm
XZQ–114	NC26，（2A10）	100 × 25	85，87，90，92，94，96，98，99，100
XZQ–122	NC31（210），REG（230）	122 × 30	102，104，106，108，110，112，114
XZQ–140	NC31（210）	128 × 40	114，116~126，128

d. 使用方法及要求：

（a）工具规格尺寸选择应与套变部位相适应，不可超出整形级差太多。锤体和整形头间的转动、上下窜动等应灵活，水眼应通畅。

（b）整形钻柱结构（自下而上）为：整形器 + 钻铤 + 开式下击器 + 钻杆柱。

（c）工具下至变形点以上 1~2m 时，开泵循环工作液洗井，记录钻柱悬重。

（d）下放钻柱，使工具与变形部位顶部接触，钻压稍大于所加钻铤重量。

（e）上提钻柱，使悬重处于钻柱悬重减去钻铤重量，然后上提 100~150mm，稍拉开下击器即可。

（f）旋转钻柱，整形器开始旋转震击整形。注意转速不超过 20r/min。

（g）当旋转扭矩明显降低或无扭矩时，整形器已通过变形井段，此级别的整形即完成，上下划眼 3~4 次。

（h）更换下一级差整形器，重复上述动作要求，完成整形。

（i）若变形井段长度大于下击器拉开行程，钻柱整形旋转扭矩降低或已无扭矩，不应停转，应下放钻柱使整形器接触到变形部位，然后继续整形。

（j）整形器与开式下击器、钻铤配套使用。用钻铤为整形器提供冲击力，用下击器拉开的行程消除凸轮曲面以上钻柱悬重对工具旋转的摩擦阻力。

（k）钻柱及工具旋转前的上提拉开下击器非常必要。否则全部悬重加在整形器凸轮曲面上，旋转时会磨损工具。

（l）每次使用后，检查工具磨损情况，钢球、环形槽若无磨损则可再用，若凸轮曲面磨损严重则必须更换。

2. 爆炸整形

（1）爆炸整形技术及施工过程监督要点（修井施工依据是地质方案和施工设计）

爆炸整形，又称为燃爆整形，指将具有一定综合性能的炸药药柱用管柱或电缆送到井内套管变形段，经过校深，投撞击棒或接通电源引爆雷管炸药，炸药爆炸产生高温高压气体及强大冲击波，作用在变形套管内表面，使变形段套管向外扩张，从而达到整形复位的目的。

爆炸整形最适用于机械整形无法实现的变形，整形后要实施套管加固，预防再次变形。

（2）爆炸整形技术及整形技术指标

爆炸整形技术适应井况条件：只要炸药柱、药盒或炸药装置的外径能通过的变形错断井段，均可使用爆炸整形、套管复位或套管扩径，为实施套管加固或恢复生产通道创造条件。

具备条件：套管变形、错断通径大于65mm，井内压力低于36MPa；压井液密度小于1.8g/cm^3，错断井管外无坍塌等。

实现目标：爆炸后无任何金属碎片落井；整形效果达原套管径向尺寸95%~105%；不伤害套管。

炸药种类：炸药主要有黑索金炸药、硝胺炸药和TNT炸药三种。常用两种炸药根据施工目的按一定比例配制成混合炸药，以克服各自的不足。两种炸药的混合比例视变形错断程度和要复位扩径的程度适当选择。一般情况下，应结合油田套损井特点，套管材质性能，在试验与理论计算结合下取得可靠数据后方可在现场试用，经修正、验证无误后推广应用。

爆炸整形扩径工具：由炸药和携带炸药入井的专用装置组成。通常用油管、钻杆或电缆携带入井。主要有两种组合方式：

电缆通电点火引爆式整形扩径工具（测深定位部分、整形扩径部分）。

撞击式点火引爆整形扩径工具（由上接头、撞击帽、弹簧、磁性引火头、密封圈、雷管室及雷管密封圈、药柱、炸药、药柱密封圈、短接、丝堵等部位组成）。

（3）爆炸整形施工方法步骤

爆炸整形复位扩径的施工方式比较复杂，本节按存在落物的复杂情况，介绍爆炸整形的施工步骤和对应监督要点，也供其他相对简单的整形施工参考（图4-9-6）。

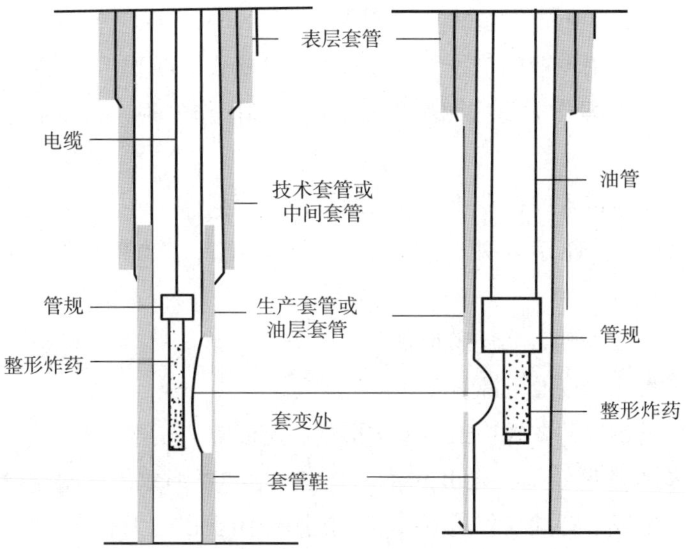

图 4-9-6　爆炸整形示意图

爆炸整形施工要点如下：

①搬迁安装：搬迁，立井架、安装地面设备、井控设备（需要压井则压井后安装），做施工准备。要求符合相关设备安装技术标准和安全标准。

②洗压井：洗压井是关键工序，严格按照地质方案、工程设计程序备压井液压井。油井洗井液温度≥ 70℃；水井放溢流排量≤ 0.5m^3/min。

③起原井管柱：试提管柱，检查井架绷绳、提升系统，检查原井管柱有无卡阻，严格按照修井施工设计要求。起出原井管柱，在油管桥上按顺序摆放整齐。

④落实井下事故状况：打印或用专用仪器，按照规定施工程序，检验井下落物状况。主要落实落物的深度、形状和尺寸等参数，为确定打捞工序、选择打捞工具提供依据。

⑤打捞落物：根据修井设计工序，依照石油技术标准，按照工具操作办法，实施套铣打捞，套铣打捞出井下套管变形段内及上部落物。

a. 落物在套损部位，通过打捞、倒扣工艺，将落物处理至套损点以下 2~3m 位置。

b. 打捞无效时，用磨铣工艺，打开通道，使套损井段有 2~3m 的轴向距离。

⑥检测套损状况：用专用仪器或工具，按照规定施工程序，检验井下套管损坏状况。主要落实套损部位的深度、形状和尺寸等参数，为实施爆炸整形提供依据。

⑦修整套损井段：根据检测得出的套管变形、损坏状况，选择合适工具并按操作规程操作，处理出通道。

a. 若套损段内径形变严重，不利于扩径工具通过，则实施磨铣修整套损段。

b. 用不同直径铣锥或胀管器对套损段、套管错断部位进行修整，通径达 70mm 以上。

c. 修整套损部位后，用井径仪、彩色超声波成像、铅模等，检测套损井段状况，为选择布药方式、引爆方式提供依据。

⑧整形炸药和入井方式的选择：由专业施工技术人员，根据套管检测结果，进行合理

选择。

⑨组装整形工具：由专业施工技术人员，根据井场设备状况，进行组装。

⑩整形工具下井：操作人员按照爆炸整形设计和操作规程，在专业施工技术人员指挥下操作。

a. 由电缆车电缆连接入井，专业人员按照操作规程操作。

b. 油管柱或钻杆柱连接入井，管柱内外必须清洁，丝扣涂密封脂，上扣扭矩≥2800N·m。

⑪爆炸整形：引爆炸药，实施整形扩径。

a. 由电缆连接入井，接通电源引爆炸药。

b. 由管柱连接携带入井，投撞击棒撞击引爆、定时点火引爆。

⑫专用仪器检测整形效果：起出电缆或管柱，检测整形效果。根据设备条件，选择超声波成像仪检测技术或多臂井径仪检测技术，按照操作规程施工。

⑬通井检测整形效果：按照通井技术标准和操作程序，选用合适规格的通井规或铅模下井检测。

根据检测结果，若未达到整形施工要求，或重新实施整形工序，或修整爆炸后的套损井段，直到通井规能顺利通过。若通井洗井无进尺则应冲洗打捞碎弹片。

⑭处理整形弹片：用打捞篮、套铣筒和沉淀杯，冲洗打捞落井碎弹片，按照工具使用要求进行操作。

⑮打捞：若套损点以下存在落物，按照修井工程设计工序进行施工打捞。

⑯通井：打捞出全部落物后，用通井规通井至人工井底。

⑰套损井段状况检测：用超声波成像仪检测技术或多臂井径仪检测技术，对套管整形井段进行检测，落实套管内通径状况、管壁损坏情况，为实施套管加固提供依据。

施工注意事项：整形施工前，按照施工井情况，制定可行的安全预案，并进行操作演练，确保施工安全。

（4）爆炸整形工艺的优点

①施工方便，费用低，工艺简单，速度快。

②整形作用力大，能对变形后井径不小于70mm套管进行整形，使其通径恢复到能用常规通井规顺利通过。

③可以扩大套管内径，修复后不容易反弹。

④爆炸整形工艺技术不仅可以对严重缩径井进行整形，还可对破裂、错断井进行通径，然后配合其他工艺措施（如套管补贴、套管加固）恢复生产。

3. 液压膨胀滚压套管整形

（1）基本原理

膨胀滚压套管整形工艺采用变径膨胀滚压方式，在液压作用下推动变径膨胀体使数百个钢球自动逐步伸出到预先设定尺寸，在液压的推动下数百个钢球对变径套管内壁进行扩径并滚压，使套管彻底滚压回圆并逐步恢复到设计通径，套变修复后，钢球自动回收，在反复滚压熨平过程中套管逐步回圆，并使套管实现塑性恢复，提高了套变段套管硬度，可大大降低回弹的可能，从而实现套变井段的扩径回圆。

（2）整形过程

整形过程见图 4–9–7。

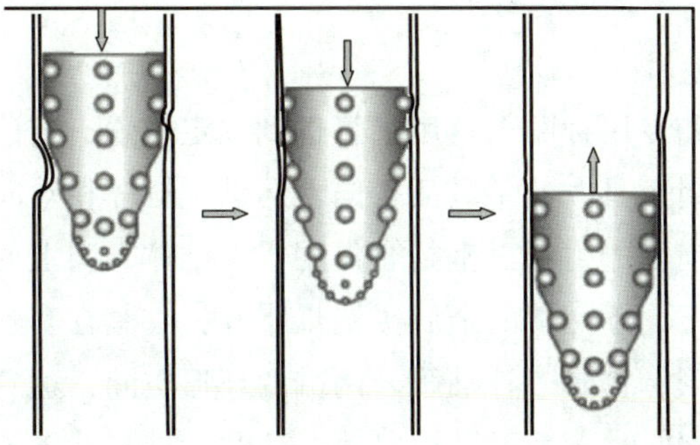

图 4–9–7　整形过程示意图

①整形管柱下到预定位置遇阻后，用水泥车打压 10~20MPa。

②上百个钢球环形胀压套管，并顺势滚压套管使变径部位逐渐回圆。

③套变部位修复后钢球自动回收。

（3）工艺特点

①整形胀头具有复位功能，可避免整形过程中的卡钻。

②地面实现增压、卸压，现场操作方便。

③常规的修套工艺需要配套 550 以上的修井机、井下工具等特种大型设备，进行大修磨套铣打通道施工，以牺牲套管壁厚来换取套管通径。采用膨胀滚压套管整形工艺只需一台小修架（下管柱）、一台 400 型水泥泵车、一辆罐车等常规设备就能完成。

④施工周期短，效益明显，通常一口油水井套管变径整形修复只需 2~3d，极大地缩短了作业周期和占井时间，节约了成本，具有明显的社会效益和经济效益。但一口井的套损往往包括多点、多段甚至错断的可能，修复时间往往较长。

⑤适用范围广，可解决单点、多点、多段套管缩径变形和弯曲的整形，适用于直井、定向井及水平井的任何井段的整形修复。

⑥由于连续的膨胀滚压，套管基本可恢复到原有的状态，并可能使套管发生塑性变化，弥补了套管磨铣整形削弱强度的不足。

（二）套管补贴加固技术

套管补贴加固技术是与套管整形技术配套的套管修复技术。套管变形或错断井经过整形后，只是内径尺寸得到了基本恢复。为了保持整形效果，恢复原有功能，还应对修复后的套管进行补贴加固。尤其是在套管错断或变形较严重的情况下，经过爆炸整形或磨铣扩径后，必须进行补贴加固。不整形则无法加固，而整形复位后不加固则易再次变形、错断且变形、错断的速度会加快。

1. 挤水泥封固

对于套管穿孔和通径无变化的套管破裂，可采用对破裂部位挤水泥封固的方式。挤水泥的目的是在套管外形成新的水泥环。这种修复方法的优点是施工简便，费用低。缺点是浅层不适用，地层越浅，越难承受高压。

2. 套管内衬管补贴加固

将组装好的补贴管和专用补贴工具用油管送到预定位置，定位校深后，用水泥车从油管内打压，启动动力坐封工具，使工具活塞向上运动。缸体相对向下运动，产生两个大小相等，方向相反的力。向下的力通过坐封套作用于上锥体，向上的力通过拉杆、丢手机构作用于下锥套将补贴管上、下两端的金属锚锚爪胀开，咬紧在套管内壁上，同时两端的软金属密封材料受挤压变形，密封了补贴管外两端的环形空间，达到了加固密封的目的。当水泥车压力升到20~25MPa时，丢手机构启动，补贴工具与补接工具脱离。提出补贴加固工具，补贴管固定在补贴位置，补贴完成。

该技术不仅适用于套管整形修复后的补贴加固，还适用于套管腐蚀穿孔、破裂、螺纹漏失的修复，以及高含水、高含硫、误射炮眼的封堵等。

3. 波纹管补贴

波纹管补贴工艺是进行套管修复的主要技术手段之一，该工艺是利用专用的补贴工具通过液压挤胀的方式将波纹管补贴在因腐蚀穿孔、误射炮眼、丝扣漏失、机械损伤等造成的套管损坏部位，还可以用于调整开采层系和堵水。套管破裂段较长的井况适宜采用长波纹管补贴法。

经波纹管补贴后的套管内径比原来缩小10mm左右，基本上不影响油水井的正常作业与生产，该工艺技术在各油田得到了广泛的应用。

4. 实体膨胀管技术

（1）实体膨胀管技术简介

实体膨胀管的基本原理是在井下通过冷加工将石油管材扩到所需要的尺寸。利用坐放装置将膨胀管下入井内。膨胀管是按一定尺寸制造的APIL–80石油管材，制造时有很多规范，以保证管材具有精确的壁厚和材料特性。在膨胀管上端的外面涂有弹性密封材料，扩管时，弹性密封材料受到挤压与搭接部位形成密封。

实体膨胀管的主要优点是作业者能以较大井眼到达设计深度，而使用常规套管是做不到的。在井眼逐级变细的常规套管井眼中，作业者要频繁地更换井底钻具组合和钻柱，以适应逐渐变小的井眼。而使用膨胀管可以把更换钻柱的次数控制到最少，因而能以较大的井眼尺寸钻入更深的地层。

（2）实体膨胀管技术在套管补贴中的应用

用API标准序列的套管作为补贴衬管——膨胀管，下入技术套管内，然后使膨胀锥以受压或受拉从管柱中穿过，使其发生永久变形。膨胀管在井下径向膨胀以后，其外壁可以紧贴上层管柱内壁，节省了两层套管之间的环形空间，也就相当于节省了井眼直径。

（3）套管修补的应用

适用于套管腐蚀穿孔、破裂裂纹裂缝、螺纹漏失的修复以及误射孔的补救等，与爆炸整形、磨铣打通等工艺结合，可解决套管错断、坍塌、长井段弯曲等复杂套管变形井的修复问题。

①调整补贴。由于地层的非均质性，油井在开发一段时间后，容易出现层间矛盾恶化的现象。为充分挖掘层间潜力往往需要分层开采，利用补贴技术可实现此目的，使调整开发层系的工艺取得更理想的施工效果。

②封堵高含水层段。利用补贴工艺对油井的高含水油层实施补贴，减少高含水井段的干扰，挖掘低动用层的潜力。

（4）实体膨胀管补贴技术的特点

①膨胀管可满足长井段的补贴需求，连接简便，且膨胀后也不影响螺纹的密封性能。

②对漏失部位进行有效封堵的同时也加固了老井套管，提高了套管的抗外挤强度。

③膨胀管串两端的密封橡胶件具有耐压、耐高温、耐腐蚀等特性，可延长有效期限。

5. 套管补贴加固优缺点

①采用衬管补贴工艺进行补贴，套管内径的尺寸虽然减小，但不影响其他修井工作。

②可以在补贴段以下层位采取压裂、酸化等措施。

③无法下入封隔器等大直径的工具进行作业。

（三）取换套工艺技术

取换套管技术是套管修复工艺中最为彻底的一种有效措施，其优点是修复彻底，有效期长，不需要复杂的修井工具，并且修复后套管内不存在内径缩小的情况，有利于以后的增产作业措施的实施。

1. 工艺流程简介

利用套铣钻具组合，合理匹配钻压、转速、循环排量，以优质套铣工作液造壁、防塌、防喷、防卡、防钙侵以及跟踪保鱼等技术，套铣清除套管外各卡点；然后根据情况选择合适的切割钻具组合，适时切割、捞出被割套管；最后下入补接管柱，进行补接固井。补接完成后，进行套管试压、完井。

2. 取换套管综合工艺技术

首先要核查套管损坏情况，进行通井、扩眼作业，为下割刀和测卡点做好准备。对于套管破裂井，扩眼钻具组合（自下而上）为：梨形铣鞋 + 钻铤 + 钻杆。遇阻后加压磨铣，加压不能过大，转速根据套管损坏情况及磨铣扭矩合理选择。钻具放空后，上提钻具，反复划眼，直到上提、下放均无遇卡现象，再起出扩眼钻具。

在套管损坏段以下 20~50m 注水泥塞，暂时封堵油气层，防止作业污染。然后进行声幅测井，确定套管外水泥封固情况，以及管外各卡点位置，必要时下入示踪管柱，防止套铣或在补接过程中丢失鱼顶。

如果损坏段以上套管外有卡点，卡点距离损坏段较近，可以下入内割刀，尽量多地割取卡点以上套管。注意卡点以上要留一段套管不割，以便套铣管柱引入，也可以直接从套管损坏段以下切割，切割后如果活动不能解卡，则需上提切割位置。条件允许的话，使切割后的鱼顶在技术套管内，保证套铣时能顺利进入鱼顶。施工时，割完第一刀后，可以将切割管柱放到所打水泥塞上，试提管柱；不能解卡时，直接上提切割管柱，进行第二次切割，直到被切割套管能够顺利取出为止。

当内割未能取出全部损坏套管时，可以根据井身结构，选择合适的套铣工具，进行套铣作业。套铣钻具组合自下而上为：铣鞋、套铣管、钻杆。套铣作业的关键是调整好修井液性能，做好防塌、防钙侵工作，严防卡钻事故发生。要适时取套，不要一次套铣太多，防止套管过长发生弯曲而贴靠套铣筒内壁，扭断套管，发生内卡。一般每套铣 80~120m 外割取套一次，必要时每 50~80m 取套一次。外割取套的优点是可以一次性完成割套、取套，适用于套管内有落鱼或套管错断的复杂情况；缺点是工具外径尺寸较大，容易卡钻。现场施工可以内割取套和外割取套相配合，直至取出全部套管。为了保证补接一次成功，可以选择外径和长度略大于补接器尺寸的模拟通井规通井，套入鱼顶后即可起钻。

取套完成后下入补接器补接套管。补接器的选择原则：补接在套铣管内进行，补接器外径应比套铣钻头、套铣管内径小 6~10mm，以便在套管系统内进行起下。补接器与井内套管完成对接后，固井前起出套铣管柱及示踪管柱。

固井时，一般要求水泥浆密度为 1.85~1.95g/cm^3，水泥上返到补接器以上 100~150m 即可。特殊的井，可根据地质设计要求固井。替浆完成后上提管柱，关闭注水泥循环通道，防止水泥浆倒流回套管内。水泥凝固后，将底水泥塞钻掉，全井按设计要求试压，证明补接成功，可以完井。

3. 取换套管工具

取换套管工艺需要准备的工具分为三大类：套铣工具、套管切割工具和套管补接工具。

（1）套铣工具

针对某些井套管外有水泥帽、水泥环，甚至管外封隔器的情况，必须首先对其进行钻铣。目前已开发的取套专用的大尺寸套铣工具，主要有套铣钻头、套铣筒、套铣方钻杆等。套铣钻头有两种形式，一种用于钻水泥环；另一种用于套铣管外封隔器和下断口。套铣方钻杆是传递转盘扭矩的专用工具，为了保证连续套铣，避免加单根丢掉套管下断口，还要准备一些短方钻杆。套铣方钻杆的横截面为壁厚均匀的环状正六边形。大通径套铣筒是套铣作业的主要工具，套铣到预定深度后，在筒内完成套管对接。

（2）套管切割工具

目前套管切割技术已经成熟，开发出了一系列的切割工具，主要有机械割刀、水力式割刀、化学喷射割刀和聚能割刀。机械割刀由于具有使用安全、操作方法简单等特点，得到了广泛应用。

在进行套管切割时，由于外割刀外径尺寸较大，切割位置较深，且在裸眼中进行，相对来说，发生卡钻事故的可能性较大，故只要套管内部能够顺利通过内割刀，应首先优选内割刀。外割刀主要用于切割错断套管和内部被卡落鱼或套管缩径、无法通过内割刀的情况。

（3）套管补接工具

目前套管补接工具有铅封注水泥套管补接器和封隔器型套管补接器两种，前者适用于需要固井的补接井段，后者适用于不需要固井的补接井段。

1）铅封注水泥套管补接器

①用途：

铅封注水泥套管补接器是更换井下损坏套管时，连接新旧套管、保持内通径不变并起密封作用的一种补接工具。该工具除利用铅环压缩变形进行一次密封之外，还可以注水泥进行二次密封。

②基本结构：

铅封注水泥套管补接器主要由上接头、外筒、卡瓦座及销钉、螺旋卡瓦、控制环、中心环、铅环、末端封环、限位套、引鞋等零部件组成。

③工作原理：

a. 引入套管：右旋钻柱将鱼顶引入引鞋内，继续下放，通过引鞋上部 6 个凸台将套管外壁的水泥环、毛刺刮掉，并扶正套管，为抓获和坐定铅封扫清障碍。当套管接触螺旋卡瓦后，将螺旋卡瓦向上顶起，螺旋卡瓦的外锥面与卡瓦座的内锥面间形成一定的空隙，使螺旋卡瓦外径得以扩张。当右旋下放工具时，依靠螺旋卡瓦与套管外径之间的摩擦扭矩的作用，螺旋卡瓦径扩大，使套管顺利通过卡瓦座上台阶，直到顶住上接头。

b. 夹紧套管：上提钻柱，螺旋卡瓦外螺纹锥面与卡瓦座内螺纹锥面互相贴合，产生径向夹紧力。当夹紧力超过一定限度时，卡瓦齿尖嵌入管壁，将套管咬住。

c. 压缩铅封：继续上提钻柱，因螺旋卡瓦咬紧套管，卡瓦座不能随外筒上行。于是引鞋在外筒拉力作用下给内套向上的推力，使铅封总成受到轴向压缩产生塑性变形，起到密封作用。

d. 注水泥：以上三个工序完成后，再慢慢下放管柱，使补接器受到 7~9kN 的下压力，卡瓦座顶住上接头，内套离开端面铅封，打开卡瓦座与外筒之间的通道。开泵循环畅通后，注水泥至设计返高，提起管柱坐封。待水泥凝固后，卸去拉力负荷，钻掉管内的水泥塞。

e. 铅封无效退出补接器：释放套管补接后，如铅封无效，需要将工具提出。操作方法是以钻具下击工具，使螺旋卡瓦外锥面与卡瓦内锥面脱开，卸掉上提时产生的夹紧力，再一边慢慢正转，一边上提，可将补接器逐步退出下部套管。

f. 操作方法：

（a）下刮削器刮削套管内壁并通井。

（b）下桥塞封隔器或打水泥塞，其深度应在切割位置以下 10m 左右。

（c）检查好补接器，接在下井套管底部，下入井内。

（d）工具下至套管以上 3~5m，记录悬重，开泵循环洗井至泵压与出口稳定，然后正转慢放，使套管进入工具内，并使工具承受一定的压力。

（e）慢慢上提管柱，使工具处于中和点状态，管柱消除弹性扭矩后，再上提管柱压缩铅封。

（f）将坐封负荷降低至原来的四分之一，开泵试压，试压值在 3.5~7.5MPa。试压合格后，慢慢下放管柱，使补接器承受 70~90kN 的下压负荷，以打开水泥循环通道。

（g）注水泥达到设计返高。

（h）上提管柱，保持规定的坐封负荷至水泥凝固后卸掉。

（i）钻水泥塞或桥塞封隔器。

g. 注意事项：

（a）补接前必须查清套管接箍深度，以便确定切割位置时避开套管接箍。

（b）切割位置应在损坏套管下面的一根完好套管上部为宜，以留出足够的补接长度。

（c）根据套管损坏情况，确定切割工具。若使用外割刀，应与动力水龙头配套使用。

（d）注水泥后，上提的坐封负荷应保持到水泥凝固后释放。

2）封隔器型套管补接器

①用途：

封隔器型套管补接器是取出井下损坏套管后，再下入新套管时的新旧套管连接器。

②基本结构：

封隔器型套管补接器主要由抓捞机构及封隔机构两大部分组成。抓捞机构是一个篮式卡瓦打捞筒，主要由上接头、筒体、篮式卡瓦、铣控环、引鞋等零部件组成。封隔机构由橡胶密封圈、保护套组成。

③工作原理：

连接在新套管最下端的封隔器型套管补接器接近井下套管时，一边慢慢旋转，一边下放工具，井下套管通过引鞋进入卡瓦，卡瓦先被上推，后被胀开使套管通过。套管通过卡瓦后，继续上行推动密封圈，保护套使其顶着上接头，则密封圈双唇张开，完成抓捞。

完成抓捞后，上提管柱，卡瓦咬住井下套管不动，筒体上行使卡瓦与筒体的螺旋锥面贴合，上提负荷越大，卡瓦咬得井下套管越紧。同时，双唇式密封圈内径封住套管外径，外径封住筒体内壁，从而封隔了套管的内外空间。

根据施工的需要，如果需退回工具，释放被抓住的井下套管，只要大力下击，然后慢慢右旋，上提工具管柱即可，下击的目的是使卡瓦螺旋锥面脱离筒体螺旋内锥面。右旋的目的是利用卡瓦与井下套管之间的摩擦力，使卡瓦始终处于胀大状态，便于退出套管。

④操作方法：

a. 补接前要清理鱼顶，清除鱼顶的毛刺、飞边。除补接部分外需全部裸露，还需复查井下套管尺寸。

b. 把工具接在新套管的最下端下井。

c. 当接近井内套管鱼顶时，边下边慢慢右旋管柱，直至井下套管顶出密封圈保护套为止（可从指重表上看出），使补接管承受 90~100kN 的拉力。

d. 上接工具管柱，使卡瓦卡紧井下套管。

e. 按规定要求试压检查封隔机构的密封程度，一般试压为 9~12MPa。

⑤注意事项：

a. 工具接近井下套管顶部时，旋转和下放必须缓慢。

b. 上提工具管柱时，要慢且匀速，严防补接工具受过大冲击，以消除补接后套管柱的扭力。

c. 开泵试压时，升压要缓慢。

4. 取换套管工艺过程

取换套管的修复作业施工是一项技术性极强的综合性工作，主要包括套铣前准备，套铣取套，补接、固井、完井三大部分。

（1）套铣前准备

套铣前准备工作包括循环压井、起原井管柱、检测套损状况、处理井内落物、丢手、填砂、配置套铣工作液等。为确定套铣深度、选择套铣钻头、确定补接完井方式等提供可靠的依据。

1）循环压井

根据施工井的基本情况，历次修井、作业情况，近期所测静压、含水等资料数据，选择合适的压井液压井。压井液综合性能应满足施工要求，黏度应达 60~70mPa·s，原则上应选用对油层低伤害或无伤害的压井液。

2）起原井管柱

井压稳定后，安装作业井口，起出原井管柱。如井内有抽油泵，则先安装抽油杆自封，起出抽油杆及柱塞，然后压井，起原井管柱。

3）检查套损状况

主要检测套损点套变类型、套损点深度、套损点通径大小。套损状况可通过工程测井法检测，也可用机械的方法检测。现场一般采用机械法检测。常用机械法检测套损程度、几何形状和深度。因变形、错断的检测用铅模一次即可完成，而漏失井需检测出漏点准确位置及漏失量。

4）丢手、填砂

丢手、填砂管柱的重要作用是确保以后套铣，取套、新套管串入井等重要工序施工时，不发生井喷等严重事故。同时也为新套管串入井提供示踪引导作用，确保套铣完成，套管取出后，井眼、下断口不丢失。另外也可以避免套铣时，破碎的水泥块、岩屑等落入下断口。丢手、填砂管柱对于活动型错断井的套铣取套尤为适用。

管柱结构（自上而下）为油管柱、丢手装置、压缩式封隔器（2 级）、油管柱、丝堵。封隔器以下的油管柱到井底，常用的丢手装置是正反扣接头，也可选用憋压式接头。

管柱下到下断口以下 10~20m，管柱内憋压坐封封隔器，然后反转管柱，由丢手接头处卸开以上管柱，上提管柱 2~4m，由油管正循环填入石英砂，砂柱高度一般为 1~2m，如井内压力较高，压井深度又不够深，必要时可以在砂柱以上再增打 0.5~1.0m 水泥塞，以确保施工安全。

断口通径较大（ϕ100mm 以上），小直径压缩式封隔器可以通过断口，则应将封隔器下至断口以下 10~20m。如断口通径较小（ϕ99mm 以下），小直径封隔器不能通过，可将油管直接通过断口，在断口以下 10~20m 处直接打水泥塞，水泥塞高度可适当增高至 2m，并在水泥塞中及水泥塞以上留 20~40m 油管示踪。

5）配制套铣工作液

现场配制套铣工作液时，所用清水应符合工作液性能要求，水质清洁、无杂质、pH 值为 7~8.5。

柴油、磺化栲胶、铁矿石粉（Fe_2O_3）、CMC、纯碱等应准备充足。

检测、化验工作液性能参数的仪器、仪表、器具等应齐全。

（2）套铣取套

套铣取套的施工步骤包括套铣管外水泥帽、套铣无水泥封固的井段（即加深套铣）、适时取套、套铣水泥环（水泥封固井段）、套铣管外裸眼封隔器或断口及打捞落物等内容。

1）套铣管外水泥帽

管外水泥帽一般长 45~55m，初始的套铣比较费时。原因是初始钻压低，只能靠方钻杆自身重量和初始的第一根和第二根套铣筒重量，钻压不超过 20kN，尤其是套铣第一根和第二根套管，只能靠大排量冲刷、较高转速（100~120r/min）来破碎水泥帽。套铣水泥帽时，初始套铣不超过 2m 时，不得在全钻压下高速旋转，以保持方钻杆的稳定。

套铣完方钻杆后，接换单根套铣筒。接换单根应上下划眼 2~4 次，大排量冲洗，将水泥碎块冲洗干净。

套铣超过 20m 后，保持 20~30kN 的钻压，80~100r/min 的转速，排量在 1500L/min 左右，快速套铣钻进，一直套铣完水泥帽。

注意每换接一次单根套铣筒都应划眼 2~4 次，并大排量冲洗。套铣工作液常规性能、流变性能应保持良好。水泥帽套铣完成后，大排量冲洗 2~4 周，将水泥碎块、岩屑冲洗干净。必要时取出部分套管。

2）加深套铣

加深套铣是套铣钻头对管外无水泥封固的空井段岩壁刮扩的过程。此时的钻压、转速、排量可保持较高水准，以便快速钻进。

套铣无水泥封固的空井段，套铣钻头端面铣齿发挥作用较小，主要靠钻头下端外侧的铣齿刮扩岩壁，进行扩孔钻进。此时是快速套铣钻进的阶段，在每次换接单根时都应上下划眼 3~5 次，并大排量冲洗井壁，使岩屑返出井口。此时的钻压应随套铣深度的增加而适当减小，转速可一直保持在 100~120r/min，排量应保持在 1500L/min 左右。

注意，在接换单根套铣筒时，应平稳操作、快速接换，保持快速钻进一直套铣到设计深度。

3）适时取套

被套铣后的套管在套铣筒内过长将会弯曲贴靠套铣筒内壁，使套铣筒和套管之间产生摩擦，高速旋转的套铣筒会将套管打折，如不及时取出，将使套管扭断而卡套铣筒，造成严重事故和不良后果。因此在套铣时，一般每 80~120m 取套一次，必要时每 50~80m 取套一次。

套铣 80~120m 后停止，将套铣筒坐吊在悬挂装置上。将切割刀、打捞矛连接在 2⅞ in 反扣钻杆上，切割时打捞矛不应进入切割套管内。工具入井时应正对井口，缓慢入井，不得刮碰井口。入井后下放速度应控制在 0.2m/s 以内，不得转动管柱。如切割刀中途坐卡，则应上提管柱解卡，不得顿击强下。

切割刀下至设计深度 1m 以上，以备下放坐卡。校对指重表，记录悬重，以备切割过程中和切割后判断。注意切割点位置应避开套管接箍。

开泵循环，一边缓慢下放钻具，一边以 10~20r/min 转速启动转盘，当钻压增加时，说明已坐卡。将钻压控制在 10kN 以内，切割 5~12min，管柱下放达到 32mm，钻具应旋转自如，无反扭矩现象，此时可以把转速提高到 25~30r/min，并重复加压 5kN，若扭矩不再增加，即证明管柱已割断。上提下放管柱，用套管打捞矛抓捞套管，悬重有明显增加，说明已捞获。

所有下入钻杆、工具等的连接螺纹均需涂防黏扣密封脂，旋紧扭矩不低于 3200N·m。

4）套铣水泥封固井段

套铣水泥封固井段即套铣管外水泥环时，钻压控制在 20~30kN，转速应降低，排量应始终保持在 1500L/min 左右，完成对水泥环的套铣，直到断口以上 3~5m 或管外封隔器以上 1~2m。

保持平稳套铣钻进，每接换一次单根，均应划眼 3~5 次，工作液循环正常后，再继续套铣。

断口以上套管套铣完成取出套管后，应以一定排量冲洗井壁 2~4 周（排量在 $1m^3/min$ 左右），彻底冲洗干净水泥碎块和岩屑，然后准备起套铣筒更换钻头。

5）套铣管外裸眼封隔器或断口

套铣管外裸眼封隔器断口，需更换套铣钻头。在套铣钻头下井过程中，注意钻头入井下放速度不得过快，接近示踪管柱上端部时，应注意将示踪管柱引入套铣钻头内。套铣钻头及套铣筒沿着示踪管柱下到断口以上 1~2m 时，应缓慢下放，同时开泵循环工作液，启动转盘，以较低转速（20~40r/min）边转边下放，当钻压有明显增大时，说明套铣钻头已接触到断口以上水泥环或管外裸眼封隔器，此时即正式开始套铣断口或管外封隔器。应保持钻压 90~120kN、转速 60~80r/min、排量不低于 1500L/min，套铣至断口以下 20~30m。

6）打捞落物

取出断口以上及以下 10m 套管，打捞井内落物。

（3）补接、固井、完井

补接、固井、完井包括核定断口修整程度，补接，起套铣筒，固井、候凝，测井，钻水泥塞、冲砂、打捞封隔器，全井或补接井段试压、完井等工作。

1）核定断口修整程度

断口经修整后，应下入大直径平底铅模，核实检测断口的平整、光滑程度及深度，为新套管串的深度计算、补接器的选择等提供依据。

如断口经检测不平整，对补接不利，则应采取切割法使断口光滑平整。即在断口以下避开接箍 2~3m 处切割套管并取出，使断口光滑平整，以利于补接器抓获。也可采用倒扣法将断口以下 1~2 根套管倒出，使井内留有一个完好接箍，以便下一步使用新套管对扣完井，但此法难于操作。如需固井完成则不能采取对扣的方法完井。

2）补接

根据断口修整程度及原套管规格型号，选择补接器型号规格。原则上需固井完成的井选择铅封注水泥套管补接器，不需固井完成的井选择封隔器型套管补接器或采用对扣法完成。补接器外径应比套铣筒、钻头内径小 6~10mm，以便在套铣筒内顺利起下。如无合适的补接器或补接器外径较大，在套铣筒内下入困难，则应先起套铣筒后再下补接器进行补接，但在起套铣筒之前，断口处需示踪保鱼，在补接器抓获断口后，再起出示踪管柱以免因井壁垮塌卡埋示踪管柱。

补接器与套管连接后，缓慢入井，在套铣筒内下放速度不超过 0.2m/s，补接器下至断口以上 1~2m 时，记录套管串悬重，开泵循环工作液，正常后缓慢下放。同时慢慢转动管柱，当悬重下降 3~5kN 时，应停止下放，确认断口已完全进入补接器引鞋及尾管内时，可继续缓慢下放管柱，使断口部位套管完全进入补接器抓捞卡瓦内。

3）起套铣筒

补接试压合格后，即可起套铣筒。当套铣筒提至补接器时，应注意需缓缓提升通过补接器，稍有悬重变化或遇阻现象，则应正转管柱，不得划碰、刮撞补接器。起套铣筒之前，应大排量（1500L/min 以上）冲刷井壁，破坏泥饼，为下一步固井水泥与井壁的胶结创造良好条件。

4）固井、候凝

①连接地面及井口固井流程管线并试压，试压压力一般不低于 20MPa，稳压 15min，压力下降不超过 0.1MPa 为合格。

②水泥浆量不超过 10m^3，可考虑人工配制，水泥车泵入。

③水泥浆量超过 10m^3，应用下灰车、水泥车配合泵入固井。

④水泥浆上返深度视取套管深度而定。一般情况下，300m 左右的取换套管井，水泥浆应返至地面。超过 300m 深度水泥浆应返至补接器以上 100~150m。特殊需要的井可根据地质要求全井固井。

⑤水泥浆的相对密度一般应达到 1.85~1.95g/cm^3，固井水泥用专用油井水泥，标号视井深、井温选用。人工配制水泥浆时，从水泥加水开始配制到完成泵入时间不超过 40min。泵注水泥浆时，中途不得停泵。

⑥泵注水泥浆前，先泵入 4~6m^3 清水为前垫，然后泵注水泥浆。泵注压力应不超过 15MPa，排量不低于 0.5m^3/min。

⑦水泥浆泵注完成后，用清水或工作液顶替水泥浆。

⑧顶替液泵注完成后，上提管柱，悬重达到补接器允许提拉负荷，关闭补接器的注水

泥循环通道，使套管外的水泥浆不能返回套管内。

⑨候凝 72h。

5）测井

候凝时间达到 24h 后，应进行声幅测井、声波变密度测井，检查固井质量、水泥与井壁胶结情况。

6）钻水泥塞、冲砂、打捞封隔器

候凝 72h 后，钻掉示踪水泥塞和冲砂、打捞丢手封隔器。

①钻水泥塞及冲砂管柱结构（自上而下）为钻杆柱、开式下击器、配重钻铤、安全接头、刮刀钻头。每隔 5~8 根钻杆，应在接箍处加保护套接头护箍，护箍一般用橡胶件制成。

②钻进时，钻压保持 10~15kN，转速控制在 60r/min 以内，排量不低于 500L/min。钻完水泥塞后，可直接用钻塞管柱冲砂，冲砂排量不低于 1000L/min。冲到封隔器丢手接头时，应保持大排量循环冲洗 3~5 周，务必将砂子冲净。

③打捞丢手封隔器。下钻杆带专用打捞丢手的工具，捞取封隔器，注意上提负荷不超过 200kN（钻杆柱重量除外），使封隔器上提解封。

④封隔器捞出后，用通井规或较大直径的铅模通井至人工井底，套管通井规或铅模直径比套管内径小 6~8mm 即可。

7）全井或补接井段试压

通井无异常后，全井试压或补接井段试压，试压压力为 15MPa 或按新钻井标准试压。补接井段试压时，管柱结构（自上而下）为油管柱 + 扩张式封隔器 + 油管及短节 + 节流器 + 扩张式封隔器 + 尾管 + 丝堵。封隔器的上、下卡点距补接井段上、下各 2~4m，避开套管接箍。

8）完井

下入完井管柱、装采油井口、替喷、完井。必要时全井酸化处理，以解除钻井液的伤害。

（4）取换套工艺特点

①大通径套铣方钻杆，可以直接套铣井下第一根套管，避免了切割、倒扣，鱼顶引入的烦琐工作。

②作业过程中不需重复起下套铣管，工作量小，作业周期短，节约了作业成本。

③切割、取套、套管回接工作在套铣管内进行，鱼顶始终在套铣管内，有效保护了鱼顶，避免丢鱼事故发生。

④大直径工具在套铣管内能顺利起下，套管回接顺利。

⑤有效降低了井眼坍塌卡钻及岩屑沉降卡钻问题。

⑥裸眼套铣、取换套深度达到 800m。

⑦套管采用对扣回接，回接后承压 25MPa。

⑧套管内通径不变。

第十节　套管内侧钻

套管内侧钻是减少油田开发投资和提高油气井采收率的有效方法，是在油水井的某一特定深度固定一个导斜器，利用其斜面的造斜和导斜作用，用铣锥在套管的侧面开窗，从窗口钻出新井眼，然后下尾管固井或其他完井方式的工艺技术。

一　分类与适用范围

1. 侧钻井分类

按侧钻开窗是否利用导斜器，套管内侧钻可分为导斜器侧钻和自由侧钻两种。按开窗方位是否有明确的要求，侧钻井可分为定向侧钻井和一般侧钻井。所谓的导斜器侧钻井就是在套管内欲开窗的位置固定 1 个导斜器，开窗工具靠导斜器的导斜作用开出窗口的侧钻井工艺。自由侧钻井是在欲开窗的位置不下导斜器，利用井下错断的套管或套管内落物的偏斜作用开出窗口的侧钻井工艺。定向侧钻井是对侧钻开窗的方位有明确的要求的侧钻井工艺。非定向侧钻井是对侧钻开窗的方位无明确要求的侧钻井工艺（又称一般侧钻井）。侧钻井的类型根据侧钻井要解决的问题来选择。

2. 侧钻工艺应用

侧钻工艺主要解决以下几方面的问题：

①套管损坏严重，无法修复的井。

②井下发生复杂事故，无法处理的井。

③油层出砂严重，套管又有损坏，无法采取防砂工艺的井。

④需要钻开井底附近新的含油层系。

⑤在海上、湖泊、大陆有钻多底井等特殊要求。

目前侧钻井工艺主要是使事故井或套管严重损坏的井恢复生产。

3. 套管内侧钻井开窗部位的确定原则

①侧钻井开窗部位以上套管必须完好，应无变形、漏失、穿孔与破裂等现象。

②侧钻井开窗部位必须在损坏部位 30m 以上，以利于侧钻中有一定的水平位移，从而避开原井眼。

③尽量选择固井质量好、井斜小、地层硬的井段，同时也应避开套管接箍，以使其有一个稳固的窗口。

④对出砂井和严重窜漏井，侧钻长度与倾角均应加大。选定开窗位置后，为保证侧钻井效果，水平位移必须大于出砂与窜漏的径向范围。

⑤在上述原则确定的基础上，进行严格的通井、试压、分析井史与电测资料，发现不合适的地方，应随时研究修改侧钻方案。

二 套管内侧钻工具

（一）导斜器

导斜器也叫斜向器，是引导磨铣工具从一侧磨铣套管形成窗口的专用工具。按照导斜器的结构，可将其分为注水泥式、液压式和机械式等几种。

1. 普通注水泥式导斜器

这种类型的导斜器结构简单，成本低，但不能用于定向侧钻井作业。这种导斜器主要由导斜器、螺栓、铅块和送斜器等组成，如图 4-10-1 所示。

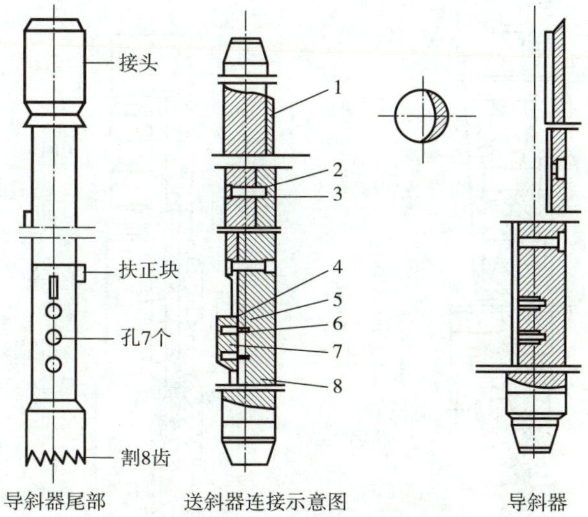

图 4-10-1 普通注水泥导斜器

1—送斜器；2—螺栓；3—螺母；4—螺钉；5—承顿块；6—螺钉；7—铅块；8—导斜器

（1）导斜器断面形状

按导斜器斜面的断面形状可将其分为平面形导斜器和凹面形导斜器两种。凹面形导斜器的优点是定向性好，开窗铣锥工作平稳，窗口比较规则。缺点是转动负荷大，制造比较困难。

（2）斜面硬度

斜面硬度应与套管硬度相近，表面太硬开窗距离短，易提前外滑，造成侧钻完井工作困难。反之则窗口长，有时侧钻不出去。硬度为 HB260~300 较为合适。

（3）斜面长度和顶部厚度

斜面长度和顶部厚度主要由侧钻目的和要求而定，但又受套管尺寸制约。井底位移大的，侧钻面角度要大些（一般在 3°~4° 范围内）。在角度确定后斜面长度与顶部厚度互相影响。顶部厚度大则斜面长，顶部厚度与斜面长度要根据侧钻井眼的大小和钻具配合来综合考虑。钻具刚性大、井眼小、斜面长一些，以利于钻井和固井工作顺利进行，反之则短一些。目前用水泥固定的导斜器，顶部厚 20mm，斜面长度 2m，斜角 3°。

2. XQSR—XQDM 型地锚式导斜器

XQSR—XQDM 型地锚式导斜器是一种可定向的水泥锚定式导斜器。

（1）结构

这种导斜器总成由 XQSR 型导斜器送入总成和 XQDM 型注水泥地锚总成组成。

导斜器送入总成由送斜器总成、螺母、剪断螺栓、导斜器、母铰接短节、铰链轴、公铰接短轴、定向螺钉、扶正压套、卡瓦、筒体等组成。注水泥地锚总成主要由上接口、定向销、内定向键、定位短节、固定销钉、锚管、外定向键、悬挂短节、尼龙球、O 形密封圈、活塞、扶正短节、悬挂销钉、下接头等组成，如图 4-10-2 所示。

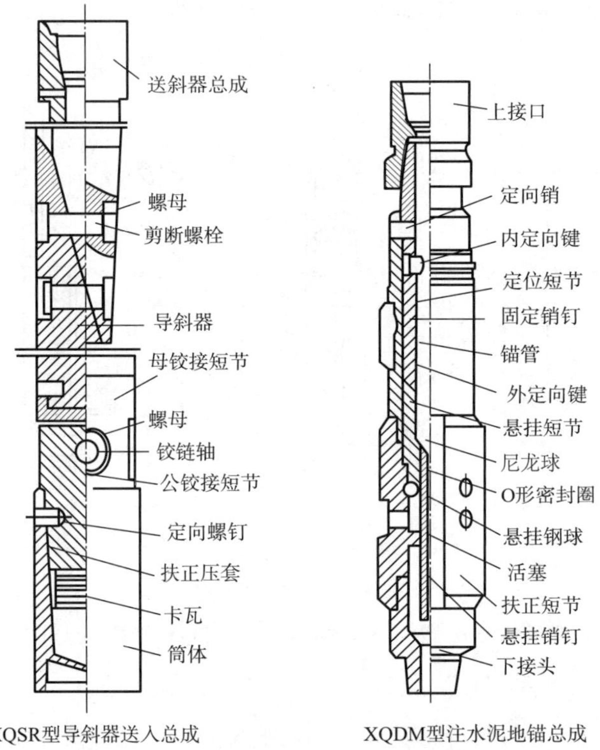

图 4-10-2　XQSR—XQDM 型地锚式导斜器总成

送入器上端为钻杆接头，本体与导斜器斜面用两颗铜螺栓连接起来。导斜器上体和下体用铰接销连接。引鞋筒体用定向销与下体连接。引鞋筒体内装有开槽卡瓦。该卡瓦与地锚总成的锯齿形螺纹套啮合连接。

地锚总成上部接头为钻杆螺纹，与送入管柱连接，上部接头与定向短节连接，定向短节与悬挂短节采用螺纹连接。定向短节用销钉与锚管连接。锚管外上部有锯齿形螺纹，中部有外定向键，下部用螺纹与扶正短节连接，扶正短节与下接头用螺纹连接，下接头连接尾管。

在定向、注水泥后，可剪断定向销，将随下钻具的上接头、定向短节、悬挂短节及其内部结构提出锚管并起出地面。

（2）工作原理

①锚定：

将锚定总成下至预计井深，定向，注水泥，投尼龙球，憋压剪断悬挂销钉，活塞下行打开循环孔，循环出多余水泥浆后，起出定向和悬挂短节，候凝。

②对接：

将调整好方向的导斜器总成下入井内，探地锚接头，慢慢转动和下放钻具，让筒体内的键槽与锚管外的定向键啮合，并使筒体内的卡瓦与锚管锯齿形螺纹啮合，完成对接。

（二）磨铣工具

主要介绍套管开窗的磨铣工具。这些工具主要有起（初）始铣鞋、开窗铣鞋、铣锥、西瓜皮式铣鞋、钻柱式铣鞋、复式铣锥和钻铰式铣锥等。

这些类型的铣鞋（锥）并非每次开窗中都全部使用。在初期开窗中，使用铣鞋的类型和数量较多。随着工艺改进和技术进步，铣鞋的结构有了较大改进，铣鞋用量越来越少，近年来用一只铣鞋就可完成开窗作业。

1. 起始铣鞋

起始铣鞋的作用是对套管进行最初铣削。这种铣鞋的特点是具有导向杆。

（1）结构

起始铣鞋主要由接头、切削部分和导向杆等组成。按导向杆形状，起始铣鞋分为两种类型，一种是圆柱形导向杆，另一种是锥形导向杆。如图 4-10-3 所示。

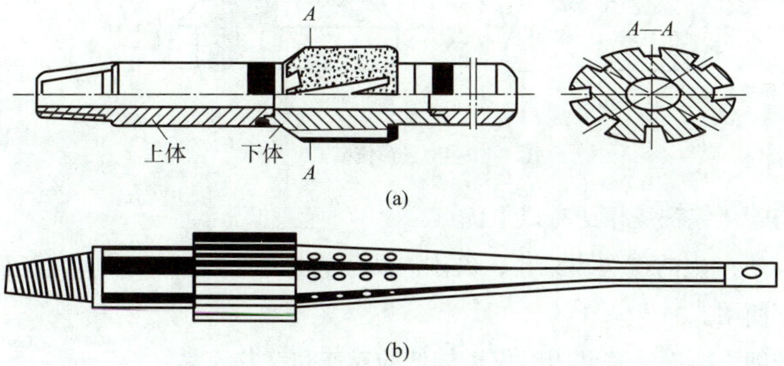

图 4-10-3　起始铣鞋

（a）用于注水泥锚定导斜器开窗；（b）用于卡瓦式锚定导斜器开窗

（2）作用

起始铣鞋的颈部设计成锥形或圆柱形，这样就能使切削作用力加到套管上，而不是加到导斜器上。起始铣鞋设计成在切削一小段之后，不去铣掉凸缘而继续铣削套管。为了防止起始铣鞋的磨损，在本体上镶入了碳化钨。导向杆的作用还能防止铣鞋滑出套管。

2. 开窗铣鞋

（1）结构

开窗铣鞋主要由接头和螺旋切削两部分组成，分为硬质合金式和金刚石式两种。

开窗铣鞋设计成中心具有稍微凹进的结构，如图 4–10–4 所示。这种结构有利于骑着套管断口铣削而不易使铣鞋过早滑出套管。

（2）作用

开窗铣鞋是在继起始铣鞋之后，继续对套管开窗的磨铣工具。右螺旋侧翼切削刃可使工具在开窗磨铣过程中不卡套管壁，工作平稳。底部凹面的圆窝结构有助于铣鞋找中扶正，防止过早滑出套管。铣鞋中心隆起的作用是当铣鞋底面中心恰好处于套管壁的正前方时，仍具有开窗磨铣作用。

（3）金刚石开窗铣鞋特点

金刚石铣鞋 [图 4–10–4（c）] 是一种取得专利的用于起始铣鞋之后进行开窗用的铣鞋。使用金刚石铣鞋，可以使窗口变得光滑。

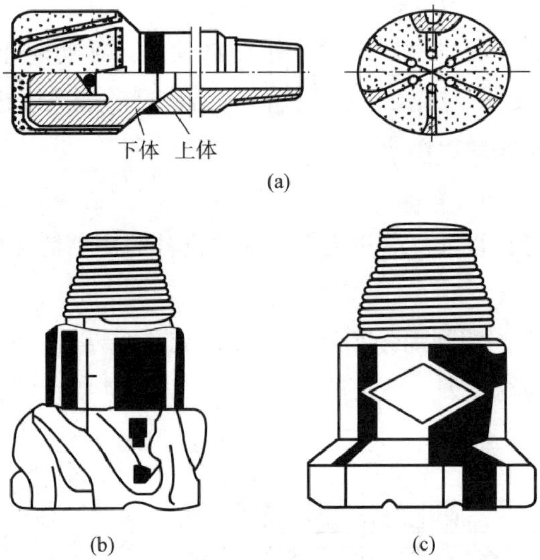

(a)

(b) (c)

图 4–10–4 开窗铣鞋

金刚石铣鞋与碳化钨铣鞋相比有以下优点：

①金刚石铣鞋所产生的铣屑更细小，铣削时所需转矩也就很小，因而允许它与西瓜皮式铣鞋串联在一起使用。

②因为铣屑较细，所以清洗井眼时仅需较低的返速和钻井液黏度。

③因为金刚石铣鞋具有较长的寿命，所以能成倍地减少起下钻次数。

④金刚石铣鞋基本上是一平底金刚石钻头。它的冠部很短，中心凸起，有助于铣鞋中心处的铣削。

3. 复式铣锥

复式铣锥由不同的锥度组成。锥度有两级、三级和四级之分，这里仅就常用的两级和四级铣锥进行介绍。

（1）结构

①两级复式铣锥结构：

两级复式铣锥主要由接头和两级螺旋切削锥体组成，如图 4–10–5 所示。

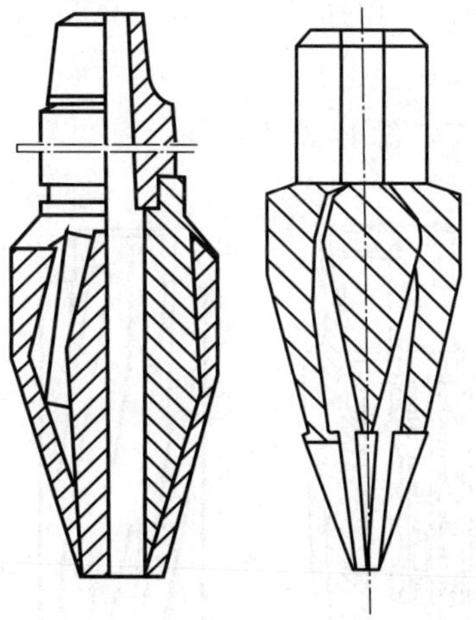

图 4–10–5　两级复式铣锥

②四级复式铣锥结构：

四级复式铣锥的锥体由四级不同的锥体组成，如图 4–10–6 所示。

自上而下锥度逐渐增大，Ⅰ级为 0°，Ⅱ级锥顶角为 2°，Ⅲ级锥顶角为 6° 50′，Ⅳ级锥顶角为 20°。

图 4–10–6　四级复式铣锥

（2）作用

复式铣锥是铣穿套管的主要工具。主要工作面均焊有硬质合金块。

复式铣锥最下一级锥体叫引子。其作用在于引导铣锥铣进，防止提前滑出套管。当铣进到导斜器斜面与套管的间隙小于引子直径的位置时，引子就不再起引导作用。此时便不能再用复式铣锥铣进了。

第三级锥体斜度与导斜器斜面斜度基本相同，其作用是稳定铣锥扩大窗口，最上级锥度为零，主要用于修整窗口。

4. 单式铣锥

（1）结构

单式铣锥只有一种锥度，形式有两种。尖形铣锥表面铺焊钨钢粉条棱，截锥形单式铣锥表面镶焊钨钢块。如图 4–10–7 所示。

（2）作用

在复式铣锥开出窗口以后，用单式铣锥继续加长窗口。主要工作面是底部刀刃，铣锥面的锥度与导斜器斜面锥度一致。可沿导斜器斜面加长窗口至最大位置。

图 4–10–7（a）型单式铣锥需要与钻柱铣锥配套使用，主要用于清除不规则的边缘或毛刺，也用于磨掉套管以上任何凸出的部分或导斜器底部以下的台肩。

5. 西瓜皮式铣鞋和钻柱式铣鞋

西瓜皮式铣鞋和钻柱式铣鞋如图 4–10–8 所示。

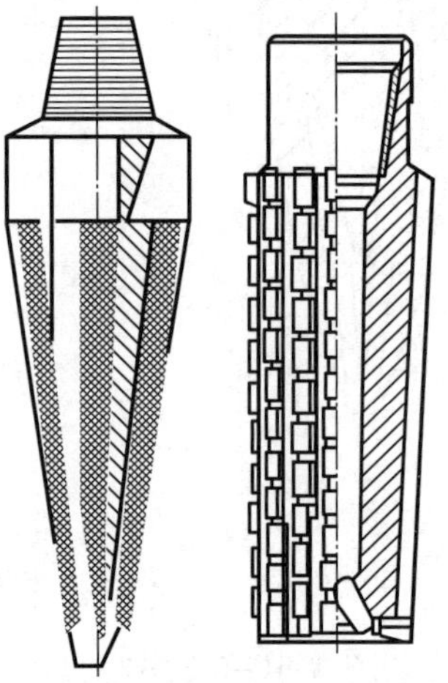
(a)　(b)

图 4–10–7　单式铣锥

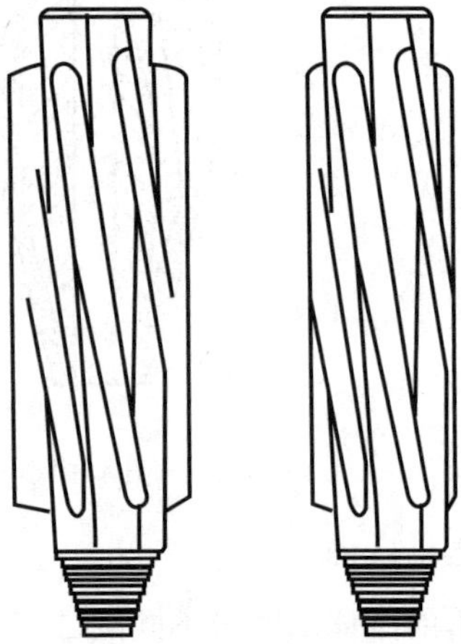
西瓜皮式铣鞋　钻柱式铣鞋

图 4–10–8　西瓜皮式和钻柱式铣鞋

西瓜皮式铣鞋通常在开出窗口或金刚石铣鞋之后立即使用。西瓜皮式铣鞋的切削棱与井壁接触，每个棱末端均设计成锥形。当开窗的时候，西瓜皮式铣鞋能够从顶部起加长窗口，并能清除初始切削时留下的毛刺。钻柱式铣鞋与西瓜皮式铣鞋很相似，切削刃差不多一样长，但它的棱较大，每一条棱的端部没有锥度。它通常用于加长和磨光窗口。

6. 组合式铣锥

（1）结构

这种类型的铣锥是将单式铣锥和钻柱式铣锥组合后再进行作业，如图 4–10–9 所示。

（2）作用

组合式铣锥可代替普通复式铣锥和单式铣锥，将开窗和修窗两道工序一次完成。

（3）特点

组合式铣锥具有导斜角大，磨削导斜器少，不易形成台肩，节省施工时间的特点。采用 15~20kN 钻压、70~90r/min 转速进行开窗，开窗和修窗可一并完成。这种工具使用方便，便于现场修复（补焊），可以重复使用，磨出的窗口长滑、畅通。

7. 钻铰式铣锥

（1）结构

钻铰式铣锥主要由上接头、球形体、矩形刀片、棱形刀片和 YD 合金等组成。如图 4–10–10 所示。

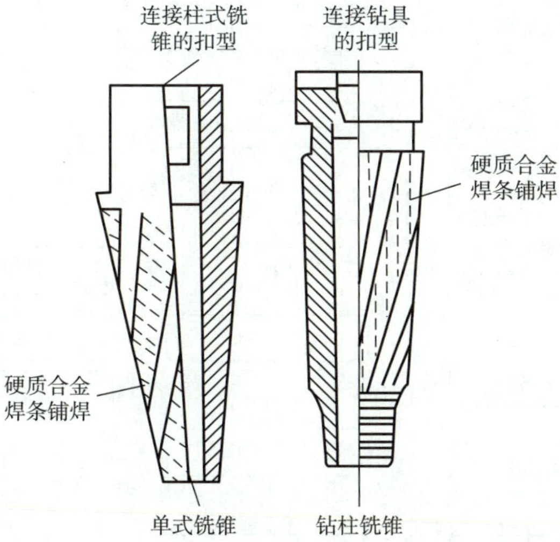

图 4-10-9　组合式铣锥

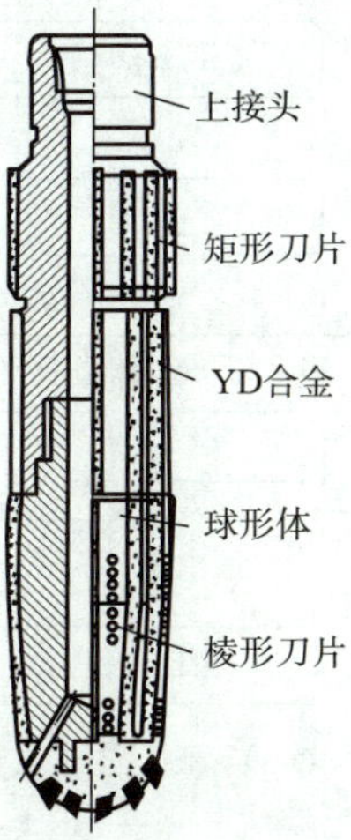

图 4-10-10　钻铰式铣锥

（2）作用

钻铰式铣锥下端的半球形体起引导作用，首先磨削套管内壁，并磨穿套管。棱形 YD 合金刀块的锥形部分开出上窗口，球形体上部开出中下窗口。继续磨削过程中，YD 合金铰形刀将不断地磨铣窗口，使其平整、光滑。最后矩形刀片再一次修整窗口。

三　套管内侧钻施工

（一）套管内侧钻工艺流程和侧钻井身结构

套管内侧钻工艺流程如图 4-10-11 所示，侧钻井身结构示意图如图 4-10-12 所示。

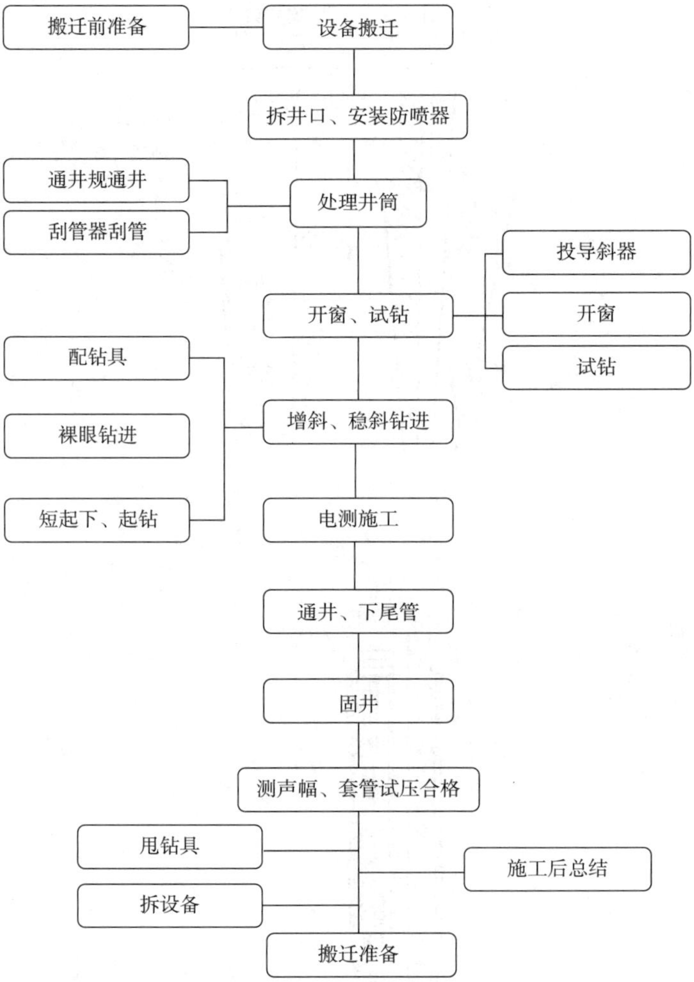

图 4-10-11　侧钻工艺流程图

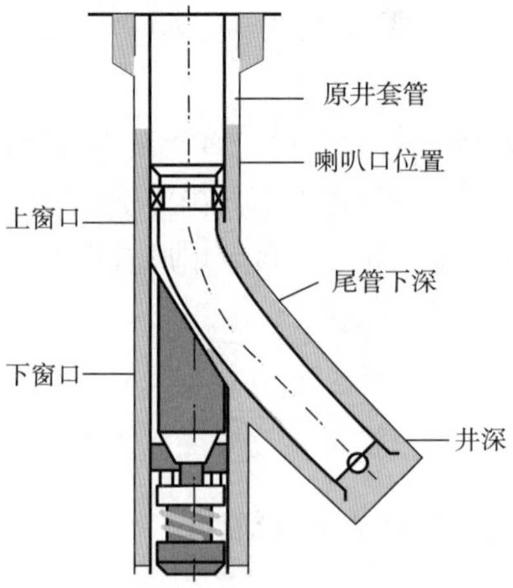

图 4-10-12　侧钻井身结构示意图

（二）套管内侧钻施工

1. 井筒准备

（1）清理好井口，确保井口套管接箍螺纹完好

ϕ139.7mm 套管开窗：按标准安装 2FZ18-35 防喷器及节流、压井管汇、放喷管线并试压合格，装钻井液伞，用 ϕ194mm 三通管，ϕ139mm 出水管接 ϕ152.4mm 胶管引至架空循环管。

（2）通井

原则上通井规直径大于导斜器 2~3mm，长度不小于导斜器长度，一般用 ϕ118mm × 3m 通井规 +ϕ73mm 钻杆。

（3）刮管

将 GX-G140 套管刮削器连接在管柱底部，条件允许时，刮削器下端可连接尾管增加入井时的重量，以便压缩收拢刀片、刀板。一般用 ϕ73mm 钻杆 +GX-G140 套管刮削器 +ϕ73mm 钻杆。

（4）试压

下封隔器至预定开窗点位置，对以上套管试压，一般控制在 15MPa，以 30min 压降≤ 0.5MPa 为合格。否则，找出漏失点报采油厂确认封堵或侧钻完下套管重叠固井。

（5）陀螺测斜

校对老井眼井斜数据，确定开窗点和定向剖面。

（6）停注水井

在已注水、气、汽井的油田内钻调整井时，所钻井目的层到注入层位 500m 范围内的所有注水、气、汽井停止注入。

2. 投导斜器

（1）导斜器坐封

①导斜器位置避开油层套管接箍，套管外水泥胶结良好，地层以泥岩段为主。

钻具组合（由上至下）：ϕ73mm 正扣钻杆 + 定向接头 +ϕ115mm 一体式导斜器 +ϕ73mm 筛管 +Y211-115 封隔器 + 丝堵。记录斜面与定向键之间的角度，定向接头内径要能通过 ϕ22mm 的小球。

②下到位置后，不要循环和探井底，先测陀螺定向，用转盘反转将导斜器斜面调到设计的方位，接方钻杆校对悬重，上提 1m 下放加压 70kN 左右封隔器坐封后，锁住转盘。

③用试压车对所有高压管线试压 25MPa，反循环洗井，将钻杆内的原油、水垢等脏物洗出，往钻具内投球，待球落入导斜器球座内，憋压 22MPa ± 2MPa，稳压 5min，憋两次，下放加压 50~100kN 导斜器坐封后再憋压 7MPa，上提方钻杆使送入杆处于不受压状态，正转 25 圈左右倒扣，缓慢上提，若泵压下降，证明倒开，方可起钻。否则放到原位置再倒扣，提出送斜器。

④导斜器坐封固定位置应准确，与设计位置允差为 ± 0.3m，导斜器顶部要紧贴套管壁而且固定要牢靠，防止在开窗及侧钻过程中发生位移或转动，导斜器固定牢靠后，用复式

铣锥开始磨铣窗口。

（2）套管开窗

①套管开窗是套管侧钻施工中的重要环节。它是利用铣锥沿导斜器的斜面均匀磨铣套管及导斜器，在套管上开出一个斜长圆滑的窗口，以便于侧钻过程中钻头、钻具、测井仪器、套管等的顺利起下，窗口质量的好坏，对下一步施工影响很大。

②开窗钻具组合（由上至下）：ϕ73mm 正扣钻杆 +ϕ89mm 加重钻杆 + 复式铣锥。

③套管开窗一般分为三个阶段：初始阶段、骑套阶段、出套阶段

a. 初始阶段。铣锥接触导顶至铣锥根部开始切削套管，这一阶段必须轻压慢转，使铣锥先铣出一个比较圆滑的孔洞。钻铣参数为，W：0~5kN，N：20~30r/min，Q：10L/s，P：10~12MPa。

b. 骑套阶段。从铣锥根部开始接触套管内壁到底圆刚刚铣穿套管内壁，此阶段容易出现开窗死点，因此应采取中压快转的技术措施，以保证铣锥沿套管外壁均匀钻进，保证窗口长度。钻铣参数为，W：20~40kN，N：40~60r/min，Q：10L/s，P：10~12MPa。

c. 出套阶段。从铣锥低圆铣穿套管到铣锥最大直径全部铣过套管，这是保证下窗口圆滑的关键段，此段稍一加压就会滑到井壁，因此要定点快速悬空铣进，其长度至少要等于一个铣锥的长度。钻铣参数为，W：10~20kN，N：40~60r/min，Q：10L/s，P：10~12MPa。

④开窗注意事项：

a. 开窗前必须对地面设备、钻井液性能、指示仪表、井下钻具进行全面检查，保证其性能合乎要求，保证钻井液泵排量，使井底岩屑充分循环出来，保持井底清洁，避免铁屑的重复切削。

b. 铣锥上部可以接加重钻杆 40~60m，保证加压均匀，窗口平滑，一般开窗 3m 左右。

c. 开窗时送钻要均匀，避免出现“死点”现象，一旦出现“死点”应下入梨形铣鞋或磨鞋及时消除。

d. 更换铣锥时应保持其直径一致，更换大小不一的铣锥时应由小到大，以免出现台阶使铣进困难。

e. 修套时铣锥容易悬空，高转速铣进容易脱扣，因此必须上紧钻具丝扣，下井钻具要严格检查，防止钻具断掉。

f. 如遇双层套管开窗掌握钻压、排量、转速、钻井液性能、进尺，平稳操作，及时分析铁屑，铣锥磨损程度，防止卡钻等事故。

g. 开窗部位以上套管完好，无变形及漏失。

h. 套管外水泥封固良好。

i. 选在完好套管本体处，避开套管接箍。

j. 避开事故井段及复杂地层和坚硬地层，窗口位置还应考虑定向侧钻井身剖面的结构安排。

3. 试钻

试钻进是为了避免套管对随钻测斜仪器的影响，钻进出螺杆钻具、无磁加重、定向接

头的裸眼井段，根据井内实际情况，井斜、方位等要求，考虑磁干扰因素，套管外水泥固井质量的好坏，为了防止钻头随着套管方向走，一般选择 PDC 钻头，钻出套管 20~25m 裸眼段，再起钻下定向钻具。

对于套管锻铣侧钻井，注水泥固井后，可以直接钻定向段。

（1）钻具组合

试钻进钻具组合：ϕ73mm 正扣钻杆 +ϕ89mm 加重钻杆 + 止回阀 +ϕ105mm 双母接头 + 钻头。

（2）试钻操作

①选择检验合格的钻具、加重钻杆、接头、钻头等钻具。

②下钻具按 10m/min 速度下钻头到窗口以上 5m，根据设计和地层特点调整钻井液性能，选取合适的钻井液体系，保持钻井液优质的流变性能，入窗口如遇阻不能硬压，可适当转动钻具，并缓慢下放，如果确实不能通过，则应起钻修窗。

③初始钻进控制钻时，振动筛出口确认接出地层岩屑，确认钻入新地层后再正常钻进，钻压 10~30kN，转速 60~70r/min，ϕ152mm 井眼和 ϕ118mm 井眼排量分别为 750L/min 和 540L/min。

④根据钻进情况及时调整参数，总的原则是，当套管外水泥胶结好正常时可用 10~30kN 钻压，提高转速。当套管外无水泥时，初始钻压为 30~50kN，不让钻头随着软地层走，接触地层后钻压为 20~30kN，使钻头逐步远离套管干扰，套管腐蚀严重时应采用较高转速、低钻压。

⑤试钻注意事项：

a. 加强钻屑观察分析，及时判断进尺情况，做好套管底部防碰。

b. 如套管外无水泥，钻头加不上钻压，钻头随着套管走，则需要在窗口外注水泥后试钻。

c. 钻进无进尺时，不能长时间在同一深度转动，防止窗口把钻具割断。

d. 试钻时或者进尺达到定向深度要求后，在窗口不要长时间循环钻井液，完钻后上下划眼 2 趟，防止窗口和试钻段形成“大肚子”，给下一步下钻具、电测、下套管等施工带来影响。

e. 下加重钻杆必须探伤和检查丝扣，防止进入窗口后扭矩大，造成丝扣断裂。

f. 每 8h 做一次全面钻井液性能测定，由专人监测钻井液罐液面高度。

4. 定向钻进

根据设计造斜率和地层造斜难易程度选择导向工具（螺杆钻具，定向弯接头，旋转导向系统等），对于定向侧钻井开窗后，用常规转盘钻进 20m 左右，再下井下动力钻具进行定向钻进。

（1）钻具组合

ϕ73mm 正扣钻杆 +ϕ89mm 加重钻杆 +ϕ89mm 无磁加重 +ϕ95mm 定向接头 + 止回阀 +

ϕ95mm 单弯动力钻具 + 钻头。

（2）定向钻进操作

①将动力钻具用卡盘紧固，在井口上下试放两次无松动，配合定向人员测量动力钻具角差，放入井内。

②开泵，观察泵压，钻台观察动力钻具工作情况，合格后停泵。

③接 ϕ73mm 正扣钻杆 +ϕ89mm 加重钻杆 8 根 +ϕ89mm 无磁加重 +ϕ95mm 定向接头 + 止回阀 +ϕ95mm 单弯动力钻具 +ϕ118mm 钻头。

④下钻过程中钻具螺纹按规定扭矩上紧，不得转动钻具，防止钻具倒扣落井，防止井口落物。

⑤下钻前应做可信度测试和地面测试，下钻过程中应做浅层测试，下钻到底前对深度传感器的参数和井深进行校正，钻进过程中显示定向参数，并可随时打印。

⑥钻进过程中送钻要均匀、平稳，严禁猛刹猛放，谨防溜钻及顿钻事故发生，与定向人员配合好，及时调整，保持井眼轨迹平滑。

（3）注意事项

①下钻前动力钻具要在地面试运转正常后方可下井。

②下钻过程中钻具丝扣按规定扭矩上紧，严禁钻具转动，起钻过程中严禁转盘卸扣，防止钻具倒扣落井。防止井口落物，及时灌满钻井液。

③弯壳体螺杆钻具组合下井，严禁划眼和悬空处理钻井液，遇阻应起钻通井，避免划出新眼。

④螺杆钻具到达预定的井深时，开泵循环，逐渐加大流量到推荐值，对井底进行充分的清洗，清理完毕后，上提螺杆钻具 0.5~1m，记录空循环时立管压力。

⑤全井坚持使用钻杆滤网、泵滤清器及地面滤清器。

⑥钻进过程中，若井斜较大时应根据井下情况进行短程起下钻，清理岩屑床，保证井眼的畅通。

⑦钻具不应在同一位置循环，防止井壁出现台阶，影响下一步作业。

5. 稳斜钻进

根据地层可钻性的不同选用牙轮钻头、PDC 钻头，针对不同的井段及造斜段、稳斜段、降斜段的要求选用不同组合的井下钻具，既要满足钻进的需要，又要满足井眼轨迹控制的特别要求。钻进时可以使用转盘钻进或井下动力钻具滑动钻进，也可以使用井下动力钻具和转盘同时工作的钻进方法。钻压应根据地层情况、钻头类型及井眼轨迹控制的要求综合考虑，遇软硬交错的地层时，从软到硬要减钻压，从硬到软要适当增加钻压，以保持井斜方位始终处于受控状态。

（1）钻具组合

钻具组合 1：ϕ73mm 正扣钻杆 +ϕ89mm 加重钻杆 +ϕ89mm 无磁加重 + 止回阀 +ϕ105mm 双母接头 + 钻头。

钻具组合 2：ϕ73mm 正扣钻杆 +ϕ89mm 加重钻杆 +ϕ89mm 无磁加重 +ϕ95mm 定向接头 +

止回阀 +ϕ95mm 单弯动力钻具 + 钻头。

（2）稳斜钻进操作

①钻具组合 1 稳斜钻进操作：

a. 选择检验合格的钻具、加重钻杆、止回阀、接头、钻头。

b. 按 10m/min 速度下钻头到窗口以上 5m，根据设计和地层特点调整钻井液性能，选取适合的钻井液体系，保持钻井液的流变性能，入窗口如遇阻不能硬压，可适当转动钻具，并缓慢下放，如果确实不能通过，则应起钻修窗。

c. 初始钻进控制钻时，为了保证钻头的使用寿命，前 60min 采用轻钻压、转速、低排量，钻压，转速 60~70r/min，ϕ152mm 井眼和 ϕ118mm 井眼排量分别为 600L/min 和 480L/min，确保钻头有效使用寿命。

d. 当各项钻进数据稳定，钻井液性能符合正常钻进要求，单牙轮钻头一般钻进时钻压控制在 30~40kN 为最佳，最大不超过 50kN，转速 60~80r/min 比较合适，PDC 钻头一般为 20kN 钻进效果最佳，转速 80~120r/min，ϕ152mm 井眼和 ϕ118mm 井眼排量分别为 720L/min 和 600L/min。

e. 钻压一般视钻遇地层硬度、岩层构造情况、钻头及钻进方式而定，同时钻压不超过加重钻杆在钻井液中重力的 80% 及钻头自身所能承受的最大钻压的 90%。

f. 稳斜钻进时钻井液上返速度要控制在 0.6~0.8m/s，裸眼钻进时，特别是井斜角较大时，要坚持每根钻具划眼以消除键槽及清除岩屑床，保证裸眼钻进的安全。

g. 稳斜钻进实时做好轨迹监控，每钻 30~40m 测井眼轨迹一次，通过调整钻压，控制实钻造斜率。

h. 每进尺 70~100m 短程起下钻一次，钻柱在井内静止时间不得超过 3min。

i. 停泵测斜时降低柴油机转速至 700r/min，遇进尺缓慢时经常活动钻具，避免定点循环。

②钻具组合 2 钻进操作：

a. 井斜、方位达到设计要求后，启动钻盘复合钻进，初始各项数据单牙轮钻头钻进时钻压控制在 10~20kN 为最佳，最大不超过 25kN，转速 30~40r/min 比较合适，PDC 钻头以 10kN 钻进效果最佳，转速 30~40r/min，钻井液上返速度 ϕ152mm 井眼和 ϕ118mm 井眼排量分别为 600L/min 和 540L/min。

b. 当各项钻进数据稳定，钻井液性能符合正常钻进要求，单牙轮钻头钻进时钻压控制在 20~30kN 为最佳，最大不超过 40kN，转速 40~60r/min 比较合适，PDC 钻头以 15kN 钻进效果最佳，转速 40~60r/min，ϕ152mm 井眼和 ϕ118mm 井眼排量分别为 720L/min 和 600L/min。

c. 稳斜钻进实时做好轨迹监控，每钻 30~40m 测井眼轨迹一次，根据实钻造斜率，随时进行定向钻进。

d. 每进尺 70~100m 短程起下钻一次，钻柱在井内静止时间不得超过 3min，遇进尺缓慢时经常活动钻具，避免定点循环。

（3）注意事项

①螺杆复合钻进时，会使螺杆钻具受到较大的扭力，减少螺杆使用寿命并极易引发工程事故。

②复合一定进尺后及时检测，随时掌握井斜方位。

③排量过大，环空工作液呈紊流状态，会产生冲刷强力，破坏岩壁滤饼的形成，在较松散的砂泥岩地层易发生井壁坍塌。排量过小，携带岩屑性能降低，易发生沉砂卡钻事故。因此，侧钻工作液的上返速度应介于紊流与层流之间，即不完全层流状态，同时排量的选择在井下动力钻进时要保证动力马达处于最佳状态。

④ PDC 钻头也存在弊端，不易划眼，钻遇软地层时，进尺不快，容易泥包钻头，堵水眼，可以使用单牙轮钻头钻进，尽量不要更换 PDC 钻头，也防止因钻头旋转轨迹不同，造成不必要的划眼。

⑤钻井液应具有良好的润滑性、抑制性和携岩能力，随时监测摩阻和扭矩变化以及井下异常情况。

⑥螺杆复合钻进时不要在定点深度长时间循环，防止出新眼和“大肚子井眼”。

⑦钻至油层上部 30m 时，按设计采取油层保护措施，使钻井液符合油层保护要求。

6. 完钻

①钻至设计井深后，调整好钻井液性能，充分循环洗井，对裸眼井段要进行通井短起下，通井到位后，循环洗井彻底洗净岩屑后起钻。起钻控制速度为 0.3~0.4m/s，连续灌满钻井液。

②针对地层特点和施工的实际情况，选择钻井液，钻井液的性能直接影响电测施工成功率。为改善钻井液性能，提高电测施工效率我们采取了如下措施：

a. 通井时，在钻井液中加入 CMC 或者 PAM 提高其黏度至 50s 以上，以便于悬浮和携带岩屑，通井到底后，起钻前至少应大排量循环洗井 2 周，至沉砂完全返出后方可起钻。

b. 对于定向井段，为保证电测顺利进行，润滑并稳固井壁，在电测之前可在钻井液中加入白油、固体润滑剂（如石墨粉）和防塌降失水剂封闭裸眼井段。

c. 提高柴油机转速，保证钻井液泵排量达到 720L/min，增加环空返速，使钻井液在环空内呈紊流状态，提高其携砂能力。

d. 严格控制钻井液的失水量。钻井液失水量的大小影响着滤饼质量和井壁稳定性。失水量过大，井壁附着的虚滤饼增多，会造成起下钻遇阻，甚至导致井壁坍塌。控制失水量在 5mL 以内，减少钻井液渗透进入地层，避免油层污染。

7. 完井电测

完井电测是为了更好地确定地层油气能量，达到预期设计目的层，为下步开采、开发、配注等工作建立完善的基础资料（表 4-10-1）。

表 4-10-1 普通侧钻完井电测项目

基本系列	测井项目		比例尺	备注
	名称	代号		
组合测井	双感应—八侧向 补偿声波 自然伽马 自然电位 井径 4m	DIL-LL8 BHC GR SP CAL IN400B	1∶200	自井底测至开窗口
标准测井	自然伽马 自然电位 双感应 井径 井斜及方位	GR SP DIL CAL DEVI	1∶500	自井底测至开窗口

（1）普通裸眼电测

①现场资料收集，现场了解地质情况、通井情况、通井深度、钻井液性能、钻进复杂情况等。

②测井施工作业前，应召开协调会，参加人员包括测井队队长、测井操作工程师、现场地质监督、侧钻队队长、技术员、司钻、钻工及相关井作业人员。

③侧钻队技术人员应根据测井项目，提供套管数据、开窗深度、钻头型号、完钻深度、造斜点、井斜、方位、钻井液性能、井内钻进情况等。

④侧钻队应协助测井队安装并固定天、地滑轮。

⑤下放电缆仪器时，司钻应将游动滑车大钩和井口方向转盘锁死，特殊情况应经测井队队长同意并采取一定的防范措施后，方可解锁。

⑥下放电缆时司钻积极与施工人员配合，不得离开司钻台。

⑦测井施工中，遇到异常情况，侧钻队应及时与测井队沟通。

（2）注意事项

①电测前应认真洗井，处理好钻井液，确保电测顺利完成。

②电测时要向测井人员提供开窗井段的井深、窗口形状、起下钻遇阻卡情况等，严防仪器挂在窗口拉断电缆造成仪器落井。

③电测过程中应有专人观察井口液面变化，并配合测井作业。

④电测过程中防井涌、井喷事故的发生。

8. 固井施工

裸眼完钻、电测结束后需要完井，方法主要有裸眼完井、尾管悬挂完井及割缝筛管完井、膨胀套管完井等。裸眼完井及割缝筛管完井主要应用于侧钻水平井，定向侧钻井普遍采用尾管悬挂方式完井，裸眼筛管完井适用于碳酸盐岩地层，精密滤砂管完井应用于侧钻水平井完井，适用于出砂地层。筛管主要有打孔筛管、割缝筛管、绕丝筛管和精密复合防砂筛管等。

尾管悬挂方式完井需要固井，固井方法有三种：一是直接注水泥；二是内管插入法注水泥；三是复合胶塞碰压式固井。目前普遍采用的是复合胶塞碰压式固井。

（1）井眼准备

①通井：测井后为预防井眼情况发生变化，下套管前必须通井。凡起下钻遇阻卡位置、狗腿角严重井段均需进行划眼。

②调整钻井液性能：钻井液的性能要满足安全顺利下套管和注水泥施工的要求，避免固井前大幅度改变钻井液性能。

③对于有漏失层的井，要先堵好漏层，然后下套管。

（2）材料及工具的准备

①电测后要及时召开固井协作会，按固井设计及协调会的要求准备相应的套管及套管附件。一般套管重合段长度为50~150m。

②场地要确定好摆放套管的位置及下套管的通道。要确定好固井施工时水泥车、灰罐及水罐等固井车辆的摆放位置。

③准备好下套管所需的吊卡、短节、灌钻井液管线等工具以及固井施工所需的调长钻杆、清水、洗井管线等各类材料及工具。

④入井套管应按下井顺序编号并摆放在套管架上。

（3）下套管要求

ϕ177.8mm 套管侧钻井中一般下入 ϕ127mm 套管完井。ϕ139.7mm 套管侧钻井环空间隙比较小，为了保证环空水泥环的厚度及固井质量，部分油田侧钻井中从 ϕ101.6mm 改进到 ϕ89mm，最后优化到 ϕ95.3mm 套管完井，如胜利油田及江苏油田都是用 ϕ95.3mm 套管完井。

（4）尾管管串结构

自下而上：引鞋 + 旋流短节 + 浮箍 + 套管 + 浮箍 + 套管 + 悬挂器总成 + 钻杆 + 短方钻杆 + 固井水泥头（钻杆空心胶塞）。

（5）复合胶塞碰压式尾管悬挂器固井施工步骤

①下套管时必须用套管通径规逐一通径检查，并检查螺纹丝扣，不合格的套管不能下井。

②按尾管串结构逐一连接各部件，下套管时每 5 根套管灌液一次，最后一个套管单根接好后，接空心胶塞、尾管悬挂器总成。

③接好悬挂器总成后在井口检查卡瓦滑道转换是否灵活并检查正反接头，允许反松扣 2 扣，悬挂器入井要防碰、防挂。入井后接一根钻杆灌满钻井液，记录下此时的尾管重量。

④锁住转盘，每下 1 柱钻杆灌液一次，并用钻杆通径规对每一柱钻杆进行通径，防止钻杆胶塞在钻杆内遇阻。

⑤用钻杆短节配好送入管柱长度，开泵循环，排量由小到大，并记录下此时的井内管柱总重量。

⑥按要求深度坐封悬挂器，上提至钻杆悬重，倒开悬挂器送入工具正反接头，试提 2m，证实悬挂器送入工具倒开后，再下放钻柱，加压 10~15kN，准备固井。

⑦泵入前置液、钻井液。

⑧注完钻井液后，压入钻杆胶塞，替浆。钻杆胶塞进入空心胶塞短节后，与空心胶塞一起形成一个整体继续向下运动至球座位置，产生碰压。尾管胶塞必须以高于循环泵压至少 7MPa 的压力坐在承托环上。

⑨上提钻具 3.5m，此时送入器中心管底端仍在尾管悬挂器内，正循环冲洗出悬挂器内及以上多余灰浆，起钻候凝。

9. 钻塞、通井

①井段：井深原点至人工井底。

②钻塞钻具组合（由上至下）：钻杆 + 转换接头 + 尾管内用钻杆 + 磨鞋。

③通井钻具组合（由上至下）：钻杆 + 转换接头 + 尾管内用油管 + 尖钻头。

④注意事项：

a. 固井后必须候凝 36h，才能通井、钻塞。

b. 做好井控工作，起钻按要求灌液，控制起下钻速度，防止抽吸。

c. 若套管内留有灰塞需钻塞。

d. 钻灰塞前，循环罐内钻井液回收干净换成清水，使其清洁、无杂质、无钻井液沉淀物。

e. 钻井液泵摘掉 2 个缸套，用 1 个缸套大排量钻塞，防止水泥卡钻。

10. 测固井质量

①电测时要向测井人员提供完井数据（表 4-10-2），严防拉断电缆、碰损仪器等事故。

②电测过程中配合测井施工。

表 4-10-2　测固井质量项目

基本系列	测井项目		比例尺	备注
	名称	代号		
固井质量检查测井	声波幅度 声波变密度 自然伽马 磁定位	CBL VDL GR CCL	1：200	“磁定位”测量井段 0 至人工井底

11. 套管试压完井

①完井后应做到声放磁合格，套管按标准试压见表 4-10-3，井口及套管短节不得有油气水漏失现象。

②完井后装好井口，与甲方进行交接。

表 4-10-3　套管试压要求

套管尺寸 /mm	试压介质	试压压力 /MPa	试压时间 /min	允许压降 /MPa
95.25	清水	15	30	0.5
115	清水	15	30	0.5

续表

套管尺寸 /mm	试压介质	试压压力 /MPa	试压时间 /min	允许压降 /MPa
127	清水	15	30	0.5
139.7	清水	15	30	0.5
177.8	清水	12	30	0.5

四 钻井液

1. 侧钻井对钻井液的要求

①锥铣开窗时钻井液要保持足够高的黏度和切力，具有良好的触变性及合适的屈服值，以便更好地悬浮铁屑和携带铁屑。

②锥铣开窗完成之后充分循环洗井，利用振动筛和强磁打捞器将铁屑清除干净。

③侧钻时根据进尺变化，定时定量按 1~1.2kg/m^3 以胶液形式补充大分子聚合物，增强钻井液的抑制性能，控制地层泥岩水化分散。

④每钻进 80m 左右处理一次钻井液，使钻井液 API 失水小于 3mL，HTHP 失水小于 10mL，增强钻井液的抑制性、稳定性和防塌抗温能力。

⑤钻进中随着井深、井斜、位移的增加，以及上提拉力和转盘扭矩的增大，应降低泥饼摩阻系数，改善钻井液的润滑防卡能力。

⑥钻井施工时要根据井下实钻情况，合理调整钻井液密度，以平衡地层泥岩的坍塌压力。

⑦完井前应调整好钻井液性能，按钻进排量充分循环洗井，及时清除井筒内钻屑，确保完井施工顺利进行。

2. 维护与处理

①钻进过程中当发现钻井液黏度降低时，可补充高黏度胶液，保证循环流体的黏度在 60s 左右，使其具有良好的携屑能力。

②当钻井液的滤失量较大时，要及时补充降失水剂、处理剂，改善钻井液的失水造壁性能，增强井壁的稳定性，保护油气层。

③若发现钻井液 pH 值下降，要及时补充 NaOH 溶液，使钻井液的 pH 值维持在 9~10，提高钻井液的抗温稳定性。

④施工中如钻井液数量减少，要按钻井液的总体要求配制并加入，确保钻井液体系的稳定性。

⑤加强固控，清除有害固相，保持体系清洁。

⑥完钻前可适当提高钻井液黏度，按钻进排量充分循环洗井，彻底清除井筒内钻屑，调整好钻井液性能，确保后续施工顺利进行。

五 套管内侧钻施工各种复杂情况处理措施

1. 设备故障及处理措施

（1）钻进中修井机故障正确处理措施

应建立循环，把钻具压到原悬重以下 50~100kN，或全部重量压下去，造成钻具弯曲，防止粘卡。如维修时间较长，应低排量循环，防止地层“大肚子”。

（2）钻进中泥浆泵故障，不能循环钻井液的处理措施

进行修理时，一边专人上下活动钻具，一边组织人力抢修或更换，如井下情况复杂，应把钻具起到套管窗口内。

（3）钻进中指重表悬重下降的原因及处理措施

①原因是指重表坏或钻具断。

②处理措施：首先提起钻具检查指重表传感器、传压管线及表内或接头是否漏油，零件是否损坏，然后重新校正指重表。若指重表完好，则立即起钻检查钻具，根据情况决定处理办法。

2. 钻具问题及处理措施

（1）循环短路的原因、判断方法及处理措施

①钻井液未全部从钻头水眼返出叫短路。

②短路的原因有井下钻具刺坏、倒扣、脱扣、断落等。

③短路的现象有泵压下降，泵排量不减，下部岩屑带不出来，上部地层岩屑增多，短路后造成钻头泥包蹩钻、跳钻、钻时变慢，严重时卡钻。如钻具脱扣、断落、泵压大幅度下降，选中下降，转盘负荷变轻。

④如地面正常，应立即组织低速平稳起钻，禁止转盘卸扣，内外钳工详细检查钻具，并时刻注意起钻中途遇卡，防止猛提猛刹造成钻具事故。

（2）钻进中钻杆断脱现象、判断方法和处理措施

现象：悬重下降，泵压下降；转盘负荷变轻，无进尺；经上提下放后方入发生变化。

判断方法：上提钻具检查指重表及悬重；检查泥浆泵及泵压表是否正常；核对方入。

处理措施：立即起钻，根据落鱼情况确定打捞工具和措施。

3. 起下钻操作注意事项及复杂情况处理

（1）高速起钻的危害

①容易使修井机超负荷工作。

②井下有复杂情况时，容易将钻具拔死（卡钻）。

③起钻速度太快，一旦放气失灵将导致顶天车。

④易产生较大的抽汲压力，导致溢流、井涌，或抽垮地层，使本来正常的井眼复杂化。

（2）下钻速度过快的危害

①易造成刹带、刹车鼓及大绳非正常磨损。

②一旦突然遇阻，易造成折断钻具、塞死卡钻或顿钻等事故。

③产生过大的激动压力，易引起井漏和井塌。

④造成钻头与井壁碰撞而损坏牙齿及轴承，降低钻头使用寿命。

⑤易使大量岩屑由钻头水眼进入钻具内，易造成开泵钻头水眼堵塞。

（3）下放钻具时刹车失灵的处理措施

首先应强挂低速离合器，减慢下溜速度，井口人员迅速卡上卡瓦或扣上吊卡，全部工作人员迅速离开井口。

（4）起下钻时大绳打扭的原因及处理措施

原因：新钢丝绳未松扭劲；起下钻过程中钻具转动严重；未打开大钩销子。

处理措施：将大绳活绳头松开，把钢丝绳扭劲松掉；控制起下钻速度，减少钻具转动；未打开大钩销子时，可将钻具卡上卡瓦，设法转动游车打开制动销，松开扭劲。

4. 钻进施工复杂情况及处理措施

（1）钻进中泵压升高的原因及处理措施

原因：井塌，钻具水眼堵塞，大量岩屑上行堆积于小井眼处，钻井液性能变化，PDC钻头磨秃或掉刀片，钻井液密度不均匀。

处理措施：若井塌应大排量循环钻井液，反复划眼，携出掉块，轻压钻进恢复正常。若钻具岩屑堆积应通过转动或上下活动钻具消除之。若泵压继续升高可停泵活动钻具，将堆积打散后再开泵冲出。若钻井液性能变坏应停钻处理。密度不均匀分段补充重晶石或一台泵循环一台泵低压混合使之均匀。

（2）钻进中泵压下降的原因、检查办法及处理措施

泵压下降原因：泵上水不好，管线或闸门刺漏，钻具刺坏造成短路循环，钻头水眼刺坏或掉喷嘴，断钻具，发生井漏，钻井液气侵起泡等。

检查办法：先检查地面泵工作情况，管线、闸门有无刺漏或短路循环，压力表是否准确，然后考虑井下钻具是否刺坏、折断，喷嘴是否刺坏或脱落，是否发生井漏。

处理措施：地面原因应组织抢修，钻井液处理消泡。井下钻具或喷嘴刺坏后应立即起钻，详细检查钻具，起钻中不能用转盘卸扣，不猛刹，防止钻具脱扣断落。若发生井漏应立即连续灌钻井液并起出钻具。

思考题

1. 简述常规压井方法。
2. 简述通井的目的和注意事项。
3. 套管刮削的概念和目的是什么？
4. 铅模打印施工步骤是什么？
5. 井下落物的危害有哪些？
6. 套损井的判断方法是什么？
7. 水泥浆过多失水会产生哪些后果？

扫一扫
获取更多资源

8. 简述水泥浆失水量的概念。

9. 套管侧钻铣锥分为哪几类？各有什么用途？

10. 套管损坏会对油田开发造成哪些危害？

11. 注塞或挤水泥前，对油井水泥有哪些要求？

12. 井下落物的危害有哪些？

13. 简述电泵打捞施工要求及注意事项。

14. 简述深井的明显特点。

15. 钻进中泵压升高的原因及处理措施是什么？

第五章

井控设备与技术

PART 5

井控是实施油气井压力控制的简称。井控贯穿井下作业施工的各个环节，包括探井试油（中途）测试、新井投产、修井作业、酸化压裂、连续油管作业、带压作业等，是保证井下作业安全的关键技术。

第一节　井控设备

井控设备是实施油气井压力控制技术的一整套专用设备、仪表与工具。

一、井控设备应具有以下功用

①预防井喷。保持井筒内泥浆静液柱压力始终略大于地层压力，防止井喷条件的形成。

②及时发现溢流。对油气井进行监测，以便发现井喷预兆，尽早采取控制措施。

③迅速控制井喷。溢流、井涌、井喷发生后，迅速关井，实施压井作业，对油气井重新建立压力控制。

④处理复杂情况。在油气井失控的情况下，进行灭火抢险等作业。

显然，井控设备是对油气井实施压力控制，对事故进行预防、监测、控制、处理的关键手段，是实现安全修井的可靠保证，是修井设备中必不可少的系统装备。

二、井控设备的组成

井控设备应包括以下设备、仪表与工具（图 5-1-1）。

①井口装置：是安装在井口上的设备统称，包括完井井口装置和作业时的防喷装置。

②控制系统：包括防喷器的司钻控制台、远程控制台、辅助控制台。

③井控管汇：包括节流与压井管汇、防喷管线、放喷管线等。

④内防喷工具：包括管柱旋塞阀、管柱止回阀、油管堵塞器及各类井下开关。

⑤监测仪器仪表：包括循环池液面报警仪、翻出流量监测报警仪、井液密度监测报警仪、泵冲参数的报警仪器等。

⑥辅助设备：包括井液加重设备、液气分离设备、除气器、自动灌井液设备等。

⑦特种设备：包括自封头、旋转防喷器、带压起下管柱装置、灭火设备等。

修井队的井控设备应按设计配置。井深较浅的低压油井常常只配备井口防喷器组、蓄能器装置、简易节流压井管汇，较深的高压气井则配备齐全的井控设备。

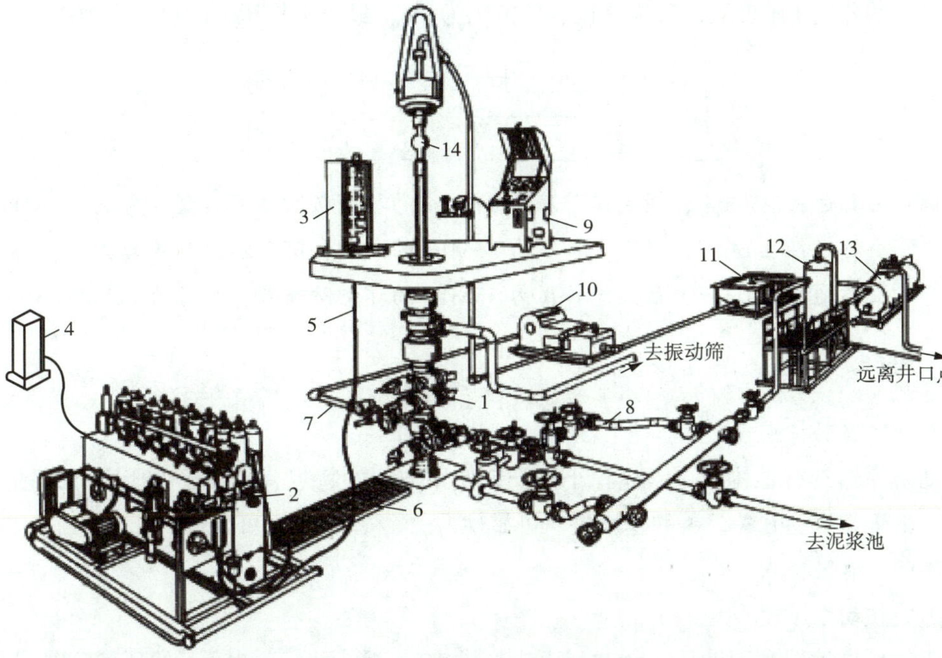

图 5-1-1　井控设备概况示意图

1—井口防喷器组；2—蓄能器装置；3—遥控装置；4—辅助遥控装置；5—气管束；6—管排架；7—压井管汇；8—节流管汇；9—节流管汇液控箱；10—钻井泵；11—泥浆罐；12—钻井液气体分离器；13—真空除气器；14—方钻杆旋塞阀

三、防喷器

防喷器是核心井控设备，防喷器质量的优劣直接影响油气井压力控制的成败。

（一）防喷器分类及表示方法

1. 防喷器分类

防喷器按照驱动方式分为液压防喷器、手动防喷器，液压防喷器的开启和关闭是利用液压实现的，分为环形防喷器和闸板防喷器，闸板防喷器按照闸板数量又分为单闸板防喷器、双闸板防喷器、三闸板防喷器。

2. 表示方法

防喷器的最大工作压力是指防喷器安装在井口投入工作时所能承受的最大井口压力。最大工作压力是防喷器的强度指标。液压防喷器的公称通径是指防喷器的上下垂直通孔直径。公称通径是防喷器的尺寸指标。

防喷器的最大工作压力共分为 6 级，即 14MPa、21MPa、35MPa、70MPa、105MPa、140MPa。

防喷器的公称通径共分为 11 种，即 103mm、180mm、230mm、280mm、346mm、426mm、476mm、528mm、540mm、680mm、760mm。

防喷器代号用拼音字母表示，液压闸板防喷器用 FZ 表示、手动闸板防喷器用 SFZ 表示，环形防喷器用 FH 表示，公称通径的单位仍为 cm，最大工作压力的单位为 MPa。

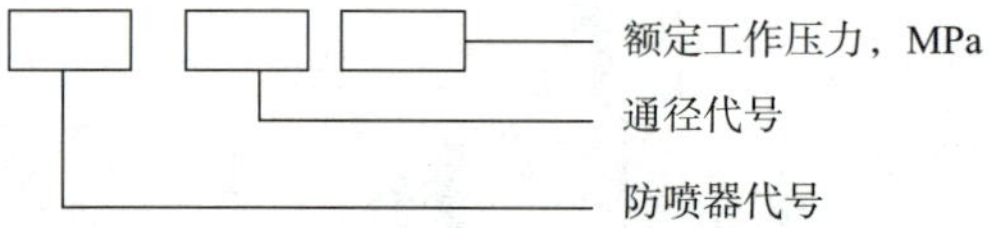

示例：公称通径 230mm，最大工作压力 21MPa 的单闸板防喷器，型号为 FZ23-21；

公称通径 346mm，最大工作压力 35MPa 的双闸板防喷器，型号为 2FZ35-35；

公称通径 280mm，最大工作压力 35MPa 的环形防喷器，型号为 FH28-35。

（二）防喷器特点

1. 手动防喷器特点

手动防喷器具有结构简单、体积小、安装使用方便的特点，多用于低压力和无钻台井口操作。由于是手动开关，关井速度慢、可靠性差。

2. 液压防喷器特点

（1）关井动作迅速

液压闸板防喷器利用液压关闭时间不应超过 10s；通径小于 476mm 的环形防喷器利用液压关闭时间不应超过 30s，通径大于或等于 476mm 的环形防喷器，关闭时间不应超过 45s。环形防喷器由于液压油腔容积较大，关井动作所需输入的油量较多，进油花费时间较长，因此关井速度较闸板防喷器慢些，但与旧式手动防喷器相比仍然快得多。

（2）操作方便

液压防喷器利用液压油以液压传动方式迫使胶芯与闸板等封井元件动作，而不是采用纯机械传动的方法，因此操作省力、简便。

（3）安全可靠

液压防喷器的强度是可靠的，出厂前防喷器的壳体组件经过严格试压检验。液压防喷器的封井性能是可靠的，出厂前防喷器的胶芯或闸板经过严格的密封性能试验。液压防喷器的操作是可靠的，当司钻在钻台上操作失灵时，可迅速在远程控制装置上操作，如果远程控制装置液控失效，闸板防喷器还可以手动操作关井。

（4）现场维修方便

液压防喷器的胶芯或闸板是封井的密封元件，使用中易磨损失效。当发现这些密封元件严重磨损后，在现场条件下可以及时进行拆换。

四 液压防喷器分类

（一）环形防喷器

环形防喷器是因其封井元件胶芯呈环状而得名，也称万能防喷器或多效能防喷器。封井时环形胶芯被迫向井眼中心集聚、环抱钻具。环形防喷器常与闸板防喷器配套使用。

1. 环形防喷器的功用

①当井内无钻具时，环形防喷器可用于全封井口（简称封零）。

②当井内有钻具、套管、钢丝绳、电缆时可用于封闭井口环形空间（简称封环空）。

③环形防喷器在封闭具有 18° 坡度接头的对焊钻杆时，可强行起下钻作业，又称不压井起下钻作业。

2. 环形防喷器的类型

国内外所使用的环形防喷器共有 3 种类型：锥形胶芯环形防喷器、球形胶芯环形防喷器、组合胶芯环形防喷器。

（1）锥形胶芯环形防喷器

1）结构

图 5-1-2 为锥形胶芯环形防喷器结构图。顶盖与壳体丝扣连接，支承筒用螺栓固定在壳体下部台阶上，胶芯坐在支承筒上。活塞上部内腔呈倒截锥形，与锥形胶芯配合。锥形胶芯中均匀分布着铸钢支承筋，如图 5-1-3 所示。壳体与顶盖间装有防尘圈。防尘圈与活塞凸肩所构成的环形空间为上油腔，活塞凸肩与壳体凸肩所构成的环形空间为下油腔。两油腔皆有油管接头与液控系统管路连接。壳体下部法兰连接闸板防喷器，顶盖上部安装防溢管。

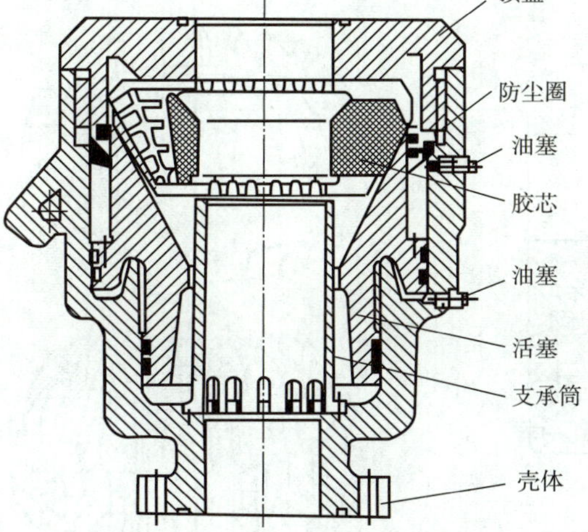

图 5-1-2　锥形胶芯环形防喷器结构

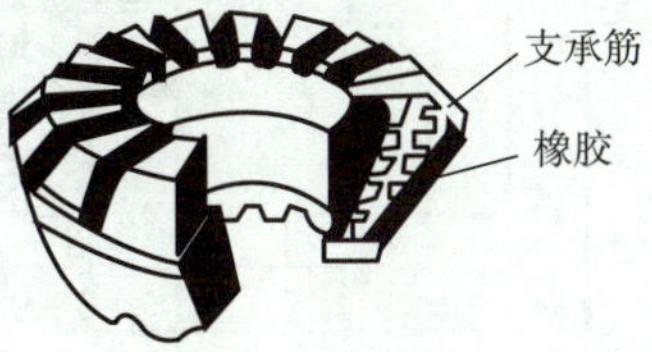

图 5-1-3　锥形胶芯

2）工作原理

①液压动作：

环形防喷器的关井、开井动作是靠液压实现的。关井动作时，来自液控系统的压力油进入下油腔（关井油腔），推动活塞迅速向上移动。胶芯受顶盖的限制不能上移，在活塞内锥面的作用下被迫向井眼中心挤压、紧缩、环抱钻具，封闭井口环形空间。当井内无钻具时，胶芯向中心挤压、紧缩直至胶芯中空部位填满橡胶，从而全封井口。在关井动作时，上油腔里的液压油通过液控系统管路流回油箱。

开井动作时来自液控系统的压力油进入上油腔（开井油腔），推动活塞迅速向下移动。活塞内锥面对胶芯的挤压力消失，胶芯靠本身橡胶的弹性向外伸张，恢复原状，井口全开。在开井动作时，下油腔里的液压油通过液控系统管路流回油箱。

②井压助封：

锥形胶芯环形防喷器在关井动作时以及实现关井后，井口高压流体作用在活塞底部有助于推动活塞向上移动，迫使胶芯向中心收拢，从而增强了胶芯的封井作用，这就是井压助封作用。井压愈高其助封作用愈大。

③胶芯：

胶芯外形呈截锥状，锥度 40°。胶芯中部为垂直通孔，孔径略大于顶盖与壳体通径，以免钻具刮伤胶芯。支承筋为铸钢件，在胶芯中沿径向均匀分布并与橡胶硫化在一起。支承筋在胶芯中构成刚性骨架，承受径向与轴向负荷并控制胶芯均匀变形。支承筋数 12~30 块，通径大的防喷器胶芯较大，支承筋数也较多。

（2）球形胶芯环形防喷器

球形胶芯环形防喷器的结构如图 5–1–4 所示。球形胶芯环形防喷器的结构、工作原理与锥形胶芯环形防喷器类似。球形胶芯环形防喷器由顶盖、壳体、防尘圈、活塞、胶芯等构成。顶盖与壳体采用螺栓紧固连接。胶芯呈半球形，铸钢支承筋径向均布。顶盖内腔为球面。活塞半剖面呈“Z”字形（图 5–1–5）。

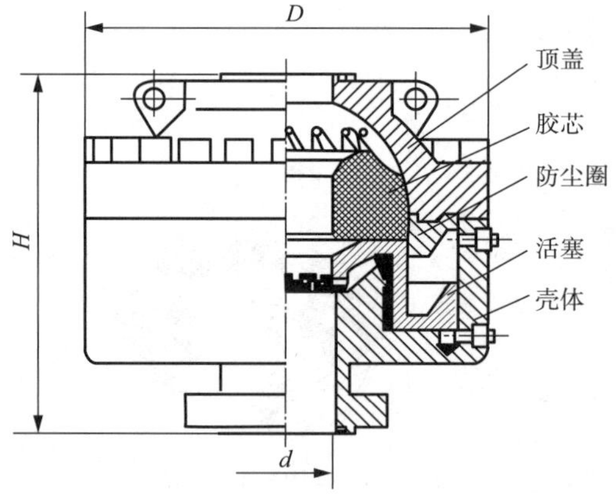

图 5–1–4　球形胶芯环形防喷器结构

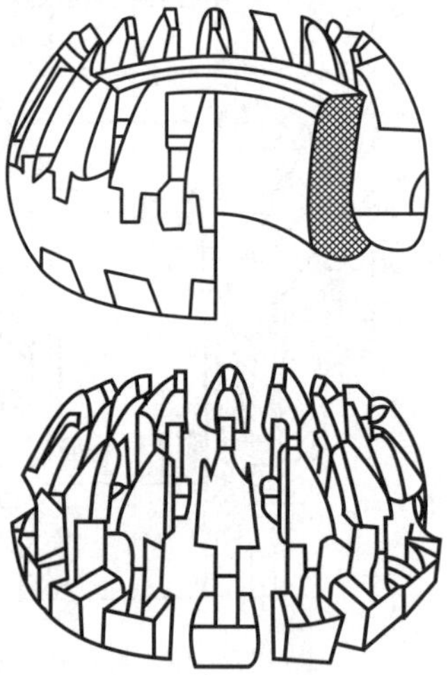

图 5–1–5　球形胶芯

球形胶芯环形防喷器关井动作时下油腔（关井油腔）里的压力油推动活塞迅速向上移动，胶芯被迫沿顶盖球面内腔，自下而上，自外缘向中心挤压、收拢、变形，从而实现封井。开井动作时，上油腔（开井油腔）里的压力油推动活塞向下移动，胶芯所受挤压力消失，在橡胶弹力作用下迅速恢复原状，井口打开。

井口高压流体作用在活塞上部的环槽里形成上举力，有助于活塞推举胶芯封井。因此井压对球形胶芯环形防喷器亦有助封作用。

球形胶芯在关井动作时胶芯沿顶盖内腔自下而上，从外缘向中心移动，其结果是胶芯上部集聚橡胶较多，胶芯中部集聚橡胶较少，胶芯下部橡胶并未挤向中心，因此整个胶芯在中心部位形成倒置的漏斗状空间。球形胶芯的这种状况并不影响它的封井效果，反而由于井口高压流体作用在胶芯漏斗状底部，更加强了井压助封的作用，使封井的密封性能更加可靠。当封井强行起下钻作业时，胶芯中心部位的漏斗形状便于通过钻杆接头，同时胶芯所遭受的磨损也较少。球形胶芯封井时所形成的漏斗现象与其效果就是通常所说的"漏斗效应"。

（二）液压闸板防喷器

液压闸板防喷器是利用液压将带有橡胶胶芯的两块闸板，从左右两侧推向井眼中心，封闭井口。

1. 闸板防喷器的功用

①当井内有钻具时可封闭钻具与井筒形成的环形空间。

②当井内无钻具时可全封井口。

③特殊情况下，可用剪切闸板迅速剪切钻具全封井口。

④必要时，半封可用以悬挂钻具。

⑤闸板防喷器的壳体上有侧孔，特殊情况下可以通过侧孔进行循环、节流放喷、压井等作业。

2. 闸板防喷器的类型

闸板防喷器的种类很多，但根据所能配置的闸板数量可分为：

①单闸板防喷器——壳体只有 1 个闸板室，只能安装一副闸板。

②双闸板防喷器——壳体有 2 个闸板室，可安装两副闸板。

③三闸板防喷器——壳体有 3 个闸板室，可安装三副闸板。

3. 闸板防喷器的结构

闸板防喷器（图 5-1-6）主要由壳体、侧门、油缸、活塞与活塞杆、锁紧轴、端盖、闸板等部件组成。闸板防喷器壳体上方以双头螺栓连接环形防喷器或直接连接防溢管，壳

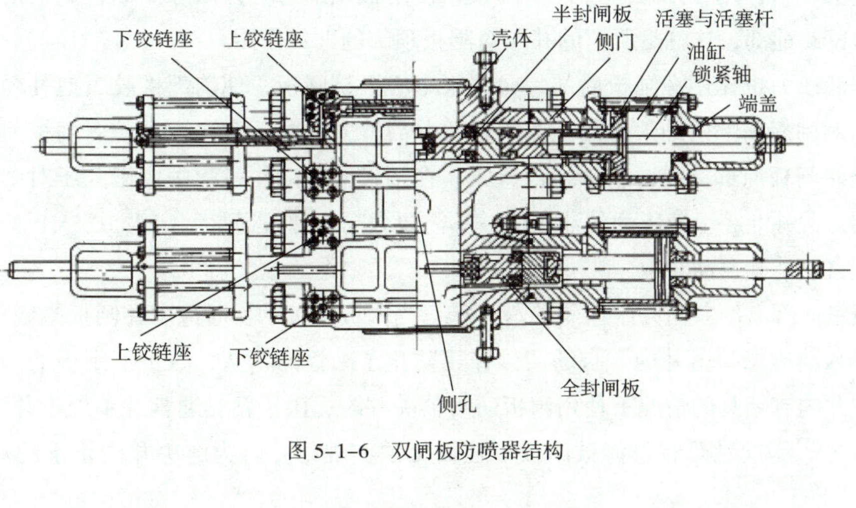

图 5-1-6　双闸板防喷器结构

体下方以双头螺栓连接四通。

4. 工作原理与结构特点

（1）液压开关原理

闸板防喷器的关井、开井动作是靠液压实现的。来自控制装置的压力油经上铰链座导油孔道进入两侧油缸的关井油腔，推动活塞与闸板迅速向井眼中心移动，实现关井。在关井动作时开井油腔里的液压油在活塞推动下，通过下铰链座导油孔道，再经液控管路流回控制装置油箱。开井动作时压力油经下铰链座导油孔道进入油缸的开井油腔，推动活塞与闸板迅速离开井眼中心，闸板缩入闸板室内。在开井动作时关井油腔里的液压油则通过上铰链座导油孔道，再经液控管路流回控制装置油箱。

（2）闸板防喷器的四处密封

为了使闸板防喷器达到可靠的封井效果，必须保证其四处有良好的密封：

①闸板前部与管子的密封：闸板前部装有前部橡胶（胶芯的前部），依靠活塞推力，前部橡胶抱紧管子实现密封。当前部橡胶严重磨损或撕裂时，高压井液会于此处刺漏而使封井失效。全封闸板则为闸板前部橡胶的相互密封。

②闸板顶部与壳体的密封：闸板上平面装有顶部橡胶（胶芯的顶部），在井口高压井液作用下，顶部橡胶紧压壳体凸缘，使井液不致从顶部通孔溢出。

③侧门与壳体的密封：侧门与壳体的接合面上装有密封圈。侧门紧固螺栓将密封圈压紧，使井液不致从此处泄漏。该密封圈并不磨损但在长期使用中会老化变质，故应按规定使用期限更换。

④侧门腔与活塞杆间的密封：侧门腔与活塞杆之间的环形空间装有密封圈，防止高压井液与液压油窜漏。一旦高压井液冲破橡胶密封圈，井液将进入油缸与液控管路，使液压油遭到污染并损伤液控阀件。闸板防喷器工作时活塞杆做往复运动，密封圈不可避免地会受到磨损，久之易导致密封失效。在封井情况下密封圈失效时，为了紧急恢复其密封效能，此处附设有二次密封装置。

（3）井压助封

①井液压力作用在闸板底部推举闸板，使闸板顶部与壳体凸缘贴紧，闸板前密封橡胶挤压变形密封前部，这就是所谓的井压对闸板顶部的助封作用。

②井液压力也作用在闸板后部，向井眼中心推挤闸板，使前部橡胶紧抱井内管子，这就是井压对闸板前部的助封作用。当闸板关井后，井口井压愈高，井压对闸板前部的助封作用愈强，闸板前部橡胶对管子封得愈紧。在闸板关井动作过程中由于井压对闸板前部的助封作用，关井油腔里液压油的油压值并不需要太高，油压通常调定为 10.5MPa。

（4）自动清砂自动对中

闸板室底部有两条向井眼倾斜的清砂槽，当闸板开关动作时遗留在闸板室底部的泥砂，被闸板排入清砂槽滑落井内。自动清砂作用防止了闸板的堵塞，减少了闸板的运动阻力与磨损。在井内有钻具的情况下使用闸板防喷器关井时，由于钻具通常并不处于井眼正中心，常偏于一方，因此钻具有可能被闸板卡住而无法实现封井。为解决井内管子的对中问题，闸板压块的前方设有突出的导向块与相应的凹槽。当闸板向井眼中心运动时，导向块可迫使偏心管子移向井眼中心，顺利实现封井。关井后导向块进入另一压块的凹槽内。

5. 液压闸板防喷器的关开井操作步骤

（1）闸板防喷器关井操作步骤。

①液压关井：操作换向阀至关井位置。

②手动锁紧：顺时针旋转两操纵杆手轮，使锁紧轴伸出到位将闸板锁住。

③压力油卸压：操作换向阀使之处于中位，这时液控油源被切断，管路压力油的高压被卸掉。

（2）闸板防喷器的开井操作步骤

①手动解锁：逆时针旋转两操纵杆手轮，使锁紧轴缩回到位。

②液压开井：操作换向阀至开井位置。

③压力油卸压：操作换向阀使之处于中位，这时液控油源被切断，管路压力油的高压被卸掉。

五 控制装置

（一）功用与组成

液压防喷器均须配备控制装置。防喷器的开关动作通过操纵控制装置实现，防喷器动作所需压力油由控制装置提供。

1. 功用

预先制备与储存足量的压力油并控制压力油的流动方向，使防喷器可以迅速开关动作。由于使用消耗，当液压油油压降低到一定程度时，控制装置将自动补充储油量，使液压油始终保持在一定的高压范围内。

2. 组成

控制装置由蓄能器装置（常称远程控制台或远程台）、遥控装置（常称司钻控制台或司钻台）以及辅助遥控装置（常称辅助控制台）组成，如图 5–1–7 所示。蓄能器装置是制备、储存与控制压力油的液压装置，由电泵、气泵、蓄能器、压力油管汇、气管束、电控箱、气源接口等元件组成。通过操作换向阀可以控制压力油输入防喷器油腔，直接使井口防喷器实现开关动作。蓄能器装置安装在井口侧前方 25m 之处。遥控装置是使蓄能器装置上的换向阀动作的遥控系统，间接使井口防喷器开关动作。遥控装置安装在钻台上司钻岗位附近，辅助遥控装置安装在值班房内，作为应急的遥控装置备用。

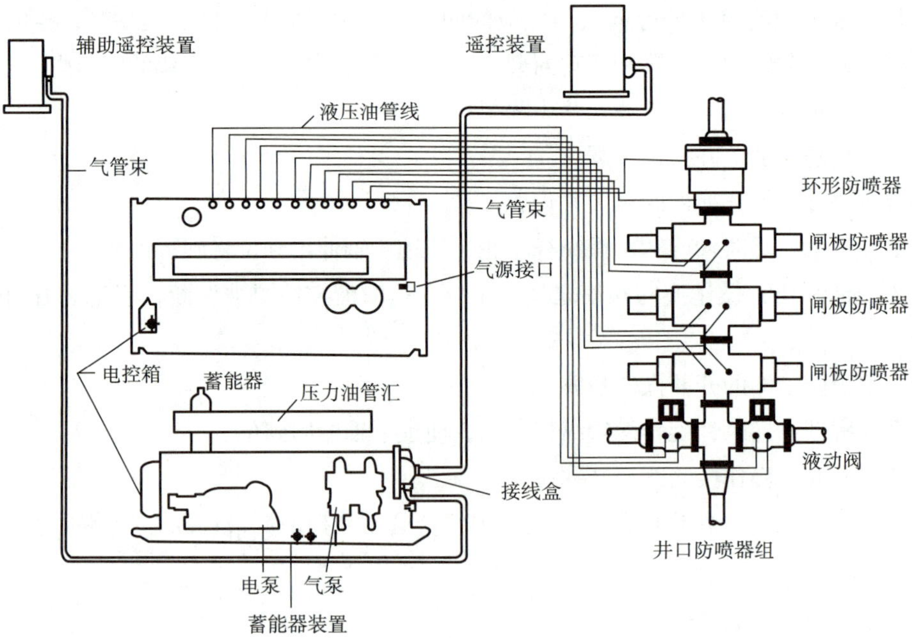

图 5-1-7　防喷器控制装置组成示意图

（二）控制装置工作原理

气控液型控制装置的工作流程可分为液压能源的制备、储存与补充，压力油的调节与其流动方向的控制，气压遥控等三部分，其工作原理并不复杂，现分别予以简述。

1. 液压能源的制备、储存与补充

如图 5-1-8 所示，油箱里的液压油经进油阀、滤清器进入电泵或气泵，电泵或气泵将液压油升压并输入蓄能器储存。蓄能器由若干个钢瓶组成，钢瓶中预充 7MPa 的氮气。当蓄能器钢瓶中的油压升至 21MPa 时，电泵或气泵即停止运转。当钢瓶里的油压过分降低时，电泵或气泵即自动启动往钢瓶里补充压力油。这样蓄能器的钢瓶里将始终维持所需的压力油。

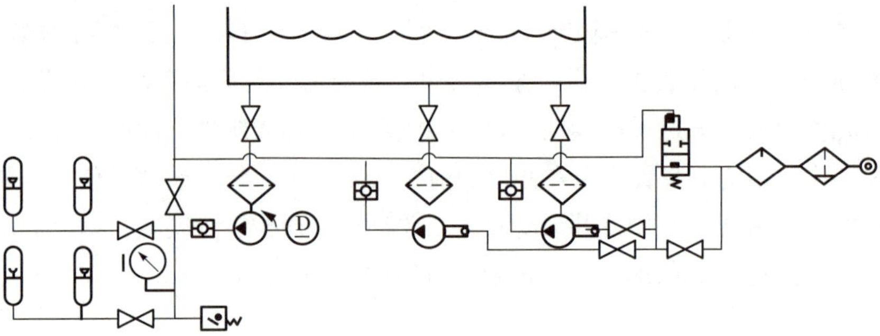

图 5-1-8　液控制备示意图

气泵的供气管路上装有分水滤气器、油雾器、压力继气器以及旁通截止阀。通常旁通截止阀处于关闭工况，只有当需要制备高于 21MPa 的压力油时，才将旁通截止阀打开，利

用气泵制造高压液能。

2. 压力油的调节与其流动方向的控制

如图 5–1–9 所示，蓄能器钢瓶里的压力油进入控制管汇后分成两路：一路经气动减压阀将油压降至 10.5MPa，然后输至控制环形防喷器的换向阀（三位四通换向转阀）；另一路经手动减压阀将油压降为 10.5MPa 后输至控制闸板防喷器与液动阀的换向阀（三位四通换向转阀）管汇中。操纵换向阀的手柄就可实现相应防喷器的开关动作。

当 10.5MPa 的压力油不能推动闸板防喷器关井时，可操纵旁通阀手柄使蓄能器里的高压油直接进入管汇中，利用高压油推动闸板。在配备氮气瓶组的装置中，当蓄能器的油压严重不足时，可以利用高压氮气驱动管路里的剩余存油紧急实施防喷器关井动作。

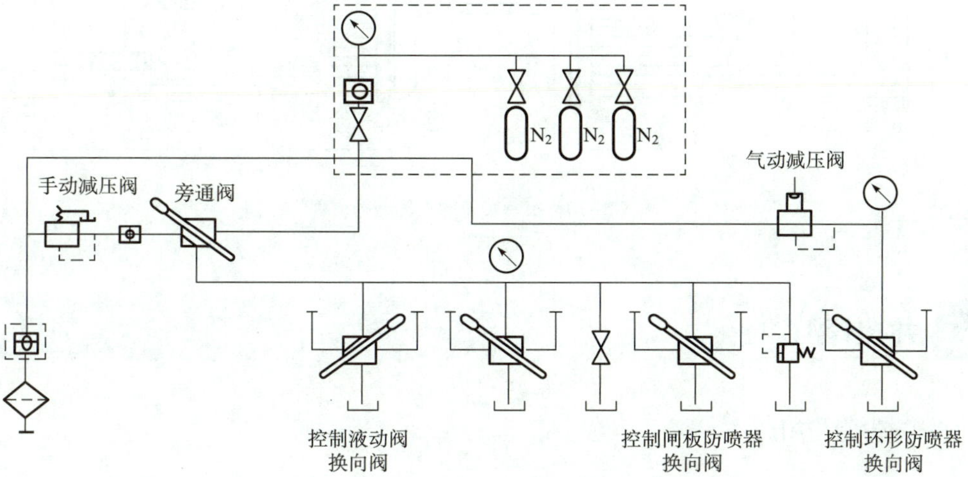

图 5–1–9　压力油的调节与流向控制示意图

管汇上装有泄压阀。平常泄压阀处于关闭工况，开启泄压阀可以将蓄能器里的压力油排回油箱。

3. 气压遥控

前述两部分液控流程属于蓄能器装置的工作概况。为使司钻在钻台上能遥控井口防喷器开关动作还需要遥控装置。

气压遥控流程如图 5–1–10 所示。压缩空气经分水滤气器后再经气源总阀输至各个空气换向阀。空气换向阀负责控制蓄能器装置上二位气缸的动作，从而控制蓄能器装置上相应的换向阀手柄，间接控制井口防喷器的开关动作。蓄能器装置上控制环形防喷器开关的换向阀的供油管路上装有气动减压阀。该气动减压阀由遥控装置或蓄能器装置上的调压阀调控。调控路线由三通旋塞（二位三通换向阀）决定。通常气动减压阀应由遥控装置上的调压阀调控。

遥控装置上有 4 个压力表，其中 3 个压力表显示油压。蓄能器装置上的 3 个压力变送器将蓄能器的油压值、环形防喷器供油压力值、闸板防喷器供油压力值转化为相应的低气压值，转化后的气压再传输至遥控装置上的压力表显示出来。

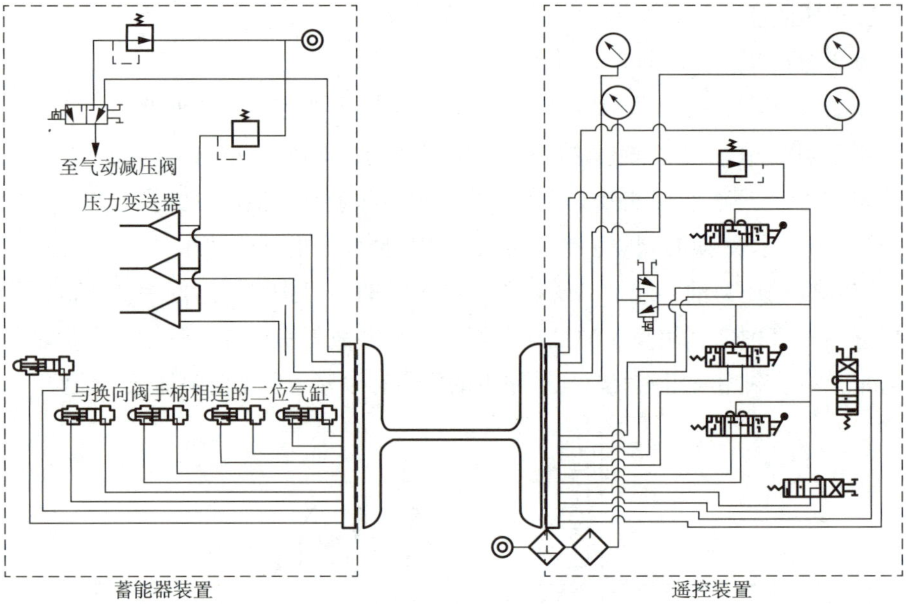

图 5-1-10　控制装置的气压遥控流程

六　井控管汇

（一）功能与组成

井控压井作业需用一套装有可调节流阀的专用管汇，通过节流阀给井内施加一定的回压并通过管汇约束井内流体，使井内各种流体在控制下流动或改变流动路线，这套专用管汇被称为井控管汇（图 5-1-11）。包括节流管汇、压井管汇等。

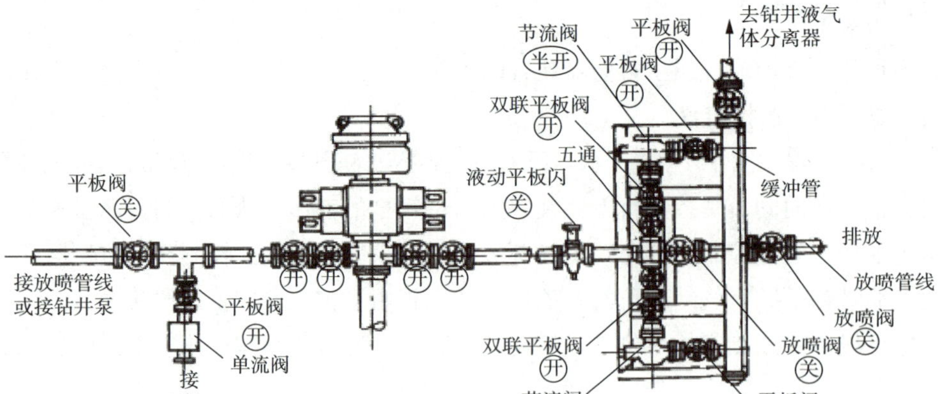

图 5-1-11　最大工作压力 35MPa 井控管汇

（二）节流、压井管汇表示方法

1. 节流管汇型号表示方法

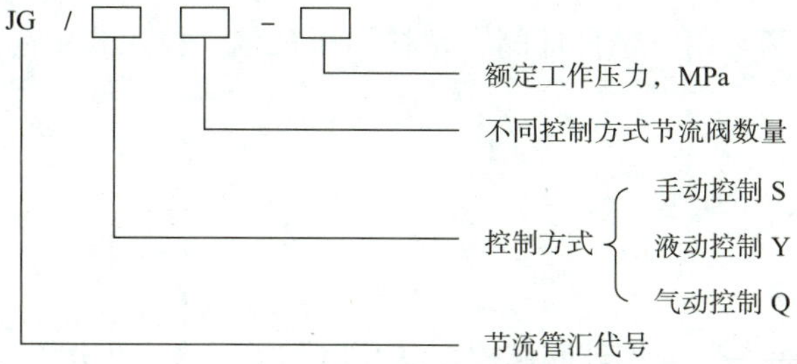

示例：JG/Y-70 表示额定工作压力 70MPa，带动一个液动节流阀的节流管汇。

2. 压井管汇型号表示方法

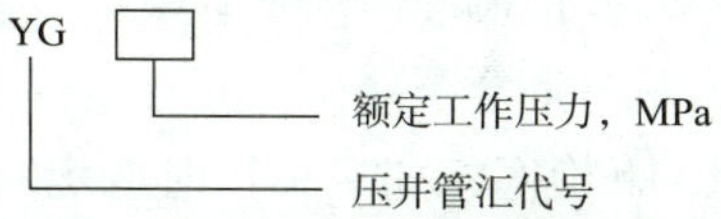

示例：YG-70 表示额定工作压力 70MPa 的压井管汇。

（三）节流、压井管汇的功用

1. 节流管汇的功用

①通过节流阀的节流作用，实施压井作业时，替换出井里被污染的泥浆，同时控制井口套管压力与立管压力，恢复泥浆液柱对井底的压力控制，制止溢流。

②通过节流阀的泄压作用，降低井口压力，实现软关井。

③通过放喷阀的大量泄流作用降低井口套管压力，保护井口防喷器组。

2. 压井管汇的功用

①当用全封闸板全封井口时，通过压井管汇往井筒里强行吊灌重泥浆，实施压井作业。

②当已经发生井喷时通过压井管汇往井口强注清水，以防燃烧起火。

③当已井喷着火时通过压井管汇往井筒里强注灭火剂能助灭火。

（四）节流、压井管汇的最大工作压力与公称通径

1. 压力级别

节流压井管汇的最大工作压力分为 6 级，即 14MPa、21MPa、35MPa、70MPa、105MPa、140MPa。

2. 公称通径

管汇的公称通径指管线内径。目前较常见的有 50mm（2in）、76mm（3in）、108mm（4in）等通径系列产品。

七 内防喷工具

管柱内防喷工具是装在管柱管串上的专用工具，用来封闭钻具的中心通孔，与井口防喷器组配套使用。现场常用方钻杆球阀、钻杆回压凡尔、投入式单向阀等皆属钻具内防喷工具。

（一）方钻杆上、下旋塞

1. 结构及使用方法

方钻杆上、下旋塞一般采用球阀结构，其开启和关闭多半采用手动方式。联合使用上、下旋塞时，无论方钻杆处于什么位置，都有一个可使用，即当其中一个发生故障时，另一个可起作用。修井作业时，方钻杆球阀的水眼畅通并不影响钻井液的正常循环。需要关井时，可关闭方钻杆上或下旋塞阻止井内流体沿钻具上窜，用于保护水龙带和立管。

2. 方钻杆上、下旋塞的安全使用注意事项

①坚持经常开关方钻杆上、下旋塞，如接单根时或定时使用活动方钻杆上、下旋塞，以免锈死无法正常开关。

②在接单根后，应及时将关闭的旋塞阀打开，以免造成开泵时憋泵。

③旋塞阀扳手应放在离井口较近的地方，并防止落井或丢失。

（二）钻具止回阀

1. 分类及使用方法

按结构形式分，钻具止回阀有碟形、浮球形、箭形、投入式等，它们的使用方法也不相同。有的被连接在钻柱中，有的在需要时才连接在钻柱上，而有的在需要时才投入钻具水眼内起封堵井内压力的作用。钻具止回阀装在钻柱上，允许钻井液自上而下流动，但不允许钻井液向上流动。一般情况下将钻具止回阀放在钻台上备用，需要时再连接到钻柱上。

目前，现场大量使用的箭形止回阀性能优于弹簧式碟形回压阀。它受钻井液冲蚀作用小、表面有较高硬度，密封垫采用耐冲蚀、抗腐蚀的尼龙材料，其整体性能好。

2. 止回阀的安全使用注意事项

①经常检查其阀芯，若有刺痕或损坏，应立即更换。

②经常检查其阀芯，以防堵塞。

第二节 井控技术

随着油气勘探开发领域的不断延伸扩大，从陆上到滩涂浅海、从浅层到深层，修井难度越来越大，对井控技术和修井人员的要求越来越高。在科学修井技术得到广泛应用和修

井总体技术水平日益提高的今天，必须把井控技术作为研究和发展的重要内容。

一 井底压力分析

（一）井底压力的组成

1. 起管柱产生的抽汲压力

在井内起管柱时，管柱下端因上升而空出的井筒空间，以及修井液因黏滞性附于管柱上随着管柱的上行而腾出的空间将由其上的修井液充填，使修井液向下流动。这部分修井液在流动时受到阻力，这个阻力称为抽汲压力，其结果是降低有效的井底压力。在管柱带有的封隔器、检泵泄油器未打开的情况下，会产生很大的抽汲力。

2. 下管柱产生的激动压力

激动压力产生于下油管、下封隔器、下泵等情况下，管柱下行挤出该处的修井液，修井液流动遇到的阻力便是激动压力，其结果是增大有效井底压力。

激动压力和抽汲压力的概念类似，激动压力是正值，抽汲压力是负值。这两个压力受下列因素的影响：

①管柱的起下速度。

②修井液密度、修井液黏度、修井液静切力。

③井筒和管柱外壁之间的环形空隙。

④管柱的内径及节流情况。

⑤井内管柱的长度等。

因此，在起下管柱时要控制起下速度，不要过快，在高压油气层和井内流体性能不好时，更应注意。

3. 压力损失

压力损失（流动阻力）是由修井液循环产生的，其大小取决于修井液密度、修井液黏度、排量和流通面积。

压力还消耗在循环系统的其他部分，只要流体通过管汇、管嘴或者节流阀就会产生压力损失。排出气侵时，使用节流阀维持套管或环形空间内的回压，就是一个很好的例子。

（二）各种工况下的井底压力

在一口井的各种作业中，始终有压力作用于井底，这些压力主要来自井内流体的液柱；同时，井内流体沿环空上返过程中所消耗的泵压也作用于井壁，这个压力即循环修井液时的环空压力损失，通常很小。其他还有侵入井内的地层流体的压力、激动压力、抽汲压力、地面回压等。在不同作业情况下，井底压力是不一样的。

①静止状态（空井）：井底压力 = 静液柱压力。

②正常循环：井底压力 = 静液柱压力 + 环空压力损失。

③起管柱时：井底压力 = 静液柱压力 – 抽汲压力。

④下管柱时：井底压力 = 静液柱压力 + 激动压力。

⑤节流循环时：井底压力 = 静液柱压力 + 环空压力损失 + 井口回压。

⑥溢流关井时：井底压力 = 静液柱压力 + 井口回压。

从以上几种情况看，起管柱时，井底压力最小，发生井喷的可能性较大；尤其是起管柱且不及时向井内灌修井液的情况最为危险。

二 井控的有关概念

（一）井控分级

根据井涌规模和采取的控制方法的不同，把井控作业分为三级：一级井控、二级井控和三级井控。

1. 一级井控

一级井控也就是采用适当的修井液密度，建立足够的液柱压力去平衡地层压力的工艺。

2. 二级井控

二级井控指仅靠井内修井液液柱压力不能控制地层压力，井内压力失去平衡，地层流体侵入井内，井口出现溢流，这时候要依靠关闭地面设备建立的回压和井内液柱压力共同平衡地层压力，依靠井控技术排除气侵修井液，处理掉溢流，恢复井内压力平衡，使之重新达到初级井控状态。

3. 三级井控

三级井控指当二级井控失效后，所采取的各种紧急措施。此时井涌量大，最终失去控制，发生了井喷（地面或地下），这时候要利用专门的设备和技术重新恢复对井的控制，使其达到二级井控状态，并进一步恢复到一级井控状态。

（二）与井控相关的概念

①井侵：地层流体（油、气、水）侵入井内的现象，通常称为井侵，常见的井侵有油侵、气侵、水侵。

②溢流：当井侵发生后，井口返出的液量比泵入的液量多，停泵后井口修井液自动外溢，这种现象就称为溢流。

③井涌：溢流进一步发展，修井液涌出井口的现象称为井涌。

④井喷：井喷指地层流体（油、气、水）无控制地进入井筒，使井筒内的修井液喷出地面的现象（这里所说的井喷指的是地面井喷）。地层流体从井喷地层无控制地流入其他低压地层的现象叫地下井喷。

⑤井喷失控：井喷发生后，无法用常规方法控制井口而出现敞喷的现象称为井喷失控，这是井下作业中的恶性事故，一般会带来严重的后果，造成巨大的损失。

综上所述，井侵、溢流、井涌、井喷、井喷失控反映了地层压力与井底压力失去平衡以后井下和井口所出现的各种现象及事故的严重程度。

三 溢流的原因和控制

尽早发现溢流显示是井控技术的关键环节。井喷通常很少突然发生，大多数井在井喷前都有一些先兆，只要观察及时，准备充分，加以有效的预防措施，绝大多数井喷是可以避免的。

（一）溢流的原因

1. 地层流体向井筒内流动的条件

①井底压力小于地层压力。

②地层具有必要的渗透性，允许流体流入井内。

2. 溢流的常见原因

地层压力与渗透性不是人们能控制的，因此发生溢流最根本的原因是井内压力失去平衡，井底压力小于地层压力。任何一个或多个引起井底压力降低的因素，都有可能导致溢流或井涌。其中最常见的原因有：

①液柱压力小于地层压力。

②起管柱时井内未灌修井液或灌量不足。

③起管柱产生的抽汲压力过大。

④循环漏失。

⑤修井液密度不够。

⑥地层压力异常。

（二）溢流的控制

1. 一旦发生溢流，应当按照正确的程序关井

为保证关键时刻能够迅速而正确地关井，需要制定合理的关井程序，并经常性地进行防喷演习。发现溢流后，能迅速按关井程序控制井口的优点：

①控制住井口，使井控工作处于主动，有利于安全压井和保护地面人员、设备及周边环境。

②制止地层流体继续侵入井内。

③可保持井内有较多的修井液，减小关井压力并能求取关井压力。

④可以比较准确地确定地层压力。

⑤可以准确确定压井液密度，为组织压井做好准备。

2. 及时发现溢流是关井的关键

①关井要及时果断：一旦发生溢流，关井越迅速，溢流就越小，越容易控制，也越安全。

②关井不能超过最大极限套压：关井时，要按正确的关井方法及时关井或装好井口，其关井最高压力不得超过井控装备额定工作压力、套管实际允许的抗内压强度80%、地层破裂压力三者中的最小值。

3. 关井方法

目前采用的关井方法主要有两种：一是软关井，二是硬关井。

软关井：当发生溢流或井喷后，在节流阀通道开启，其他旁侧通道关闭的情况下关闭防喷器，然后关节流阀。这种关井方法的优点是可以避免突然关井而产生的水击效应，万一套管压力过高，还可以采用其他的井控方法（如低节流压力法等）关井，所以软关井比较安全。缺点是关井时间比较长，在关井的过程中地层流体还会继续侵入井内。

硬关井：当发生溢流或井喷后，在防喷器、四通等旁侧通道关闭的情况下关闭防喷器，这种关井方法的优点是关井时间比较短，可以迅速制止地层流体进入井内。缺点是关井时容易产生水击现象，使井口装置、套管和地层所承受的压力急剧增加，甚至超过井口装置的额定工作压力、套管抗内压强度和地层破裂压力而使井口失控。

四 井喷失控的危害

井喷失控是石油工程作业过程中性质严重、损失巨大的灾难性事故，其危害可概括为以下几个方面：

①井喷失控易引起着火、爆炸或喷出有毒气体而造成人员伤亡，影响周围千家万户的生命安全。

②井喷失控使油气无控制地喷出井口进入空气中，造成环境污染，影响农田水利、渔场、牧场、林场建设。

③井喷失控还会严重伤害油气层、破坏地下油气资源，极易引起火灾和地层塌陷，造成机械设备毁坏、油气井报废，带来巨大的经济损失。

④井喷失控涉及面广，会在国际、国内产生不良的社会影响；影响井下作业队伍的形象，对该企业的生存和发展不利。

⑤井喷失控使井下作业情况更加复杂。

⑥井喷失控打乱全面的正常工作秩序，影响全局生产。

井下作业井控设计应在地质设计、工程设计和施工设计中有具体内容及要求，设计应按程序审核、审批。

五 作业过程的井控技术

（一）井下作业过程中的井控工作

由于油气井的井下作业施工是在敞开井口或高压密闭的情况下进行的，高压油、气流随时都可能喷出或泄漏，影响正常作业施工，因此为防止井喷，保证安全正常施工，完善防喷措施至关重要。作业过程中的井控主要应满足两项要求：一是建立井口控制系统，利用井口防喷装置迅速有效地控制井喷；二是在施工中严格执行各项防喷操作规程，包括平衡地层压力的措施、平稳操作以及射孔、替喷、特殊工艺施工的安全措施等。

（二）施工前的井控准备工作

①地质、工程和施工设计中提出的井控方面的要求和技术措施要向全队职工进行交底，明确作业班组各岗位分工，并按设计要求准备相应的井控装备及工具。

②施工现场已安装的井控装备在施工作业前必须进行检查并试压合格，使之处于完好状态。

③施工现场使用的放喷管线、节流及压井管汇必须符合使用规定，并安装固定，试压合格。

④施工现场应备足设计要求的修井液。

⑤施工现场应备有能连接井内管柱的旋塞阀或简易防喷装置作为备用的内、外防喷工具。

⑥建立开工前井控验收制度，对于高危地区（居民区、市区、工厂、学校、人口稠密区、加油站、江河湖泊等）、气井、高温高压井、含有毒有害气体井、射孔（补孔）井及压裂酸化井等必须经有关部门验收，达到井控要求后方可施工。

施工前作业队应向全队职工进行地质、工程和井下等方面的技术措施交底，并明确班组各岗位分工。对施工现场的井控装备、配备的防喷工具进行检查，使之处于完好状态，按设计要求备足修井液。现场井控工作要以班组为主，按应急计划进行演练，做到能及时发现溢流、迅速报警和正确关井，关井最高压力不得超过允许关井压力值。

（三）施工中的防喷工作

1. 压井施工中的防喷注意事项

①根据设计要求，配制符合要求的压井液。对无明显漏失层的井，配制液量通常为井筒容积的 1.5~2 倍。

②压井进口管线须试压达到预计泵压的 1.2~1.5 倍，不刺不漏。高压和放喷管线须用钢质直管线，禁止用软管线、低压管线，并固定好。

③循环压井作业时，水龙头（或活动弯头）、水龙带应拴保险绳。

④压井过程中要计量进口和出口排量、漏失量、喷吐量。当出现异常时，应停止施工，请示有关部门，采取有效措施。

⑤压井前气油比（GOR）较大或压力较高的井应先用油嘴控制出口排气，然后打入适量的清水作为前置液，后用高密度液体压井。

⑥挤注压井的液体注入深度应控制在油层顶部以上 50m 处。关井一段时间，开井检查效果。

⑦压井中途一般不宜停泵，压井过程中控制好井口回压，确保井底压力始终大于地层压力，做到压井液既不漏又不被气侵。待井内返出的液体与进口性能一致时方可停泵。若停泵后发现外溢或有喷势，应再循环排气或关井稳定，使井内气体分离，然后开井放空检查效果。

⑧压井失败，必须分析原因，不得任意加大压井液密度。

⑨压井时所录取的数据包括压井时间、压井方式、压井深度、压井后的观察时间、压井液性质（包括名称、黏度、相对密度、切力、pH 值、温度、添加剂及杂质含量等）、压井参数（包括泵压、排量、注入液量及漏失量、进出口密度）、压井液排出携带物（包括名称、形状及数量）。

2. 洗井施工中的防喷注意事项

①按施工设计的管柱结构要求，将洗井管柱下至预定深度。

②连接地面管线，地面管线试压至设计施工泵压的 1.5 倍，5min 后不刺不漏为合格。

③开套管阀门打入洗井液。洗井时要注意观察泵压变化，泵压不能超过油层吸水启动压力。排量由小到大，出口排液正常后逐渐加大排量，将设计用量的洗井工作液全部打入井内。

④随时观察并记录泵压、排量、出口排量及漏失量等数据。泵压升高洗井不通时，应停泵及时分析原因并进行处理，不得强行憋泵。

⑤严重漏失并采用有效堵漏措施后再进行洗井施工。

⑥出砂严重井优先采用反循环法洗井，保证不喷不漏、平衡洗井。若正循环洗井时，应经常活动管柱。

⑦洗井过程中加深或上提管柱时，洗井工作液必须循环两周以上方可活动管柱，并迅速连接好管柱，直到洗井至施工设计深度。

⑧洗井时所录取的数据与压井时相同。

3. 起下作业中的防喷注意事项

起下管柱操作是作业施工中的重要工序。操作不当也是诱发井喷的原因之一，因此该工序的防喷工作极为重要。

①防喷器、远程控制台和井控管汇的安装、试压要符合相关规定，提前做好防喷准备，如中途停工必须装好井口或关闭防喷装置，使井口处于受控状态。起下作业前，在井口附近应准备好简易防喷工具或防喷单根等。

②气井溢流压井后起管柱前，应进行短程起下作业，发现异常及时采取相应措施。对有自喷能力、高压低渗透的井，起下管柱操作过程中要保持井筒内修井液液面高度，应每起 10~20 根补注一次修井液，不允许边喷边作业，起完管柱应立即关闭防喷装置。随时观察井口油、气显示的变化，发现溢流现象应立即停止施工，采取有效措施。

③起下作业时，坚持按起下管柱操作规程平稳操作。加强坐岗观察与记录。下管柱的排出量或起管柱的灌入量，应与计算量相符，否则应采取措施，起管柱完毕，在等待期间，应下入不低于井深 1/3 的管柱。若主机设备（作业机或修井机）出现故障，应及时安装简易井口或关闭防喷器。

④起下大直径工具时（工具的外径超过油层套管内径的 80% 时），严禁猛下、猛起，以防活塞效应，距射孔井段 300m 以内，起下管柱速度不得超过 5m/min，以减小压力波动。起带封隔器的管柱时，要注意观察悬重及井口液面的变化。如果有异常情况，不得强行起管柱。起下管柱过程中，要有防止井内管柱顶出的措施，以免增加井喷处理难度。

⑤起下抽油泵应按要求洗井后再施工。

⑥起下抽油杆作业，应安装使用抽油杆防喷工具。

⑦对有高压气层和漏失层的井，起下管柱要随时向井内灌压井液，保持井筒内压力平衡。

⑧起下管柱作业出现溢流时，应立即抢关井，压井正常后方可继续施工。

⑨起油管时所录取的数据包括起出油管规格、根数、长度，起出井下工具名称、规格、长度、数量以及施工描述。

⑩下油管时所录取的数据包括下入油管规格、根数、长度，下入井下工具名称、规格、长度、数量以及管柱示意图。

六 岗位职责及关井程序

（一）岗位职责（以胜利石油工程公司为例）

①司钻（班长）：发出警报，发出关井指令，负责刹把及司钻控制台的操作，关井完成后负责将溢流关井情况报告给值班人员。

②副司钻（副班长）：根据指令操作防喷器远程控制台，同时传递防喷器开、关信息。

③井架工（场地工）：根据指令开关节流阀及节流管汇平板阀开关。负责观察、汇报、记录套压。

④内钳工（一岗）：负责井口操作，在钻台上向井架工（场地工）传递平板阀开、关信息，并观察、汇报、记录立管压力；

⑤外钳工（二岗）：负责井口操作，在钻台值班并负责传递防喷器、节流阀的开、关信息；

⑥资料员：负责观察修井液出口和修井液液面变化情况。

⑦司机：站到可与司钻保持联系的位置，根据司钻指令操作设备；停泵，关掉除液控台、专线照明外的一切电路（如固控设备，生活用电），准备好灭火器。

（二）关井程序（以胜利石油工程公司为例）

1. 五七动作

根据胜利石油工程公司作业常见的五种工况制定了相应的关井程序，简称五七动作，见表 5-2-1。

表 5-2-1　五七动作程序

工况／动作	起下管柱	拆换井口	电缆测试、射孔等作业	空井筒	钻、冲、铣、捞等其他作业
发	信号	信号	信号	信号	信号
停	起下作业	拆换井口作业	电缆作业	其他作业	钻、泵
抢	下管柱；抢接内防喷工具（或防喷单根）	抢装井口总闸门	—	条件允许情况抢下 10~15 柱（根）管柱，接内防喷工具	上提方钻杆或提、放循环单根
开	节流阀及前面的平板阀	节流阀及前面的平板阀	节流阀及前面的平板阀	节流阀及前面的平板阀	节流阀及前面的平板阀
关	防喷器、内防喷工具	防喷器	防喷器、内防喷工具	防喷器、内防喷工具	防喷器、内防喷工具
关	节流阀及后面的平板阀试关井	节流阀及后面的平板阀试关井	节流阀及后面的平板阀试关井	节流阀及后面的平板阀试关井	节流阀及后面的平板阀试关井
看	立（油）管、套管压力	—	套管压力	立（油）管、套管压力	立（油）管、套管压力

2. 井控报警信号

胜利石油工程公司制定了井控报警信号，各报警信号见表 5-2-2。

表 5-2-2　报警信号

操作内容	信号内容
溢流报警信号	报警器一长鸣
关井信号	报警器两短鸣
溢流解除信号	报警器三短鸣

3. 井控设备开关信号

胜利石油工程公司井控设备开关操作规定了统一动作信号（表 5-2-3）。

表 5-2-3　井控设备开关信号

开关状态	液动放喷阀	环形防喷器	闸板防喷器	节流阀	平板阀
开	 双手在下前方合起，然后向胸前平行张开成30°角	 双手过头伸直向上合在一起，然后双手分开与肩平行	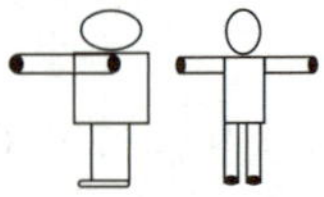 双手伸直前伸合在一起，然后双手分开与肩平行	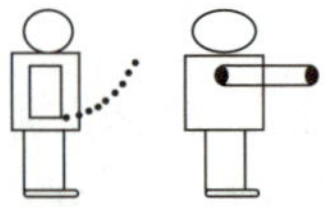 右手下垂，然后向前平伸	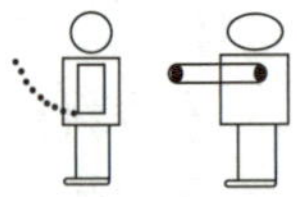 左手下垂，然后向前平伸
关	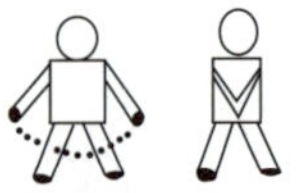 双手下垂张开与身体成30° 角，然后向前平行合在一起。	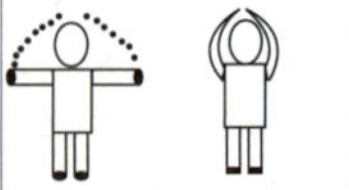 双手伸直与肩平行，然后双手向头上合在一起	 双手伸直向两侧与肩平行，然后双手平移向正前方合在一起	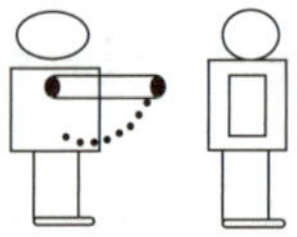 右手向前平伸，然后下垂	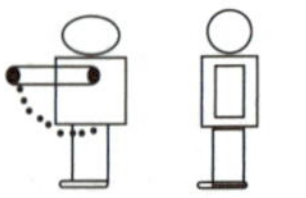 左手向前平伸，然后下垂

思考题

1. 简述井控设备的组成。
2. 液压防喷器的四个特点是什么？
3. 闸板防喷器的四处密封是什么？
4. 井控作业分为几级？每级含义是什么？
5. 溢流的原因是什么？

扫一扫
获取更多资源

第六章

操作项目

PART 6

修井作业技能操作项目较多，总体分为小修、大修、施工设计编写三部分。其中，小修着重介绍 27 项油水井维护常用技能操作项目，大修重点介绍 9 项大修施工常用技能操作项目，施工设计编写选取 4 份较为典型的方案。

第一节　小修

本节介绍小修作业施工中的起下、地面工具使用等常规操作项目，每个操作项目包括操作步骤、技术要求、安全注意事项等内容，有助于提高员工技能操作水平。

一　安装采油井口

1. 操作步骤

①将采油井口运送到井场，检查各部件。

②用敲击扳手将套管四通与套管底法兰拆开取出钢圈，平放在工具台上。

③卸去套管短节及接箍的外保护，用钢丝刷将套管短节和套管接箍螺纹清理干净，并检查螺纹是否完好。

④将套管短节外螺纹均匀涂抹密封脂后，对正套管接箍（两手扶正，慢放在套管接箍上）逆时针转 1~2 圈对扣。

⑤对正扣后，用手正转上扣至无法转动，再用链钳上满扣并紧固；用同样的方式将底法兰盘连接在套管短节上，并用加力杠按标准上紧。

⑥将底法兰盘钢圈槽内清理干净，均匀涂抹密封脂，把钢圈放入槽内。

⑦在清蜡闸门上装好提丝，连接吊装索具，用游动滑车大钩平稳吊起采油树。

⑧调整采油树方向平稳下放，将采油树悬坐在底法兰上，使钢圈进入底法兰面的钢圈槽内，对正螺栓孔穿入螺栓，下放坐实对角上紧 4 条螺栓，摘掉吊装索具，将剩余的螺栓对角上紧。

⑨装好井口后，按采油树的压力等级清水试压合格。

2. 技术要求

①检查井口装置各部件是否齐全，阀门开关是否灵活，有无螺纹及手轮丝杠是否变形，钢圈及钢圈槽是否损坏。

②大四通上、下法兰间隙要一致，受力应均匀，螺栓上紧后上部螺杆露出螺母 1~2 扣，井口装置安装后，卡箍水平放置，所有阀门手轮方向一致、平直、美观。

③井口试压时，全部闸阀呈开启状态，套管闸阀或油管闸阀一侧接试压泵，另一侧接

压力表，其余卡箍短节处接丝堵。

④井口安装完毕，整体试压停泵稳压 30min，压降不大于 0.5MPa 合格。

3. 注意事项

①施工人员应穿戴好劳保用品。

②安装前要分工明确，确保安全操作。

③井口周围具备足够操作空间，便于人员操作、撤离。

④井口试压时，做好安全防护。

⑤操作完毕要做到工完料净。

二 测量计算油补距和套补距

1. 操作步骤

（1）简易套管头完井

①从施工设计中查出联入数据，记录为 L。

②用钢卷尺测量井口最上一根套管接箍上平面到套管短接法兰上平面之间的距离，记录为 L_1。

③用钢卷尺测量套管短接法兰上平面与套管四通法兰上平面之间的距离，记录为 L_2。

④计算油、套补距。将 L、L_1、L_2 数据代入下列公式，即可求出套补距、油补距：

套补距 $=L-L_1$

油补距 $=L-L_1-L_2$

（2）标准套管头完井

①由施工设计中查出联入数据，记录为 L。

②用钢卷尺测量套管头上平面与套管四通法兰上平面之间的距离，记录为 L_1。

③标准套管头完井时联入数据与套补距数据相同。将 L 和 L_1 数据代入下列公式，即可求出油补距：油补距 $=L-L_1$

2. 技术要求

测量时测量工具与测量面应保持垂直，测量允许误差 ±2mm。

3. 注意事项

①操作人员应穿戴好劳保用品。

②采油树安装完毕后，再进行测量。

三 试提操作

1. 操作步骤

①作业前确认动力设备运转正常；辅助设备设施正常。

②一岗指挥司钻缓慢下放游动滑车，一岗和二岗双手抓握吊环圈以上 0.15~0.30m 处将

吊环拉向井口一侧，当大钩底部至井口操作台上平面 1.5m 位置时，司钻停止下放。

③一岗、二岗配合摆正大钩对正滑道方向，将大钩定位锁销锁定，一岗指挥司钻将游动滑车提至井口以上 2.0m 处。

④根据悬挂器扣型选择匹配的装有旋塞阀的提升短节并上紧丝扣，一岗卸开井口四通顶丝。

⑤井口一岗、二岗手心向内抓握吊卡耳口，将吊卡卡在提升短节上，关闭吊卡手柄。

⑥一岗指挥司钻下放游动滑车，一岗、二岗站立在井口与滑道中心线两侧，侧身抓握吊环圈以上 0.15~0.30m，将吊环挂入吊卡耳口内，插好吊卡的保险销。

⑦二岗、三岗站立在井架两侧后绷绳外 1.0m 处观察地锚及绷绳受力情况。

⑧一岗站立在井架侧后方与设备后方的安全位置，指挥司钻缓慢上提管柱 0.5~1.0m 时，司钻试刹车后缓慢下放至井口。

⑨司钻上提至 2.0~3.0m 处，观察指重表读数与井内悬重是否相符。

⑩试提完成，司钻下放管柱至井口。

2. 技术要求

①查阅井史资料，了解井下管柱结构状况。

②检查井口装置、防喷器及节流管汇安装符合设计要求。

③打开闸门检查井内压力情况，佩戴正压式空气呼吸器检测硫化氢含量，无异常后打开防喷器全封闸板。

④司钻视窗清洁，视线清楚；指重表在有效合格期内。

3. 注意事项

①施工人员应穿戴好劳保用品。

②施工前要分工明确，确保安全操作。

③井口周围具备足够操作空间，便于人员操作撤离。

④司钻试提时缓慢、平稳操作，注意观察指重表数据变化，防止悬挂器刮防喷器。

四 起油管

1. 操作步骤

①观察井筒压力并泄压。

②卸掉旋塞阀，打开防喷器。

③一岗指挥司钻下放游动滑车，当吊环下端接近井口时，井口岗位操作人员一手握住吊环距下部 0.3m 处，一手握住吊卡安全销，当吊环下端与吊卡吊耳持平时，司钻停止下放，井口操作人员将吊环推进吊卡吊耳内并扶正，插入吊卡安全销，井口岗位操作人员退至安全位置。

④一岗指挥司钻试提 2.0m 内，悬重正常后，缓慢提升管柱。

⑤上提油管，当第二根油管接箍下端距自封封井器上平面以上 0.3m 左右时司钻刹车，

井口岗位操作人员将吊卡卡在油管本体上，吊卡开口面向油管桥方向，一岗指挥司钻下放油管将接箍坐在吊卡上，用液压钳卸开油管。

⑥司钻上提起出油管单根，井口岗位操作人员将油管放在小滑车上，场地工侧身站在油管滑道外侧，用管钳卡住油管沿滑道方向下拉，当油管下至井口装置以上时，井口岗位操作人员手拉吊环将吊卡平稳放在油管凳上，一手扶住吊环，一手取出吊卡安全销拉出吊环。

2. 技术要求

①防喷器闸板应开关到位。

②试提缓慢提升，应在设备、油管安全负荷范围内操作。

③起油管井筒内按井控要求及时补充修井液。

④严禁在油管上行走或堆放重物。

⑤摘挂吊环和扣吊卡，操作人员动作要一致，严禁挂单吊环。

3. 注意事项

①操作人员应穿戴好劳保用品。

②施工前应有防火、防爆措施。

③井口应安装防掉、防喷装置。

④随时观察作业设备、井架、绷绳和游动系统的运转情况，发现问题立即停车处理，待正常后方可继续施工。

⑤施工人员各负其责，紧密结合，服从专人指挥，安全销应系好保险绳。

⑥场地工应站在油管外侧，两腿不得骑跨油管，井口岗位操作人员摘挂吊环时应侧身站立。

五 下油管

1. 操作步骤

①观察井筒压力并泄压。

②卸掉旋塞阀，打开防喷器。

③场地工将油管接箍端放在油管凳上，油管尾端放在油管小滑车上，二岗人员将通径规从油管接箍端放入油管内。

④井口岗位操作人员将吊卡扣在油管上，吊卡开口朝上挂好吊环，插上安全销，一岗指挥司钻将油管提起。

⑤井口岗位操作人员手扶吊环使油管（机具）接箍过防喷器后（注意防止起吊的油管接箍挂在四通顶丝或井口其他突出部分），同时松手，并退至安全位置。场地工用管钳卡住油管本体，配合井口岗位操作人员扶送油管。

⑥司钻将油管提至井口附近时，二岗双手扶住油管，卸下护丝帽取出通径规，油管尾端离油管接箍上平面 0.2m 左右时停止上提，螺纹均匀涂抹密封脂。

⑦缓慢下放油管对正扣，上紧油管螺纹。一岗指挥司钻将油管提起，摘去吊卡，将油管下入井内。

⑧当吊卡下放至井口上平面时，井口岗位操作人员一手握住吊环，一手摘吊卡安全销，下放卸掉负荷后，摘下吊环。

2. 技术要求

①防喷器闸板应开关到位。

②严禁在油管上行走或堆放重物。

③下井油管螺纹应保持清洁，连接前要在油管外螺纹均匀涂抹密封脂。

④下井油管应按规定扭矩上紧。

⑤下井油管应用通径规通径。

3. 注意事项

①操作人员应穿戴好劳保用品。

②施工前应有防火、防爆措施。

③井口应安装防掉、防喷装置。

④随时观察作业设备、井架、绷绳和游动系统的运转情况，发现问题立即停车处理，待正常后方可继续施工。

⑤施工人员各负其责，紧密结合，服从专人指挥，安全销应系好保险绳。

⑥场地工应站在油管外侧，两腿不得骑跨油管，井口岗位操作人员摘吊环时应侧身站立，预防通径规滑落造成伤害。

六 切换采油树洗井流程

1. 操作步骤

（1）切换正洗井管线流程

①开采油树出口管线一翼套管阀门。

②开采油树总阀门。

③开采油树进口管线一翼油管阀门，使液流从生产阀门进入井内油管，经油套管环形空间，从套管阀门返出地面。

（2）切换反洗井管线流程

①开采油树总阀门。

②开采油树出口管线一翼油管阀门。

③开采油树进口管线一翼套管阀门，使液流从套管阀门进入油套管环形空间，经井内油管，从油管阀门排出地面。

2. 技术要求

①切换流程前，检查阀门开关是否灵活。

②严禁阀门半开半关，以免造成阀门闸板损坏。

③关阀门时严禁用力过猛，造成阀门闸板损坏，开关到位后回旋 1/4~1/2 圈。

3. 注意事项

①施工人员应穿戴好劳保用品。

②在开关阀门时数好开关的圈数，保证阀门开关到位。

③井口操作人员严禁骑跨管线，避开高压区域。

④开关采油树阀门，应站在侧面，禁止面对阀门，防止伤害。

七 正确使用管钳上卸油管

1. 操作步骤

（1）油管紧扣操作

①二岗调整管钳开口，右脚在前左脚在后，叉开两脚站立，右手握住 1200mm 管钳中上部手心朝上，左手握住管钳尾部手心朝下，逆时针方向卡住油管接箍，打好背钳。

②一岗调整管钳开口，左脚在前右脚在后，叉开两脚站立，左手握住 900mm 管钳中上部手心朝上，右手握住管钳尾部手心朝下，顺时针方向卡住油管本体，打好主钳。

③一岗双手握住管钳尾部，顺时针方向旋转上紧油管，然后取下主钳、背钳。

（2）油管卸扣操作

①二岗调整管钳开口，左脚在前右脚在后，叉开两脚站立，左手握住 1200mm 管钳中上部手心朝上，右手握住管钳尾部手心朝下，顺时针方向卡住油管接箍，打好背钳。

②一岗调整管钳开口，右脚在前左脚在后，叉开两脚站立，右手握住 900mm 管钳中上部手心朝上，左手握住管钳尾部手心朝下，逆时针方向卡住油管本体，打好主钳。

③一岗双手握住管钳尾部，逆时针方向旋转卸开油管，然后取下主钳、背钳。

2. 技术要求

①管钳各部件牢固可靠，灵活好用。

②管钳的活动钳口与钳体孔两侧面配合间隙应符合要求。

③管钳应在扭矩规定范围内使用，严禁超负荷。

3. 注意事项

①操作人员应穿戴好劳保用品。

②使用时必须用手将钳柄握紧，以防反弹力伤人或松动使管钳落地。

③使用管钳前要对钳牙认真检查，用后进行清理保养，摆放在工具架上或工作台上，严禁乱扔乱放。

八 操作液压钳上卸油管

1. 操作步骤

①上油管扣时将动力钳上卸扣旋钮向右转，箭头端指向上扣方向。

②打开防挤手装置，将变速挡手柄向上扳到低速挡。

③面对钳体，打开安全门把钳体开口拉向油管。

④当油管进入动力钳开口腔内，左手抓住侧面把手稳住钳头，右手向外拉动换向手柄，上 2~3 扣；变速手柄下扳到高速挡，上扣至剩余 2~3 扣；变速手柄上扳到低速挡，换向手柄往外拉紧扣至规定扭矩，操作过程中注意观察扭矩表。

⑤用手推钳尾部的换向阀手柄，将钳体开口从油管本体上退回，关闭防挤手装置和安全门。

⑥卸油管扣时，动力钳上卸扣旋钮向左扭转 180°。

⑦打开防挤手装置和安全门，将动力钳开口拉向油管。

⑧油管进入开口腔内，左手抓住侧面把手稳住钳头，右手向内推动换向手柄，用低速挡卸 2~3 扣。

⑨换到高速挡卸扣，卸完扣后，将换向手柄拉回复位，换到低速挡。

⑩用手推钳尾部的换向阀手柄，将钳体开口从油管本体退出，关闭防挤手装置和安全门。

2. 技术要求

①使用前检查吊绳、尾绳、绳卡，确保安全可靠，检查各部位有无螺丝松动，确保紧固；检查动力钳阀门确保打开；确保背钳与油管接箍在同一平面。

②上扣或卸扣过程中，手不准离开操纵杆。

③开口型动力钳主钳应配有安全门，完好且有效。

④使用中要注意液压管线是否有憋压、泄漏现象，保持液压油、快速接头清洁。

⑤上、卸扣按低—高—低挡顺序操作。

⑥动力钳应配有扭矩表，其精度不得低于 2.5 级。

3. 注意事项

①操作人员应穿戴好劳保用品。

②操作动力钳时，尾绳两侧不准站人，严禁两个人同时操作动力钳。

③禁止使用动力钳造扣、倒扣。

④保养或更换钳牙时，应停止液压源并确认压力归零，并执行挂牌落锁，做好人员监护。

九 正确使用游标卡尺

1. 操作步骤

①左手拿住游标卡尺主标尺，右手拧松游标螺钉，试调游标卡尺在主标尺上灵活好用后，再校准零位，即主副两个尺上的零刻度线同时对正，即可使用。

②测量工件外径时，应先将两卡脚张开得比被测工件尺寸大些，而测量工件的内尺寸时，则应将两卡脚张开得比被测工件尺寸小些，然后使固定卡脚的测量面贴靠工件，轻轻用力使副尺上活动卡脚的测量面也贴紧工件，并使两卡脚测量面的连线与所测工件表面垂直。

③用游标螺钉固定游标。

④在主卡尺上读出游标零位处的读数 A，单位为 mm。

⑤再在副尺上找到和主卡尺相重合的刻度处，并在游标卡尺上读出数 B。

⑥ A+（B× 精准度）即为测量物尺寸。

2. 技术要求

①当尺框上的活动测量量爪与尺身的测量量爪贴合时，尺框上的零刻度线与尺身的零刻度线对齐方可使用。

②测量时游标卡尺要放正，转动物件多测量几个点，找出精确部位。

③读数时要在光线较好的地方，不能斜视读数。

④被测物件如果形状较复杂，可画出图形，标出测量数据以备检验。

3. 注意事项

①操作人员应穿戴好劳保用品。

②使用游标卡尺时应轻拿轻放。

③游标卡尺属测量仪器，用后要擦干净放入盒内，并要定期送到有关部门检验。

十 校正井架

1. 操作步骤

①将油管上提，吊卡下端距井口 10cm 左右，判断井架倾斜情况。

②井架向正前方偏离时，松前两道绷绳，紧后四道绷绳；井架向正后方偏离时反向操作。

③井架向右偏离时，松右侧前后绷绳，紧左侧前后绷绳；井架左偏离时反向操作。

④井架向左前方偏离时，松前左绷绳紧后右绷绳；井架向右后偏离时反向操作。

⑤井架向右前方偏离时，松前右绷绳紧后左绷绳；井架向左后偏离时反向操作。

⑥按以上方法调整至天车、游动滑车、井口三点一线，然后调整各绷绳受力均匀。

⑦将油管放下，摘掉吊卡，游动滑车上提到合适位置，刹好车。

2. 技术要求

①校正井架一定做到先松后紧。

②如花兰螺丝调整不到位，将花兰螺丝松到头，把绷绳卡子松开拉紧再卡紧，但不能同时松开两道绷绳。

③井架校正标准天车、游动滑车、井口三点一线。油管与井口中心前后偏离小于 3cm，左右不得偏离 1cm。

④井架调正后，花兰螺丝余丝不少于 10 丝。

3. 注意事项

①操作人员应穿戴好劳保用品。

②倒绷绳时先卡保险绳防止发生井架倒塌。

③正确使用撬杠、活动扳手。

④吊放油管严格执行起下油管操作规程。

十一 排放、丈量油管并计算油管累计长度

1. 操作步骤

①将油管整齐排放在油管桥上，每组第 10 根油管突出接箍，层间用三根油管均匀隔开。

②按油管的下井顺序，使用钢卷尺依次丈量每根油管的长度，丈量油管时，将钢卷尺“0”刻度对准油管接箍端面，拉直钢卷尺至油管公扣 1~2 扣处并读出油管长度，将油管长度记录在油管记录纸上。

③丈量好的油管，按每 10 根一组分别依次累计出油管的长度，记录在油管记录纸上。

④累计油管总长度记录在油管记录纸上。

2. 技术要求

①场地应平整，油管桥摆放间距恰当、合理，便于操作；油管两端都不得拖地，中间不向下弯曲，油管桥高度不低于 0.3m。油管桥座 3 个为一组，间距 2.0~3.0m。

②钢卷尺应清洁无污、刻度清晰。

③丈量油管时，钢卷尺要拉直拉紧，做到三丈量三对口。

④油管累计长度累计复核误差每 1000m 应小于或等于 0.2m。

3. 注意事项

①操作人员应穿戴好劳保用品。

②管架两端加装油管阻挡杆。

③丈量油管读数目光平视钢卷尺。

④油管丝扣清洗干净，便于观察、丈量。

⑤丈量完成后把钢卷尺擦干净，卷起放好。

十二 安装液压防喷器

1. 操作步骤

①检查防喷器及配件。

②将防喷器放置在平移装置上，平移至井口四通附近。

③观察井口压力，井口放压。

④拆井口。

⑤检查井口四通的钢圈槽并清理干净，涂抹密封脂，将钢圈放入钢圈槽内。

⑥将防喷器吊起，将防喷器钢圈槽清理干净，缓慢悬放在井口四通上，确认钢圈入槽、上下螺孔对正，下放坐实。

⑦连接螺栓，先将 4 条螺栓对角上紧，然后上紧其余螺栓。

⑧连接液压管线，并把管线顺好放至液压管线盒内。

⑨远程控制台接通电源，打压至额定工作压力。

⑩对防喷器进行功能测试，确认符合施工要求。

⑪将试压短节连接在油管悬挂器上。

⑫将防喷器内灌满清水，关闭防喷器闸板。

⑬绷绳固定防喷器，连接管线试压，按设计要求先试低压，后试高压。

⑭安装手动锁紧装置，对防喷器及手动锁紧杆进行挂牌标识。

⑮试压合格，出具试压报告。

2. 技术要求

①检查防喷器钢圈槽及钢圈、闸板、胶芯等部件，外观良好，密封及闸板、胶芯无撕裂、磨损、老化等现象。

②防喷器上下方向要加以确认，防止装反；防喷器安装螺栓丝扣完好，规格统一。

③防喷器检验报告在有效期内。

④远控房压力正常，液压管线不渗漏。

⑤防喷器试压：低压 1.4~2.1MPa，稳压时间不少于 10min，压降不大于 0.07MPa；高压至额定工作压力，稳压时间不少于 15min，压降不大于 0.7MPa。

⑥防喷器顶部应加防护装置保护密封垫环槽。

3. 注意事项

①操作人员应穿戴好劳保用品，包括但不限于戴好护目镜、系好安全带。

②吊装、安装过程中要相互配合，确保安全。

③安装防喷器左右方向与套管阀门一致。

④防喷器试压时，现场人员应远离高压区。

十三 佩戴正压式呼吸器及检测有毒有害气体

1. 操作步骤

左（右）脚向前一步，右（左）膝跪地。

①检查气瓶外观完好，表面清洁无划痕，检查背托架完好，背托架与气瓶连接紧固，检查气瓶阀完好，减压阀完好，高低压管线完好，检查压力表表盘清晰，指针归零，在有效期内符合使用要求。

②检查强制供气阀灵活好用，打开气瓶阀，气瓶首次使用压力应为 28~30MPa，气瓶压力符合使用要求。

③关闭气瓶阀，检查高低压管线无刺漏，按动强制供气阀检查低压报警，气压低于 5MPa 报警正常。

④检查肩带完好，检查腰带完好，调整肩带并置于气瓶两侧，调整腰带并置于气瓶两

侧；逆时针转动气瓶阀手轮，将瓶阀打开。

⑤检查面罩，面窗清晰无划痕，束带完好，挂带完好，检测面罩的气密性：用手掌封住供气口吸气，如果感到无法呼吸且面罩充分贴合则说明密封良好。调节面罩束带。

⑥检查硫化氢检测仪，外观完好，表面清洁无划痕，打开硫化氢检测仪，10ppm 报警正常，20ppm 报警正常，该检测仪电量充足，显示清晰，在有效期内符合使用要求。

⑦动作：将安全帽挂在脑后，拿起面罩，将挂带挂到脖子上，使用者一只手托住面罩将口鼻罩与脸部完全贴合，另一只手将头带后拉罩住头部，由下至上收紧束带，连接供气阀与面罩，深呼吸使空气供给阀启动，戴好安全帽正常建立呼吸。

⑧双手抓住背托架，把呼吸器举过头顶，背在身后，弯腰拉紧肩带，站直身体固定腰带，将安全帽戴好。

⑨正压式呼吸器佩戴合格后，手持开启状态下便携式 H_2S 气体检测仪，从上风方向缓慢行走，探头位于身体正前方下风方向，低于腰部以下，距离井口 50cm 范围内下风方向，H_2S 可能聚集的地方，时时观察和检测，如 H_2S 气体检测仪报警，及时回到起点，向领导汇报正确的硫化氢检测仪测量数据，立即启动应急程序。

⑩空呼佩戴完成后：

a. 右（左）脚后退一步，右（左）膝跪地。

b. 按下供气阀快速接口两侧的按钮，使面罩与供气阀脱离。

c. 扳开面罩束带扳卸下面罩。

d. 打开腰带扣。

e. 松开肩带卸下呼吸器。

f. 关闭瓶阀。

g. 打开强制供气阀放空管路空气。

h. 擦拭气瓶，清理面罩，清理硫化氢检测仪，放到规定位置。

2. 技术要求

①正压式空气呼吸器和便携式 H_2S 气体检测仪在检测范围日期内。

②将手轮完全打开旋转到位后再回旋半圈。

③双手扣住身体两侧的 D 形环，身体前倾，向后下方拉紧 D 形环直到肩带及背架与身体充分贴合。

3. 注意事项

①操作人员应穿戴好劳保用品。

②考核在井口上风口，距井口不小于 30m。

③双手抓住背托架，把呼吸器举过头顶时防止安全帽下颚带勒住脖子。

十四 摆游梁式抽油机驴头

1. 操作步骤

①将抽油机停在接近下死点 0.3~0.5m 处，刹紧抽油机刹车。

②把方卡子卡在采油树防喷盒以上 0.1~0.2m 处光杆上。

③松开抽油机刹车，启动抽油机，将光杆的方卡子坐在防喷盒上，卸掉抽油机负荷，刹住抽油机刹车。

④卸掉悬绳器。

⑤慢慢松开抽油机刹车，启动抽油机，将悬绳器提出光杆端头，注意不要伤害光杆。然后使抽油机游梁处于水平状态，刹死刹车。

⑥操作人员上抽油机必须系好安全带，在抽油机驴头上拴上引绳，操作人员站在支架梯子上砸掉驴头一侧的固定销子。

⑦待操作人员下到地面后，地面引绳人员朝支架梯子相反方向拉动驴头。

⑧驴头拉到位后，把驴头挂牢在抽油机的游梁上。

2. 技术要求

①抽油机曲柄旋转范围内不许站人。

②悬绳器从光杆上拉出时，注意保护光杆。

③驴头转销锈死时，要先用柴油清洗，活动后再拉动，切勿硬拉。

3. 注意事项

①操作人员应穿戴好劳保用品。

②所用工具应系好安全绳。

③操作人员上抽油机应系好安全带。

④现场施工人员相互配合，指挥得当。

⑤操作人员退至安全区域后地面人员再拉牵引绳。

十五 酸化压裂井口设备固定调整

1. 操作步骤

①以井口位置为中心，选择 4 个地锚位置。

a. 地锚位置确定后，绷绳与地面呈 45° 角，且相邻地锚与井口夹角为 90° 。

b. 确认地锚位置符合 QHSE 相关要求，无暗管线等。

c. 做好动土作业票据申请和技术交底工作。

②钻地锚。地锚长度大于 1800mm，地面外露不高于 100mm。

③回填土，压紧压实地面。

④采用四根绷绳、绷绳捆绑处选择合理，不影响井口手轮转动。

⑤四根绷绳与井口固定后，自然下垂，分别用花兰螺丝将四根绷绳与地锚连接。

⑥对角拉紧绷绳，使四根绷绳均匀受力。

2. 技术要求

①应使用直径不小于 15.5mm 的钢丝绳，绷绳无打结、断股、断丝。

②绷绳段的卡固应用不少于 3 个等径绳卡。

③绳卡安装方向应符合 U 形环卡在副绳上的要求。卡距为绷绳直径的 6~8 倍，卡紧程度以钢丝绳变形 1/3 为准。

④花兰螺丝两端挂环应封口，许用载荷应与绷绳相匹配并有调节松紧余地。

⑤地锚应使用长度大于 1800mm，直径不小于 73mm 的石油钢管，螺旋锚片应使用直径不小于 250mm，长度不小于 400mm，厚度不小于 5mm 的钢板。地锚与花兰螺丝连接处螺杆、螺帽、垫片应配套齐全。

⑥钢筋混凝土地锚的外形尺寸应不小于：1000 × 1000 × 1300（mm）。

⑦地锚外露不高于 100mm。

3. 注意事项

①注意绷绳位置不要影响手轮使用。

②操作人员应穿戴好劳保用品、戴好护目镜、系好安全带。

③安装过程中要相互配合，确保安全。

④登高作业时，注意穿戴防坠器具，做好登高防护。

十六 冲砂

1. 操作步骤

①将冲砂笔尖接在下井第一根油管底部。下油管 5 根后，在井口装好自封封井器。

②当油管下至距油层上界 30m 时，管柱下放速度应小于 3m/min，以悬重下降 10~20kN 为标准连探 3 次，误差不超过 0.5m，记录砂面位置。

③提油管 1 根，油管顶部接旋塞阀、活动弯头、水龙带，接好冲砂施工管线后，将该油管接在冲砂管柱上，加深管柱至砂面以上 3m 循环洗井，进出口排量一致方可下放管柱。

④缓慢下放管柱，同时向井内泵入冲砂液，如有进尺，则以 0.5m/min 的速度，缓慢均匀加深管柱。

⑤接单根前，排量为 $25m^3/h$ 以上，循环洗井 15min 以上。冲砂施工按步骤③要求冲砂，连续冲砂超过 5 个单根后要充分洗井至出口含砂量小于 0.2%，方可继续下冲。

⑥冲砂至设计要求深度后，要充分循环洗井 2 周以上，当出口含砂量小于 0.2% 时，上起冲砂管柱，至原砂面 20m 以上。

⑦沉砂 4h，加深管柱，加压 10~20kN 探砂面，与设计要求深度误差 0.3~0.5m 为合格。

2. 技术要求

①冲砂施工应在压住井的情况下进行；严重漏失井冲砂作业可采用暂堵剂封堵，大排量联泵冲砂、气化液冲砂、正反交替冲砂等方式。

②泵压不得超过管线的安全压力，泵排量与出口排量保持平衡，防止井喷或漏失。

③有专人观察出口返液情况，发现出口返液不正常，立即停止冲砂施工，迅速上提管柱至原砂面以上 30m，并活动管柱。

④冲砂液应具有较强的携砂能力，与油层及产出液有良好的配伍性。

⑤冲砂地面罐和管线要求清洁无杂物。

⑥禁止用带封隔器、通井规等大直径工具的管柱冲砂。

3. 注意事项

①操作人员应穿戴好劳保用品。

②气井冲砂时要特别注意防火、防爆、防中毒。

③冲砂过程中注意中途不可停泵，避免沉砂将管柱卡住或堵塞。

④循环系统发生故障，停泵时应将管柱上提至原砂面以上 30m，并反复活动。

⑤提升系统发生故障，应保持正常循环。

⑥出口管线用硬管线连接，装 120° 的弯头，并且每 10~15m 用地锚固定。

⑦冲砂时，水龙带应拴保险绳。

⑧施工过程中，严格遵守环保要求。

十七 组配封上采下管柱

1. 操作步骤

①选择丈量工具：油管、油管短节、喇叭口、Y211-114 封隔器、Y445-114 封隔器、泵长、悬挂器、油管锚、筛管、丝堵。

②组配丢封管柱：

管柱结构自上而下：油管 +Y445-114 封隔器 + 油管 +Y211-114 封隔器 + 油管 + 喇叭口。

Y445-114 封隔器上深度 = 油补距 + 油管 +Y445-114 封隔器封上。

Y211-114 封隔器深度 =Y445-114 封隔器上深度 +Y445-114 封隔器封下 + 油管 +Y211-114 封隔器封上。

喇叭口深度 =Y211-114 封隔器深度 +Y211-114 封隔器封下 + 油管 + 喇叭口。

③组配泵管柱：

管柱结构自上而下：悬挂器 + 油管 + 油管锚 + 油管 + 泵 + 油管 + 筛管 + 油管 + 丝堵。

油管锚深度 = 油补距 + 悬挂器 + 油管 + 油管锚。

泵深度 = 油管锚深度 + 油管 + 泵长。

筛管深度 = 泵深度 + 油管。

尾深 = 筛管深度 + 筛管 + 油管 + 丝堵。

2. 技术要求

①钢卷尺、卡尺等测量工具完好，在有效期内。

②封隔器坐封距油层底界以下 2m，油层顶界以上 10m。

③丈量油管累计误差小于 0.02%。

④坐封位置应避开套管接箍。

3. 注意事项

①操作人员应穿戴好劳保用品。

②工具外观良好，无裂纹变形。

十八 套管刮削

1. 操作步骤

①按套管内径选择合适的套管刮削器，检查刮削器完好。

②将套管刮削器连接在管柱底部。

③下管柱时控制下钻速度，平稳操作。下到距离设计要求刮削井段前 50m 时，下放速度控制为 3m/min 左右。在设计刮削井段以上 1~5m 开泵循环，循环正常后，边缓慢顺螺纹紧扣方向旋转管柱边缓慢下放，然后再上提管柱反复多次刮削，悬重正常再继续下管柱。

④若中途遇阻，当悬重下降 20~30kN 时，应停止下管柱，不可顿击硬下。应边洗井边旋转管柱反复刮削至悬重正常，再继续下管柱，一般刮管至射孔井段以下 10m。

⑤刮削完毕要大排量反循环洗井一周以上，将刮削下来的脏物洗出地面。

⑥洗井结束后，起出井内全部刮削管柱，刮削操作结束。

2. 技术要求

①在进行套管刮削时管柱连接丝扣要上紧，要防止刮削器顺着刀片的方向旋转卸扣，最好选择刀片按不同方向排列的刮削器。

②套管刮削器下井前，应认真检查其外形尺寸、外径、长度、刀片伸长量等能否满足刮削要求，以便保证刮削质量。

③刮削管柱下放要平稳，正常情况下靠刮削管柱自重下放刮削器加压进行刮削。在刮削过程中若遇阻，应逐步加压，一般情况下加压 10~20kN，最大加压不得超过 30kN。

④在刮削射孔井段时，要有专人指挥，在设计刮削井段以上 2m 开泵循环，循环正常后，边缓慢顺螺纹紧扣方向旋转管柱边缓慢下放，再上提管柱反复多次刮削，悬重正常再继续下管柱。

⑤刮削次数：一般在未射孔部位刮削一次，在坐封位置的刮削次数应达到设计要求；在射孔位置上提下放刮削三次无遇阻，悬重正常为合格（或刮削次数达到设计要求）。

⑥刮削冲洗：一般情况下刮削至设计深度后，要求大排量充分洗井，洗净井内脏物。

⑦刮削过程中根据具体情况制定洗井方案的，可采用分段洗井方式：液面以上每下放 500m 反循环洗井一次；液面以下，每 1000m 反循环洗井一次。

⑧在套管变形和吐砂井段禁止刮削。

3. 注意事项

①下井工具和管柱均应经地面检验合格。

②严禁用带刮削器的管柱冲砂。

③刮削过程中必须注意悬重变化，悬重下降最大不超过 30kN。

④刮削器使用一次后，要及时检修刀片，检查弹簧，保持刮削器处于良好状态。

⑤在进行套管刮削时，要防止刮削器顺着刀片的方向旋转卸扣。

十九 洗（压）井

1. 操作步骤

①按施工设计确定的洗、压井方式连接地面流程。

②测量压井液密度，液量满足施工用液量要求。

③对进口连接管线试压，压力为设计工作压力的 1.5 倍，不刺、不漏为合格。

④打开出口阀门放出井内的气体。

⑤按洗（压）井流程倒好阀门，开泵循环，洗井过程中控制出口排量。

⑥按照施工设计要求，洗（压）井至合格，记录泵压、排量，观察出口情况。

⑦洗（压）井结束后关闭出口阀门连接好压力表，观察 30min 以上并记录。

2. 技术要求

①出口管线应使用硬管线，整体保持平直，每 10m 用地锚固定。出口用不小于 120° 的弯头。

②洗（压）井前应严格检查压井液性能，不符合设计要求的不能使用。

③压井前，先替入洗井液循环脱气，至进出口密度一致后再泵入压井液。

④压井时，应保证泵的排量达到设计要求，中途不许停泵，以避免压井液气侵。

⑤压井时，应垫隔离液至油层顶界以上 50m。

⑥重复挤压井时，要先将前次挤入井筒的压井液放干净，才能再次进行压井。

⑦压井时应保持进出口排量平衡。

⑧压井结束前测量压井液密度，进出口压井液密度差不大于 $0.02g/cm^3$ 时停泵。

3. 注意事项

①操作人员应穿戴劳保用品。

②洗（压）井进出口罐应放置在井口两侧（不同方向）距井口不小于 30m。

③压井时，严禁在高压区穿行，如出现刺漏，应停泵放压后再处理，开关阀门应侧身操作。

二十 画施工管柱结构示意图

1. 操作步骤

①在记录纸上部注明标题：“× × 井 × × 施工管柱结构示意图”。

②用 300mm 钢直尺和笔画出井身结构示意图：

a. 在下井管柱的名称下面居中画一条长 50~60mm 的细实横线，在横线中央垂直画一条点划线，代表井筒轴线。

b. 在竖线的两侧对称向下画四条垂线，长度适当。且内侧两条垂线比外侧两条垂线短10mm，内侧两条线代表套管，其间距一般为14mm左右，外侧两条垂线代表井壁，其间距一般为18mm左右。

c. 在内侧两垂线的下端点分别画一小三角符号，代表套管下入深度。

d. 在代表套管的两条线距下端点三角符号10mm处，用横线将其连接，代表目前人工井底。

e. 沿代表井壁左侧的垂线画出各射孔（或未射孔）层位，各层位置和层间距比例要适当，每个层位用两条平行横线所夹面积表示，两条平行线分别表示油层顶界和底界，标好层段数据。

f. 在表示井身图形的上部适当位置，画断裂线，沿轴线两侧，间距5~6mm向下画两条垂线，长度适当，代表下井管柱，其下端点位置为设计完成管柱位置。

g. 在表示井壁和套管的垂线之间对称画连线表示水泥返高。并在表示井壁的右侧垂线上与表示水泥返高、目前人工井底、套管深度、井深等平齐的位置引出标注线，并标注名称及深度。

③选择适当的特征符号，按适当比例，在代表下井管柱的两条垂线上适当位置画出设计管柱的下井工具，即代表完井管柱结构。

④按设计管柱要求，依据油管记录数据和测量到的下井工具数据，计算管柱中各下井工具之间的油管根数及工具完成深度，并标注在下井管柱结构图上。

2. 技术要求

①结构图应清洁、整齐。

②比例适当、数据齐全。

③选择下井工具的特征符号要正确。

④图中各工具次序、位置准确。

3. 注意事项

油层位置、下井工具次序要正确，各工具完成深度标识要正确。

二十一 配下井管柱

1. 操作步骤

①测量出下井工具的尺寸、规格，并记录在油管记录上。

②根据施工设计，确定下井管柱、工具的深度。

③根据设计要求，计算出各工具之间的油管根数和所需油管短节长度。

④按自上而下顺序在油管记录上列出所下油管及各工具长度及深度。

⑤根据施工管柱结构，画出结构示意图，并将下井工具名称及深度，标注在管柱结构示意图上。

⑥按自下而上入井顺序将油管、工具做好标记。

⑦按配好的管柱顺序依次下井。

2. 技术要求

①应准确计算管柱深度，油补距计算在内。

②油管桥座上排放的油管顺序应与油管记录上的顺序一致。

③把不入井的油管做好标记，隔离排放。

④下井油管及工具应按下井顺序排好，并清洁干净，丝扣完好。

3. 注意事项

①操作人员应穿戴好劳保用品。

②现场配下井管柱时，需连接工具的油管应做明显的标记。

二十二 调防冲距

1. 操作步骤

①根据泵挂深度确定防冲距。

②缓慢下放光杆，使深井泵活塞与深井泵固定凡尔接触，拉力表稍有显示在与防喷盒平齐位置的光杆上做标记，反复碰泵两次以上，校正深度，做好记号。

③缓慢上提光杆留出防冲距，在与防喷盒上平面平齐位置的光杆上卡好方卡子。

④利用提升设备缓慢试抽一个行程，若试抽合格，则下放光杆，使方卡子坐在防喷盒上。

2. 技术要求

①防冲距高度的确定：一般原则是100m泵挂深度的防冲距为50~100mm。

②卡方卡子时，卡牙要朝上。

③用提升设备下放活塞碰泵底时，速度要缓慢，严禁猛放。

3. 注意事项

①操作人员应穿戴好劳保用品。

②方卡子以下的光杆不许用手抓，严防挤、碰手指。

③检查光杆无弯曲、无伤痕。

二十三 安装抽油井防喷盒

1. 操作步骤

①卸开抽油井防喷盒的防喷帽，取出上压帽、盘根及下压帽，按次序排好。

②将防喷盒壳体从光杆上端套入，各部件依次穿入，上好光杆上部的保护帽。

③胶皮阀门关闭，用抽油杆吊卡提起光杆，与井内的抽油杆连接好，然后上提光杆，撤去井口上的抽油杆吊卡，将防喷盒安装在井口上。

④放入下压帽，加入盘根，压入上压帽，上好防喷帽。

⑤打开胶皮阀门，安装结束。

2. 技术要求

①各部件应按顺序连接。

②安装盘根前光杆涂抹润滑脂。

③防喷帽安装松紧适度。

④开、关胶皮阀门应到位。

3. 注意事项

①操作人员应穿戴好劳保用品。

②防喷盒多为铸铁件，因此上扣时注意不要过紧，以防挤裂。

③用吊卡提光杆时，由于其上部有防喷盒，应有专人扶起防喷盒，防止将光杆压弯吊起光杆时，手扶防喷盒下部的光杆造成人身伤害。

二十四 试抽操作

1. 操作步骤

①场地岗将钢圈放入钢圈槽内，井口副岗将流程法兰盘清理干净，密封垫装好。

②井口操作人员将流程对正采油井口装置并连接上紧。

③司钻岗下放游动滑车，井口主副岗挂上吊卡，扣在光杆上。

④试抽：

a. 场地岗将防污油桶放在取样闸门下方，井口主岗安装流程压力表。

b. 司钻岗缓慢上提、下放游动滑车进行试抽，上提高度不超过抽油机的冲程，下放位置至方卡子距离防喷盒顶部 0.1m，试抽 5~10 次，无上挂下碰现象，出口出液后停止试抽。

⑤场地岗关闭取样闸门，司钻岗缓慢上提、下放游动滑车，井口主岗观察流程压力表，井口憋压 3.0MPa，司钻岗停止试抽，稳压 10min，压力不降、井口不刺不漏为合格。

⑥场地岗打开取样闸门放压至零。

⑦司钻岗将方卡子平稳下放至防喷盒顶端，取下吊卡，将游动滑车提至二层台以上。

2. 技术要求

①检查井口各部分的紧固情况。

②检查井口压力表指针归零，合格证在有效期范围内。

③井口钢圈及钢圈槽完好，流程法兰盘、密封垫完好。

④准确丈量好防冲距，预防活塞起出泵筒。

3. 注意事项

①施工人员穿戴好劳保用品，持相应证件上岗。

②做好安全隐患防范及风险识别工作并制定消减措施。

③司钻要平稳操作，严禁出现上挂下砸事故。

二十五 氯根测定

1. 操作步骤

①将定性滤纸折成喇叭口状，放在长颈玻璃漏斗内，并将漏斗插进 100mL 三角瓶中。

②将水样倒入漏斗，使水样通过定性滤纸进入三角瓶中。

③把棕色滴定管用蝴蝶夹固定在滴定台上，并将 0.05mol/L 硝酸银标准溶液倒入滴定管。

④将一个 100mL 的烧杯放在装有硝酸银标准溶液的滴定管管口下，打开滴定管开关，排出下部的空气，并使液面对准一定刻度时，立即关闭开关，待用。

⑤用直形移液管及洗耳球，取适量的过滤后的水样（一般取 10mL）置于空的三角瓶中。

⑥向取好的水样中滴入酚酞溶液 2~3 滴摇匀，若显红色，则用 0.01% 稀硫酸调至无色。若无色，用 pH 试纸测试，如果水样呈酸性，用 0.01% 碳酸钠调至中性。

⑦加入浓度 5% 铬酸钾溶液 2~3 滴。

⑧一手拿起装有调试好水样的三角瓶，置于棕色滴定管管口处并摇动三角瓶，使瓶内的水样在瓶中不断旋转。另一只手缓慢操作滴定管开关，用 0.05mol/L 硝酸银标准溶液滴定，边滴边摇动，直至三角瓶中的水样生成淡橘红色悬浮物为终点，停止滴定并记录硝酸银标准溶液用量。

⑨根据公式计算氯离子含量。

$$\text{氯离子含量（mg/L）}=\frac{M\times V_2\times 35.45\times 1000}{V_1}$$

式中 M——硝酸银的摩尔浓度 mol/L；

V_2——滴定时硝酸银的用量，mL；

V_1——水样体积，mL；

氯的摩尔质量为 35.45g/mol。

2. 技术要求

①吸取水样时，必须先用水样洗涤吸管内壁 1~2 次。

②水样应用滤纸过滤，液面不得超过漏斗的 2/3。

③将水样放入三角烧瓶时，吸管管尖必须与三角烧瓶内壁接触，使水样沿瓶壁流下，水样流完后稍停 15s 左右，再移开吸管。

④水样必须呈中性，用 pH 试纸测试，若 pH 值小于 7 则加入碳酸钠或碳酸氢钠溶液，若 pH 值大于 7 则加硫酸。

⑤装硝酸银标准溶液的滴定管用棕色的滴定管。

⑥滴定管内装上硝酸银后，在滴定前应将下部空气排出。

⑦滴定时，左手握旋塞，右手握三角烧瓶，缓慢摇动水样，滴定速度应控制在 2~3 滴 /s，近终点时滴定速度应更慢。

⑧观察滴定管或直形移液管液面刻度时，其液面与视线应在同一水平线上。

⑨烧杯、滴定管、三角烧瓶、吸管、漏斗、玻璃棒等用洗涤剂、毛刷清理后，先用自来水清洗，然后再用蒸馏水冲洗 2~3 次。

3. 注意事项

①操作人员应穿戴好劳保用品，戴好护目镜、手套，严格按规程操作。

②防止硝酸银等化学试剂跑冒滴漏，造成环境污染及人身伤害。

③用稀硫酸中和碱性水样时，防止将硫酸溅到手及皮肤上。

④若水样含有硫化氢等有毒有害气体，取样时应在上风处，佩戴呼吸器做好检测，并做好监护。

⑤回收化验后的废液。

二十六 吊装操作

1. 操作步骤

①吊装作业前，确定相应的作业程序和安全措施。

②吊装指挥人员，指挥吊车、卡车就位。

③起重操作人员，放好垫木，架好支腿，伸出吊臂。

④指挥人员指挥起重人员放下吊钩，吊装人员将绳索吊环挂在吊车吊钩上并锁好防脱销；将绳索下端挂在物品吊装部位，并拴好四条牵引绳。

⑤指挥人员指挥起重人员将吊钩缓慢起升，至绳索吃力，吊装人员捋顺牵引绳，撤离；吊装物离开地面 0.1~0.2m，试吊合格。

⑥指挥人员指挥起重人员继续起吊，四名吊装人员各自手握牵引绳站在吊装物品四角 10m 外。

⑦指挥人员指挥起重人员将吊装物移至卡车位置，缓慢下放吊装物。

⑧四名吊装人员手握牵引绳（或推拉杆）摆正吊装物，随着吊钩下放将吊装物放到卡车槽内。

⑨指挥人员指挥起重人员卸去载荷，松开吊装绳索，吊装人员摘取吊装绳索和牵引绳。

⑩指挥人员指挥卡车司机离开装卸区域，至安全区域。

⑪重复以上吊装操作，将吊装物品全部吊装完毕。指挥人员指挥起重人员收起吊臂及支腿架、垫木。

2. 技术要求

①吊装设备必须经过测试，使用满足载荷的起吊设备。

②吊钩防脱装置、U 形环、垫木等齐全完好。

③吊装绳索无打扭、断丝，吊环无变形、裂纹，游丝绳与吊环连接牢固。

④检查牵引绳长度在有效范围内无扭曲、变形、断丝、打结，整体完好。

⑤吊装指挥用具齐全，无损坏，配备警戒线。

⑥吊装前吊装作业半径 2m 以外，设立警戒线。

⑦吊装位置平坦坚固，底部无管线、电缆。

⑧起重机械及其臂架、吊具、辅具、吊物不得靠近高压线路，必须保持足够的安全距离。

⑨吊装视线清晰，无障碍，所吊物品必须在有效吊装范围内，严禁拖拽吊钩。

3. 注意事项

①施工人员穿戴好劳保用品，持相应证件上岗。

②监护人做好安全隐患防范及风险识别工作并制定消减措施。

③吊装作业前，应进行技术交底，并签字确认。

④吊装过程中，全程视频监控，严禁违章作业。

⑤吊装过程中专人指挥，监护人员做好全程监控，严格按照“十不吊”执行。

二十七　连接节流、压井管汇

1. 操作步骤

（1）安装内防喷管（右翼）

①吊起内防喷管。

②清理内防喷管法兰盘及钢圈槽，均匀涂好密封脂。

③听从指挥人员指挥，慢慢往井口四通左翼闸门靠拢，先将钢圈放入钢圈槽内，慢慢将两个法兰盘对上，插上法兰螺丝。

④将内防喷管另一头担在支架上。

（2）安装节流管汇

①用四股绳套挂在节流管汇四角，用自备吊吊起节流管汇。

②清理节流管汇法兰盘及钢圈槽，均匀涂好密封脂。

③听从指挥人员指挥，将节流管汇向内防喷管靠拢，先将钢圈放入钢圈槽内，慢慢将两个法兰盘对上，插上法兰螺丝。

④调整好节流管汇及井口的方向，平整放至地面。

⑤人员用死扳手及榔头，紧好两边法兰盘螺丝，两头螺丝出头 1~3 扣。

（3）安装防喷管（左翼）

①吊起防喷管。

②清理内防喷管法兰盘及钢圈槽，均匀涂好密封脂。

③听从指挥人员指挥，慢慢往井口四通右翼闸门靠拢，先将钢圈放入钢圈槽内，慢慢将两个法兰盘对上，插上法兰螺栓。

④将防喷管另一头担在支架上。

（4）安装压井管汇

①用四股绳套挂在压井管汇四角，自备吊吊起压井管汇。

②清理压井管汇法兰盘及钢圈槽，均匀涂好密封脂。

③听从指挥人员指挥，将压井管汇向内防喷管靠拢，先将钢圈放入钢圈槽内，慢慢将两个法兰盘对上，插上法兰螺栓。

④调整好压井管汇及井口的方向，平整放至地面。

⑤人员用死扳手及榔头，紧好两边法兰盘螺丝，两头螺栓出头 1~3 扣。

（5）安装放喷管线

①先丈量好各基墩的位置，用单斗挖基墩土坑。

②用自备吊将各个基墩安放在土坑中，放喷出口安放两个基墩，其余从节流管汇出来，每 10m 安放一个基墩，埋深不小于 0.5m。

③用管钳连接每一根放喷管线，放至基墩上，盖上压板，用螺栓紧住压板。

④放喷管线出口放上放喷池，周围铺上防渗塑料布。

（6）挂牌

对节流、压井管汇各闸门挂牌标识，把闸门状态调整至与标识一致。

（7）试压

防喷器、节流管汇、压井管汇、内防喷管按额定试压值进行试压。放喷管线试压压力不低于 10MPa，管汇各闸门应按承压方向逐个（分组）试压，稳压时间不少于 15min，允许压降不小于 0.7MPa，密封部位无渗漏为合格。试压合格，清理现场。

2. 技术要求

①检查管汇及内防喷管线钢圈槽及钢圈、法兰螺丝，外观良好，无腐蚀、磨损等现象。

②按标准给螺丝紧扣，杜绝两头出头不一致。

③所有连接部位必须上全、上紧螺丝，防止刺漏，导致返工。

④管汇试压按设计要求进行。

3. 注意事项

①施工前开好动土作业票证。

②操作人员应穿戴好劳保用品。

③施工前应有防火、防爆措施，做好安全隐患防范、风险识别工作并制定消减措施。

④施工前做好技术交底工作，交代好施工注意事项。

⑤穿好吊装指挥服和监护服，吊装服从指挥，各岗加强人员配合。

⑥试压时，人员远离高压区。

第二节　大修

本节介绍大修施工中的常用打捞、套磨铣等操作，包括操作步骤、技术要求、安全注意事项等内容，引导职工学习铅印识别、工具选择、卡点测定、解卡方法等，有利于提高员工技能操作水平。

一 测卡点

1. 操作步骤

①检查井架绷绳、提升大绳、井架等部位是否完好。检查指重表是否灵活好用。

②接方钻杆，试提，载荷大于井内管柱悬重 30~60kN，证明捞获牢靠，记录原悬重 P_a 时，在与转盘平面平齐位置的方钻杆处，做第一个标记，作为 A 点。

③继续上提管柱，当上提负荷超过第一次上提拉力 30kN 时，停止上提，记录第二次上提拉力，记为 P_b，在方钻杆与转盘平面处做第二个标记，作为 B 点。

④用钢直尺测量 A 与 B 之间的距离，记为 λ_1。

⑤继续上提管柱，当上提拉力超过第二次上提拉力 30kN 时，停止上提，记录第三次上提拉力，记为 P_c，在方钻杆与转盘平面处做第三个标记，作为 C 点。

⑥用钢直尺测量 A 与 C 之间的距离，记为 λ_2。

⑦继续上提管柱，当上提拉力超过第三次上提拉力 30kN 时，停止上提，记录第四次上提拉力，记为 P_d，在方钻杆与转盘平面处做第四个标记，作为 D 点。

⑧用钢直尺测量 A 与 D 之间的距离，记为 λ_3。

⑨下放管柱，卸掉提升系统载荷。

⑩计算三次上提拉伸拉力及三次平均拉伸拉力：第一次上提拉伸拉力 $P_a'=P_b-P_a$（kN），第二次上提拉伸拉力 $P_b'=P_c-P_a$（kN），第三次上提拉伸拉力 $P_c'=P_d-P_a$（kN），平均拉伸拉力 $P=(P_a'+P_b'+P_c')/3$（kN）。

⑪计算三次上提拉伸的平均油管伸长量 $\lambda=(\lambda_1+\lambda_2+\lambda_3)/3$，单位：cm。

⑫根据下式确定卡点深度位置：$L=K\lambda/P$（式中，L 为卡点深度，m；λ 为油管平均伸长，cm；P 为油管平均上提拉力，kN；K 为计算系数）。

计算系数：ϕ73mm 钻杆取 3800，ϕ89mm 油管取 3750，ϕ73mm 油管取 2450。

2. 技术要求

①上提负荷不能超过井架安全负荷和管柱（油管或钻杆）的抗拉强度。

②记录的拉力及油管伸长等数据应准确。

3. 注意事项

①施工人员应穿戴好劳保用品。

②测卡点工作前应检查井架、绷绳、大绳、死绳等部位达到标准要求。

③测卡点施工中，操作人员应站在安全位置，专人观察绷绳、地锚。

④井口要有防掉装置，严防井下落物。

二 修井机操作

1. 操作步骤

（1）启动前检查、调整

①检查发动机、水箱、变矩器等油面是否在规定范围内。

②检查紧固各部易松动的螺丝，检查各操纵阀件的位置是否正确。

③检查保险绳、死绳头、活绳头是否紧固，钢丝绳有无断丝，绞车、滚筒刹车系统、盘刹系统、防碰天车装置性能是否可靠，刹车毂与刹车带间隙是否合适。

④检查司钻房（操作台）是否完好，固定是否牢靠，各操作阀是否有效、灵敏，有无缺损、渗漏。

⑤检查指重表是否灵敏、清晰，是否在有效期内。

⑥调整好刹带、刹把，确保工作可靠。

（2）启动

①按下电动燃油泵开关，泵油 5s，排除供油泵的空气。

②按下启动按钮，启动发动机，待启动后立即松开。

③启动马达工作最长时间不能超过 30s，两次启动间隔应在 1min 以上，启动失败四次后，应查明原因再启动。

④将发动机转速控制在怠速位置上，观察机油压力、温度是否正常。

⑤机油压力正常后，将发动机转速控制在中速位置上，水温达到 55℃，发动机水温未达到 40℃前，严禁大油门运转。

⑥检查机车主气压在 0.6~0.8MPa 为正常压力，不在此范围不得进行作业。

⑦检查充电电流，如有异常立即停车查明原因。

（3）挂挡

①推动挡位操纵手柄至所需挡位。

②向上推动滚筒油门控制手柄，主滚筒离合器接合，继续向上推动手柄时，发动机油门加大，控制手柄中位时离合器分离。

（4）下钻

①下钻时，开始要用低挡低速，上提游动滑车时要集中精力，右手不离刹把，左手操作滚筒离合器控制手柄，眼看指重表悬重，耳听柴油机声音，用眼睛余光观察滚筒钢丝绳和上提钻具。

②司钻目视二层平台，缓慢起放游车至合适高度，配合井架工扣好吊卡。

③当井架工扣好吊卡发出上提信号后，缓慢提起立柱，防止钻杆晃动幅度大，撞伤井口人员，待丝扣油涂好后无声对扣。

④钻具紧扣后眼看上部吊卡，平稳提起钻具，刹车，待井口吊卡移开后开始下放。

⑤下钻目视指重表，侧视井口，观察滚筒大绳排列、位置和游动滑车高度，左手不离滚筒离合器，右手不离刹车手柄，待钻杆离转盘面 3m 时，平稳慢刹车，离转盘 0.5m 时缓

慢下放钻具吊卡坐转盘，放松大钩负荷刹车，内外钳工摘吊环，挂吊卡慢起，外钳工打开吊卡起动滑车。

⑥重复操作，完成下钻杆（油管）作业。

（5）停止运转

①主滚筒离合器操纵手柄至分离位置。

②拉动挡位操纵手柄至空挡位。

③下按手刹把打住死刹车，保险链条挂住刹把。

④关闭启动按钮，发动机熄火。

2. 技术要求

①电子防碰天车必须保证电路正常，元件完好，设置数据必须进行确认、测试，并做好记录，确保灵活好用。

②井口人员卸扣后上提立柱，公接头不得高于母接头 20cm。

③盘刹控制开关及时保养、保持状态良好。

④传感器及时校正，管线及连接部位发现问题及时整改。

⑤水冷设备应保持水量充足，循环畅通，散热良好（风冷电机运转正常），润滑油充足，未超保。

⑥在夜间或能见度低时，起下钻应采用声音信号（敲击钻杆或井架角铁）一起、二放、三停止；能见度好时可用手势信号。

3. 注意事项

①起钻操作要平稳，待挂好吊环插入吊卡销子后，上提游动滑车将吊环带紧，大钩脖子弹出，游动滑车不晃动吃负荷后起钻。

②起、下钻时游动系统严禁碰撞钻具、指梁或二层操作台，滚筒大绳排列整齐。

③当挂单吊环时，应立即刹车进行处理。

④待立柱进入指梁后，缓慢下放游动滑车，目送游动滑车过指梁，当上部吊卡距转盘面 2m 时，减速平稳坐于转盘上。

⑤井口人员拉立柱入钻杆盒，抬头看井架工是否打开上部吊卡。

⑥冬季施工阶段，做好冬防保温。

三 调配水泥浆

1. 操作步骤

①按设计要求计算清水、油井水泥用量，配水泥浆计算公式：

a. 水泥浆用量计算公式：

$$V=KQ=K\times(\pi D^2/4)\times H \quad (6\text{–}2\text{–}1)$$

式中 V——水泥浆用量，m^3；

D——套管内径，m；

H——水泥塞长度，m；

K——附加系数（1.5~1.7），其取值原则是深井多取，浅井少取，井径小多取，井径大少取，水泥塞短多取，水泥塞长少取。

说明：不同的施工目的，要求一定的水泥浆附加量。

b. 注水泥塞油井干水泥用量公式：

$$T=1.467V(\gamma_{水泥浆}-1) \quad (6\text{–}2\text{–}2)$$

式中 V——水泥浆用量，m^3；

T——干水泥用量，t；

$\gamma_{水泥浆}$——配制水泥浆密度，g/cm^3。

c. 清水用量公式：

$$Q=V\times\gamma_{水泥浆}-T \quad (6\text{–}2\text{–}3)$$

式中 Q——清水用量，L；

$\gamma_{水泥浆}$——水泥浆密度，g/cm^3；

T——干水泥用量，t；

V——水泥浆用量，m^3。

②在搅拌池中加入计算好的清水用量。

③开泵循环正常后，匀速加入油井水泥，边加边搅拌均匀。

④加至计算量的 90% 油井水泥后，测量水泥浆密度。

⑤边测量边添加油井水泥，直到水泥浆密度达到设计要求。

⑥测量并计算水泥浆体积。

2. 技术要求

①配水泥浆过程中，加油井水泥速度均匀。

②加注清水、油井水泥计量要准确。

③使用化验合格的油井水泥。

④配水泥浆操作应连续紧凑。

3. 注意事项

①施工人员应穿戴好劳保用品，戴好防尘口罩及护目镜。

②调配水泥浆过程中，搅拌池内严禁掉入杂物。

四 铅模打印及描述

1. 铅模打印操作步骤

①检查螺纹完好，测量核实铅模规格。

②将铅模连接在下井的第一根油管底部，下入 5 根油管后装上自封封井器。

③下至鱼顶以上 10m 后缓慢下放，速度小于 5m/min。

④距鱼顶 1~2m 处，冲洗鱼顶 30min 后，再以 1.0m/min 以下的速度下放至距鱼顶 0.3m

处，停泵。

⑤再缓慢下放进行打印，一般加压为20~30kN，特殊情况可适当增减，但最大不能超过50kN；对于斜井和水平井应考虑摩擦阻力。

⑥起出全部油管卸下铅印，清洗干净。

⑦分析铅印印痕。

2. 技术要求

①选择的铅模比套管内径小4~8mm，应检验合格。

②下铅模前应将鱼顶冲洗干净，严禁带铅模冲砂。

③修井液要干净无固体颗粒，过滤后方可入井。

④打印应加压一次，不应二次加压，且不应转动管柱。

⑤当套管缩径、破裂、变形时，下铅模打印加压不超过30kN，以防止铅模卡在井内。

⑥铅模起出井口要保护好印痕，防止地面印迹与打印痕迹相混淆。

3. 注意事项

①操作人员应穿戴好劳保用品。

②起、下管柱时，平稳操作，拉力计要灵活好用，随时观察拉力计的变化情况。

③起管柱上提速度不能过快，避免产生抽汲现象。

④起铅模接近井口时，扶正管柱，缓慢提出，以防将铅印刮坏或刮入井内。

五 井筒填砂

1. 操作步骤

①按设计要求完成探冲砂、通井、套管刮削、洗井、套管试压等井筒准备工序，合格后转入下一步施工。

②下入填砂管柱，底部带喇叭口或笔尖，缓慢下放管柱加压10~20kN，复探2次，误差不超过0.5m，核实当前人工井底深度，记录数据并计算填砂量。

③上提管柱至设计砂面以上20~50m，完成填砂管柱并按要求安装井口装置。

④连接施工地面管线，试压至设计最高施工压力的1.5倍，5min内不刺不漏为合格。

⑤大排量正循环洗井至进出口排量、液性、密度一致。

⑥慢慢向填砂漏斗内倒砂，控制砂比在5%~10%，排量在50~100L/min，均匀加砂，直至将设计用量的石英砂加完。

⑦控制排量将砂子顶替至设计深度。

⑧做好起钻准备工作，然后上提管柱至设计砂面以上100m，关井沉砂，时间应不少于4h。

⑨下放管柱回探砂面，加压10~20kN，连探2次，误差小于0.5m，计算出砂面深度。

⑩起出填砂管柱，转入下步工序。

2. 技术要求

①施工管柱数据要准确，要做到“三丈量三对口”，按规定扭矩上紧，必须保证管柱螺

纹密封和通径的连通，填砂管柱选用与管柱油管规范相匹配的喇叭口或笔尖，不可连接大直径工具。无特殊要求填砂时管柱底部至预计砂面以上 20~50m。

②探井底后洗井深度在遇阻位置以上 3~5m，如探的位置与设计提供位置有差距，必须先落实，检查冲洗返出物，如冲洗不到位，要与设计单位结合，经过同意后才能填砂。洗井液与油水层产出液具有良好的配伍性，不能与地层黏土矿物发生膨胀。

③洗井液为井筒容积的 1.5~2.0 倍，一般选择正循环洗井方式，洗井时观察泵压变化，控制排量由小到大，注意出口排出液情况，排量一般为 25~30m^3/h；高压油气井出口喷量大于 3m^3/h。出砂井优选反洗井方式，如果采用正洗，要经常活动管柱，防止卡钻；漏失井采取有效堵漏措施后再进行洗井。

④洗井液相对密度、黏度、pH 值及添加剂性能符合设计要求，与油水层产出液具有良好的配伍性，不能与地层黏土矿物发生膨胀；低压漏失井应加入增黏剂或暂堵剂，或采用混气水等手段降低洗井液密度；稠油井选用热水加适量添加剂，在洗井液中加入活性剂或高效洗油剂并提高温度，必要时用热油洗井；结蜡或卡钻的井洗井温度不得低于 70℃。

⑤要认真核对填砂管柱深度符合设计要求，根据预计填砂深度，准确计算填砂用量。填砂量大于 50m^3 时，应采用分段填砂。按计算数据的 1.2 倍准备砂量，填砂附加值一般取值 3%。砂量计算公式如下：

$$填砂容积=（预计填砂深度-探井底深度）\pi D^2/4 \qquad (6-2-4)$$

准备砂量 = 井筒填砂容积 ×1.2。

其中：D 为井筒内径，m。

3. 注意事项

①所用设备、工具、器材性能良好，满足施工需求。

②配合施工的水泥车、罐车性能完好、运转正常。

③加砂时要均匀加入不得时多时少，以免造成堵塞管柱。

④施工过程中动力不能停车熄火，若中途出现故障，应将井内混砂液彻底洗净。

⑤若水泥车等设备出现故障，应立即上提管柱至填砂位置 50m 以上，并每 10min 活动一次管柱。

⑥填砂过程中要有专人观察返出情况，如返出变小，应停止填砂，如果堵管柱，可采用反打压迅速释放的方法解堵。

⑦探砂面遇阻后不可强行下入，如探砂面超过预定位置 50m 探不到砂面，应立即上提管柱至安全位置，并汇报情况，不得盲目下探。

六 管柱防顶

1. 操作步骤

（1）防顶卡瓦装置

①施工前检查、启动防顶卡瓦，确认防顶装置灵活、可靠、有效。

②井口副岗指挥司钻平稳起、下管柱施工。

③司钻发现悬重、管柱提放状态异常，应及时警示井口主、副岗，场地岗在安全区域及司钻视线范围内，指挥司钻调整游动滑车上提速度，防止顶翻游动滑车。

④井口主岗立即下压控制手柄，关闭防顶卡瓦，卡住油管防止无控制上顶。

⑤井口主、副岗配合关闭防喷器半封闸板，挂标识牌。

（2）防顶装置控制

①施工前井口主、副岗配合将反向加压用钢丝绳在井口固定牢固，然后检查、验证防顶装置开关动作，确认防顶装置动作灵活、到位、可靠。

②井口副岗指挥司钻平稳起、下管柱施工。

③司钻发现悬重、管柱提放状态异常，应及时警示井口主、副岗；场地岗在安全区域及司钻视线范围内，指挥司钻调整游动滑车上提速度，防止顶翻游动滑车。

④井口主、副岗立即配合操作防顶装置：合力将防顶装置支架翻向井口油管，将防顶装置工作壳体稳妥扣在油管本体上，立即关闭月牙并锁紧，待其卡住油管下接箍上部，控制上顶。

⑤井口主、副岗配合关闭防喷器半封闸板，挂标识牌。

（3）反向吊卡、钢丝绳组合控制

①施工前检查、验证匹配反向吊卡开关动作，检查钢丝绳符合安全要求，确认防顶装置组合动作灵活、可靠、到位。

②井口副岗指挥司钻平稳起、下管柱施工。

③司钻发现悬重、管柱提放状态异常，应及时警示井口岗；场地岗在安全区域及司钻视线范围内，指挥司钻调整游动滑车上提速度，防止顶翻游动滑车。

④井口主、副岗立即配合操作防顶组合装置：将匹配的反向加压吊卡扣在井口油管本体上，立即关闭月牙并锁紧，将加压绳套两端绳环分别挂在加压吊卡两侧耳朵内，并将保险销插好到位；待其卡住油管下接箍上部，控制上顶。

⑤井口主、副岗配合关闭防喷器半封闸板，挂标识牌。

2. 技术要求

①防顶卡瓦和防顶装置配合使用，或防顶装置连杆加长，可在下部安装吊卡，以便后续处理施工。

②检查防顶装置及配套设施是否齐全、可靠、有效并标准安装。

③调查井史，做好突发预判，施工管柱底部安装单向内防喷工具。

3. 注意事项

①正确穿戴劳保用品。

②做好安全隐患防范及风险识别工作并制定消减措施。

③佩戴正压式空气呼吸器，打开油套闸门检查井内压力情况，检测有无 H_2S 气体。

④检查提升设备是否满足施工工艺要求。

⑤检查井控设备及控制装置、设施是否处于正常使用状态。

七 解卡作业操作规程

1. 操作步骤

（1）原井管柱解卡方法

①管柱紧扣：使用不同拉力，使井下管柱处于不同的中和点，给管柱施加正向力矩。施工时可每 50kN 或 100kN 一个台阶，在井内管柱允许扭矩圈数内的 80% 范围内正转紧扣，或者每提拉 300~500m 管柱重量紧扣一次，直至紧扣圈数与其自然回转圈数相等为止。

②测卡点：

根据卡点公式 $L=K \cdot \lambda / P$ 粗略计算出卡点深度，若解卡不成功，下步倒扣提供数据支持。

③解卡方法：

a. 活动管柱解卡：慢提管柱，当负荷增加到一定值（小于井架及管柱允许的安全悬重）时，迅速下放管柱卸载；每活动 5~10min 停止一段时间，防止油管和设备疲劳损伤；重复上述操作，直至解卡成功，若解卡不成功，则转入其他解卡方式。

b. 憋压法解卡（解除砂卡）：连接管线并试压合格，泵车小排量向油管内泵入修井液，观察压力表读数，当压力达到设计压力时停泵，快速泄掉井内压力；再次重复憋压、放压操作，直至憋通解卡；也可采用憋压解卡与活动管柱解卡交替进行，直至解除砂卡。

（2）打捞管柱解卡方法

①若上述方法都不能解卡，可采取倒扣处理。根据卡点计算出中和点，确定倒扣位置，倒扣点宜在卡点位置以上第一个接箍处；上提悬重应大于卡点以上管柱悬重 5~10kN，转速应控制在 10r/min 以下，倒扣；试提管柱观察指重表悬重变化无遇卡现象，起出倒扣点以上管柱。

②根据井内落物被卡情况选择解卡方式

a. 若井内落物为硬卡或碎物卡，则采取打捞震击解卡，捞住后缓慢上提至液压加速器和震击器释放后的最大上提行程，并在管柱做好标记。缓慢下放管柱悬重至 0。再快速上提管柱，速度大于 0.16m/s，当上提悬重达到设计悬重时刹车，候震，待震击发生后，观察指重表悬重变化。重复以上操作，直至解卡并起出打捞管柱。

b. 套铣打捞解卡：

若井内落物被卡类型如下时，应倒扣处理至卡点以上后，采用套铣筒套铣落物环空，循环出落物周围的杂物，再进行打捞。

（a）若井内为砂卡、蜡卡、垢卡等卡钻类型，则下连续套铣管进行套铣。

（b）若井内为落物卡钻类型，则下 10m 左右的套捞一体化工具进行套铣打捞。

（c）若井内为封隔器等大直径工具卡，则用短套铣筒套铣完后，再下相应的打捞工具进行打捞解卡。

（d）若井内为套管变形卡，则应先处理至套变以下，对套管变形处进行修复后，再进行打捞解卡。

2. 技术要求

①全面检查游动系统，加固井架绷绳，检查指重表是否灵敏。

②管柱螺纹连接，扭矩符合技术要求。

③捞获落鱼后，若落鱼被卡，不能超负荷硬拔。采用最佳的管柱组合，做到能捞能放，能进能退，有预防再度发生事故的技术措施。

④应缓慢下探鱼顶，防止损坏鱼顶。

⑤打捞管柱应丈量清楚，鱼顶深度应准确。

⑥套铣过程中，若出现严重蹩钻、跳钻，无进尺或泵压上升或下降，应立即起钻分析原因。待找出原因，泵压恢复正常后再进行套铣。

3. 注意事项

①操作人员应穿戴好劳保用品。

②施工前应有防火、防爆措施，做好安全隐患防范、风险识别并制定消减措施。

③井口应安装井控装置。

④活动解卡时安排专人观察修井设备、井架、绷绳和游动系统的运转情况，发现问题立即停车处理，待正常后方可继续施工。

⑤使用方钻杆震击时，震击前卸掉吊环，大钩舌头捆绑牢靠；使用钻杆震击时，震击前吊环、吊卡应捆绑牢靠。

⑥施工人员各负其责，紧密配合，服从专人指挥。

⑦下井的管柱和工具必须做好详细记录，工具必须有标明尺寸的草图，一旦发生意外便于处理。

八 套铣作业操作规程

1. 操作步骤

①根据套管规范和落物类型选择套铣筒。

②测量套铣筒的内、外径及长度，并绘制示意图。

③按下列顺序依次连接：套铣鞋 + 套铣筒 + 安全接头 + 短钻杆 + 沉淀杯组合 + 震击器 + 钻铤 + 钻杆 + 方钻杆。

④套铣操作：

a. 缓慢下至鱼顶 0.5~1m 时以大于 500L/min 的排量循环洗井（根据井内情况及井深选择合理的循环方式），至泵压平稳，出口排量正常后，缓慢下放管柱使套铣鞋套住鱼顶，缓慢加压套进。

b. 套铣参数宜为：钻压 10~25kN，转速 50~100r/min。

c. 每套铣 3~5m，应上下活动一次，但应防止把套铣鞋提出鱼顶。

d. 每套下 1 个单根后应上提、下放划眼一次，大排量循环洗井 15min，更换单根后开泵循环正常，继续加深管柱套铣。

e. 若套铣进尺缓慢或无进尺，判断井内情况，分析原因，必要时起钻检查工具或更换套铣工具。

f. 套铣至设计深度后，要充分循环洗井，待井内碎屑物全部洗出后，起钻。

g. 起出套铣管柱，检查套铣鞋磨损情况；检查丈量管柱，进一步核实套铣深度。

2. 技术要求

①提升设备和循环系统运转正常，仪器、仪表准确灵敏。

②套铣工具的选择：直径应小于施工井套管内径 6~8mm；长度应根据套铣目的选择。

③套铣筒下钻遇阻时，不能用套铣筒划眼。

④套铣作业中若套不进鱼顶，应认真分析，并采取相应的措施。

⑤若循环系统出现问题，则要将套铣筒上提至鱼顶 50m 以上。修好循环系统，再下放至鱼顶继续套铣。

⑥若提升系统出现问题，则要保持循环系统正常，大排量循环干净井筒，修好提升系统后继续套铣。

⑦应以憋跳小、钻速快、井下安全为原则选择套铣参数。

3. 注意事项

①操作人员应穿戴好劳保用品。

②施工前要准备好性能符合要求、数量足够的修井液，并制定出相应的防漏、防塌和防喷措施。

③井口应安装井控装置。

④套铣筒直径大，与套管之间的间隙较小，而且长度大，因此应防止卡钻事故。

⑤施工人员各负其责，紧密配合，服从专人指挥。

⑥起钻过程中，控制起钻速度，观察指重表悬重变化情况，往井筒内灌液，做好井控工作。

⑦起、下钻时，应防止小件落物落井而造成卡钻。

九 倒扣操作规程

1. 操作步骤

①下打捞管柱，捞获油管后，井口主、副岗装上转盘方补心，并用螺栓上紧方补心。

②司钻根据井内油管管柱中和点，上提中和点以上管柱的悬重，反转 12~15 圈倒扣，试提，若悬重增加，无挂卡显示则倒扣成功。若还有遇卡显示则表明油管未倒开，将悬重放回原来倒扣的悬重，再反转 5~10 圈。释放转盘，无回劲，停转盘，上提管柱，观察指重表悬重变化，直至倒开。

③井口主、副岗卸开螺栓，搬出方补心，做起钻准备。

2. 技术要求

①全面检查游动系统，加固井架绷绳，检查指重表是否灵敏。

②倒扣操作过程中，数好倒扣圈数，看好指重表悬重变化，用转盘控制回劲大小，以免出现工程事故。

③倒扣过程中密切注意扭矩及悬重的变化，避免倒散落鱼和多次倒扣现象，给施工带来困难。

④下井的管柱和工具必须做好详细记录，工具必须有标明尺寸的草图，一旦发生意外便于处理。

3. 注意事项

①操作人员应穿戴好劳保用品。

②施工前应做好安全隐患防范、风险识别工作并制定消减措施。

③井口应安装井控装置。

④施工前做好技术交底工作，交代好施工注意事项。

⑤倒扣过程中指挥人员站在安全位置，并观察指重表的悬重变化。

第三节　施工设计编写

本节介绍施工设计编写方法，施工设计一般包括基本数据、井况描述、施工目的及要求、油层及环境保护措施、施工准备、井控技术要求、施工步骤、施工质量标准及技术要求、安全注意事项、工具示意图、完井管柱图等内容，其中基本数据、井况描述、施工目的及要求这三项可在给定内容中找出，油层及环境保护措施、井控技术要求、安全注意事项是对设计中环保、井控、安全的相关要求，施工步骤、施工质量标准及技术要求是设计的主题部分，要做到前后对应。

一　编写打捞套管内抽油杆施工方案

（一）基本数据

包括井别、完钻日期、完钻井深、人工井底、油层套管、水泥返高、固井质量、油补距、联入、生产层位、射孔井段、套管接箍、地层静压。

（二）井况描述

简要描述目前生产情况，如生产方式、参数、产液量、含水、含砂、累计出砂量、静压以及曾经采取过的措施，原井管柱结构描述。

（三）施工目的及要求

打捞出井内抽油杆由工程技术部门确定下一步施工措施。

（四）油层及环境保护措施

①选择与地层配伍性好、油层污染小的修井液。

②规范安装防喷器，防止井喷造成环境污染。

③入井管材保持清洁。

④及时回收施工残液、工业和生活垃圾。

⑤提高作业速度，缩短施工时间，减少修井液对油气层的浸泡时间。

（五）施工准备

①修井液用量：

$$V_{液}=(D^2-d_{外}^2+d_{内}^2)\times h\times K\times \pi/4 \tag{6-3-1}$$

式中 $V_{液}$——修井液用量，m^3；

D——套管内径，mm；

$d_{外}$——油管外径，mm；

$d_{内}$——油管内径，mm；

h——洗井深度，m；

K——附加系数（1.5~2）。

②工具、器材：外径 73mm 油管、储备井筒容积 1.5~2 倍的修井液、自封封井器、2SFZ18-35 型防喷器、三球打捞器、活页打捞器、组合式抽油杆打捞筒、安全接头、水龙带、通井规、笔尖。

③设备设施：提升设备 1 套、旋转设备 1 套、循环设备 1 套。

（六）井控技术要求

①计算修井液密度：

$$\rho=102p/H+k \tag{6-3-2}$$

式中 ρ——修井液密度，g/cm^3；

H——油层中部垂深，m；

p——地层压力，MPa；

k——附加量，油井、水井为 $0.05\sim0.10g/cm^3$，气井为 $0.07\sim0.15g/cm^3$。

②井控设备的安装后试压：现场对防喷器全封、半封闸板清水分别试压，低压 1.4~2.1MPa，10min 压降小于 0.07MPa，高压按额定压力试压，15min 压降小于 0.7MPa 为合格。

③装压井、节流管汇：管汇内通径不小于 62mm，所用管线按照标准用地锚固定，清水

分别试压，低压 1.4~2.1MPa，10min 压降小于 0.07MPa，高压按额定压力试压，15min 压降小于 0.7MPa 为合格。

④井内为组合管柱应配备与防喷器闸板相匹配的防喷短节，作业施工过程中安装的防喷器通径应大于下井工具的最大直径，禁止卸下防喷器起、下井下工具。

⑤作业过程中应明确专人坐岗，发现溢流应按关井程序及时关井，其关井最高压力不得超过井控装置额定工作压力、套管抗内压强度的 80% 和地层破裂压力三者中最小值。

⑥临时停止施工时，装好并关闭旋塞阀，关闭防喷器。

⑦等停期间应下入不少于井深 1/3 的管柱，坐悬挂器，装临时井口。

⑧作业施工过程应有井控应急处置方案。

（七）施工步骤

①搬迁安装：设备设施就位，做好开工准备。

②安装防喷器：观察油套压力为零时卸井口，安装与套管四通型号相匹配的防喷器，并按井控要求试压合格。

③选择打捞工具：鱼顶是接箍或是抽油杆公扣，选用带引鞋的三球打捞器或带引鞋的活页打捞筒；鱼顶是抽油杆本体，选用组合式抽油杆打捞筒。

④打捞管柱组合自下而上：打捞工具 + 安全接头 + 油管。

⑤下至鱼顶以上 3~5m 时开泵循环洗井，同时缓慢旋转下放。有遇阻显示时，停止下放，缓慢上提管柱观察悬重变化，悬重增加则起出管柱及落物。

⑥探冲砂：下油管带笔尖，探砂面，若有砂则冲砂至人工井底，循环洗井两周，上提油管至原砂面以上 20m，沉砂 4h 复探砂面。

⑦通井：下通井规通井至人工井底，上提管柱 1m，反洗井一周以上。

⑧转入下步施工：起出通井管柱，下不少于井深 1/3 的防喷管柱，由技术部门确定下一步施工措施。

（八）施工质量标准及技术要求

①指重表应检验合格，灵活准确。

②打捞工具的尺寸、性能应符合要求，有合格证，应绘制示意图。

③下井油管应用油管通径规通径。

④打捞加压不超过 10kN，避免落鱼变形。

⑤捞获后最大上提拉力不得超过抽油杆的抗拉强度。

⑥通井规应小于套管内径 6~8mm，长度为 1200mm。通井时下放速度小于等于 20m/min，距油层井段以上 50m 左右时，速度在 5~10m/min。若中途遇阻，加压不超过 10~20kN。

（九）注意事项

①施工人员应穿戴好劳保用品。
②起下管柱应安装自封封井器，防止小件工具落井。
③施工现场应有处置方案。
④应有防断、防卡、防掉、防喷措施。

（十）工具示意图

画出下井工具示意图，并标注规范、尺寸。

（十一）管柱结构图

①画出原井管柱结构示意图。
②画出完井管柱结构示意图。

二 编写检泵施工方案

（一）基本数据

包括井别、完钻日期、完钻井深、人工井底、油层套管、水泥返高、固井质量、生产层位射孔井段、套管接箍、地层静压。

（二）井况描述

简要描述目前生产情况，如生产方式、参数、产液量、含水、含砂、累计出砂量、静压以及曾经采取过的措施，原井管柱结构描述。

（三）施工目的及要求

检泵作业。

（四）油层及环境保护措施

①选择与地层配伍性好、油层污染小的修井液。
②规范安装防喷器，防止井喷造成环境污染。
③入井管材保持清洁。
④及时回收施工残液、工业和生活垃圾。
⑤提高作业速度，缩短施工时间，减少修井液对油气层的浸泡时间。

（五）器具准备（备料）

①修井液用量：计算式见式（6–3–1）。

②工具、器材：外径 73mm 油管、储备井筒容积 1.5~2 倍的修井液、自封封井器、2SFZ18–35 型防喷器、水龙带、通井规、管式泵、笔尖、筛管、油管锚、丝堵。

③设备设施：提升设备 1 套、旋转设备 1 套、循环设备 1 套。

（六）井控技术要求

①计算修井液密度：计算式见式（6–3–2）。

②井控设备的安装后试压：现场对防喷器全封、半封闸板清水分别试压，低压 1.4~2.1MPa，10min 压降小于 0.07MPa，高压按额定压力试压，15min 压降小于 0.7MPa 为合格。

③装压井、节流管汇：管汇内通径不小于 62mm，所用管线按照标准用地锚固定，清水分别试压，低压 1.4~2.1MPa，10min 压降小于 0.07MPa，高压按额定压力试压，15min 压降小于 0.7MPa 为合格。

④井内为组合管柱时，应配备与防喷器闸板相匹配的防喷短节，作业施工过程中安装的防喷器通径应大于下井工具的最大直径，禁止卸下防喷器起、下井下工具。

⑤作业过程中应明确专人坐岗，发现溢流应按关井程序及时关井，其关井最高压力不得超过井控装置额定工作压力、套管抗内压强度的 80% 和地层破裂压力三者中最小值。

⑥临时停止施工时，装好并关闭旋塞阀，关闭防喷器。

⑦施工等停期间应下入不少于井深 1/3 的管柱，坐悬挂器，装临时井口。

⑧作业施工过程应有井控应急处置方案。

（七）施工步骤

①搬迁安装：设备设施就位，做好开工准备。

②压井：井口放油、套气。使用密度为 ρ、用量为 $V_{液}$ 的修井液循环压井，排量为 300~500L/min，至进出口密度差不大于 0.02g/cm^3 时停止压井。

③起抽油杆：安装抽油杆防喷器，起出井内抽油杆。

④安装井口防喷器：拆井口，安装与套管四通型号相匹配的防喷器，按额定压力试压合格。

⑤起原井管柱：起出井内管柱。

⑥探冲砂：下油管带笔尖，探砂面，若有砂则冲砂至人工井底，循环洗井两周，上提油管至原砂面以上 20m，沉砂 4h 复探砂面。

⑦通井：下通井规通井至人工井底，上提管柱 1m，反洗井一周以上。

⑧下生产管柱（自下而上）：丝堵 + 油管 + 筛管 + 油管 + 泵 + 油管锚 + 油管 + 悬挂器。

⑨试压：装井口，对生产管柱进行整体试压至 8MPa，30min 压降不超过 0.5MPa 为

合格。

⑩下抽油杆（自下而上）：活塞＋抽油杆＋调整短节＋光杆。

⑪试抽：碰泵连续三次，上提防冲距，接流程并试压合格。试抽至出口见液后，憋压4MPa，30min压力不降。

⑫交井：做到工完料净，场地清。

（八）施工质量标准及技术要求

①施工前，要详细调查井史、井场、路况。

②起出原井管、杆后应检查并记录使用状况。

③下井管、杆、器材要丈量检查，三次丈量误差小于0.2‰。

④探冲砂至人工井底。

⑤完井试抽，光杆外露1~1.5m不碰、不挂。

（九）注意事项

①施工人员应穿戴好劳保用品。

②起下管柱应安装自封封井器，防止小件工具落井。

③施工现场应有处置方案。

④弯曲、腐蚀的抽油杆不得下井。

（十）管柱结构图

①画出原井管柱结构示意图。

②画出完井管柱结构示意图

三 编写打捞、解卡施工方案

（一）基本数据

包括井别、完钻日期、人工井底、油层套管、水泥返高、固井质量、油补距、联入、生产层位、射孔井段、套管接箍、地层静压。

（二）井况描述

简要描述目前生产情况，如生产方式、参数、产液量、含水、含砂、累计出砂量、静压以及曾经采取过的措施，原井管柱结构。

（三）施工目的及要求

捞出原井被卡管柱。

（四）油层及环境保护措施

①选择与地层配伍性好、油层污染小的修井液。

②规范安装防喷器，防止井喷造成环境污染。

③入井管材保持清洁。

④及时回收施工残液、工业和生活垃圾。

⑤提高作业速度，缩短施工时间，减少修井液对油气层的浸泡时间。

（五）器具准备（备料）

①修井液用量：计算式见式（6–3–1）。

②工具、器材：外径 73mm 钻杆、储备井筒容积 1.5~2 倍的修井液、通井规、笔尖、公锥、母锥、YSQ 液压上击器、套铣筒、GX–T 套管刮削器、安全接头。

③设备设施：提升设备 1 套、旋转设备 1 套、循环设备 1 套、自封封井器、2SFZ18–35 型防喷器。

（六）井控技术要求

①计算修井液密度：计算式见式（6–3–2）

②井控设备的安装后试压：现场对防喷器全封、半封闸板清水分别试压，低压 1.4~2.1MPa，10min 压降小于 0.07MPa，高压按额定压力试压，15min 压降小于 0.7MPa 为合格。

③装压井、节流管汇：管汇内通径不小于 62mm，所用管线按照标准用地锚固定，清水分别试压，低压 1.4~2.1MPa，10min 压降小于 0.07MPa，高压按额定压力试压，15min 压降小于 0.7MPa 为合格。

④井内为组合管柱应配备与防喷器闸板相匹配的防喷短节，作业施工过程中安装的防喷器通径应大于下井工具的最大直径，禁止卸下防喷器起、下井下工具。

⑤作业过程中应明确专人坐岗，发现溢流应按关井程序及时关井，其关井最高压力不得超过井控装置额定工作压力、套管抗内压强度的 80% 和地层破裂压力三者中最小值。

⑥临时停止施工时，装好并关闭旋塞阀，关闭防喷器。

⑦等停期间应下入不少于井深 1/3 的管柱，坐悬挂器，装临时井口。

⑧作业施工过程应有井控应急处置方案。

（七）施工步骤

①搬迁安装：设备设施就位，做好开工准备。

②压井：井口放压至零。使用密度为 ρ、用量为 $V_{液}$ 的修井液循环压井，排量为 300~500L/min，至进出口密度差不大于 0.02g/cm^3 时停止压井。

③起抽油杆：安装抽油杆防喷器，起出井内抽油杆。

④安装井口防喷器：拆井口，安装与套管四通型号相匹配的防喷器，按额定压力试压合格。

⑤起原井管柱：起原井管柱遇卡，用经验拉伸法测定卡点，以不同的拉力上提被卡管柱三次，记录三次不同拉力下的油管伸长量，根据公式：$L=K\times\lambda/P$ 确定卡点深度，并计算卡点以上管柱悬重。

⑥紧扣：根据卡点以上悬重上提管柱，边正转边下放，自下而上逐段紧扣。

⑦倒扣：上提至卡点以上管柱悬重，反转管柱从卡点以上倒开，起出管柱。

⑧通井：下通井规通井至鱼顶深度。下放速度小于或等于 20m/min，距鱼顶以上 100m 左右时，速度小于或等于 10m/min。若中途遇阻，加压不得超过 30kN。

⑨打捞、解卡：

a. 套铣倒扣打捞法：

（a）下管柱底带套铣筒，至鱼顶以上 2 米开泵洗井，循环正常缓慢探鱼顶，上提至原悬重，以 5~15r/min 转动套铣，钻压 5~15kN，排量大于 500L/min，套铣至套铣筒有效长度。

（b）下打捞工具，对套铣出的管柱进行倒扣打捞，重复以上方法捞出井内全部管柱。

b. 震击解卡法：

（a）管柱组合（自下而上）：公锥 + 安全接头 + 上击震击器 + 钻杆。

（b）下至距鱼顶以上 2m 左右，开泵冲洗，待泵压稳定，缓慢下放探鱼顶，悬重下降泵压上升停泵，加压 8~10kN 正转管柱 5~10 圈造扣。缓慢试提悬重上升时，下放管柱加压 8~10kN，转动管柱紧扣 5~10 圈。

（c）上提管柱大于原悬重 150~200kN 时停止，待震击器液缸拉开，并有震击动作。下放管柱小于原悬重 80~100kN，待液缸复位。重复上述操作至解卡捞出井内全部管柱。

⑩探冲砂：下油管带笔尖，探砂面，若有砂则冲砂至人工井底，循环洗井两周，上提油管至原砂面以上 20m，沉砂 4h 复探砂面。

⑪通井：下通井规通井至人工井底，上提管柱 1m，反洗井一周以上。

⑫刮管：下套管刮削器，刮至射孔井段以下 10m，并大排量反洗井一周以上。

⑬转入下步施工：由技术部门确定下一步施工措施。

（八）施工质量标准及技术要求：

①指重表应检验合格，灵活准确。

②打捞工具的尺寸、性能应符合要求，有合格证，应绘制示意图。

③选用和配制洗、压井液，应根据地层压力系数，确定压井液密度，以压而不喷、能安全施工，与地层的配伍性好，不污染油层为原则。

④下井油管应用油管通径规通径。

⑤每震击 20 次，管柱紧扣一次。

⑥震击时上提悬重不应超过 300kN。

⑦通井规应小于套管内径 6~8mm，长度为 1200mm。通井时下放速度小于等于

20m/min，距油层井段以上 50m 左右时，速度在 5~10m/min。若中途遇阻，加压不超过 10~20kN。

（九）注意事项

①施工人员应穿戴好劳保用品。

②起下管柱应安装自封封井器，防止小件工具落井。

③震击时有专人观察井架、绷绳、地锚。

④施工现场应有处置方案。

（十）工具示意图

画出下井工具示意图，能够表达出下井工具的外部形状、尺寸。

（十一）管柱结构图

①画出原井管柱结构示意图。

②画出完井管柱结构示意图。

四 编写注水泥塞施工方案

（一）基本数据

包括井别、完钻日期、完钻井深、人工井底、油层套管、水泥返高、固井质量、钻头直径、油补距、联入、生产层位、射孔井段、地层温度、地层静压、原油黏度、油层厚度。

（二）井况描述

简要描述目前生产情况，如生产方式、参数、产液量、含水、含砂、累计出砂量、静压以及曾经采取过的措施，原井管柱结构。

（三）施工目的及要求

在规定井段注悬空水泥塞。

（四）油层及环境保护措施

①选择与地层配伍性好、油层污染小的修井液。

②规范安装使用防喷器。

③入井管材保持清洁。

④及时回收施工残液、工业和生活垃圾。

⑤提高作业速度，缩短施工时间，减少修井液对油气层的浸泡时间。

（五）器具准备及用料计算

①修井液用量：计算式见式（6–3–1）。

②工具、器材：油管、油管笔尖、密度计、油井水泥、套管刮削器、钢直尺。

③设备设施：提升设备 1 套、循环设备 1 套、2SFZ18–35 型防喷器、自封封井器、$4m^3$ 搅拌池。

④用料计算：

a. 水泥浆用量计算：

$$V=V_0\times(H_1-H_2)\times K \tag{6-3-3}$$

式中 V_0——每米套管管柱的内容积，L；

V——水泥浆用量，L；

H_1——注水泥塞管柱深度，m；

H_2——反洗深度，m；

K——附加系数，一般取 1.5。

b. 注水泥塞油井水泥用量：

$$G=Vr_1\frac{r_2-r}{r_1-r} \tag{6-3-4}$$

式中 G——所需油井水泥的总用量，kg；

V——需配水泥浆的数量，L；

r_1——油井水泥的密度，一般取 3.15kg/L；

r_2——需配水泥浆的密度，kg/L；

r——水的密度，取 1kg/L。

c. 清水用量：

$$Q=V-\frac{G}{r_1} \tag{6-3-5}$$

式中 Q——清水用量，L。

d. 顶替量计算：

$$V_{顶}=\left(H_1-\frac{V}{V_1}\right)\times V_0+V_{附} \tag{6-3-6}$$

式中 $V_{顶}$——顶替量，L；

V_1——每米油套环空与油管内容积之和，L；

$V_{附}$——地面流程管线容积，L；

V_0——油管内容积，L。

e. 水泥浆密度，封堵水泥浆密度为 $1.75\sim1.85g/cm^3$。

（六）井控技术要求

①计算修井液密度：计算式见式（6–3–2）。

②井控设备的安装后试压：现场对防喷器全封、半封闸板清水分别试压，低压1.4~2.1MPa，10min压降小于0.07MPa，高压按额定压力试压，15min压降小于0.7MPa为合格。

③装压井、节流管汇：管汇内通径不小于62mm，所用管线按照标准用地锚固定，清水分别试压，低压1.4~2.1MPa，10min压降小于0.07MPa，高压按额定压力试压，15min压降小于0.7MPa为合格。

④井内为组合管柱应配备与防喷器闸板相匹配的防喷短节，作业施工过程中安装的防喷器通径应大于下井工具的最大直径，禁止卸下防喷器起、下井下工具。

⑤作业过程中应明确专人坐岗，发现溢流应按关井程序及时关井，其关井最高压力不得超过井控装置额定工作压力、套管抗内压强度的80%和地层破裂压力三者中最小值。

⑥临时停止施工时，装好并关闭旋塞阀，关闭防喷器。

⑦等停期间应下入不少于井深1/3的管柱，坐悬挂器，装临时井口。

⑧作业施工过程应有井控应急处置方案。

（七）施工步骤

①搬迁安装：设备设施就位，做好开工准备。

②压井：井口放压至零。使用密度为ρ、用量为$V_{液}$的修井液循环压井，排量为300~500L/min，进出口密度差不大于0.02g/cm^{3}时停止压井。

③安装井口防喷器：拆井口，安装与套管四通型号相匹配的防喷器，按额定压力试压合格。

④起原井管柱：起出井内管柱，并对起出的管柱、工具进行检查。

⑤探冲砂：下油管带笔尖，探砂面，若有砂则冲砂至人工井底，循环洗井两周，上提油管至原砂面以上20m，沉砂4h复探砂面。

⑥刮管：下套管刮削器，刮至射孔井段以下10m，并大排量反洗井一周以上。

⑦下注水泥塞管柱：油管笔尖＋油管，管柱深度在注水泥塞井段底界。排量大于500L/min循环洗井一周以上，脱气降温。

⑧连接管线试压25MPa，稳压5min，压降小于0.7MPa合格。

⑨配制灰浆：配制水泥浆V，并准确测量所配灰浆密度。

⑩注水泥塞施工：泵入前隔离液，用量为100m的油套环空容积；正替入灰浆V；泵入后隔离液，用量为100m的油管容积；替入顶替液$V_{顶}$。

⑪反洗井候凝：上提管柱，至预计灰面深度以上1~2m，反洗井，将管柱内及环空的残余灰浆洗出井筒。反洗井液量，不得少于注灰管柱内容积的1.5倍，反洗井结束后，上提管柱，至预计灰面深度100m以上，井筒灌满修井液，关井候凝24~48h。

⑫探灰面试压：下油管加压 5~10kN 探灰面，连续探三次，上提油管至灰面以上 5m，对灰塞试压合格。（套管为 127~193.6mm 的油井 15MPa，水井、气井 20MPa；套管为 219.07~244.47mm 的油井 10MPa，水井、气井 15MPa，稳压 30min，压降小于 0.5MPa 为合格。）

⑬转入下一步措施：由技术部门确定下一步施工措施。

（八）施工质量标准及技术要求

①水泥塞厚度应在 10m 以上。

②顶替量要计算准确，并认真计量。

③水泥塞底界与被封堵层顶界的距离应大于 5m。

④水泥塞顶面应距待返油层或上部已射油层底界 20m 以上。

⑤需封井的油水井无特殊要求的应注两个水泥塞，第一个水泥塞位于最上一个射开层位顶界以上 50~60m，第二个水泥塞顶面距井口 100m 左右。

⑥注水泥塞井段小于 10m 时，注水泥塞管柱要进行磁性定位校正深度。

⑦验证水泥塞质量严格执行试压标准。

（九）注意事项

①施工人员应穿戴好劳保用品。

②起下管柱应安装自封封井器，防止小件工具落井。

③施工中，若泵车发生故障不能泵送时，应立即起出井内管柱。

④提升设备不能起、下管柱时，应立即反洗出井内全部水泥浆。

⑤关井候凝期间，井口应不渗漏。

⑥未探到灰面，应将管柱尾部深度提至候凝深度以上。

⑦施工现场应有处置方案。

（十）管柱结构图

①画出原井管柱结构示意图。

②画出施工管柱结构示意图。

参考文献

[1] 聂海光，王新河. 油气田井下作业修井工程 [M]. 北京：石油工业出版社，2002.

[2] 杨国圣. 井下作业工艺技术 [M]. 北京：中国石化出版社，2013.

[3] 沈琛. 井下作业工程监督 [M]. 北京：石油工业出版社，2005.

[4] 孙金瑜. 井下作业工 [M]. 北京：石油工业出版社，2012.

[5] 石玉章. 地质学基础 [M]. 青岛：中国石油大学出版社，2004.

[6] 吴奇. 井下作业工程师手册 [M]. 2 版. 北京：石油工业出版社，2017.

[7] 尹建辉. 埕岛油田防砂工艺技术 [M]. 北京：石油工业出版社，2013.